普通高等教育材料类系列教材

材料成形工艺

主编　毛萍莉
参编　任玉艳　王　峰　姜卫国

U0218164

机 械 工 业 出 版 社

本教材共6章,分为金属液态成形和金属塑性成形两大部分。其中金属液态成形部分包括第1~4章,主要介绍以砂型铸造为主的多种液态成形工艺方法;与砂型铸造相关的主要造型材料、工艺及其装备设计,以及计算机在液态成形领域的应用及实例。金属塑性成形部分包括第5章和第6章,主要介绍金属的锻造成形工艺和冲压成形工艺,相关的工艺设计方法、设计程序及模具设计,以及工艺设计实例。

本教材可作为高等工科院校材料成型及控制工程专业的教学用书,也可供从事材料加工的工程技术人员参考。

图书在版编目（CIP）数据

材料成形工艺/毛萍莉主编. —北京:机械工业出版社,2023.2
普通高等教育材料类系列教材
ISBN 978-7-111-72236-6

Ⅰ.①材… Ⅱ.①毛… Ⅲ.①工程材料-成型-高等学校-教材

Ⅳ.①TB3

中国版本图书馆 CIP 数据核字（2022）第 252560 号

机械工业出版社（北京市百万庄大街 22 号　邮政编码 100037）
策划编辑:冯春生　　　　　责任编辑:冯春生
责任校对:郑　婕　王明欣　封面设计:张　静
责任印制:常天培
天津嘉恒印务有限公司印刷
2023 年 3 月第 1 版第 1 次印刷
184mm×260mm·19.75 印张·488 千字
标准书号:ISBN 978-7-111-72236-6
定价:63.00 元

电话服务　　　　　　　　　网络服务
客服电话:010-88361066　　机 工 官 网:www.cmpbook.com
　　　　　010-88379833　　机 工 官 博:weibo.com/cmp1952
　　　　　010-68326294　　金 书 网:www.golden-book.com
封底无防伪标均为盗版　　机工教育服务网:www.cmpedu.com

前　言

本教材是为高等工科院校材料成型及控制工程专业"材料成形工艺"课教学而编写的教学参考书。

"材料成形工艺"是材料成型及控制工程专业的专业主干课之一。它涵盖了原有铸造、锻造、冲压等专业的工艺及工装设计的主要内容。

本教材的编写考虑到材料成型及控制工程专业授课学时及教材篇幅的需要，同时考虑到近年来铸造工艺、锻造工艺、冲压工艺的最新发展及工艺装备的不断改进，以及由于信息技术的快速发展而引起的学生学习方式的改变，因此本教材具有如下特点：①通过典型件的成形工艺分析，重点叙述各学科领域中应用最广的工艺方法及设计的主要内容，其他内容仅做简要介绍，即遵循"削枝强干"的原则编写本教材，读者可由此举一反三，完成其他工艺设计；②工艺设计主要属于技术范畴，故而本教材突出教学的实践性、工程性，对于与主干内容相关性不大的理论知识及数学推导等内容不做重点介绍；③计算机技术在工艺设计方面的应用已非常普及，因此本教材对常用的工艺模拟软件及其应用以及各自的特点做了介绍，并且用具体的实例对工艺模拟进行了说明；④采用数字化视频资源的形式，直观展示了各种铸造工艺、锻造工艺和冲压工艺的工艺过程及特点。

本教材共6章，分为金属液态成形和金属塑性成形两大部分。

金属液态成形部分包括第1~4章，主要介绍以砂型铸造为主的多种液态成形工艺方法，与砂型铸造相关的主要造型材料、工艺及工艺装备设计的主要内容。与以往的铸造工艺教材相比，突出了工艺性、工程性，以及计算机模拟在工艺设计方面的应用。

金属塑性成形部分包括第5章和第6章，主要以锻造成形及冲压成形工艺为主，介绍了金属塑性成形工艺设计流程、工艺理论、模具设计及计算机数值模拟技术的应用，以及金属塑性成形工艺的最新发展，还列举出自由锻件、模锻件及冲压件的工程实例。

本教材第1章和第3章由沈阳工业大学毛萍莉教授编写，第2章由潍坊科技学院任玉艳教授编写，第4章由潍坊科技学院姜卫国教授编写。第5章和第6章由沈阳工业大学王峰教授编写。

本教材由毛萍莉教授统稿。

教材编写过程中，在资料收集方面得到了沈阳工业大学镁合金课题组研究生王鹏宇、姚超、戴怡建、徐宁、高梓博、从闻远等同学的大力协助，在此表示感谢。

在教材编写出版过程中，得到了沈阳工业大学材料科学与工程学院、教务处教材科及其他相关部门的支持和帮助，在此谨表示诚挚的谢意。在本教材出版之际，尤其要向各参考文献的作者深表感谢。

由于编者水平有限，书中难免存在疏漏或不当之处，恳请读者批评指正。

编　者

目　录

第1章

液态成形工艺方法

1.1 绪 论

　　液态成形也称为铸造，是指将液态金属浇注到与零件形状、尺寸相适应的铸型型腔中，待其冷却凝固，以获得毛坯或零件的生产工艺方法。

　　铸造是人类掌握比较早的一种金属热加工工艺，最早的铸造制品距今已有约5000多年的历史，可以说我国五千年的铸造发展史是我国五千年文明史的一个重要组成部分。

　　商周时期，我国铸造技术已较为成熟了，此时青铜铸件的生产已有一定的规模，且铸造技术也具有其特色，是我国铸造技术发展的一个重要阶段。此时期在制陶技术发展的基础上，石范已改为陶范了。陶范是用含砂黏土或黏土加砂相配，再经烘烤而成的，早期陶范的烘烤温度较低，在700~800℃。根据出土的陶范分析，早期的陶范用的是单一料。由殷商晚期至西周初，在较大铸件的外范造型中已能使用面料和背料了，而内范所选用的泥料，则具有较多的含砂量；陶范的组成，已能应用内外范，而且可以拼合用双面范和多面复合范。

　　春秋战国时期，铸造工艺又有了新的发展，已普遍采用器身和附件分铸法，铸造出不少体型大、形状复杂、纹饰精细的器物。同时，战国时期我国已开始使用铁范铸造。从陶范铸造改进为铁范铸造，在铸造发展史上具有重要的意义。铁范能够重复使用，而且能使铸件很快冷却，降低成本。铁范铸造是我国古代一项重大的技术成就，直到现代，铁范铸造在铸造业仍然发挥着巨大作用。

　　失蜡铸造法出现于战国以前，是我国古代创造的又一项重大技术成就。

　　我国古代铸造技术的发展及无数能工巧匠倾尽心血，流传到今天的铸造精品数不胜数，体现了我国古代铸造技术的精湛。在浩如烟海的铸造精品和精湛的铸造技艺中，略举出一些有代表性的铸件和技术，就可以窥见我国古代铸造技术的伟大成就。

　　我国青铜器的代表作有"后母戊鼎"和"大盂鼎"等。

　　"后母戊鼎"（图1-1）于1939年在河南安阳出土，是现存最大的青铜器。其气魄沉雄，器形凝重，纹饰华美，是青铜器的典范。

　　"大盂鼎"（图1-2）因做器者是康王时大臣名盂者而得名。大盂鼎为圆形、立耳、深腹、三柱足，颈及足上部饰兽面纹，鼎内腹部铸有铭文。

　　曾侯乙尊通高30.1cm，口径25cm，重约9kg；曾侯乙盘通高23.5cm，口径58cm，重约19.2kg。全套器物通高42cm，口径58cm，重约30kg。曾侯乙尊盘装饰纷繁复杂，尊体上装饰着 28 条蟠龙和 32 条蟠螭，颈部刻有"曾侯乙作持用终"七字铭文（图 1-3）。它是春秋战国时期最复杂、最精美的青铜器。经专家鉴定，此系采用失蜡法铸造。

图 1-1　后母戊鼎
（现藏国家博物馆）

图 1-2　大盂鼎
（现藏国家博物馆）

图 1-3　曾侯乙尊盘
（现藏湖北省博物馆）

　　另外，铸造于北宋时期的四川峨眉山万年寺内的 62t 重的"普贤骑象"、铸造于明朝永乐年间无与伦比的 46t 重的"永乐大钟"、铸造于五代后周的 40t 重的"沧州铁狮子"等，均为享誉海内外的我国古代铸造精品。

　　虽然铸造技术在我国发展比较早，但其造型方法及铸型材料的快速发展是 20 世纪 30 年代以后的事，随着工业进入机械化时代，机器造型、制芯方法也在我国迅速发展起来，同时新的黏结剂也不断出现，为铸型材料家族增添了不少新成员。

　　现代铸造，按其使用的铸型材料的不同，可以分为砂型铸造和特种铸造。其中特种铸造包括熔模铸造（精密铸造）、金属型铸造、压力铸造、离心铸造、低压铸造、挤压铸造、陶瓷型铸造、差压铸造、真空密封铸造、磁型铸造和连续铸造等。

　　尽管各种新的铸型材料和造型方法获得很大发展，但是以黏土砂为主要造型材料的砂型铸造仍然占有主要地位。

1.2 ｜ 砂型铸造

　　砂型铸造是指以石英砂等为主要造型原料来生产铸件的铸造方法。由于砂型铸造所用的造型原材料价廉易得，且较之其他铸造方法成本低、生产工艺简单、生产周期短，对铸件的单件和小批量生产、成批量和大量生产均能适应，长期以来，砂型铸造在铸造工艺领域占据重要的位置。目前，国际上，在全部铸件生产中，60%~70% 的铸件是用砂型铸造工艺生产的。钢、铁和大多数有色合金铸件都可用砂型铸造方法获得。

砂型铸造

1.2.1　手工造型和制芯

　　砂型铸造工艺主要分为两大类：手工造型和制芯以及机器造型和制芯。

　　手工造型和制芯是传统的铸造方法，由于其操作灵活，模样、芯盒等工艺装备简单，不需要复杂和专用的造型和制芯机器等，使它对不同大小及不同复杂结构的铸件都有广泛的适应性。因此在单件、小批量生产中，特别是重型的复杂铸件，手工造型应用较广。在大量生产的工厂中，修理机器设备所需的配件，模样、芯盒和模板等工艺装备，大批生产中的产品试制，也都需要用手工造型和制芯。

1. 常用手工造型方法

（1）依模样特点分

1）整模造型。是指模样为一个整体，铸型型腔全部在半个铸型内。整模造型的样式较为简单，不会产生铸型缺陷，主要用于形状简单的铸件。

2）分模造型。当铸件的最大截面不在铸件的端部时，为了便于对铸件造型和起模，要将模样分成两部分或几部分，这种造型称为分模造型。当铸件的最大截面在铸件的中间时，应采用两箱分模造型，模样从最大截面处分为两部分。

3）刮板造型。依铸件断面形状将模样制成板状，可节约制模工时和木材，适用于断面一致的或形状简单的旋转体铸件。

4）挖砂造型。当铸件的外部轮廓为曲面，其最大截面不在端部，且模样又不能够很方便地分成两份或多份时，就应将模样做成整体，造型时挖掉妨碍取出模样的那部分型砂，这种造型方法称为挖砂造型。挖砂造型的分型面为曲面，造型时为了保证顺利起模，必须把砂挖到模样最大截面处。

5）实型造型。用聚苯乙烯泡沫塑料制成模样和浇冒系统，造型后不取出模样。浇注时模样受到液体金属的灼热作用而汽化，液体金属占据其空间，冷却后形成铸件。

（2）依造型方式分

1）砂箱造型。在砂箱中造型，操作方便，应用广泛。根据造一副铸型所用的砂箱数目，又有两箱造型和多箱造型之分。

2）劈箱造型。将模样和砂箱分成相应的几块，分别造型然后组装成型。这种方法使造型、烘干、搬运、合箱检验都方便。但模样和砂箱的制造工作量大。

3）叠箱造型。将几个甚至十几个铸型重叠起来浇注，可充分利用生产面积并节约金属。

4）脱箱造型（无箱造型）。造型后将砂箱脱去，型块在无砂箱或加放套箱的情况下浇注。

5）地坑（面）造型。在车间地坑中或地面上造型，不用砂箱或只用一只上箱。其操作麻烦，劳动量大，生产周期长，多用于单件生产的大型铸件。

6）组芯造型。铸型由多块砂芯组装而成，可以在砂箱、地坑或用夹具组装。

7）流态砂造型。将混合好的流态砂灌入砂箱，铸型可自行硬化且无须紧砂。其造型简便，劳动量小，卫生，生产率高，但应用于厚大铸件时容易出现缩沉等缺陷。

2. 常用手工制芯方法

（1）芯盒制芯　在芯盒腔内进行紧砂、加放芯骨及开通气道等操作。依芯砂性质可以在芯盒内硬化，也可以脱出芯盒后再烘干硬化。用芯盒制芯尺寸准确，生产率高。

（2）刮（车）板制芯　用刮板制芯，其尺寸精度和生产率都不如芯盒制芯，但刮板较芯盒的制造省工、省料。该法多用于单件生产的断面一致的或回转体砂芯。

同手工相比，机器造型和制芯的生产率高，质量稳定，工人劳动强度低，但设备和工艺装备费用高，生产准备周期长。因此，机器造型和制芯适用于大批量生产的铸件。

1.2.2 机器造型和制芯

1. 普通机器造型

（1）震实造型　多以压缩空气为动力，使砂型和工作台等一起上下跳动震实，利用砂型向下运动的动能和惯性，使型砂紧实。该法在砂箱顶部的型砂紧实度不足，常需要手工补压加以紧实后，砂型才可翻转。机器结构简单、成本低，但噪声大，生产率较低，对厂房基础要求较高，劳动较繁重。震实造型多用于大型、高度较高的砂箱。

（2）压实造型　依靠压力使砂型紧实。多以压缩空气为动力，由于压强小，故只能得到中等紧实度的砂型，且砂箱高度有一定限制，以免紧实度不足。其砂型上表面紧实度高，底部低。机器结构简单、生产率高、无噪声。压实造型适用于砂箱较矮的扁平铸件。

（3）震压造型　先以震实法使砂箱底部型砂紧实，然后再利用压实法对砂箱顶部较松散的型砂补加压实。其优缺点与震实法基本相同，但效率较高。由于补加压实法以压缩空气为动力，压强较低，故震压造型多用于中小型砂箱尺寸。

2. 高压造型

1）依造型、合箱时分型面所处的位置分为水平分型的高压造型和垂直分型的高压造型。水平分型的高压造型又有有箱造型和无箱造型之分；而垂直分型的高压造型，到目前为止，生产中只有无箱造型。

2）依填砂方式分为射压式高压造型和一般高压造型。射压式采用射砂方式填砂；一般高压造型采用机械方式加砂。

3）依有无微震机构分为微震高压造型和单纯高压造型。

3. 机器制芯

（1）震实制芯　类似于震实造型，利用跳动的动能使芯盒内的芯砂紧实。一般芯盒上表面需要手工补加紧实，并刮去多余的芯砂。

（2）挤芯　利用柱塞式或螺旋式挤芯机挤制砂芯，只能制造断面一定的简单、直棒砂芯。

（3）吹芯　用压缩空气将芯砂吹入芯盒并紧实，如制造壳芯。

（4）射芯　利用压缩空气将芯砂从射砂筒中射入芯盒并紧实，广泛用于制造各种芯砂的中小型砂芯。

1.3　特种铸造

1.3.1　熔模铸造

熔模铸造是一种在失蜡铸造法的基础上发展起来的精密铸造方法，通常称为"精密铸造"。该方法可铸造出几何形状非常复杂的零件，甚至除装配面需经机械加工外，其内腔及外表面均不需要加工，即"无余量精密铸造"。

熔模铸造是我国古老传统工艺，有着悠久的历史。早在战国时期就采用熔模铸造工艺铸造了精美的镂空青铜器。20世纪50年代初，我国将该技术用于机械制造行业，特别是在航空工业得到了应用。它是用易熔材料制成精确的可熔性模样，然后在模样上经涂料、撒砂工序制备若干层耐火材料，在空气中一定湿度及温度条件下干燥硬化成整体型壳，然后采用加压高温水蒸气对整体型壳进行快速加热熔失模样，再将失蜡后的型壳进行高温焙烧后获得高强度型壳，最后将金属液浇入型壳中，待金属液冷却后打掉型壳即可获得铸件。由于熔模铸造使用最广泛的模料为石蜡，所以这种方法又称为"失蜡铸造"。熔模铸造的工艺流程如图 1-4 所示。

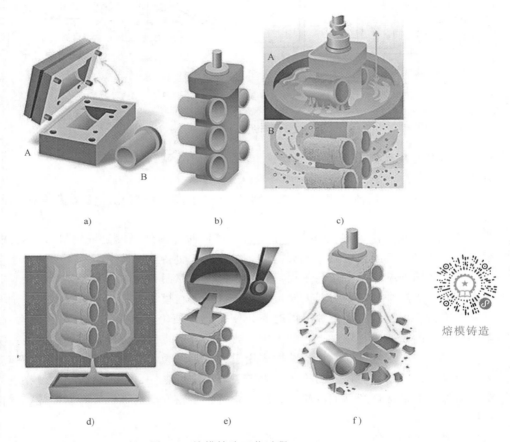

图 1-4　熔模铸造工艺过程

a）制蜡模　b）蜡模装配　c）蜡模浸涂料及撒砂　d）蜡及型壳焙烧　e）型壳浇注　f）铸件脱壳

要获得尺寸精度和表面粗糙度合格的铸件，需保证熔模的尺寸精度和表面粗糙度。制造熔模的材料按基体材料组成可分为蜡基模料、树脂基模料、塑料模料、填料模料和水溶性模料。蜡基模料主要由蜡料、天然树脂和塑料（合成树脂）配制，熔点较低，通常为 60～70℃；树脂基模料主要用天然树脂配制，熔点稍高，为 70～120℃。压制熔模前，模料需加热到一定温度后呈糊膏状态，以保证在一定压力下具备良好的充型能力，同时，需预先在压型表面涂一薄层分型剂，以便从压型中取出熔模，分型剂可为机油、松节油或硅油等。分型剂层越薄越好，使熔模能更好地复制压型的表面，提高熔模的表面光洁程度。

压制熔模的方法有三种，即柱塞加压法、气压法和活塞加压法，如图 1-5 所示。柱塞加压法适合于手工压制蜡模；气压法适合于压模机压制蜡模；活塞加压法由于所用压力较大，故常用于压制树脂基模料。

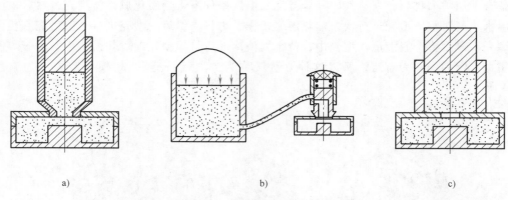

图 1-5 压制熔模法示意图

a) 柱塞加压法 b) 气压法 c) 活塞加压法

熔模的组装是把形成铸件的熔模和形成浇冒口系统的熔模组合在一起，主要有两种方法。

（1）焊接法 用薄片状的烙铁，将熔模的连接部位熔化，使熔模焊在一起。此法较普遍。

（2）机械组装法 在大量生产小型熔模铸件时，国外已广泛采用机械组装法组合模组。采用该方法可使模组组合效率大大提高，工作条件也得到了改善。

型壳的制造是将模组浸涂耐火涂料后，撒上料状耐火材料，再经干燥、硬化，如此反复多次，使耐火涂挂层达到需要的厚度为止，这样便在模组上形成了多层型壳。通常在一定温度及湿度条件下，将型壳停放一段时间，使其充分硬化，然后熔失模组，便得到多层型壳。多层型壳有的需要装箱填砂；有的则不需要，经过焙烧后就可直接进行浇注。

熔模铸造应用范围非常广泛，主要用于铸造形状复杂的精密零件，包括汽车、拖拉机、风动工具、机床、仪器仪表、枪械、人工关节等小型零件，特别适合结构复杂的高熔点合金精密铸件的大批量生产，如汽轮机、燃气轮机、水轮发动机等的叶片、叶轮、导向器和导向轮等。

熔模铸造与其他铸造方法相比有以下几方面的特点：

1）铸件尺寸精度高，表面粗糙度值小。

2）可以生产形状非常复杂的铸件。熔模铸件的形状一般都比较复杂，铸件上可铸出孔的最小直径可达 0.5mm，铸件的最小壁厚为 0.3mm。在生产中可将一些原来由几个零件组合而成的部件，通过改变零件的结构，设计成为整体零件而直接由熔模铸造铸出，以节省加工工时和金属材料的消耗，使零件结构更为合理。

3）铸造合金的类型没有限制。可用熔模铸造法生产的合金种类有碳素钢、合金钢、耐热合金、不锈钢、精密合金、永磁合金、轴承合金、铜合金、铝合金、钛合金和球墨铸铁等。

4）生产批量没有限制。熔模铸件的重量大多为几十克到几千克，目前生产的大的熔模铸件的重量可达 80kg 左右。

5）熔模铸造也有一些缺点，如生产工序繁多、生产周期长及存在一定的环境污染问题。

1.3.2 金属型铸造

金属型铸造又称硬模铸造，它是将液体金属浇入金属铸型，以获得铸件的一种铸造方法。铸型是用金属制成的，可以反复使用多次（几百次到几千次），因此有人又称它为永久型铸造。较常用的金属型材质有铸铁、碳素结构钢和低合金钢。铸型在浇注之前需要预热。由于金属型导热性好，未预热的金属型会使液体金属冷却快，流动性剧烈降低，容易使铸件出现冷隔、浇不足、夹杂、气孔等缺陷。铸型适宜的预热温度，随合金的种类、铸件结构和大小而定。一般预热温度通过试验确定，表1-1中数据可供参考。金属型的预热方法有：采用喷灯或煤气火焰预热；采用电阻加热器预热；采用烘箱加热，其优点是温度均匀，但只适用于小件的金属型；先将金属型放在炉上烘烤，然后浇注液体金属将金属型烫热，这种方法，只适用于小型铸型，因它要浪费一些金属液，也会降低铸型寿命。

表1-1 不同合金对金属型预热温度的要求

合金种类	镁合金	铝合金	锡青铜	铅青铜	铸铁	铸钢
预热温度/℃	200~250	200~300	150~250	50~125	250~350	150~300

金属型铸造时，在浇注之前需要在铸型表面喷涂料。喷涂料的作用主要是调节铸件的冷却速度，保护金属型，防止高温金属液对型壁的冲蚀和热击，同时利用涂料层蓄气排气。根据所浇注合金种类的不同，涂料可有多种配方。

金属型的浇注温度一般比砂型铸造时高，可根据合金种类、化学成分、铸件大小和壁厚等，通过试验确定，表1-2中数据可供参考。

表1-2 各种合金的浇注温度

合金种类	浇注温度/℃	合金种类	浇注温度/℃
铝锡合金	350~450	黄铜	900~950
锌合金	450~480	锡青铜	1100~1150
铝合金	680~740	铝青铜	1150~1300
镁合金	715~740	铸铁	1300~1370

金属型铸造与砂型铸造相比，具有以下优点：

1）金属型生产的铸件，其力学性能比砂型铸件高。同样合金，其抗拉强度平均可提高约25%，屈服强度平均可提高约20%，其耐蚀性和硬度亦显著提高。

2）铸件的精度和表面粗糙度值比砂型铸件小，而且质量和尺寸稳定。

3）铸件成品率高，液体金属耗量减少，一般可节约15%~30%。

4）不用砂或者少用砂，一般可节约造型材料80%~100%。

5）生产率高，工序简单，易实现机械化和自动化。

金属型铸造虽有很多优点，但也有不足之处，如：

1）金属型制造成本高。

2）金属型不透气，且无退让性，易造成铸件浇不足、开裂或铸铁件白口等缺陷。

3）工艺过程参数控制严格。

4）金属型铸造在重量和形状方面有一定的限制，不易制造形状复杂、壁厚较薄的铸件。

1.3.3 压力铸造

压力铸造（简称压铸），是一种将液态或半固态金属或合金，或含有增强物相的液态金属或合金，在高压下以较高的速度填充入压铸型的型腔内，并使金属或合金在压力下凝固形成铸件的铸造方法。压铸时常用的压力为 4～500MPa，金属充填速度为 0.5～120m/s。因此，高压、高速是压铸与其他铸造方法的根本区别，也是重要特点。压力是获得轮廓清晰和组织致密铸件的主要因素，常用的压射比压从几个至几十兆帕，甚至高达 $2×10^2$MPa。充填速度应根据压铸合金和铸件结构来确定，既不能过快也不能太慢。如果充填速度偏慢，会造成铸件轮廓不清晰；如果充填速度过快，型腔中的空气难以排除，易使铸件产生气孔。一般充填速度在 10～40m/s 之间可获得优质铸件。

压铸型在使用前要预热到一定温度，预热的作用有两个方面：其一是避免高温液态金属对冷压型的热冲击，以延长压铸型的使用寿命；其二是避免液态金属"激冷"造成浇不足、冷隔等缺陷。在连续生产中，压铸型温度往往升高，尤其是压铸高熔点合金时，升高很快。温度过高除使液态金属产生粘型外，还会使铸件冷却缓慢、晶粒粗大。因此，在压铸型温度过高时，应采取冷却措施。通常用压缩空气、水或化学介质进行冷却。

压铸过程中，为了避免铸件与压铸型焊合，减少铸件顶出的摩擦阻力和避免压铸型过分受热而采用涂料。

压铸机一般分为热压室压铸机和冷压室压铸机两大类。冷压室压铸机按其压室结构和布置方式分为卧式压铸机和立式压铸机（包括全立式压铸机）两种。热压室压铸机（图 1-6a）压室浸在保温熔化坩埚的液态金属中，压射部件不直接与机座连接，而是装在坩埚上面。这种压铸机的优点是生产工序简单、效率高；金属消耗少，工艺稳定。但压室压射冲头长期浸在液体金属中，影响使用寿命，并易增加合金的铁含量。热压室压铸机目前大多用于压铸锌合金等低熔点合金铸件，但也用于压铸小型铝、镁合金压铸件。

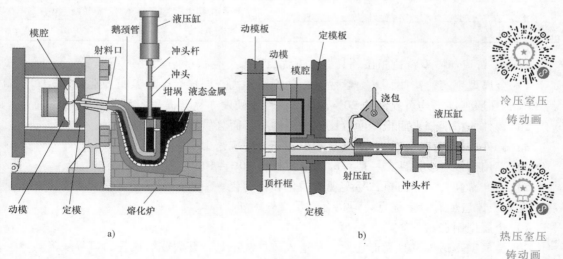

a)   b)

图 1-6 压铸机示意图

a）热压室压铸机　b）冷压室压铸机

冷压室压铸机的压室与保温炉是分开的。压铸时，从保温炉中取出液体金属浇入压室后进行压铸，如图1-6b所示。

与其他铸造方法相比，压铸有以下优点：

1）生产率高，适合大批量生产。

2）铸件尺寸精度高，表面粗糙度值小。

3）强度和硬度较高，比砂型铸件强度提高25%~30%。

4）尺寸稳定，互换性好。

5）可压铸薄壁复杂的铸件。

6）金属利用率高，后续加工量小。

压铸虽然有许多优点，但也存在一些缺点，如：

1）液态金属充型速度高，流态不稳定，铸件易产生气孔，不能进行热处理。

2）对内凹复杂的铸件，压铸较为困难。

3）对高熔点合金（如铜、黑色金属），压铸型寿命较短。

4）压铸设备昂贵，不宜小批量生产。

1.3.4 离心铸造

离心铸造是将液体金属浇入旋转的铸型中，使液体金属在离心力的作用下充填铸型和凝固成形的一种铸造方法。

在离心铸造生产中必须确定或解决的工艺问题有浇注温度、铸型转速、涂料使用、浇注系统、浇注定量等，因为它们直接影响着铸件的质量和生产率。

离心铸造
工艺实例

离心铸件大多为管状、套状、环状件，金属液充型时遇到的阻力较小，又有离心压力或离心力加强金属液的充型能力，故离心铸造时的浇注温度可较重力浇注时低5~10℃。

铸型转速是离心铸造时的重要工艺因素，不同的铸件、不同的铸造工艺，铸件成形时的铸型转速也不同。铸型转速过慢，会使立式离心铸造时金属液充型不良，卧式离心铸造时出现金属液雨淋现象，也会使铸件内出现疏松、夹渣、内表面凹凸不平等缺陷；铸型转速太快，铸件上易出现裂纹、偏析等缺陷，砂型离心铸件外表面会形成胀箱等缺陷，还会使机器出现大的振动、磨损加剧、功率消耗过大等问题。

选择离心铸型的转速时，主要应考虑两个问题：

1）离心铸型的转速应保证液体金属在进入铸型后立刻能形成圆筒形，绕轴线旋转。

2）充分利用离心力的作用，使铸件致密，避免铸件内产生缩孔、缩松、夹杂和气孔。

离心铸造时的浇注系统主要指接受金属的浇杯和与它相连的浇注槽，有时还包括铸型内的浇道。设计浇注系统时，应注意以下原则：

1）浇注长度长、直径大的铸件时，浇注系统应使金属液能较快地均匀铺在铸型的内表面上。

2）浇注易氧化金属液或采用离心砂型时，浇注槽应使金属液能平衡地充填铸型，尽可能减少金属液的飞溅，减少对砂型的冲刷。

3）浇注成形铸件时，铸型内的浇道应能使金属液顺利流入型腔。

4）浇注终了后，浇杯和浇注槽内应不留金属和熔渣。如有残留金属和熔渣，也应易于清除。

离心铸造时，由于铸件的内表面是自由表面，离心铸件内径常由浇注金属液的数量决定，故在离心浇注时，必须控制浇入型内的金属液数量，以保证内径大小。在浇包架子上安装压力传感器进行离心浇注自动定量和保温感应炉电磁泵定量浇注已在生产中应用。

离心铸造时使用的铸型有两大类，即金属型和非金属型。非金属型有砂型、壳型、熔模壳型等，但在离心铸造时广泛采用的是金属型。金属型离心铸造时，常需在金属型的工作表面喷刷涂料。刷涂料的目的一是保护金属型，二是为防止铸件与金属型粘合和铸铁件产生白口。离心金属型用涂料的组成与重力金属型铸造相似。

根据铸型旋转轴在空间位置的不同，常用的离心铸造机有立式离心铸造机和卧式离心铸造机两种类型。铸型的旋转轴线处于垂直状态时的离心铸造机称为立式离心铸造机（图1-7）。铸型的旋转轴线处于水平状态或与水平线夹角很小（4°）的离心铸造机称为卧式离心铸造机（图1-8）。铸型旋转轴线与水平线和垂直线都有较大夹角的离心铸造称为倾斜轴离心铸造，其应用很少。

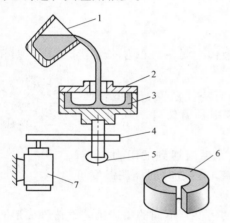

图1-7　立式离心铸造机

1—浇包　2—铸型　3—液体金属　4—带轮
5—旋转轴　6—铸件　7—电动机

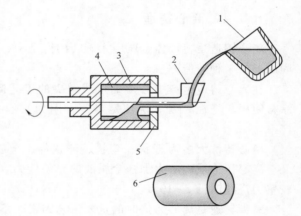

图1-8　卧式离心铸造机

1—浇包　2—浇口杯　3—铸型
4—液体金属　5—铸型端盖　6—铸件

由于离心铸造时，液体金属是在旋转情况下充填铸型并进行凝固的，金属在凝固时除了受到重力作用外，还受到离心力的作用，因此这就决定了离心铸造具有下述一些技术特点。

优点：

1）几乎不存在浇注系统和冒口系统的金属消耗，可提高铸件成品率。

2）生产中空铸件时可不用型芯，故在生产长管形铸件时可大幅度地改善金属充型能力，降低铸件壁厚对长度或直径的比值，简化套筒和管类铸件的生产过程。

3）铸件致密度高，气孔、夹渣等缺陷少，力学性能高。

4）便于制造筒、套类复合金属铸件，如钢背铜套、双金属轧辊等；成形铸件时，可借离心运动提高金属的充型能力，故可生产薄壁铸件。

缺点：

1）用于生产异形铸件时有一定的局限性。

2）铸件内孔直径不准确，内孔表面比较粗糙，质量较差，加工余量大。

3）铸件易产生密度偏析，因此不适合于合金易产生密度偏析的铸件（如铅青铜），尤其不适合于铸造杂质比金属液密度大的合金。

离心铸造最早用于生产铸管，随后这种工艺得到快速发展。国内外在冶金、矿山、交通、排灌机械、航空、国防、汽车等行业，均采用离心铸造工艺来生产钢、铁及非铁碳合金铸件，其中尤以离心铸铁管、内燃机缸套和轴套等铸件的生产最为普遍。对一些成形刀具和齿轮类铸件，也可以对熔模型壳采用离心力浇注，既能提高铸件的精度，又能提高铸件的力学性能。在双金属铸铁轧辊，加热炉底耐热钢辊道，特殊钢无缝钢管，制动鼓，活塞环毛坯，铜合金蜗轮，异形铸件如叶轮、金属假牙、金银戒指、小型阀门和铸铝电机转子等铸件的生产效益显著；世界上每年球墨铸铁件总产量的近 1/2 是用离心铸造法生产的，柴油发动机和汽油发动机的气缸套、各种类型的钢套和钢管、双金属钢背铜套、各种合金的轴瓦、造纸机滚筒等铸件产量很大。几乎一切铸造合金都可用离心铸造法生产，离心铸件的最小内径可达 8mm，最大直径可达 3m，铸件的最大长度可达 8m，离心铸件的重量范围为零点几千克至十多吨。

1.3.5 其他铸造方法

1. 低压铸造

低压铸造是使液体金属在压力作用下充填型腔，以形成铸件的一种方法。由于所用的压力较低，所以称为低压铸造。其工艺过程（图 1-9）是：在密封的坩埚（或密封罐）中，通入干燥的压缩空气，金属液在气体压力的作用下，沿升液管上升，通过浇口平稳地进入型腔，并保持坩埚内液面上的气体压力，一直到铸件完全凝固为止；然后解除液面上的气体压力，使升液管中未凝固的金属液流回坩埚，再由气缸开型并推出铸件。由于低压铸造采取底注式充型，其金属液的上升速度容易控制，液体金属充型比较平稳铸件成形性好，有利于形成轮廓清晰、表面光洁的铸件，对于大型薄壁铸件的成形更为有利；铸件组织致密，力学性能高；提高了金属液的铸件成品率，一般情况下不需要冒口，使金属液的铸件成品率大大提高，

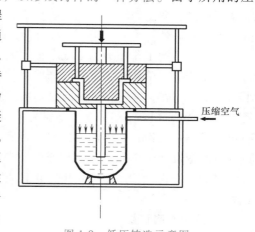

压缩空气

图 1-9 低压铸造示意图

一般可达 90%；此外，劳动条件好；设备简单，易实现机械化和自动化，也是低压铸造的突出优点。

2. 挤压铸造

挤压铸造又称为液态模锻，是金属液在压力下充型及凝固而获得铸件的一种铸造方法。将金属液浇入挤压机的凹模中，然后上型（又称为冲头）向下移动将下型中的液态金属挤满型腔，金属液在压力作用下凝固成形。其原理如图 1-10 所示。挤压铸造铸件精度高，加工余量小；由于铸件是在压力下充型和凝固的，所以铸件组织致密，晶粒细小，铸件的力学性能好；生产率高，工序简单。挤压铸造常用来生产形状比较简单的铝合金、锌合金、铜合

金、钢、铁等铸件，如高压锅、阀体、活塞、铁锅等。

3. 陶瓷型铸造

陶瓷型铸造是在砂型熔模铸造的基础上发展起来的一种新工艺。陶瓷型是利用质地较纯、热稳定性较高的耐火材料作造型材料，用硅酸乙酯水解液作黏结剂，在催化剂的作用下，经灌浆、结胶、起模、焙烧等工序而制成的。陶瓷型铸造兼有砂型铸造和熔模铸造的优点，铸件的表面粗糙度值小；铸件的尺寸精度

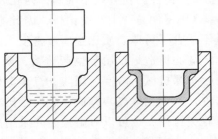

图 1-10　挤压铸造示意图

高；可以铸出大型精密铸件；投资少，投产快，生产准备周期短。其缺点是原材料价格昂贵，由于有灌浆工序，不适于浇注批量大、重量轻、形状较复杂的铸件，且生产工艺过程难以实现机械化和自动化。陶瓷型铸造是铸造大型厚壁精密铸件的重要方法，它广泛地应用于铸造冲模、锻模、玻璃器皿模金属型、压铸型、模板、热芯盒等。陶瓷型可以浇注碳素钢、合金钢、不锈钢、铸铁及有色合金铸件；铸件重量从几千克到几吨。

4. 差压铸造

差压铸造又称为反压铸造、压差铸造。它是在低压铸造的基础上派生出来的一种铸造方法。在铸型外罩个密封罩，同时向坩埚和罩内通入压缩空气，但坩埚内的压力略高，使坩埚内的金属液在压力差的作用下经升液管充填铸型，并在压力下结晶。它是低压铸造与压力下结晶两种铸造方法的结合。此时铸件是在更高的压力作用下结晶凝固的，所以可保证获得致密度更高的铸件。

差压铸造的工作压力为 0.6MPa，压差范围为 50kPa 左右。

差压铸造在单件、小批量生产时可用砂型，生产批量大时，可用金属型；铸件重量可从小于 1kg 至 100kg 以上。目前国内采用差压铸造的大型复杂薄壁整体舱铸件，其最大铸造直径为 540mm、高度为 890mm、壁厚为 8~10mm；可铸造的合金有铝合金、锌合金、镁合金、铜合金，还有铸钢；生产的铸件有电机壳、阀门、叶轮、气缸、轮毂、坦克导轮、船体等。在压力铸造机上生产受投影面积或壁厚限制的铸件均可用差压铸造法生产。差压铸造技术还可应用到注塑机上生产泡沫塑料结构件，通过发泡剂的加入量和压力控制生产出不同厚度的表面致密层。

5. 真空密封造型

真空密封造型简称真空造型或 V 法造型。其工艺过程为：将烘烤呈塑性状态的塑料薄膜覆盖在模板上，真空泵抽气使薄膜密贴在模板上成形；将带有过滤抽气管的砂箱放在已覆好塑料薄膜的模板上；向砂箱内充填没有黏结剂和附加物的干石英砂，借微震使砂紧实、刮平，放上密封薄膜，打开阀门，抽去型砂内的空气，由于压力差的作用使铸型成形并具有较高的硬度；去除模板的真空度进行起模。铸型要继续抽气直到浇注的铸件凝固为止，依上法制出上下半型；下芯、合箱、浇注。待金属凝固后，停止对铸型抽气，型内压力一接近大气压，铸型就自行溃散。其工艺过程如图 1-11 所示。真空密封造型由于型腔内覆有薄膜，用较细的干砂，铸型硬度高且均匀，起模容易，不需要重敲或振动，所以铸件表面质量好、轮廓清晰、尺寸精确。真空密封造型由于省去了有关黏结剂、附加物及混砂设备，因此，其主要设备比湿型用的抛砂机设备便宜约 30%，设备所需动力为湿型生产的 60%，劳动力减少

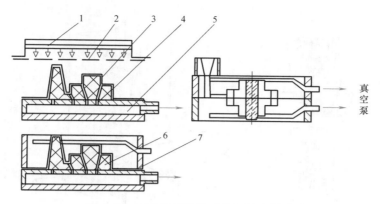

图 1-11　真空密封造型工艺过程示意图

1—发热元件　2—塑料薄膜在烘烤时的位置　3—塑料薄膜　4—抽气孔

5—抽气箱　6—模样　7—模板

约 35%，所以简化了设备、节约了投资、减少了运行和维修费用，而且其模具和砂箱的使用寿命较长。真空密封造型可用于各种壁厚和合金的铸件生产。

6. 磁型铸造

磁型铸造是采用钢丸或铁丸代替型砂，以磁力代替黏结剂造型，模样采用气化模，浇注时直接在模样上浇注金属液，模样在高温下汽化，腾出空间由金属液充填而生产铸件的一种铸造方法。其原理如图 1-12 所示：马蹄形铁心上绕有线圈，通电之后产生磁场；置于磁场中的铁丸即被固结成形；浇注结束、铸件冷却后，切断电源，磁场消失，铁丸随之松散，即可取出铸件。磁型铸造由于铁丸可以反复使用，所以节省了造型材料，降低了产品的成本；用气化模造型不用起模，铸件尺寸精度高，加工余量小。但磁型铸造也有很大的局限性，磁型铸造不适合铸造厚大复杂的铸件；浇注时气化模燃烧放出大量烟气，造成空气污染，并易造成铸钢件增碳和夹渣等缺陷。磁型铸造可用来铸造厚度在 40mm 以下的中小铸件。

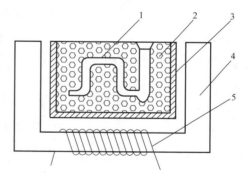

图 1-12　磁型铸造原理示意图

1—气化模　2—铁丸　3—砂箱

4—磁型机　5—线圈

7. 连续铸造

连续铸造是一种先进的铸造方法，其原理是将熔融的金属，不断浇入一种称为结晶器的特殊金属型中，凝固（结壳）了的铸件连续不断地从结晶器的另一端拉出，它可获得任意长或特定长度的铸件。连续铸造的工艺过程如图 1-13 所示。连续铸造时，由于金属被迅速冷却，结晶致密，组织均匀，力学性能较好；铸件上没有浇注系统和冒口，故连续铸锭在轧制时不用切头去尾，节约了金属，提高了铸件成品率；简化了工序，免除了造型及其他工序，因而减轻了劳动强度；所需生产面积也大为减少；连续铸造生产易于实现机械化和自动化，铸锭时还能实现连铸连轧，大大提高了生产率。连续铸造在国内外已被广泛采用，主要用于生产连续铸锭（钢或有色金属锭）、连续铸管等。连续铸管目前已成为我国生产铁管的主要方法。

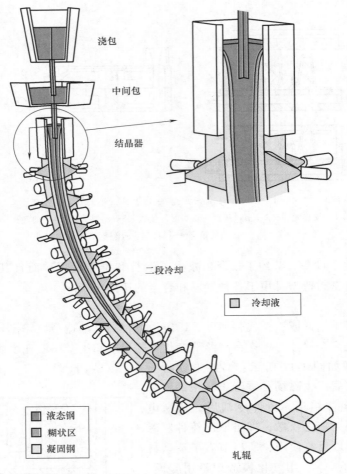

浇包

中间包

结晶器

二段冷却

冷却液

液态钢
糊状区
凝固钢

轧辊

图 1-13　连续铸造的工艺过程示意图

表 1-3 为各种铸造方法的比较。

表 1-3　各种铸造方法的比较

铸造方法	铸件材质/铸件重量	铸件复杂程度/生产成本	适用范围	工艺特点
砂型铸造	各种材质/几十克~很大	简单/低	最常用的铸造方法 手工造型:单件、小批量和难以使用造型机的形状复杂的大型铸件 机器造型:适用于批量生产的中、小铸件	手工造型:灵活、易行,但效率低,劳动强度大,尺寸精度和表面质量差 机器造型:尺寸精度和表面质量好,但投资大
金属型铸造	有色金属/几十克~20kg	复杂/金属模的费用较高	小批量或大批量生产的非铁合金铸件,也用于生产钢铁铸件	铸件精度、表面质量好,组织致密,力学性能好,生产率高
熔模铸造	铸钢及有色合金/几克~几千克	复杂/较高	各种批量的铸钢及高熔点合金的小型复杂精密铸件,特别适合铸造艺术品、精密机械零件	尺寸精度高、表面质量好,但工序繁多,劳动强度大

（续）

铸造方法	铸件材质/铸件重量	铸件复杂程度/生产成本	适用范围	工艺特点
陶瓷型铸造	铸钢及铸铁/几千克～几百千克	较复杂/昂贵	模具和精密铸件	尺寸精度高、表面质量好，但生产率低
石膏型铸造	铝、镁、锌合金/几十克～几十千克	较复杂/高	单件到小批量	石膏型透气性极差，铸件易形成气孔，浇不足等缺陷，应注意合理设置浇注及排气系统
低压铸造	有色合金/几十克～几十千克	复杂（可用砂芯）/金属模制作费用高	小批量，最好是大批量的大、中型有色合金铸件，可生产薄壁铸件	铸件组织致密，铸件成品率高，设备较简单，可采用各种铸型，但生产率低
差压铸造	铝、镁合金/几克～几十千克	复杂（可用砂芯）/较低	高性能和形状复杂的有色合金铸件	压力可控，铸件成形好，组织致密，力学性能好，但生产率低
压力铸造	铝、镁合金/几克～几十千克	复杂（可用砂芯）/金属模的制作费用很高	大量生产的各种有色合金中小型铸件、薄壁铸件、耐压铸件	铸件尺寸精度高、表面质量好，组织致密，生产率高，成本低，但压铸机和铸型成本高
离心铸造	灰铸铁、球墨铸铁/几十千克～几吨	长形连续铸件/低	固定截面的长形铸件，如钢锭、钢管等	组织致密，力学性能好，生产率高
消失模铸造	各种材质/几克～几吨	较复杂/较低	不同批量的较复杂的各种合金铸件	铸件尺寸精度较高，铸件设计自由度大，工艺简单，但模样燃烧影响环境

思 考 题

1. 常用的手工造型与机器造型方法有哪些？各有何特点？如何根据铸件特点与生产性质等选择造型方法？

2. 熔模铸造的实质、基本特点及应用范围是什么？常用的熔模模料有几种？它们的基本组成、性能特点及应用场合如何？

3. 试述金属型铸造的工艺过程、基本原理及工艺特点。

4. 压力铸造的基本特点及适用范围是什么？试述压铸过程中压力和速度的变化及其对铸件成形过程的影响。

5. 离心铸造的实质、基本特点及适用范围是什么？

6. 试比较砂型铸造与特种铸造的工艺特点和适用范围。

Chapter 2

第2章

液态成形工艺基础

液态成形即铸造。铸造生产是使金属合金经过熔化和凝固成形，获得一定形状、尺寸的零件毛坯的方法。砂型铸造是应用最广泛的铸造方法之一。砂型铸造工艺流程如图 2-1 所示。

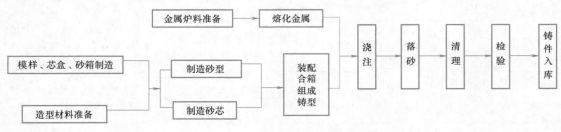

图 2-1　砂型铸造工艺流程图

用来造型、制芯的各种原砂、黏结剂和附加物等原材料，以及由各种原材料配置成的型砂、芯砂、涂料等，一般都统称为造型材料。

造型材料对于铸件的质量及生产成本起着重要的作用。据统计，铸件废品约有 50% 以上与造型材料有关，1t 铸件约需型砂、芯砂 5~10t。造型材料的改进和发展对新的造型、制芯工艺，铸造生产机械化和自动化的发展均有很大的关系。

造型材料主要研究铸型和型芯所用各种原材料的成分、性能、配比、制备工艺以及如何控制及改善它们的性能。

2.1　铸造用原砂

铸造生产中制造砂型和砂芯的原砂，一般主要是指以石英颗粒为主的石英质砂（硅砂），是岩石风化破坏后在原地或经风、水、冰川等搬运沉积而成的天然矿。一般来说，石英质砂中绝大部分是石英，此外还混有少量长石、云母和黏土矿物等夹杂物。除了石英质砂，铸造过程中也会使用非石英质砂。

铸造用砂有一定的性能要求，并非所有的砂子都能用于铸造生产。原砂性能主要是指砂子的矿物组成和化学成分、含泥量、颗粒组成、耐火度、烧结点以及加热过程中的体积变化，现分别给予介绍。

2.1.1　石英砂的组成、性能和分类

1. 原砂的矿物组成及化学成分

原砂的矿物组成和化学成分直接影响原砂的耐火度、化学热稳定性和复用性，关系到铸

件的表面粗糙度。原砂的矿物组成主要是石英，其次是长石和少量云母，此外还有铁的氧化物等杂质。它们的特性见表2-1。

表2-1 石英、长石、云母等矿物特性

名称	化学式	密度/(g/cm³)	莫氏硬度	熔点/℃
石英	SiO_2	2.65	7	1713
钾长石	$K_2O \cdot Al_2O_3 \cdot 6SiO_2$	2.5~2.6	6	1170~1200
钠长石	$Na_2O \cdot Al_2O_3 \cdot 6SiO_2$	2.62~2.65	6~6.5	1100
钙长石	$CaO \cdot Al_2O_3 \cdot 2SiO_2$	2.74~2.76	6~6.5	1160~1250
白云母	$K_2O \cdot 3Al_2O_3 \cdot 6SiO_2 \cdot 2H_2O$	2.75~3.0	2~2.5	1270~1275
黑云母	$K_2O \cdot 6(Mg \cdot Fe)O \cdot Al_2O_3 \cdot 6SiO_2 \cdot 2H_2O$	2.7~3.1	2.5~3.0	1145~1150

2. 原砂的含泥量和颗粒组成

（1）含泥量 原砂中的含泥量是指颗粒小于0.022mm的组成物含量，它对型砂的透气性、强度、耐火度、耐用性等都有很大影响。它是铸造用砂质量的主要性能指标之一。铸钢件和铸铁件常用原砂的含泥量一般都小于2%。

（2）颗粒组成 砂的颗粒组成（包括砂粒大小、均匀度、颗粒形状及表面状况）对型砂的透气性、强度、耐火度等许多性能都有影响，它是铸造用砂质量的主要性能指标之一。砂的颗粒大小常用筛分法测定。

3. 原砂的粒形及粒貌

根据砂子的颗粒形状可以将砂子分为圆形、多角形和尖角形三种，如图2-2所示。

a)   b)   c)

图2-2 砂粒的形状

a) 圆形○ b) 多角形□ c) 尖角形△

圆形、多角形和尖角形砂分别以符号○、□和△表示。一种原砂往往由两种以上颗粒的原砂组成，只要其形状的颗粒不超过1/3，仍以主要的颗粒形状表示。否则用两种形状表示，并把数量较多的形状符号放在前面。如○-△表示原砂中尖角形砂超过了1/3，但圆形砂数量较多。

2.1.2 非石英质原砂

非石英质铸造用砂是指矿物成分中含少量或不含游离SiO_2的原砂。虽然石英砂来源广、价格低，一般能满足铸铁、铸钢和有色合金铸件生产的要求，得到广泛应用，但石英砂的耐火度有一定限度，且 SiO_2 是酸性氧化物，易与碱性的金属氧化物反应，形成低熔点化合物，导致化学粘砂，使铸件清砂困难。石英除热膨胀较大外，还会由于相变而引起体积突变，易导致夹砂缺陷。由于热胀冷缩产生的应力反复作用，砂粒易碎裂变细粉化，使耐火度、透气性、耐用性下降。因此，在浇注大型铸钢件、合金钢或其他高温合金时往往不能满足要求，不得不另外寻求中性或碱性砂作原砂，即非石英质砂。

非石英质铸造用砂是指矿物成分中含少量或不含游离 SiO_2 的原砂。目前采用的非石英质原砂有石灰石砂、镁砂、锆砂、铬铁矿砂、刚玉、高铝矾土砂、熟料、碳素砂等。这些材料与石英砂系相比，有高的耐火度、导热性、热容量和热化学稳定性，与金属液及其氧化物的浸润性低，膨胀系数小等特点。图 2-3 所示为石英质砂与非石英质砂膨胀系数的比较。

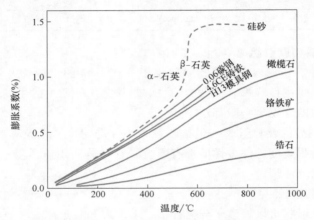

图 2-3　石英质砂与非石英质砂膨胀系数的比较

1. 石灰石砂

以碳酸钙为主的方解石，经人工破碎、筛选而成石灰石原砂。其化学活性属碱性，高温分解产生气膜，不粘砂。其主要应用于铸钢件的型砂和芯砂。

2. 镁砂

镁砂的主要成分是 MgO，它是由菱镁矿（$MgCO_3$）在高温下煅烧再经破碎分选而获得的。

3. 锆砂

锆砂又称锆英砂，是一种以硅酸锆（$ZrO_2 \cdot SiO_2$）为主要组成的矿物。

锆砂虽仍属酸性耐火材料，但高温时对氧化铁的热化学稳定性高，而且基本上不被金属氧化物浸润。锆砂的热导率和蓄热系数比石英大一倍，故能使铸件冷却凝固较快并有良好的抗粘砂性能，做形状复杂的铸型时，可用它代替冷铁，对铸件进行激冷，可细化结晶组织。锆砂的热膨胀系数只有石英的 1/3，一般不会造成型腔表面起拱和夹砂。因此，锆砂可用作大型铸钢件或合金钢铸件的特殊型（芯）砂或涂料、涂膏。

4. 铬铁矿砂

铬铁矿砂属于铬尖晶石类，主要矿物组成有铬铁矿（$FeCrO_4$）、镁铬铁矿 [（Mg, Fe）Cr_2O_4] 和铝镁铬铁矿 [（Fe, Mg）（Cr, Al）$_2O_4$]。铬铁矿砂的优点是热导率比石英砂大好几倍，耐火度高，不与氧化铁等起化学作用。

2.1.3　原砂的选用原则

原砂的选用原则主要是满足型砂性能要求，保证铸件质量，另外还要考虑来源丰富、就地就近取材、节约黏结剂等方面。

随着铸件的合金种类、重量、壁厚，砂型种类（湿、干、表干型），造型方法（手工、机器）的不同，对型砂性能的要求不同，相应对原砂的要求也不同。

铸钢件的浇注温度高达1500℃左右，要求型砂有较高的耐火度和透气性，所以原砂中SiO_2含量应较高，一般要求其质量分数≥94%，有害杂质亦应严格控制，同时要求石英砂颗粒较粗、较匀。

铸铁的熔点低于铸钢，浇注温度一般在1400℃以下，因而对原砂耐火度的要求比铸钢低。

铸铜的浇注温度约为1200℃，所以对原砂的化学成分要求不高。但铜合金流动性好，容易钻入砂粒空隙间形成机械粘砂，因此宜采用较细的原砂。

刷涂料的干型和表干型多用较粗的原砂，湿型宜用较细的原砂，对一些表面质量要求特别高的不加工小件，应选用特细砂粒。

2.2　铸造用黏土

2.2.1　黏土的种类

黏土根据它含有的黏土矿物种类及其性能的不同，主要分为普通黏土和膨润土两大类。普通黏土通常又称白泥，主要是由高岭土类黏土矿物组成，故亦称高岭土。膨润土主要由蒙脱石类矿物组成。膨润土按所吸附的阳离子的种类可分为两类：钙基膨润土——吸附的阳离子以Ca^{2+}为主；钠基膨润土——吸附的阳离子以Na^+为主。

黏土的黏结机理：由于黏土颗粒表面带有负电性，加水润湿后把极性水分子吸引在自己周围形成呈胶黏性的水化膜，依靠土粒间的水化膜，通过其中的水化阳离子，起着"桥"或"键"的作用，使土粒间相互连接起来，产生湿态黏结性（图2-4）。

黏土加热后体积要收缩。黏土加热到105~110℃时失去自由水，随着水分的蒸发黏土颗粒相互靠近出现收缩，同时因相互附着力增大，干强度随之提高。再加热时，蒙脱石在170℃左右失去结合水（吸附水、层间水），体积会进一步收缩，在710℃左右失去结构水，失去结构水将导致原矿物结构破坏，失去黏结力而成为死黏土。高岭土吸附水少，又无层间水，黏结受热过程中体积收缩较小，因此它可以用于干型。

2.2.2　黏土的选用

选用黏土时通常考虑以下几方面的要求：

1）黏结力。膨润土的湿态黏结力比普通黏土高出1倍左右。

2）耐用性。黏土矿物失去结构水就失去黏结作用成为死黏土。膨润土失去结构水的温度比普通黏土高，故膨润土的耐用性比普通黏土好，反复使用过程中，型砂性能不易恶化。

3）抗夹砂能力。黏土的抗夹砂能力与黏土的热湿拉强度成正比，为减少铸件的夹砂缺陷，应选用热湿拉强度高而热压应力低的膨润土。

2.3 黏土型（芯）砂

黏土型（芯）砂是指由原砂、黏土、水和其他附加物按使用要求所混制而成的混合物，其结构如图2-4所示。黏土型砂可分为湿型砂、表干型砂和干型砂三类。对湿型砂、表干型砂、干型砂的性能要求各有不同，因而应掌握它们性能变化的规律性。

2.3.1 黏土型（芯）砂性能及其影响因素

由于铸件的生产需经过造型、起模、翻箱、合箱、浇注、打箱等过程，在此过程中只有具有一定性能的型砂才能满足铸件生产的需要。例如，造型、起模、翻箱、合箱时要求铸型具有一定的湿强度、表面强度和韧性；浇注时要求铸型具有一定的高温强度和耐火度；打箱时要求铸型具有较低的残留强度等。

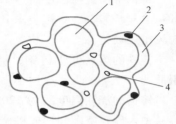

图2-4 黏土型砂结构示意图
1—砂粒 2—黏结剂
3—水膜 4—气泡

1. 湿强度

型砂的强度用标准试样受力破坏时的应力数值来表示。试样强度通常分为湿态和干态两种，包括抗压、抗拉、抗弯、抗剪、抗裂（或抗劈）强度等。湿型铸造时，主要检查型砂的湿态抗压强度（湿压强度）。

型砂中黏土的质量和加入量对湿压强度有很大影响。型砂中黏土含量增加时湿压强度随之增加，但型砂中黏土含量过多，会使型砂混碾困难，形成黏土团，型砂的其他性能亦变坏。当黏土量一定时，湿压强度开始随着型砂水分的增加而增加，达到一最大值时，强度就随水分继续增加而下降。因为开始加水时，水量太少，不够形成完整的水化膜，黏土颗粒没有完全发挥黏结力，因此黏结力不大。继续加水时，水化膜逐渐形成，黏结力逐渐增大，到黏土颗粒间水分子层数达到一定时，湿压强度达到最大值。继续增加水分，黏结力开始减弱，如果水分过多，黏土颗粒之间出现自由水，黏结力就会猛烈下降。因此，必须保持适宜的土水比，以发挥黏土的黏结力。

2. 透气性

型砂孔隙透过气体的能力称为透气性。透气性的大小用透气率表示。金属液浇入砂型，尤其是湿砂型时，会产生大量气体，因此砂型必须具备良好的排气能力，否则浇注过程中有可能发生呛火，造成金属液体喷溅，也可能使铸件形成气孔、浇不足等缺陷。但透气性过高时，会造成铸件表面粗糙和发生粘砂缺陷。所以，透气性大小是型砂的重要性能指标之一，应该严格控制。

原砂对透气性的影响，主要取决于颗粒的大小和均匀程度。原砂的粒度越粗，透气率越高。因为砂粒越粗，气体通过的阻力越小。原砂的均匀程度对型砂透气率的影响很大。粒度分散的原砂，细小颗粒总是嵌在大颗粒的孔隙中，使型砂的孔隙大为减小，透气能力大幅度下降。水分对透气性的影响是随着水分的增加，透气性先升高到最大值，然后降低。因为水分较少时黏土颗粒没有被充分润湿，堵塞了砂粒间隙，使型砂的透气性较低；当水分适宜时，黏土颗粒在型砂表面形成了光滑的薄膜，此时空气的流动阻力最小，因此透气性最大。水分超过一定限度后，黏土膜变得厚而软，制样时黏土膜易被挤到砂粒间隙造成透气性下降。

3. 流动性

型砂在外力或本身重力作用下砂粒间相互移动的能力称为流动性。流动性好的型砂可得到各处紧实程度较均匀、无局部疏松、轮廓清晰、表面光洁、尺寸精确的型腔。

砂粒形状、大小和表面状态对型砂流动性影响较大。采用粒度大而集中的圆形砂可得到较好的流动性，尖角形和粒度分散的砂则流动性较差。

4. 可塑性和韧性

可塑性是指型砂在外力作用下变形，当外力去除后，能保持所给予的形状的能力。型砂中黏土含量越高并加入足够水分，可塑性就越好。手工造型起模时常在模样周围刷水，其作用就是在局部增加水分以提高可塑性和改善起模性能。韧性是型砂抵抗破坏的能力，韧性可以反映出型砂的起模性能。韧性可用落球法测出的破碎指数来表示。凡能影响湿压强度和应变的因素都影响韧性。

2.3.2　黏土型砂的应用

黏土型砂被广泛应用于制造各种铸件的铸型和型芯，目前生产中黏土型砂约占整个铸造生产的 70%~80%。

1. 湿型砂

湿型砂铸造的优点是工序简单、生产周期短、生产率高、便于组织流水作业。但湿型砂铸造的缺点是铸件易产生气孔、砂眼、夹砂和粘砂等缺陷。

湿型砂按其使用特点可分为面砂、背砂和单一砂。

所谓面砂是指铺敷在模型表面上构成型腔表面层的型砂。背砂是指在面砂背后用来充填加固的型砂，又称填充砂。在铸型浇注时面砂直接与高温金属液接触，因此面砂应具有较好的强度、韧性、流动性、抗粘砂性和抗夹砂性。而背砂只是起着加固作用，因此背砂的强度可以较低，但透气性要高。采用面砂和背砂，不但可以保证铸件的质量，还能降低原材料的消耗。但由于在同一铸型中使用性能不同的两种型砂，使得造型复杂，因此在手工造型车间多使用面砂和背砂，在机器造型时一般使用单一砂，单一砂的性能应接近面砂。

湿型砂常采用粒度为 50/100、70/140、100/120 的颗粒均匀的圆形或多角形的天然石英砂或石英-长石砂。采用黏结性能较好的膨润土，同时铸铁件湿型砂中常加入煤粉，重要件的面砂中还加入重油，以提高型砂的抗夹砂和抗粘砂的能力，得到表面光洁的铸件。

配制湿型砂时，可分为全用新砂和使用回用砂两种。

全用新砂适合于型砂的性能试验、车间刚投产和一些重要件的面砂。对于铸铁小件，全用新砂时，膨润土加入量一般为 5%~6%（质量分数），普通黏土为 6%~8%（质量分数）；大件和易出现夹砂和粘砂缺陷的铸件，膨润土加入量一般为 6%~8%（质量分数），普通黏土为 9%~10%（质量分数）。

煤粉加入量对于薄壁小件一般为 3%~4%（质量分数），较大的铸件为 8%（质量分数）。煤粉加入量是否合适可根据铸件表面来判断，如果铸件表面仍有粘砂，说明煤粉加入量不够；如果铸件表面光洁并发蓝，说明煤粉加入量过多。

湿型砂的最适宜水分一般以紧实率确定，如一般机器造型的紧实率为（45±5）%，手工造型为（50±5）%，高压造型为（40±5）%，铸钢件手工造型为55%～60%。

生产1t铸件约需使用4～5t型砂，如果每次配砂都全用新砂，就会消耗掉大量的新砂和黏土，使铸件的成本大大增加，也不利于环保。因此，在实际生产中应尽量使用回用的旧砂。但由于旧砂中的黏土在高温作用下失去结构水，丧失了黏结能力，成为死黏土；型砂中的煤粉和重油等有机物在高温下失去挥发分，烧结成细焦炭分和灰分，不再起抗粘砂和夹砂作用；型砂中的砂粒在高温时急剧膨胀，随后冷却收缩，会发生碎裂。这些失效的黏土、煤粉和砂粒在使用时会使型砂的性能变坏，因此在使用回用砂时必须补加一定量的新砂、黏土和煤粉才能保证铸件的质量。

一般来说，在大量生产中，铸铁小件每次补加新砂5%～7%（质量分数），大件补加新砂15%～30%（质量分数）。黏土补加量为新砂所需黏土量加上失效黏土的补加量。煤粉失效的百分数可由试验测出。

2. 干型砂

对于一些重量大、质量要求高的铸件一般采用干型砂生产。干型砂生产的优点是铸型强度高、发气量低、透气性高，所以对于中大型铸件质量易于保证，但其也有生产周期长、烘干设备投资大、燃料消耗多、劳动条件差等缺点。干型砂的砂型及砂芯一般需要烘干，目的是除去水分、降低型（芯）的发气量和提高透气性及强度。

3. 表面干型砂

表面干型砂是将型（芯）砂表面烘干的型砂，与湿型砂相比铸件不易产生夹砂、粘砂及气孔缺陷；与干型砂相比可节省烘炉，节约燃料和电力，缩短生产周期。表面干型砂一般都采用粒度为12/28、25/45、28/55的粗砂，采用膨润土或活化膨润土为黏结剂，且膨润土的加入量一般较高，质量分数为8%～10%。在干型砂中还常加入木屑，以提高型砂的抗夹砂能力、退让性和溃散性。

表面干型砂大都采用喷灯烘烤，烘干层约为5～10mm。

2.4 水玻璃砂及有机黏结剂砂

水玻璃砂广泛用于铸钢件生产中，它以水玻璃为黏结剂。水玻璃砂需要硬化才能使用。水玻璃砂有多种硬化方法，硬化过程主要是化学反应的结果。采用CO_2气体使水玻璃砂硬化的称为CO_2硬化砂；在水玻璃砂中加入硬化剂使其硬化的称为自硬砂；在水玻璃砂中加入硬化剂和少量发泡剂使其流动和自硬的称为流态砂。水玻璃砂在使用时还存在一些缺点，如水玻璃砂出砂性差，旧砂回用较困难，流态砂铸件易产生缩沉等。

2.4.1 水玻璃砂的硬化机理及硬化方法

1. 水玻璃的技术条件

水玻璃是一种黏稠液体，成分为硅酸钠和水，呈碱性。硅酸钠是SiO_2和Na_2O以不同比例组成的多种化合物的混合体，常用通式$Na_2O \cdot mSiO_2$来表示它们的一般组成。

（1）水玻璃模数及其调整　水玻璃中SiO_2和Na_2O的物质的量之比称为水玻璃的模数，用M表示。

$$M = \frac{n_{SiO_2}}{n_{Na_2O}} = 1.033\,\frac{w_{SiO_2}}{w_{Na_2O}} \qquad (2\text{-}1)$$

模数增加表示 SiO_2 相对含量提高，水玻璃的模数不一定是整数。

例如，由化学分析法测得某水玻璃中 SiO_2 的质量分数为 31%，Na_2O 的质量分数为 14%，则其模数为

$$M = 1.033 \times \frac{31\%}{14\%} = 2.28 \qquad (2\text{-}2)$$

在生产中，常遇到现有水玻璃不符合生产条件的要求，有必要对模数进行调整，调整模数的方法如下：

1）降低模数。模数较高的水玻璃中可加入适量苛性钠（NaOH），使其碱度增加，中和水玻璃中一部分游离的 SiO_2，可使 SiO_2 与 Na_2O 比值降低。其反应式为

$$mSiO_2 + 2NaOH = Na_2O \cdot mSiO_2 + H_2O \qquad (2\text{-}3)$$

2）提高模数。如果 M 偏低，可加入适量氯化氨（NH_4Cl）或盐酸（HCl），与水玻璃中的 Na_2O 作用，使 Na_2O 含量降低，模数提高。其反应式为

$$Na_2O \cdot mSiO_2 + 2NH_4Cl = mSiO_2 + 2NaCl + 2NH_3 + H_2O \qquad (2\text{-}4)$$
$$Na_2O \cdot mSiO_2 + 2HCl = mSiO_2 + 2NaCl + H_2O \qquad (2\text{-}5)$$

（2）水玻璃的密度 密度表示 SiO_2 与 Na_2O 含量的多少。当 M 一定时，水玻璃的密度取决于溶解在其中的硅酸钠含量。硅酸钠含量越高，水玻璃密度越大，硬化速度越快，达到最高强度的时间越短。工厂常用的水玻璃溶液，其密度应为 $1.45 \sim 1.5 g/cm^3$。

2. 水玻璃的硬化机理

水玻璃在一定条件下变硬的过程，称为水玻璃的硬化。

水玻璃是一种弱酸强碱所生成的盐，它是多种硅酸钠的混合物，如 $SiO_2 \cdot H_2O$（偏硅酸）、$SiO_2 \cdot 2H_2O$（正硅酸）、$2SiO_2 \cdot 3H_2O$（二硅酸）等。以 Na_2SiO_3 为例，它在水中将完全以 Na^+ 和 SiO_3^{2-} 离子形式存在，水微弱地电离为 H^+ 和 OH^-，由于 NaOH 是强电解质，Na^+ 和 OH^- 并不结合，但是 H^+ 离子和 SiO_3^{2-} 离子能生成弱电解质 H_2SiO_3，所以水玻璃水解后呈碱性。

当水玻璃水解程度很小时，生成的硅酸分子是可溶的，可以看作是低分子溶液。当水玻璃模数增高、浓度较大时，其水解程度将增大，生成的硅酸分子越来越多，这些硅酸分子在溶液中能脱水聚合，形成双分子、三分子或多分子聚合的大分子。这些聚合大分子（直径为 $1 \sim 100nm$）表面吸附了一层 SiO_3^{2-} 离子，带有负电，称为胶核。由于静电作用，胶核表面可吸附一层 H^+ 构成了吸附层。胶核+吸附层组成胶粒。由于 H^+ 没有全部中和胶核的负电，故胶粒也带负电。在胶粒外还可吸附一些 H^+，形成扩散层。胶粒+扩散层组成胶团。各胶团带同种电荷，阻止了粒子相互接近，因而不能聚集下沉，胶粒和带相反电荷的离子都将发生水化而形成水化膜，也能阻止胶粒和反离子的结合，避免发生聚集。因此，形成的硅酸溶胶是稳定的。要使胶粒聚沉，可在溶液中加入少量电介质，如加入某种酸溶液，使 H^+ 浓度增大，胶粒吸附的 H^+ 中和了胶粒所带的负电，则离子互相碰撞发生聚沉。加热也能使胶粒聚沉。

水玻璃黏结剂的硬化过程实质就是由硅酸溶胶聚沉凝胶的过程。

3. 水玻璃的硬化方法

（1）吹 CO_2 硬化（CO_2 硬化水玻璃砂）　在水玻璃砂中吹入 CO_2 气体，CO_2 溶入水中生成碳酸，它与硅酸钠的水解产物 NaOH 作用生成 Na_2CO_3 或 $NaHCO_3$，体系因 OH^- 离子浓度的降低而促进硅酸钠的水解，使溶液中硅酸分子不断增加，促使硅酸凝胶形成。

吹 CO_2 的方法有插管吹气法（图 2-5）和盖罩吹气法（图 2-6）。吹入的 CO_2 气体压强一般为 0.1~0.15MPa。$1m^2$ 的砂型面积吹气时间约 1.2min。

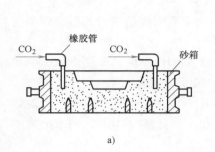
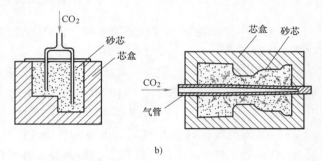

图 2-5　插管吹气法硬化示意图

a）硬化型砂　b）硬化砂芯

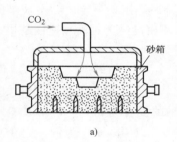
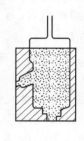
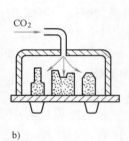

图 2-6　盖罩吹气法硬化示意图

a）硬化型砂　b）硬化砂芯

CO_2 硬化砂中，水玻璃加入量一般为 5%~8%（质量分数）。为了提高水玻璃砂的干强度及型砂保存性，可加入 0.5%~1.0%（质量分数）的苛性钠；为了提高湿强度，可加入少量黏土（质量分数为 2%~3%）；为了防止粘模，提高型砂流动性，改善溃散性，可加入 0.5%~1.0%（质量分数）的重油、柴油。

（2）发热自硬（水玻璃自硬砂）　水玻璃自硬砂由原砂、水玻璃、硬化剂等配制而成。紧实后的型砂能自硬，溃散性较好，主要用于生产周期较长的中大型铸件。

2.4.2　CO_2 水玻璃砂的性能及影响因素

1. 可使用时间

混好的水玻璃砂如不及时使用，会随停放时间延长而强度降低，甚至发散而不能使用。水玻璃砂的可使用时间一般以试样强度降为出碾后立即制样的即时强度的 80% 时的型砂存放时间来表示。原砂的温度高、水玻璃的模数高、密度大、混砂时间长、出碾水分低、气温高、相对湿度低等，都会使型砂的可使用时间缩短。

2. 湿强度

水玻璃砂的湿强度很低，一般为 0.005MPa 左右。对于起模后硬化的型砂可在混砂时加入质量分数为 2%～3% 的黏土。

3. 硬化强度

硬化强度又分为即时强度和存放强度，它们取决于 CO_2 的吹气工艺、水玻璃的模数和密度、型砂中的含水量和原砂的质量。

4. 表面稳定性

硬化后的水玻璃芯砂在存放一段时间后，芯子的表面和棱角易发酥，用手一搓就掉砂，而砂芯的整体强度并未降低，因而表面稳定性比硬化强度还要重要。表面稳定性随水玻璃加入量的增加而提高。原砂质量差、过吹、水玻璃的模数高等都会使水玻璃砂的表面稳定性降低。

5. 溃散性

使用 CO_2 硬化水玻璃砂时存在的主要问题是溃散性差。这是由于水玻璃砂加热到 800℃ 左右时，水玻璃黏结膜即出现液相，使膜的内应力、裂纹、气孔等缺陷消失，冷却后成为完整的玻璃黏结膜，使烧结后的水玻璃砂有很高的残留强度，导致溃散性差。一般改善水玻璃砂溃散性的措施有：①降低水玻璃的加入量；②适当提高水玻璃的模数和降低密度；③采用加热硬化、温芯盒或自硬砂工艺，以充分发挥水玻璃的黏结力。

2.4.3　有机黏结剂砂的性能及使用

由于砂芯在浇注之后大部分被金属液包围，与砂型相比，受到的热冲击力、浮力和压力作用更大，工作条件更恶劣。因此，对砂芯材料（原砂及黏结剂）提出了更高要求。传统的黏土砂和水玻璃砂无法满足上述性能要求，促使有机黏结剂砂在生产中得到广泛应用。

1. 有机黏结剂的种类、特性及使用要求

有机黏结剂按照其原材料来源可以分为三类，见表 2-2。

表 2-2　有机黏结剂的分类

类别	黏结剂名称
天然植物类	植物油:桐油、亚麻油、梓油、糖浆 淀粉:面粉、糊精、石蒜粉 天然树脂:松香
石油、轻工、化工副产品类	制皂、造纸、制糖废液:合脂、纸浆废液、糖浆 石油加工副产品:渣油、沥青 粮、棉加工副产品:米糠油、羧甲基纤维素
合成树脂类	尿醛树脂 酚醛树脂类:酚醛树脂、苯基苯酚树脂 糠醇树脂类:呋喃-Ⅰ型、呋喃-Ⅱ型 聚乙烯醇树脂

有机黏结剂的特性：

（1）硬化特性　铸造有机黏结剂由于其组成复杂，硬化过程可能同时发生几种变化，但根据其主要变化可分为以下三种类型：

1）硬化过程主要是黏结剂的物理状态发生变化，而原来的结构并不改变，可以称为物理硬化。这种过程是可逆的。

2）硬化过程是低分子转变成高分子化合物，由链状线型结构转变成网状体型结构。这种硬化过程可称为化学硬化，其过程是不可逆的。

3）介于第一、第二两种之间，硬化过程同时发生物理状态和化学结构的变化，其过程部分是可逆的，部分是不可逆的。

（2）强度特性 一般来说通过物理硬化的强度较低，而通过化学硬化获得的强度较高。铸造有机黏结剂的强度用比强度来表示。比强度是指每1%黏结剂可获得的芯砂干拉强度。

（3）亲水特性 铸造有机黏结剂可分为亲水和憎水两种。亲水黏结剂可用水来调整黏度，但也易吸潮使芯砂强度降低。憎水黏结剂需要稀释时，则必须采用有机溶剂或用乳化剂制成乳液。

（4）其他特性 由于有机黏结剂都是碳氢类化合物，一般加热到300℃以上就会分解和燃烧，所以有机黏结剂芯砂的退让行和出砂性比较好。但高温燃烧会产生大量的挥发性气体，因此有机黏结剂芯砂发气量大。

2. 植物油砂

以桐油、亚麻油、豆油、米糠油等为黏结剂配成的芯砂称为植物油砂。植物油黏结剂可以不经任何处理直接使用，加入量少（质量分数为1%~3%），芯砂具有干强度高、流动性好、不易粘芯盒、便于制芯操作等优点。同时，植物油在高温金属液的作用下会燃烧分解，生成碳，放出CO、H_2等还原性气体，可降低铸件内腔表面粗糙度值。油砂芯具有良好的退让性和溃散性，烘干后不易返潮，可以保存较长时间。植物油砂的缺点是湿强度低，烘干前和烘干中砂芯易变形。

（1）植物油砂的性能及影响因素

1）干强度。油砂的干强度随油的加入量的增加而提高，但比强度在油的加入量超出一定的范围后即逐渐降低。油的加入量太低，油膜太薄，干燥中有可能缩裂，连续性被破坏，使砂芯强度降低；加入量过多，油膜太厚，在既定烘干温度下得不到充分硬化，也会使砂芯干强度降低。在满足强度要求的前提下，植物油加入量以3%（质量分数）为宜。

原砂通常采用中等粒度或稍细粒度的圆形砂。砂的粒度太细时，表面积增大，在油量不变情况下，油膜厚度减薄，干强度较低。圆形砂不仅流动性好，且比多角形砂表面积小，油膜稍厚，干强度较高。

2）湿强度。油砂湿强度低，一般为0.003MPa，制芯操作不方便，烘干前易变形，影响铸件尺寸精度。为克服这一缺点，可在油砂中加入适量的水、黏土、糊精等附加物。在有水的油膜中，砂粒首先被水润湿，油在水的表面形成油膜，可改善油的分布状态。但烘干时水分蒸发，可能会破坏油膜连续性，使干强度降低，故水的加入量应控制在3%（质量分数）以下。油砂中加入黏土，同时加入少量的水能显著提高油砂的湿强度，因为黏土的细小颗粒加入油砂中，会使型砂颗粒之间的接触面积增大，增加了颗粒之间的附着力。糊精是良好的水溶性有机黏结剂，油砂中加入少量的糊精不仅能提高油砂的湿强度，而且还可以提高干强度，改善芯砂的退让行和出砂性。

（2）植物油砂的混制工艺 原砂加黏土→混碾2~3min→加水、加其他液态黏结剂→混碾2~3min→加水→混碾5min→出碾。

植物油砂的烘干温度太低，氧化聚合反应太慢，则烘干时间长，且油膜达不到最大强度；烘干温度太高，砂芯发酥，强度也会降低；烘干速度太快，砂芯易裂。实际生产中，采用的烘干温度为 200~250℃，烘干时间与砂芯大小厚薄有关，一般为 1~2h。

植物油砂长期以来在汽车、拖拉机、柴油机等制造部门用来制作复杂砂芯，但经济上不够合理。寻求其他材料代替植物油作黏结剂，具有实际意义，合脂便是一种较好的植物油替代品。

3. 合脂砂

合脂是合成脂肪酸蒸馏残渣的简称，是制皂工业的副产品。它由复杂的有机化合物组成，各组成物的含量与所用原材料（石蜡）有很大关系。铸造用的合脂应选用低熔点石蜡的合脂，此种合脂含羟基酸多，配制的砂芯具有较高的干强度。合脂在常温下是膏状物，呈黑褐色，温度低时会结成固体。常用溶剂稀释的方法降低合脂黏度，以便于配砂。稀释溶剂一般都是用煤油，因其成本低，且对人体皮肤无刺激。合脂的硬化作用主要依靠羟基酸，羟基酸含量越多，由低分子转换成高分子的过程越快。目前尚无测定羟基酸的简便方法，常用酸值间接地表示，酸值表示合脂中脂肪酸的含量。芯砂用的合脂，酸值不宜过高，否则合脂中脂肪酸含量多，相对的羟基酸含量就少。

合脂黏度大小对合脂砂性能影响很大，当黏度超过规定时，可用煤油稀释。

（1）合脂砂的工艺性能　合脂砂的工艺性能与植物油砂相近。

1）湿强度。合脂砂的湿强度一般较低，约为 2.5~4kPa，而且合脂加入量越多，湿强度越低。提高合脂砂的黏度时芯砂的湿强度略有提高。为提高合脂砂的湿强度，需要加入糊精、纸浆废液、黏土和水等附加物。

2）干强度。合脂砂的干强度较高，在合适烘干温度下（200~220℃），其干强度与桐油砂接近。为提高湿强度而加入的各种附加物都会使合脂砂的干强度降低。

3）吸湿性。合脂是憎水材料，合脂砂吸湿性很小，但当加入糊精、纸浆等水溶性材料后，吸湿性将显著增加。

4）发气性。合脂砂发气量与烘干温度有关。烘干温度低，发气量则大。当烘干温度超过 200℃ 时，在强度接近的情况下，合脂砂发气量比桐油砂还低。

5）退让性和出砂性。合脂黏结剂在 300℃ 以上分解，500℃ 开始燃烧，600℃ 开始丧失强度，退让性、出砂性良好。

合脂砂与油砂相比，流动性较差，形状复杂的砂芯不易紧实，容易粘芯盒，湿强度较低，砂芯易变形，有时甚至倒塌。

（2）合脂砂的配制与应用　合脂砂在国内工厂已普遍应用。在制作 I 级砂芯时，可加入质量分数为 0.3%~0.5% 的植物油，以提高合脂的流动性、干强度，降低粘模性，合脂的加入量一般为 2%~3%（质量分数）或更低些。制作 II、III 级砂芯时一般均加入几种附加物，如纸浆废液或糊精，并同时加入黏土或膨润土，合脂加入量控制在 3%~4.5%（质量分数）。

合脂砂的混制工艺是：首先加入原砂、黏土、糊精等粉状物，干混 2~3min，最后加合脂，混合 10min 左右。

合脂砂适宜的烘干温度为 200~240℃，以 210℃ 烘干效果最佳。温度太低，烘干时间要延长，烘干时间控制在 2~3h；温度太高，易过烧，强度降低，表面粉化。

4. 树脂砂

铸造上所用的植物油、合脂等黏结剂虽然具有较好的性能，但却由于硬化速度慢、需进窑烘干等缺陷，故生产周期长、生产率低等不易实现机械化、自动化的要求。合成树脂黏结剂的出现弥补了以上黏结剂存在的不足。以合成树脂为黏结剂的树脂砂，可在芯盒中直接硬化（加热或不加热），无须进窑烘干，硬化反应只要几分钟或几十秒即可完成，大大提高了劳动生产率，且砂芯变形小，尺寸精度高，可减小加工余量，并使工艺流程简化，易于实现机械化和自动化。国内应用的树脂黏结剂，主要有酚醛树脂、脲醛树脂和糠醇树脂三种。

合成树脂分为热塑性和热固性两种。

凡是受热后软化、熔化（树脂无固定熔点），冷却后凝固硬化，此过程可重复多次的树脂，称为热塑性树脂。

凡是在常温或受热后起化学反应固化成形，再加热时不可逆的树脂称为热固性树脂。热固性树脂在加热及固化剂的作用下，其链状结构即可转变为体型结构，使树脂变为坚硬的固体；热固性树脂在受热后或长时间保存过程中，就能转变为体型结构。

（1）热芯盒树脂砂　热芯盒制芯是用射芯机以 5～7 个大气压的压缩空气，将散状树脂砂射入加热到一定温度（180～260℃）的芯盒内，经过几十秒或几分钟便可从热芯盒中取出表面光滑、尺寸精确并具有足够强度的砂芯。

这种制芯方法的优点是，工艺过程简单，硬化周期短，砂芯从芯盒中取出后利用自身余热能继续硬化，生产率较高。

热芯盒树脂砂具有低的湿强度，高的干强度，混制工艺简单，硬化迅速，流动性、透气性、退让性、溃散性较好，发气量低等优点。

（2）冷芯盒树脂砂　冷芯盒制芯是将树脂砂射入冷芯盒，再通入气体催化剂，使砂芯在室温下硬化，无须加热。此方法改善了劳动条件，缩短了生产周期，生产率大大提高，特别适合于中小批量、多品种的生产条件。

冷芯盒制芯目前有扩散气体冷盒法和自硬冷盒法两种。

1）扩散气体冷盒法是以雾化状的三乙胺（$(C_2H_5)_3N$）为催化剂，使液态酚醛树脂的羟基（—OH）与液态聚异氰酸酯中的异氰酸根（—NCO）结合成相对分子质量巨大的聚氨酯树脂。这种树脂砂出砂性好，存放性也好，存放长达 6 个月性能也不起变化，可用于浇注铸钢、铸铁、铸铜件。

2）自硬冷盒法是利用液态树脂（7501 型树脂）和液态催化剂分别与砂子混合，然后两种砂在吹砂筒中混合并吹入芯盒达到室温瞬时硬化。所用催化剂有硫酸乙酯、磷酸、甲苯磺酸等，变更催化剂的种类、浓度和加入量，可调整自硬砂的固化速度。

（3）壳芯树脂砂　壳芯法制芯是将含有酚醛树脂的芯砂吹入已加热到 260～300℃ 的金属芯盒中，保持一定时间（15～50s），接近盒壁的一层树脂由于受热熔化将砂粒粘结成壳，然后倒出松散的砂子，并使形成的空壳继续受热硬化，取出砂芯，即可得到 5～12mm 厚的薄壳砂芯，称为壳芯。

壳芯法可以制造形状复杂、尺寸精确、表面光洁的优质砂芯，生产率高，树脂消耗量少，广泛用来生产铸铁、铸钢和有色合金铸件。

制备壳芯树脂砂时，一般选用颗粒较细、表面光洁的圆形砂。为了改善树脂砂的性能，有时也加入一些附加物，如加入石英粉可提高壳芯的高温强度，加入润滑剂硬脂酸钙可增加壳芯砂的流动性，使壳芯表面致密。

壳芯树脂砂，其中酚醛树脂加入量为 3%~6%（质量分数），采用乌洛托品作固化剂，固化剂为树脂量的 10%~15%。

2.5 铸型涂料

铸型涂料是一种悬浮状液体，用于涂刷在铸型型腔内表面和砂芯表面，主要起提高铸型（芯）表面光洁程度、耐火度、强度，抵抗金属液的冲刷及高温破坏的作用，以便获得质量良好、表面光洁的铸件。

涂料按浇注金属的类型可分为铸钢涂料、铸铁涂料和有色金属涂料；按分散介质可分为水基、醇基或其他有机溶剂的涂料；按使用方法可分为刷、浸、喷、淋等不同类型的涂料。

2.5.1 涂料的组成

铸型涂料由粉状耐火骨料、分散剂、悬浮稳定剂、黏结剂及少量附加物组成。

1. 耐火骨料

耐火骨料可以是单一成分的耐火材料，也可是由两种或多种成分的耐火材料组成的混合材料。涂料的抗粘砂性能主要取决于耐火骨料，所以优质涂料常选用耐火度高、烧结点适当、热膨胀系数小、不被金属及其氧化物润湿、不与型砂起化学反应、来源广、价格低的耐火材料。

铸铁件常用石墨、石墨与铝矾土或锆英粉的混合物作耐火骨料。石墨化学性质稳定，不与铸铁润湿，且耐火度高，是一种良好的铸铁防粘砂材料，能够获得光滑的铸件表面。

铸钢件常选用石英粉、锆英粉、刚玉粉、铝矾土粉、莫莱石粉、铁橄榄石粉作耐火骨料。

有色金属件常用滑石粉、石墨等作耐火骨料。

在选用耐火骨料时要注意其成分和粒度：成分中杂质含量高时影响耐火骨料的熔点；耐火骨料的粒度太粗，则涂料不能渗入砂型表面的空隙，起不到防粘砂的作用，同时粒度太粗时涂料的悬浮稳定性较差；但粒度太细，浇注时涂料表面易产生裂纹。

2. 分散剂

分散剂又称为溶剂。采用水作分散介质的涂料，称为水基涂料，多用于黏土砂型和砂芯。为了使涂料涂刷后分散介质迅速挥发，也可用有机溶剂作分散介质，最常用的有机溶剂是醇类，这类涂料称为快干涂料或醇基涂料。

3. 悬浮稳定剂

悬浮稳定剂是使涂料具有适当的稳定性和触变性的主要材料，其主要作用是防止耐火骨料沉淀，保证涂料始终为均匀的悬浮液。水基涂料常用黏土、膨润土、羧甲基纤维素（CMC）和聚乙烯醇（PVA）作悬浮稳定剂。醇基涂料常用锂膨润土、聚乙烯醇缩丁醛（PVB）等作悬浮稳定剂。

4. 黏结剂

为了获得涂层自身强度及涂料层与砂型表面的结合强度，涂料中需加入黏结剂。水基涂料中的悬浮稳定剂本身又是黏结剂，如黏土、PVA 等，此外，为了提高强度还可加入适量的纸浆废液、糖浆、糊精等；醇基涂料黏结剂是各类醇溶性树脂，如酚醛树脂。

2.5.2 涂料的性能

涂料只有在满足一定性能的条件下才能充分发挥涂料的作用，优质涂料应具有如下性能：

（1）悬浮稳定性 配制好的涂料应在一定时间内不沉淀、不分层，保证涂刷均匀。

（2）涂刷性 涂料应在型芯表面形成均匀的薄层，不流淌、不聚堆。涂刷性主要取决于黏度、密度及其流变性能等。

（3）适当的渗入深度 涂料渗入砂型表面适当的深度，将砂粒间隙堵住，起到防粘砂作用。一般要求渗入深度达 2~3 倍砂粒直径。渗入深度太浅，涂层易产生裂纹、剥落；太深，则得不到合适的涂层厚度。

（4）抗裂性 涂料层在烘干和浇注中应不发生裂纹。膨润土加入量越多，越易开裂，耐火骨料越细、粒度集中，涂料层也易开裂。

（5）适当的涂层强度 涂层在固化后要有适当的强度，不致在搬运、合箱时损坏。涂层要有一定的高温强度，在浇注温度下能经得起合金液的冲刷和冲击。涂料层的强度主要取决于黏结剂的性质、加入量及烘干规范，黏结剂越多，强度越高。用糊精、糖浆、纸浆废液作黏结剂时，烘干温度超过 200℃时，强度会很快下降。

（6）抗粘砂性 浇注后铸件不应发生粘砂，铸件冷却后涂层与铸件表面自行脱离。涂料的抗粘砂性主要由涂料中的耐火骨料的性质决定，涂层的厚度、渗入深度、抗裂性等都对其有影响。

（7）发气性 涂料层本身的透气性很低，能防止砂型产生的气体侵入型腔。因此，涂料的发气性应低，以免涂料产生过量的气体造成气孔。

2.5.3 涂料的使用方法

涂料的使用有刷、浸、喷、淋等方法。

1. 刷

刷涂料是上涂料最常用的方法。在刷的过程中触变涂料变稀，涂料的渗入深度较大，也可避免涂层过厚。

2. 浸

浸涂料对简单的小型芯比较适合，生产率高，易得到光洁的涂层表面，易实现机械化。

3. 喷

喷涂料适用于大面积的铸型表面和多层喷涂。

4. 淋

淋涂料是将涂料用泵打出淋浇在芯子表面上，多余的涂料流入池中可继续使用。淋法适用于没有凹腔的大砂芯，生产率较高。

2.6 | 液态金属与铸型的相互作用

液态金属在充填、凝固、冷却过程中会和铸型（包括涂料层和型内气氛）发生热的、机械的和物理化学作用。铸件的某些缺陷，如砂眼、夹砂、粘砂、胀砂、气孔、缩孔等都是在不利的条件下形成的。掌握金属和铸型相互作用的规律，不仅可以防止铸件缺陷，还可以提高铸件质量，提高生产率和经济效益。

2.6.1 液态金属与铸型的热作用

金属液浇入铸型后即通过铸型散失热量而凝固、冷却。铸型的冷却能力影响铸件的组织和性能。在金属液热作用下，型腔表面很快升温，导致型砂发生体积膨胀、水分迁移、黏结剂的烧失、产生气体等变化。

1. 砂型在受热过程中的变化

（1）砂型在加热时的膨胀 型砂呈多孔性，它在加热时的膨胀可分为显微膨胀和宏观膨胀两个阶段。在砂粒的膨胀能被黏土膜的收缩抵消，或砂粒移动的阻力小于砂型外部的阻力时，砂粒膨胀仅减小砂粒间的空隙，并不引起砂型尺寸的变化，这个阶段称为显微膨胀阶段。在砂粒间的空隙已不能再减小，或砂粒间相互移动的阻力大于砂型外部阻力时，砂型的外部尺寸发生变化，这个阶段称为宏观膨胀阶段。影响砂型热膨胀的因素都影响铸件的热应力。

（2）砂型在加热时的强度变化 砂型在浇注后被金属液急剧加热，砂型表面接近金属的浇注温度，所以在铸型的表面层发生黏结剂的烧失、熔化或烧结，使砂型的强度发生变化。

（3）湿型在浇注时的水分迁移 湿型被金属液急剧加热时，砂型中的水分分布会发生变化，砂型表面层被完全烘干，随后按次序为水分饱和凝聚区、水分不饱和凝聚区、水分未受影响区。这种现象称为水分迁移。在没有上箱的湿型中浇注时，可以看到水分饱和凝聚区的形成和逐渐扩大，并向离开界面方向移动的现象。浇注后湿型某瞬间水分分布示意图如图2-7所示。水分迁移是由于砂型表面层的水分受热蒸发，生成的水蒸气在压力差和表面张力作用下，由高温处向低温处移动等原因造成的。

水分迁移使型砂的强度发生较为复杂的变化，靠近铸件表面处为高温区，其强度即为高温强度，水分饱和凝聚区由于含水量过高和温度高达100℃，故其强度比正常强度低，在水分不饱和凝聚区，强度则随温度和水分恢复到正常而恢复到正常的湿强度。

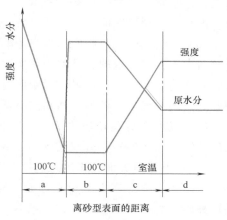

图2-7 浇注后湿型某瞬间水分分布示意图
a—完全烘干区 b—水分饱和凝聚区
c—水分不饱和凝聚区 d—水分未受影响区

2. 金属与铸型在热作用时易产生的缺陷

金属与铸型在热作用时易产生的缺陷主要有夹砂结疤、鼠尾和沟槽。它们是铸件中常见的一类表面缺陷，是在铸件表面还没有凝固或凝固壳强度很低时，因砂型表面层受热膨胀发生拱起和裂纹而造成的。金属液进入裂纹把拱起的砂型表层包在铸件内，就成为夹砂结疤缺陷（图2-8）。沟槽是夹砂的早期阶段，砂型表层只拱起未断开。型腔下表面层在金属液热作用下发生翘起，就造成鼠尾缺陷，使铸件表面呈现条纹状沟痕（图2-9）。夹砂结疤缺陷大多发生在铸件的上表面、浇口附近、与金属液接触后又露出的表面处。厚壁的、浇注位置有大平面的、浇注温度高和浇注时间长的铸件，夹砂结疤常较严重。鼠尾则常发生在铸件的下表面。

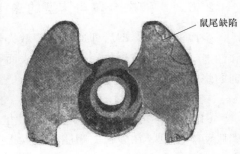

鼠尾缺陷

图 2-8　夹砂结疤缺陷
a）轻微　b）严重

图 2-9　鼠尾缺陷

（1）夹砂类缺陷的形成机理　浇注时砂型表面层由于受到金属液的热辐射，使表面层水分蒸发并向铸型内部迁移，在铸型内层形成水分饱和凝聚区，使铸型内外层之间因温度不同、膨胀不同而产生热应力。在热作用下，表面层温度高，膨胀量大，受到热压应力；内层温度低，膨胀量小，则受到热拉应力。层与层之间的应力相同，在平行于层的方向受到热剪应力，在垂直于层的方向受到热拉应力。当应力达到一定值时，表面砂层将发生拱起、开裂。由于水分凝聚区的强度很低，故分层和开裂常发生在该处。

凡是影响型砂热膨胀的因素都影响夹砂倾向，细砂的夹砂倾向大于粗砂，粒度集中的夹砂倾向大于粒度分散的。砂型的紧实度也影响夹砂倾向。紧实度增加时，夹砂倾向也加大。当紧实度达到一定值后再提高紧实度时，对夹砂倾向影响不大。通常情况下，膨润土能提高型砂的热湿拉强度、各种附加物能降低热压应力，都可降低夹砂倾向。

（2）防止夹砂类缺陷的措施　从上述夹砂缺陷形成机理和影响因素可以得出：要防止夹砂类缺陷应在型砂、造型操作、铸造工艺、浇注、铸件结构设计等方面综合采取措施。

1）造型材料方面。正确地选用和配制型砂是防止夹砂的主要措施，如选用热膨胀系数小和烧结点低的石英-长石砂作原砂。重大铸件采用热膨胀系数小、热扩散率和蓄热系数高的特种砂（如铬铁矿砂、锆砂、熟料、石墨等）作原砂。选用粒度分散的原砂（最好分布在相邻的五个筛上），选用热湿拉强度高、热压应力低的膨润土，增加膨润土的加入量，都能提高型砂的抗夹砂能力。在型砂中加入煤粉、重油、木屑等能减小热压应力。

2）铸造工艺方面。避免大平面在水平位置浇注，浇注系统应能使金属液平稳进入型腔，避免砂型有金属液流过而又露出的表面，浇口阻流面积应能保证浇注时间小于砂型的临界受热时间。

3）造型操作方面。紧实应力求均匀，避免局部过硬或过松；避免用压勺来回压砂型的表面；在上型表面或浇口附近插钉；修型时尽量不刷水；多扎出气孔；涂料应渗入砂型表面一定深度；表干型应烘干到一定深度；干型等待浇注的时间不应过长。

4）浇注方面。适当降低浇注温度，浇注时间应小于砂型的临界受热时间，有足够的型内液面上升速度。

2.6.2 液态金属与铸型的机械作用

浇注时铸型受到金属液的冲刷和冲击，型壁承受金属液的静压力和动压力，铸件在凝固、冷却收缩时受到铸型的阻碍而产生内应力。在不利的情况下，铸件将产生砂眼、冲砂、掉砂、飞边、胀砂、抬箱、缩孔、缩松、偏芯、裂纹等缺陷。

1. 金属液对铸型表面的冲刷作用

金属液沿砂型表面流动时对砂型表面有摩擦力，如摩擦力超出砂型表面层砂粒间在浇注温度下的黏结力时，砂粒将被冲下，造成铸件表面局部粗糙、冲砂、砂眼等缺陷。砂型抵抗金属液冲刷作用而不被破坏的能力，称为抗冲刷稳定性。

2. 金属液对砂型表面的静压力和动压力

在铸件没有凝固成足够强度的硬壳前，砂型壁受到金属液的静压力，在浇注终了时达到最大值。浇注时，型壁表面受到金属液的冲击动压力，在开始浇注时直浇口的底部、对着内浇口的型（芯）壁、浇注终了时的型腔表面等处常受到金属液流的动压力。如金属流的动压力超出砂型的表面强度，砂型表面将被冲坏，使铸件造成砂眼、多肉等缺陷。浇注终了时对上型的动压力如超出上型和压铁重量，将发生抬箱。

3. 型壁移动

型内金属液在凝固成有足够强度的硬壳前，一直与型壁接触并随型壁移动。造成型壁移动的原因有：在金属液压力作用下砂型被进一步紧实；在金属液热作用下砂型发生热膨胀；在凝固过程中因石墨析出而发生膨胀使型壁移动等。型壁移动在湿型铸造时比干型铸造更严重，如图2-10所示。型壁移动严重时会造成铸件产生胀砂、缩孔和缩凹缺陷。

（1）胀砂 胀砂是因型壁移动等原因使铸件产生局部胀大、增厚、增重等铸造缺陷（图2-11）。铸件胀大严重时会使铸件因形状、尺寸、重量与图样和技术条件不符而报废。

（2）缩孔和缩凹 浇注时因型壁移动使型腔扩大，造成原有冒口中金属液不够补缩而在铸件上发生缩凹及冒口根部缩孔、缩松等缺陷。

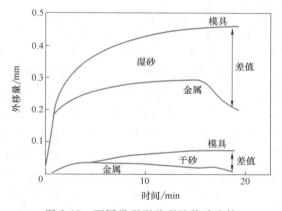

图2-10 不同类型型砂型壁移动比较

铸件胀砂和缩孔、缩凹常同时发生，生产中常统称为"缩沉"，缩沉在铸型刚度比较低的时候容易发生，如图2-12所示。

2.6.3 金属与铸型的物理化学作用

金属液与铸型的物理化学作用有：铸型材料熔入铸件表面；铸型的气体侵入金属液；金属液从铸型吸收气体；金属液渗入砂粒间空隙；金属液与铸型材料或铸型中气体发生化学作用生成新的化合物；铸件表面发生氧化或脱碳等。金属液与铸型间的物理化学作用，在不利的情况下，铸件将发生粘砂、气孔以及铸件表面渗硫、氧化或脱碳等缺陷。但也可以利用铸型表面涂料中的合金元素，使铸件表面合金化而提高铸件表面质量。

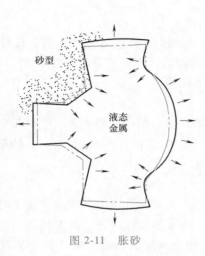

图 2-11　胀砂

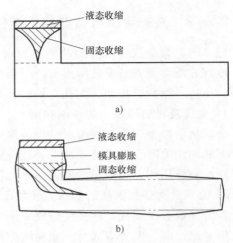

图 2-12　不同刚度铸型中产生的缩孔

a）刚度较高的铸型　b）刚度较差的铸型

1. 粘砂

铸件部分或整个表面粘着一层型砂或型砂与金属氧化物形成的化合物的现象称为粘砂。粘砂大多发生在铸件的厚壁部分、浇冒口附近、内角、凹槽、小的铸孔等部位（图 2-13）。通常铸钢比铸铁件粘砂严重，湿型铸造又比干型铸造严重。粘砂会使铸件清理困难，严重的只能用风铲清除，甚至使铸件报废。清除粘砂需要许多设备和消耗大量劳动力，用风铲清理粘砂不仅劳动强度大，而且对工人健康有害（硅肺病、震颤病），因此应设法防止粘砂的形成。

图 2-13　铸件中的粘砂缺陷

根据黏结物质的性质，粘砂可分为：机械粘砂（金属渗入）——金属渗入砂粒间空隙，将砂粒固定在铸件表面；化学粘砂——金属或金属氧化物和造型材料形成化合物，将砂层粘结在铸件表面。

（1）机械粘砂

1）机械粘砂的形成机理。铸型表面砂粒间的孔隙，可以看成是直径细小的毛细管。金属液浇入铸型后，在金属液静压力作用下，金属液渗入砂粒间隙的过程，可以看成与一般液体在毛细管中的上升和下降一样。液体在毛细管中上升或下降的高度 h 可用下式求出

$$h = \frac{2\sigma\cos\theta}{\rho g r} \tag{2-6}$$

式中，h 为液体在毛细管中上升或下降的高度；σ 为液体的表面张力；ρ 为液体密度；θ 为液体对毛细管的润湿角；r 为毛细管半径。

从式（2-6）可以看出，液体在毛细管中上升或下降的高度取决于液体对毛细管壁的润湿性、液体的密度和毛细管的半径。金属液渗入砂型孔隙基本上符合上述规律，但更为复杂。

2）形成机械粘砂的影响因素

① 润湿角 θ。当 $\theta>90°$ 时，$\cos\theta$ 是负值，金属液不润湿砂粒间隙，毛细压力与金属液静压力方向相反，金属液静压力必须克服毛细压力才能渗入砂粒间隙。在不润湿的条件下，毛细压力是金属渗入的阻力，提高毛细压力有助于防止机械粘砂。当 $\theta<90°$ 时，$\cos\theta$ 为正值，毛细压力与金属液静压力的方向一致，促使金属液渗入砂粒间隙，润湿角越小，机械粘砂越严重。润湿角的大小主要取决于金属液和造型材料的性质。例如，在氧化性、弱氧化性和中性气氛中，工业纯铁与石英砂的润湿角分别为 52°、83°、111°；与镁砂的润湿角分别为 92°、107°和 113°。但在氧化性气氛中对石英砂的润湿角减小，润湿石英，而对镁砂仍不润湿。因此在氧化性气氛中石英砂比镁砂容易产生机械粘砂。

② 表面张力 σ。表面张力对机械粘砂的影响取决于金属液与砂型表面的润湿性。当金属液与砂型润湿时，表面张力越大越易产生机械粘砂；当金属液与砂型不润湿时，表面张力越大越不易产生机械粘砂。

③ 砂粒间隙半径 r。砂粒间隙半径越大金属液越易渗入砂粒间隙中形成机械粘砂。而砂粒半径的大小与型砂的粒度和铸型紧实度有密切的关系。型砂的粒度越分散，砂粒间隙越小，越不易产生机械粘砂。铸型的紧实度越高，越不易产生机械粘砂。

④ 铸件表面处于液态的时间。铸件表面处于液态的时间越长，就意味着长期剧烈地加热铸型，可使型壁中较深的地方接近或达到金属凝固点以上的温度，为金属液渗入型壁的较深处创造了条件。

3）防止机械粘砂的措施。防止机械粘砂的措施可以从减小砂粒间隙和增加铸型的蓄热系数两方面来考虑。

① 减小铸型表面微孔尺寸。如采用细的原砂，在型砂中加入煤粉、重油等防粘砂物质，提高型砂的流动性和砂型的紧实度，表面刷涂料等。

② 改用非硅质特种原砂。如采用能产生固相烧结的铬铁矿砂或热导率大、蓄热系数大的锆砂，以降低铸型表面金属液存在的时间。

③ 降低浇注温度，降低充型压力。

（2）化学粘砂　化学粘砂主要发生在铸钢和铸铁件上，黏结物质为金属氧化物和造型材料形成的化合物，粘砂层的厚度比机械粘砂大，但化学粘砂清理的难易程度主要取决于化学粘砂层和铸件表面的结合强度，与粘砂层厚度的关系不大。有时化学粘砂层很厚却很容易清理，甚至在铸件冷却时能自动从铸件表面剥落，铸件表面也光洁。因此，化学粘砂必须从化学粘砂层的形成及其与铸件表面的结合力两方面来研究。

1）化学粘砂的形成机理。对化学粘砂层进行化学分析、矿物分析、X 射线晶体衍射分析结果表明，化学黏砂的黏结物质主要为结晶的和玻璃状的硅酸铁。结晶的正硅酸铁（铁橄榄石 Fe_2SiO_4）在粘砂层的不同深度处都有发现；结晶的偏硅酸铁（铁辉石 $FeO \cdot 2SiO_2$）仅在大型铸钢件的界面处极少量发现；玻璃状的硅酸铁为成分不同的铁玻璃，含铁量随离界面的距离增大而减少，化学粘砂的形成机理是根据黏结物质的分析推断的。

钢液或铁液在浇注时与铸型气体中的氧、二氧化碳、水蒸气等发生化学作用生成氧化铁。在高温和氧不足的条件下，FeO 是稳定的，它的熔点为（1380±5）℃。在铸钢的浇注温度下 FeO 为液体并能够润湿石英（FeO 与 SiO_2 的润湿角 $\theta=21°$），故能渗入砂粒间空隙，并与石英发生下述反应

$$2FeO+SiO_2 = Fe_2SiO_4 \qquad (2-7)$$

也有人认为，正硅酸铁是由 FeO 与包在砂粒表面的由黏土在高温时分解成的细散的偏高岭石（$Al_2O_3 \cdot 2SiO_2$）在有氧的条件下作用生成的，即

$$Al_2O_3 \cdot 2SiO_2 + 4FeO = 2Fe_2SiO_4 + Al_2O_3 \qquad (2-8)$$

一些实验证实了式（2-8）反应的可能性。型砂中黏土含量增加，粘砂层也增厚，不含黏土的、以石英砂（$w_{SiO_2} > 98.5\%$）加颗粒直径均为 $6\mu m$ 的石英粉和水配成的型砂，铸件不发生粘砂。黏土含量高的型砂，铸件化学粘砂严重。

正硅酸铁的熔点为 1205℃，与 FeO 形成的共晶物，熔点为 1180℃，且能润湿石英，在毛细压力作用下渗入砂粒间空隙，熔解石英生成不同成分的铁玻璃。

化学粘砂层的厚度，由生成的 FeO 量，被加热到共晶物熔点以上的砂层深度，型砂中 Na_2O、K_2O 等的含量等因素决定。

2）化学粘砂层与铸件表面的结合力。一般认为化学粘砂层与铸件表面的结合力和铸件表面铁的氧化物成分及厚度有关。FeO 组织致密，能阻碍继续氧化，造成难清理的粘砂；而高价氧化铁 Fe_3O_4、Fe_2O_3 结晶时体积有较大膨胀，组织疏松，不能阻碍继续氧化，氧化层厚，容易从铸件表面剥落，使粘砂层容易清理。试验表明，砂型中保持氧的分压力为 119kPa 时，因有过剩的氧，铸件表面的铁氧化成 Fe_2O_3，故不发生化学粘砂。

用水玻璃石灰石砂铸造铸钢件时，铸件表面的化学粘砂层很容易剥落，这是由于型内气氛为强氧化性，铸件表面有一层很厚的高价氧化铁层造成的。

钢的氧化层比较疏松，故与试样的结合强度很低，铸铁氧化层的结合强度比碳钢大 1~2 个数量级。铸铁氧化层的结合强度随氧化层厚度增加而很快下降。氧化层与金属的结合强度，不仅与氧化层的厚度有关，而且与氧化层的相成分、密度等有关。碳钢和铸铁氧化层的 X 射线结构分析结果见表 2-3，从表中可以看出碳钢和铸铁氧化层相成分的差别。

表 2-3　碳钢和铸铁氧化层的 X 射线结构分析结果

合金	氧化层成分		
	表层	中层	内层
灰铸铁	$\alpha\text{-}Fe_2O_3 + Fe_3O_4$（痕迹）	$Fe_3O_4 + \alpha\text{-}Fe_2O_3 + FeO$	$FeO + Fe_3O_4$
碳钢	$\alpha\text{-}Fe_2O_3$	$Fe_3O_4 + FeO$（痕迹）	FeO

由于铸铁的氧化特性和铸钢不同，铸铁比铸钢件容易形成难清理的化学粘砂。

3）防止化学粘砂的措施。可从防止形成粘砂层和降低粘砂层与铸件表面的结合力两方面着手。

① 防止形成化学粘砂层。这可由防止金属氧化、避免金属氧化物与型砂起化学作用来达到。措施有：将金属液完全脱氧和适当降低浇注温度；在型砂中加入能很快形成还原性气氛的附加物，如煤粉、重油、沥青、有机黏结剂等；采用涂料；采用高质量的石英砂（$w_{SiO_2} > 98\%$）和膨润土。生产耐热钢、不锈钢等高合金钢铸件和大型铸件时，采用锆砂、镁砂、铬铁矿砂、刚玉砂等特殊耐火材料作型砂或涂料。

② 降低化学粘砂层与铸件表面的结合力。在型砂中加入适量（质量分数为 3%~5%）的氧化铁粉；注意选用合适的原砂。我国某些原砂，如郑庵砂、六合红砂等能得到表面光洁的铸铁件，铸件表面也容易清理。

2. 气孔

气孔是铸件中常见的缺陷之一，是铸型或金属液中的气体在金属液中形成的气泡在金属液凝固成硬壳前来不及浮出，留在铸件内而造成的一种缺陷（图2-14）。

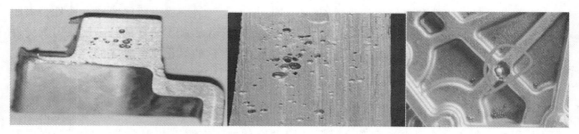

图2-14　铸件中的气孔缺陷

气孔的内壁光滑，表面为金属或氧化皮的色泽，故气孔与砂眼、渣孔等缺陷很容易区别。气孔使铸件的工作截面积减小，造成渗漏、损坏铸件表面，而常使铸件报废。由于气体的来源和形成过程不同，铸件的气孔可分为侵入性气孔、析出性气孔和反应性气孔三大类。这里只讨论与造型材料有关的侵入性气孔问题。

凡是气体由金属外部侵入而形成的气孔称为侵入性气孔。侵入性气孔是湿型铸造时最常发生的缺陷之一。侵入性气孔的体积较大，呈梨形、圆形、扁圆形，常在铸件浇注位置的上部发现，主要由砂型、砂芯在浇注时产生的气体侵入金属液造成。

（1）侵入性气孔的形成机理　砂型在金属液的热作用下发生水分蒸发，有机物燃烧或挥发，碳酸盐分解。金属液与铸型发生化学作用，使金属液和砂型界面上气体的压力增加，当气体的压力大于在金属液中形成气泡所必须克服的压力后，气体就侵入金属液成为气泡。

（2）防止侵入性气孔的措施　防止侵入性气孔主要从减小界面上气体压力、增大气体侵入金属液的阻力、使气泡能从金属液中浮出等方面着手。

1）减小界面上气体压力。减小型（芯）的发气量、发气速度和使气体容易排出。湿型砂的含水量要控制在低限；起模、修型时尽量不刷水；采用发气性低的黏结剂或加入物并控制其加入量；采用表干型或干型砂；砂芯要烘干，避免已烘干的砂型（芯）返潮；合箱用的泥条不要过湿等。使浇注时产生的气体容易从砂型（芯）内排出。应选用粒度合适和含泥量低的原砂；控制黏土和加入物的加入量；保证型砂有足够的透气性；砂型多扎出气孔，用薄壁或空心的砂芯，用抽气的方法排气等。

2）增大气体侵入金属液的阻力。在砂型表面涂刷涂料，能减小砂型表面孔隙的半径，使 $2\sigma/r$ 增大；涂料层的透气性低，能阻碍气体进入型腔。但涂料层的发气性必须小，以免造成气孔。

3）使气泡能从金属液中浮出。适当提高浇注温度和浇注速度，避免浇注时型腔中有大的水平面，设置冒口等。

3. 铸件表面的氧化和脱碳

铸件在凝固、冷却过程中，铸件表面与型内气氛发生相互作用，使铸钢或铸铁件发生表面氧化或脱碳。

铸钢和铸铁件的表面氧化层可由 FeO 或 Fe_3O_4、Fe_2O_3 组成。FeO 层致密地附着在铸件表面而阻碍继续氧化，Fe_3O_4 和 Fe_2O_3 容易产生裂纹使铁继续氧化。氧化层的成分、厚度与

型内气体的温度和成分有关，并与时间呈抛物线关系，即

$$\delta = k\sqrt{\tau} \qquad (2-9)$$

式中，δ 为氧化层厚度；τ 为时间；k 为常数。

铸件表面层中的碳和氧作用，生成 CO 或 CO_2 排入大气，造成表面层脱碳。铸件表面脱碳后，会引起较深层中的碳向表面层扩散，这样不断进行就形成了明显的脱碳层。因为铸件表面的氧化和脱碳是同时进行的，因此只有脱碳速度超出铁的氧化速度时才能形成明显的脱碳层。如果铁的氧化速度大于或等于脱碳速度，在脱碳形成铁素体时就立即形成氧化层，使脱碳不再能继续进行。

脱碳层的深度由加热温度和保温时间决定。一般碳钢的脱碳仅在 650~850℃ 较窄的温度范围内发生，在这个范围内温度升高，脱碳层深度增加；在脱碳的温度范围内延长保温时间，脱碳层深度也增加。

4. 铸件表面合金化（铸渗）

利用金属液和铸型表面在高温时发生的物理化学作用，在铸型表面涂上含有合金元素的涂料或涂膏，可以获得表面合金化的铸件，改善耐磨、耐蚀或耐热等性能，从而延长铸件的使用寿命。

铸件表面合金化的过程，一般认为主要是涂料中的合金元素溶入金属液。这个过程比固体扩散过程快得多，因而能在较短时间内得到较大的渗入深度。

（1）铸钢件的表面合金化　为提高铸钢件表面的耐磨性，可在铸件表面渗铬或渗锰。

铸钢件表面渗铬时，铬的渗入量和渗入深度与所用铬铁的熔点有很大关系。试验表明，用 $w_C = 0.62\%$，$w_{Cr} = 56\%$，熔点为 1600~1640℃ 的低碳铬铁时，渗入深度只有 0.4mm；用 $w_C = 4.6\%$、$w_{Cr} = 43\%$，熔点为 1470℃ 的高碳铬铁时，渗入深度能达 7mm。生产中为得到较大的渗入深度，常用熔点较低的铁合金。在铸钢件表面渗锰也可以提高铸件的耐磨性。

（2）铸铁件的表面合金化　为使铸铁件表面形成白口，防止局部缩松，细化组织，可在铸件表面渗碲（Te）、硼（B）、锡（Sn）、锡-锑（Sn-Sb）等元素或合金。

碲（Te）是一种强烈阻碍石墨化的元素，灰铸铁中碲的质量分数小于 0.0035% 时，对力学性能影响不大；碲的质量分数在 0.0035%~0.01% 范围内增加时，灰铸铁的硬度、白口深度显著增加，抗弯强度和挠度则下降；碲的质量分数大于 0.01% 时，厚壁的灰铸件也成白口，故涂料中碲的含量要根据涂料的用途、铁液的成分、浇注温度等因素决定。铁液的浇注温度高，铁液中碳化物稳定元素含量高，涂料中碲的含量可较少；反之，涂料中碲的含量应较高。

为了防止采用含碲的涂料后铸件表面出现粘砂，可采用两层涂料，即先在铸型表面涂一层防粘砂的石墨或锆砂涂料，再涂含碲的涂料。

在应用碲粉涂料时，要防止对炉料的污染。

思　考　题

1. 试述石英砂的组成及性能。非石英质原砂主要有哪些？与石英质砂相比有哪些特点？

2. 原砂的选择原则主要有哪些？

3. 如何区别膨润土和普通黏土？

4. 试用黏土的水化性质来阐述湿型用黏土型（芯）砂的黏结机理。

5. 试述黏土型（芯）砂性能及其影响因素。

6. 试述黏土砂的种类及其工艺特点。

7. 以回用砂为主配制湿型砂，为什么必须补加一定量的新砂、膨润土、煤粉？

8. 如何提高和降低水玻璃 CO_2 硬化砂的模数？试从物理硬化和化学硬化的原理角度来阐述水玻璃砂的硬化机理。

9. CO_2 水玻璃砂的性能指标有哪些？试述水玻璃砂溃散性差的原因和改进措施。

10. 有机黏结剂砂主要有哪些？试述其工艺性能及影响因素。

11. 壳芯砂用什么树脂作黏结剂、固化剂？壳芯法的工艺过程、工艺参数对壳芯质量有何影响？

12. 冷芯盒树脂砂与热芯盒树脂砂相比，在硬化工艺、应用范围及铸件质量等方面有何不同？

13. 涂料有什么作用？说明涂料的配制工艺及其对性能的影响。

14. 涂料应具备哪些性能？怎样才能制备出优质涂料？

15. 砂型在加热时的热膨胀有何特点？受哪些因素影响？

16. 浇注后湿型内水分迁移的原因是什么？水分迁移与铸件质量有何关系？

17. 试述夹砂类缺陷的特征、形成机理和防止措施。

18. 型壁移动对铸件质量有何影响？试述型壁移动的原因和防止措施。

19. 简述机械粘砂的形成机理、影响因素和防止措施。

20. 简述化学粘砂的形成机理、影响因素和防止措施。

21. 试述侵入性气孔的形成机理、影响因素和防止措施。

22. 在什么条件下铸件表面会生成氧化层和脱碳层？

Chapter 3

第3章

液态成形工艺设计

3.1 | 液态成形工艺设计的依据、内容和程序

3.1.1 液态成形工艺设计的依据

液态成形工艺设计即铸造工艺设计，就是根据铸造零件的结构特点、技术要求、生产批量和生产条件等，确定铸造方案和工艺参数，绘制铸造工艺图、编制工艺卡等技术文件的过程。铸造工艺设计的有关文件，既是生产准备、管理和铸件验收的依据，又可直接用于指导生产操作。因此，铸造工艺设计的好坏，对铸件质量、生产率和成本起着重要作用。

在进行铸造工艺设计前，设计者应掌握生产任务和要求，熟悉工厂和车间的生产条件，这些是铸造工艺设计的基本依据。此外，要求设计者有一定的生产经验和设计经验，并应对铸造先进技术有所了解，具有经济观点和发展观点，才能很好地完成设计任务。一般来说，铸造工艺设计要依据生产任务、生产条件，并考虑经济性和其他条件来进行。

1. 生产任务

（1）铸造零件图样　提供的图样必须清晰无误，有完整的尺寸和各种标记。设计者应仔细审查图样，注意零件的结构特点是否符合铸造工艺性，若认为有必要修改图样时，需与原设计单位或订货单位共同研究，取得一致意见后以修改后的图样作为设计依据。

（2）零件的技术要求　包括金属材质牌号、金相组织及力学性能要求、铸件尺寸及重量允许偏差等，以及其他特殊的性能要求，如是否需要经水压、气压试验，零件在机器上的工作条件等。在铸造工艺设计时应注意满足这些要求。

（3）产品数量及生产期限　产品数量是指批量大小，这是工艺设计的重要依据，一般来说，可分为大量生产、成批量生产和单件、小批量生产之类。大量生产指该种产品的年产量在5000件以上，需要尽可能采用先进技术及装备；成批量生产指产品年产量在500件以上，需要采用较多的通用设备和工艺装备；单件和小批量生产多用手工造型，对设备要求不高，但对工人技术水平的要求较高。生产期限是指交货日期的长短。对于需要长期供货的产品，应尽可能采用先进技术。对于应急的单件产品，则应考虑使工艺装备尽可能简单，以便缩短生产周期，并获得较大的经济效益。

2. 生产条件

1）设备能力。设备能力包括起重运输机的吨位和最大起重高度，熔炉的类型、吨位和生产率，造型和制芯机种类、机械化程度，烘干炉和热处理炉的能力，地坑尺寸，厂房高度

和大门尺寸等。

2）车间原材料的应用情况和供应情况。

3）工人的技术水平和生产经验。

4）模具等工艺装备制造车间的加工能力和生产经验。

3. 考虑经济性

各种原材料、炉料等的价格，每吨金属液的成本，各级工种工时费用，设备每小时费用等，都应有所了解，以便考虑该项工艺的经济性。

4. 其他条件

1）简便适用，有利操作。

2）环境友好。

3.1.2 铸造工艺设计的内容和设计程序

铸造工艺设计内容的繁简程度，主要取决于批量的大小、生产要求和生产条件。一般包括下列内容：铸造工艺图，铸件（毛坯）图，铸型装配图（又称合箱图），工艺卡及操作工艺规程。广义地讲，铸造工艺装备的设计也属于铸造工艺设计的内容，如模样图、模板图、芯盒图、砂箱图、压铁图、专用量具图和样板图及组合下芯夹具图等。

大量生产的定型产品、特殊重要的单件生产的铸件，铸造工艺设计一般涉及内容较多。单件、小批量生产的一般性产品，设计内容可以简化。在最简单的情况下，只绘制一张铸造工艺图即可。

一般在绘制铸造工艺图时，用不同的颜色及符号表示不同的工艺内容。常用铸造工艺图的符号及表示方法见表3-1。

表 3-1 常用铸造工艺图的符号及表示方法

名称	符号	说明
浇注位置、分型面及分模面		用蓝线或红线和箭头表示。其中汉字及箭头表示浇注位置，曲、折及直线表示曲面分型面，直线尾端开叉表示分模面
机械加工余量和起模斜度		用红线绘出轮廓，剖面处涂以红色（或细网纹格）；加工余量值用数字表示；有起模斜度时，一并绘出

名称	符号	说明
不铸出的孔和槽		用红"×"表示，剖面涂以红色（或细网纹格）
型芯	2芯 1芯 上 下	用蓝线绘出芯头，注明尺寸；不同型芯用不同的剖面线或数字序号表示；型芯应按下芯顺序编号
活块	活块	用红色斜短线表示，并注明"活块"
芯撑	芯撑 型芯	用红色或蓝色表示
浇注系统	横浇道 直浇道 内浇道 铸件	用红色绘出，并注明主要尺寸
冷铁	外冷铁 内冷铁 型腔	用绿色或蓝色绘出，并注明"冷铁"

铸造工艺设计的一般内容和程序见表 3-2。

表 3-2　铸造工艺设计的一般内容和程序

项目	内容	用途及应用范围	设计程序
铸造工艺图	在零件图上用各色工艺符号表示出:机械加工余量,收缩率,浇注时铸件位置,分型面,浇注系统,砂芯形状、数量及芯头大小,内外冷铁及铸筋等	制造模样、模板,生产准备、清理和验收工作的依据。成批量和大量生产,机器造型中,有的工厂将浇注系统画在模板图上	1. 产品零件图样的铸造工艺分析 2. 选择铸造方法 3. 选择铸造种类和造型制芯方法 4. 确定浇注位置和分型面 5. 砂芯设计 6. 加工余量 7. 起模斜度,画出活块 8. 收缩率、工艺补正量,模样分型负数 9. 冒口及浇注系统、试块、冷铁的铸筋
铸件图	把经过铸造工艺过程后,改变了零件形状、尺寸的地方(如加入了加工余量、起模斜度、机加工夹持余量)都反映在铸件图上	铸件验收和机械加工的依据。大量和成批量生产的铸件和重要件用	10. 在完成铸造工艺图的基础上画铸件图
模样图和模板图	确定模样的材料及结构尺寸等,模样在底板上的安装方法,模样和浇注系统在底板上的布置,底板结构,材料等	模样制造、模板装配的依据	11. 模样或模板设计
芯盒图	确定芯盒的材料和结构,芯盒的紧固和定位方式等	制造砂箱的依据	12. 画芯盒装配图
砂箱图	确定砂箱的材料、结构,紧固和定位方式等	制造砂箱的依据	13. 砂箱设计,画砂箱图
铸型装配图(合箱图)	表示出铸件浇注位置,砂芯数量,固定和安装次序,浇冒口,冷铁布置,砂箱结构和尺寸大小。可画 1～2 个剖面图和下箱俯视图	生产准备、合箱、检验、工艺调整的依据。铸件刚投产时有一定用处。成批量及大量生产,重要铸件及大型铸件	14. 在完成砂箱设计后画出
铸造工艺卡	说明造型、制芯、浇注、打箱清理等工艺操作过程及要求	生产的重要依据,根据批量大小填写必要的内容。有的工厂把它直接印在铸造工艺图的背面,使用时较方便	15. 综合整个设计内容

3.2　液态成形工艺方案的确定及铸造工艺参数设计

　　砂型铸造工艺方案通常包括下列内容:造型、制芯方法和铸型种类的选择,浇注位置及分型面的确定等。要想定出最佳铸造工艺方案,首先应对零件的结构有深刻的铸造工艺性分析。

3.2.1　零件结构的铸造工艺性分析

　　铸造零件结构的铸造工艺性是指零件的结构应符合砂型铸造生产的要求,易于保证铸件质量,简化工艺,降低成本。为此,首先应对产品零件图进行审查和分析,并着重注意以下两方面的问题：

1）审查零件结构是否符合铸造工艺的要求。设计者往往只顾及零件的功用，而忽视了铸造工艺要求。在审查中如发现结构设计有不合理之处，就应与有关方面进行研究，在保证使用要求的前提下予以改进。

2）在既定的零件结构条件下，考虑铸造过程中可能出现的主要缺陷，在工艺设计中采取措施予以防止。

1. 从简化铸造工艺方面改进零件结构

（1）改进妨碍起模的凸台、凸缘和筋板的结构　铸件侧壁上的凸台、凸缘和筋板等常妨碍起模，为此，机器造型中不得不增加砂芯；手工造型中也不得不把这些妨碍起模的凸台、凸缘、筋板等制成活动模样（活块）。无论哪种情况，都会增加造型（制芯）和模具制造的工作量。如能改进结构，就可避免造型（制芯）的工作量，如图 3-1 所示。

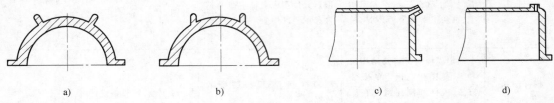

a)　　　　　　　　b)　　　　　　　　c)　　　　　　　　d)

图 3-1　妨碍起模部分的改进

a）原结构　b）改进后结构　c）原结构　d）改进后结构

注：a）、c）不合理，b）、d）合理。

（2）取消铸件外表侧凹　铸件外侧壁上有凹入部分必然妨碍起模，需要增加砂芯才能形成铸件形状。常可稍加改进，即可避免凹入部分，如图 3-2 所示。

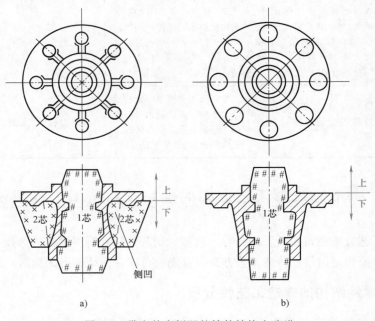

a)　　　　　　　　　　　　b)

图 3-2　带有外表侧凹的铸件结构之改进

a）不合理　b）合理

（3）改进铸件内腔结构以减少砂芯　铸件内腔的筋条、凸台和凸缘的结构欠妥，常是造砂芯多、工艺复杂的重要原因。图 3-3a 为原设计的壳体结构，由于内腔两条筋板呈 120° 分布，铸造时需要 6 个砂芯，工艺复杂，成本很高；图 3-3b 为改进后的结构和铸造工艺方案，把筋板由 2 条改为 3 条，呈 90° 分布，外壁凸台形状相应改进，只需要 3 个砂芯即可，工艺和工艺装备都大为简化，铸件成本降低。

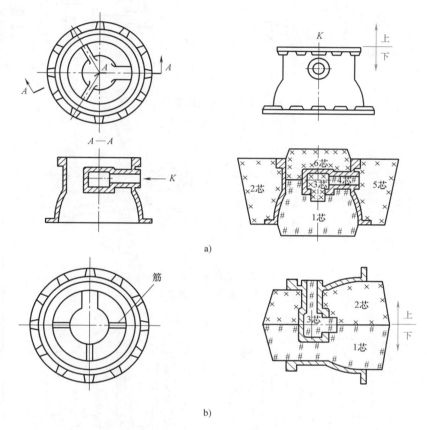

图 3-3　铸件内腔结构的改进

a）不合理　b）合理

（4）减少和简化分型面　图 3-4a 所示结构的铸件必须采用不平分型面，增加了制造模样和模板的工作量；改进后的结构如图 3-4b 所示，则用一平直的分型面即可进行造型。

（5）有利于砂芯的固定和排气　图 3-5 为撑架结构改进利于砂芯固定和排气的例子。图 3-5a 为撑架铸件的原结构，从图中可以看到，2 号砂芯呈悬臂式，需用芯撑固定；改进后，悬臂芯 2 和轴孔砂芯 1 连成一体，变成一个砂芯，取消了芯撑，如图 3-5b 所示。薄壁件和承气压或液压的铸件，不希望使用芯撑，因为如果芯撑与铸件熔接不好，将在此处产生渗漏。若无法更改结构时，可在铸件上增加工艺孔，这样增加了砂芯的芯头支撑点。铸件的工艺孔可用螺堵封住，以满足使用要求，如图 3-6 所示。

（6）减少清理铸件的工作量　铸件清理包括：清除表面粘砂、内部残留砂芯，去除浇口、冒口和飞边等操作。这些操作劳动量大且环境恶劣。铸件结构设计应注意减轻清理的工

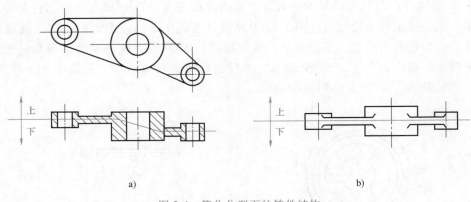

a)   b)

图 3-4　简化分型面的铸件结构

a）不合理　b）合理

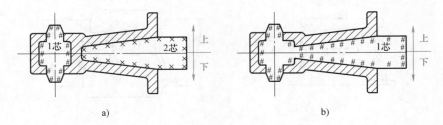

a)   b)

图 3-5　撑架结构的改进

a）不合理　b）合理

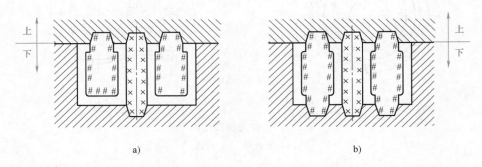

a)   b)

图 3-6　活塞结构的改进

a）不合理　b）合理

作量。图 3-7 所示的铸钢箱体，结构改进后可减少切割冒口的困难。

（7）简化模具的制造　单件、小批量生产中，模样和芯盒的费用占铸件成本的很大比例。为节约模具制造工时和金属材料，铸件应设计成规则的、容易加工的形状。图 3-8 为一阀体，原设计为非对称结构（实线所示），模样和芯盒难以制造；改进后（双点画线所示）呈对称结构，可采用刮板造型法，大大减少了模具制造的费用。

（8）大型复杂件的分体铸造和简单小件的联合铸造　有些大而复杂的铸件，可考虑分成几个简单的铸件，铸造后再用焊接方法或用螺栓将其连接起来。这种方法常能简化铸造过程，使本来受工厂条件限制无法生产的大型铸件成为可能。

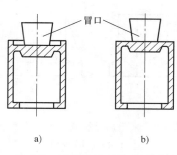

图 3-7　铸钢箱体结构的改进
a）不合理　b）合理

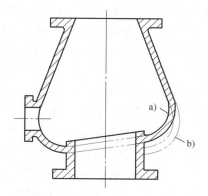

图 3-8　阀体结构的改进
a）不合理　b）合理

2. 从避免缺陷方面审查铸件结构

（1）铸件应有合适的壁厚　为了避免浇不到、冷隔等缺陷，铸件不应太薄。铸件的最小允许壁厚和铸造合金的流动性密切相关。合金成分、浇注温度、铸件尺寸和铸型的热物理性能等显著地影响铸件的充填。在普通砂型铸造的条件下，铸件最小允许壁厚见表 3-3。

表 3-3　砂型铸造时铸件最小允许壁厚　　　　　　（单位：mm）

合金种类	铸件轮廓尺寸/mm					
	<200	200~400	400~800	800~1250	1250~2000	>2000
碳素钢	8	9	11	14	16~18	20
低合金钢	8~9	9~10	12	16	20	25
高锰钢	8~9	10	12	16	20	25
不锈钢、耐热钢	8~10	10~12	12~16	16~20	20~25	—
灰铸铁	3~4	4~5	5~6	6~8	8~10	10~12
孕育铸铁（HT300 以上）	5~6	6~8	8~10	10~12	12~16	16~20
球墨铸铁	3~4	4~5	8~10	10~12	12~14	14~16
高磷铸铁	2	2	—	—	—	—
合金种类	铸件轮廓尺寸/mm					
	<50	50~100	100~200	200~400	400~600	600~800
可锻铸铁	2.5~3.5	3~4	3.5~4.5	4~5.5	5~7	6~8
铝合金	3	3	4~5	5~6	6~7	7~8
黄铜	6	6	7	7	8	8
锡青铜	3	5	6	7	8	8
无锡青铜	6	6	7	8	8	10
镁合金	4	4	5	6		10
锌合金	3	4	—	—	—	—

注：1. 如特殊需要，在改善铸造条件的情况下，灰铸铁件的壁厚可小于 3mm，其他合金最小壁厚也可减小。
　　2. 在铸件结构复杂、合金流动性差的情况下，应取上限值。

铸件也不应设计得太厚。超过临界壁厚的铸件中心部分晶粒粗大，常出现缩孔、缩松等缺陷，导致力学性能降低。各种合金铸件的临界壁厚可按最小壁厚的 3 倍来考虑。铸件壁厚应随铸件尺寸增大而相应增大，在适宜壁厚的条件下，既方便铸造又能充分发挥材料的力学性能。设计受力铸件时，不可单纯用增厚的方法来增加铸件的强度，如图 3-9 所示。

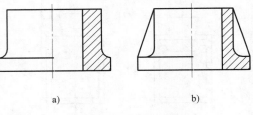

图 3-9　采用加强筋减小铸件厚度
a）不合理　b）合理

（2）铸件结构不应造成严重的收缩阻碍，注意壁厚过渡和圆角　图 3-10 所示为两种铸钢件结构。图 3-10a 中的结构，两壁交接呈直角形，容易形成热节，铸件收缩时阻力较大，故在此处经常出现热裂。而将两壁相交的地方改为圆角，会消除热节缺陷。图 3-10b 为改进后的结构。铸件薄、厚壁的相接、拐弯，等厚度的壁与壁的各种交接，都应采取逐渐过渡和转变的形式，并应使用较大的圆角相连接，避免因应力集中导致裂纹缺陷，如图 3-11 所示。

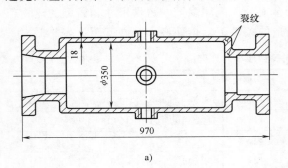
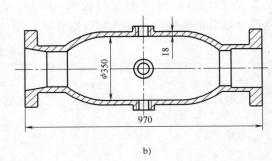

图 3-10　铸钢件结构的改进
a）不合理　b）合理

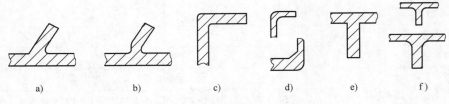

图 3-11　壁与壁相交的几种形式
a）、c）、e）不合理　b）、d）、f）合理

（3）铸件内壁应薄于外壁　铸件的内壁和筋等，散热条件较差，应薄于外壁，以使内、外壁能均匀地冷却，减轻内应力和防止裂纹。

（4）壁厚力求均匀，减少肥厚部分，防止形成热节　薄厚不均的铸件在冷却过程中会形成较大的内应力，在热节处易造成缩孔和裂纹。因此，应取消那些不必要的厚大部分。筋和壁的布置应尽量减少交叉，防止缩松及热裂的形成，如图 3-12 所示。

（5）有利于补缩和实现顺序凝固　对于铸钢等体收缩较大的合金铸件，易形成收缩缺陷，应仔细审查零件结构实现顺序凝固的可能性。图 3-13 为壳型铸造的合金钢壳体。按图

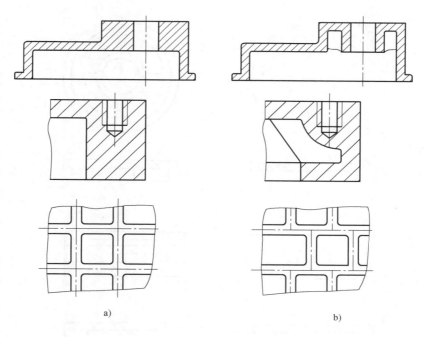

图 3-12 壁厚力求均匀

a）不合理　b）合理

3-13a 方案铸出的件，在 A 点以下部分，因超出冒口的补缩范围而有缩松，水压试验时出现渗漏；图 3-13b 方案中，只在底部 76mm 范围内壁厚相等，由此向上，壁厚以 1°～3°角向上增厚，有利于顺序凝固和补缩，铸件质量良好。

（6）防止铸件翘曲变形　生产经验表明，某些壁厚均匀的细长形铸件、较大的平板形铸件以及壁厚不均的长形箱体件，如机床床身等，会产生翘曲变形。前两种铸件发生变形的主要原因是结构刚度差，铸件各面冷却条件的差别引起不大的内应力，但却使铸件显著翘

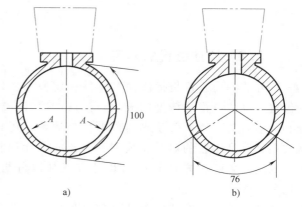

图 3-13 合金钢壳体结构改进

a）不合理　b）合理

曲变形。后者变形原因是壁厚相差悬殊，冷却过程中引起较大的内应力，造成铸件变形。可通过改进铸件结构、铸件人工时效时矫形、塑性铸件进行机械矫形和采用反变形模样等措施予以解决。图 3-14 为合理与不合理的铸件结构。

（7）避免水平的大平面结构　在浇注时，如果型腔内有较大的水平面存在，当金属液上升到该位置时，由于断面突然扩大，金属液面上升速度变得非常小，灼热的金属液面较长时间地、近距离烘烤顶面型壁，极易造成夹砂缺陷或浇不到、渣孔和砂孔等缺陷。应尽可能把水平壁改进为稍带倾斜的壁或曲面壁，如图 3-15 所示。

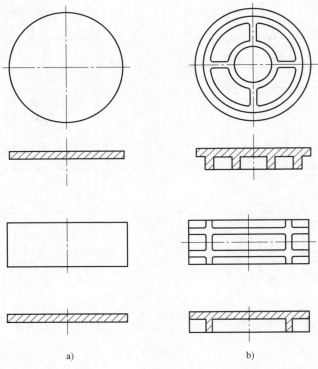

图 3-14 防止变形的铸件结构

a）不合理 b）合理

3.2.2 浇注位置的确定

铸件的浇注位置是指浇注时铸件在铸型内所处的位置。浇注位置与铸型的充填，铸件的冷却、凝固和收缩有关，因而关系到铸件的内外质量；还直接关系到造型工艺的难易及模型、芯盒的设计和制作。因此，生产中多是制订出几种方案加以分析，对比后择优选用。

浇注位置一般在造型方法确定之后再定，选择时需根据合金种类、铸件结构、技术要求、生产条件、造型方法等因素综合考虑。

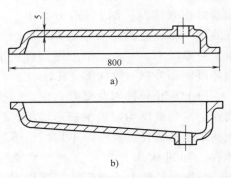

图 3-15 薄壳底罩铸件工艺改进

a）不合理 b）合理

根据对合金凝固理论的研究和生产经验，确定浇注位置时应考虑以下原则：

1）铸件的重要部分应尽量置于下部，重要加工面或主要工作面应朝下或呈直立状态。铸件下部金属在上部金属的静压力作用下凝固并得到补缩，组织致密。经验表明，气孔、非金属夹杂物等缺陷多出现在朝上的表面，而朝下的表面或侧立面通常比较光洁，出现缺陷的可能性小。个别加工表面必须朝上时，应适当放大加工余量，以保证加工后不出现缺陷。如图 3-16 所示，卷扬筒的圆周表面质量要求高，不允许存在明显的铸造缺陷，如果采用图 3-16a 所示的浇注方案，圆周的朝上表面质量难以保障，若采用图 3-16b 所示的浇注方

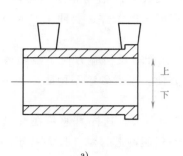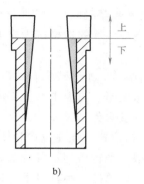

a)   b)

图 3-16 卷扬筒的浇注方案

a) 浇注方案一 b) 浇注方案二

案, 由于全部的圆周表面均处于侧立位置, 较易获得合格的铸件。

2) 使铸件的大平面朝下, 避免夹砂类缺陷。浇注时, 气泡、夹渣和砂眼等往往上浮到铸件上表面, 所以上表面容易产生砂眼、气孔和夹砂等缺陷。对于大的平板类铸件, 可采用倾斜浇注, 以便增大金属液面的上升速度, 防止夹砂类缺陷, 如图 3-17 所示。倾斜浇注时, 依砂箱大小, H 值一般控制在 200~400mm 范围内。

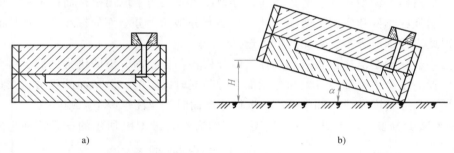

a)   b)

图 3-17 大平板类铸件的倾斜浇注

a) 不合理 b) 合理

3) 对具有薄壁部分的铸件, 应把薄壁部分放在下半部或置于内浇道以下, 以免出现浇不到、冷隔等缺陷, 如图 3-18 中的方案 b。

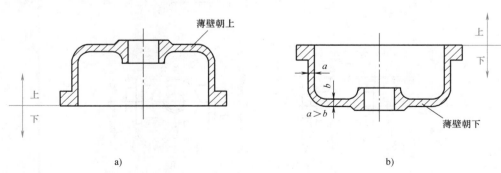

a)   b)

图 3-18 大面积薄壁铸件浇注位置

a) 不合理 b) 合理

4）应有利于顺序凝固。对于因合金体收缩率大或铸件结构厚薄不均匀而易出现缩孔、缩松的铸件，浇注位置的选择应优先考虑实现顺序凝固的条件，要便于安放冒口和发挥冒口的补缩作用。

5）避免用吊砂、吊芯或悬臂式砂芯，使下芯、合箱及检验方便。经验表明，吊砂在合箱、浇注时容易塌箱。向上半型上安放吊芯很不方便。悬臂砂芯不稳固，在金属浮力作用下易偏斜，故应尽量避免。

6）应使合箱位置、浇注位置和铸件冷却位置相一致。这样可避免在合箱后，或在浇注后再次翻转铸型。翻转铸型不仅劳动量大，而且易引起砂芯移动、掉砂甚至跑火等缺陷。只在个别情况下，如单件、小批量生产较大的球墨铸铁曲轴时，为了造型方便和加强冒口的补缩效果，常采用横浇竖冷方案。在浇注后将铸型竖立起来，让冒口在最上端进行补缩。当浇注位置和冷却位置不一致时，应在铸造工艺图上注明。

此外，应注意浇注位置、冷却位置与生产批量密切相关。同一个铸件，如球墨铸铁曲轴，在单件、小批量生产的条件下，采用横浇竖冷是合理的。而当大批大量生产时，则应采用造型、合箱、浇注和冷却位置相一致的卧浇卧冷方案。

3.2.3 分型面的选择

分型面是指两半铸型相互接触的表面，分型面主要是为了取出模样而设置的。除了地面软床造型、明浇的小件和实型铸造法以外，都要有分型面。分型面的存在会对铸件的精度造成损害，因此应仔细地分析、对比，慎重选择。

分型面一般在确定浇注位置后再选择，但分析各种分型面方案的优劣之后，可能需重新调整浇注位置。生产中，浇注位置和分型面有时是同时确定的。分型面的优劣，在很大程度上影响铸件的尺寸精度、成本和生产率。选择分型面时，应注意以下原则：

1）尽量减少分型面的数量，简化造型，节约成本。图 3-19 所示的三通铸件，如果采用

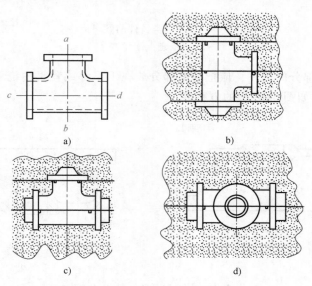

图 3-19 三通铸件的分型方案

a）铸件 b）方案I 四箱造型 c）方案II 三箱造型 d）方案III 两箱造型

方案 I ，即中心线 cd 垂直时，需要三个分型面，四箱造型；如果中心线 ab 垂直时（方案 II），需要两个分型面，三箱造型；当中心线 ab 和 cd 均水平放置时，则只需要一个分型面（方案 III），两箱造型。比较以上方案可知，方案 III 可以简化造型，大大节约该三通铸件的成本。

2）尽量使铸件的全部或大部分放置在同一砂箱内，以保证铸件的精度。分型面主要是为了取出模样而设置的，但对铸件精度会造成损害。一方面它使铸件产生错偏，这是因合箱对准误差引起的；另一方面由于合箱不严，会在垂直分型面方向上增加铸件尺寸。图 3-20 所示的箱体分型面，如采用 I 分型面时，铸件高度的误差会很大，而分型面 II 使铸件在同一砂箱内，可避免铸件高度误差的产生。

3）应尽量把铸件的加工定位面和主要加工面放在同一箱内，以减少加工定位的尺寸偏差。图 3-21 所示为汽车后轮毂的分型方案，加工内孔时以 $\phi350mm$ 的外圆周定位（基准面），因此整个铸件应该在同一铸型中。图 3-22 所示为管子堵头的分型方案，铸件加工时，以四方头中心线为定位基准，加工外圆螺纹。如果采用图 3-22a 所示分型方案时，外圆螺纹尺寸很难保证，但是采用图 3-22b 所示方案则不会出现上述问题。

4）应尽量选用平直面，可简化造型过程和模板制造，易于保证铸件精度。图 3-23 所示起重臂的分型面选择，如果选择图 3-23a 所示方案，则需要挖砂或假箱造型，而选择图 3-23b 所示方案，可使造型工艺简化。

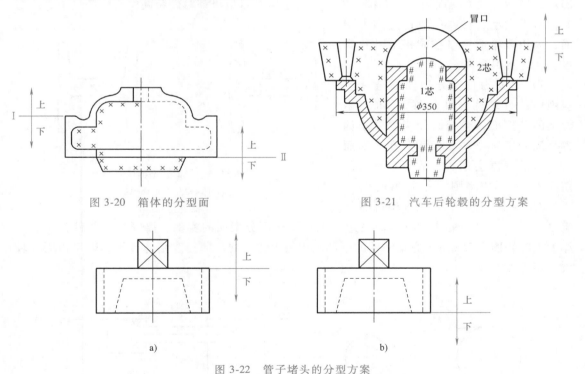

图 3-20　箱体的分型面　　　　　　　图 3-21　汽车后轮毂的分型方案

图 3-22　管子堵头的分型方案

a）不合理　b）合理

5）便于下芯、合箱和检查型腔尺寸。在手工造型中，模样及芯盒尺寸精度不高，在下芯、合箱时，造型工需要检查型腔尺寸，并调整砂芯位置，才能保证壁厚均匀。为此，应尽量把主要砂芯放在下半型中。

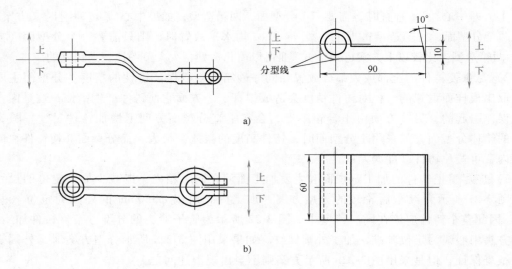

图 3-23 起重臂的分型面

6）不使砂箱过高。分型面通常选在铸件最大截面上，以使砂箱不致过高。高砂箱造型困难，填砂、紧实、起模、下芯都不方便。几乎所有造型机都对砂箱高度有限制。手工造型时，对于大型铸件，一般选用多分型面，即用多箱造型以控制每节砂箱高度，使之不致过高。

7）对受力件，分型面的选择不应削弱铸件结构强度。图 3-24a 所示方案的分型面，合箱时如产生微小偏差将改变工字梁的截面积分布，因而有一边的强度会削弱，故不合理。而图 3-24b 所示方案则没有这种缺点。

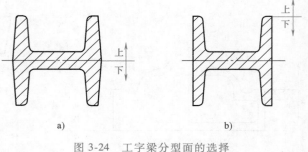

图 3-24 工字梁分型面的选择
a）不合理 b）合理

8）注意减轻铸件清理和机械加工量。图 3-25 所示是考虑到打磨飞边的难易而选用分型面的实例。摇臂是小铸件，当砂轮厚度大时，图 3-25a 所示方案铸件的中部飞边将无法打磨。即使改用薄砂轮，因飞边周长较大也不方便。

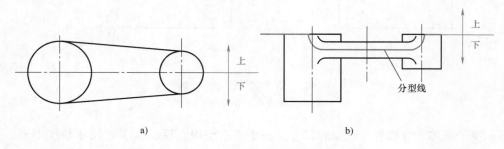

图 3-25 摇臂铸件的分型面
a）不合理 b）合理

以上简要介绍了分型面选择的原则，容易看出，它们之间有的相互矛盾和制约，因此，选择分型面时，应以一项或几项原则为主来考虑，最后选出最佳方案。

3.2.4　砂芯的工艺设计

砂芯的功用是形成铸件的内腔、孔和铸件外形不能出砂的部位。砂型局部要求特殊性能的部分，有时也用砂芯。

砂芯应满足以下要求：砂芯的形状、尺寸以及在砂型中的位置应符合铸件要求，具有足够的强度和刚度，在铸件形成过程中砂芯所产生的气体能及时排出型外，铸件收缩时阻力小和容易清砂。

砂芯设计的主要内容包括：确定砂芯形状、个数（砂芯分块）和下芯顺序，设计芯头结构和核算芯头大小等，其中还要考虑砂芯的通气和加强问题。

1. 砂芯形状（分块）及分盒面的选择原则

结合生产条件，确定砂芯形状（分块）及分盒面选择的总的原则是：使制芯到下芯的整个过程方便，铸件内腔尺寸精确，不致造成气孔等缺陷，使芯盒结构简单。

1）保证铸件内腔尺寸精度。凡铸件内腔尺寸要求较严的部分应由同一半砂芯形成，避免被分盒面所分割，更不宜划分为几个砂芯。但大的砂芯，为保证某一部位精度，有时需将砂芯分块。如图 3-26 所示，要求 500mm×400mm 方孔四周壁厚均匀，需要将铸件内腔砂芯分为两块。

2）复杂的大砂芯、细而长的砂芯可分为几个小而简单的砂芯。图 3-27 所示为空气压缩机大活塞的砂芯，为了操作方便，将砂芯分为 3 块。这样可简化制芯和芯盒结构，便于烘干。细而长的砂芯易变形，应分成数段，并设法使芯盒通用。在划分砂芯时要防止液体金属钻入砂芯分割面的缝隙，堵塞砂芯通气道。

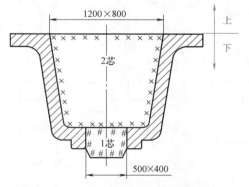

图 3-26　为保证铸件精度而将砂芯分块的实例

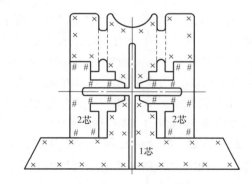

图 3-27　为操作方便将砂芯分块的实例

3）使砂芯的起模斜度和模样的拔模斜度大小、方向一致，保证铸件壁厚均匀（图 3-28）。

4）应尽量减少砂芯数目。用砂胎（自带砂芯）或吊砂常可减少砂芯。图 3-29 所示为柴油机曲轴定位套的机器造型方案。吊砂不能过高，其高度 $H \leqslant D$（D 为吊砂或砂胎直径）时，用于下半型；$H \leqslant 0.3D$ 时用于上半型。若手工造型时，H 值取上述数据的一半。制芯中 H 值可取上限值。在手工造型中，遇有难以出模的地方，一般尽量用模样"活块"，即用

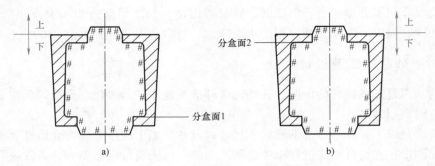

图 3-28　保证铸件壁厚均匀

a）不合理　b）合理

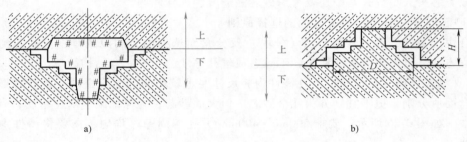

图 3-29　柴油机曲轴定位套的机器造型方案

a）内腔由砂芯形成　b）内腔由砂胎形成

"活块"取代砂芯。这样虽然增加了造型工时，但却节省了芯盒、制芯工时及费用，如图 3-30 所示。

　　5）填砂面应宽敞，烘干支撑面是平面。需要进炉烘干的大砂芯，常被沿最大截面切分为两半制作。普通黏土砂芯、油砂芯及合脂砂芯，入炉烘干时的支撑方法如图 3-31 所示。砂胎烘干法不精确也不方便，如图 3-31a 所示。用成形烘干器虽精确、简便，但结构复杂、昂贵且维修最大，如图 3-31b 所示。平面烘干板结构简单，通气性好且价廉，如图 3-31c 所示。

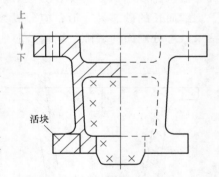

图 3-30　用活块减少砂芯的实例

　　6）砂芯形状适应造型、制芯方法。高压造型线限制下芯时间，对一型多铸的小铸件，常不允许逐一下芯，因此，划分砂芯形状时，常把几个到十几个小砂芯连成一个大砂芯，以便节约下芯、制芯时间，以适应机器要求。对壳芯、热芯和冷芯盒砂芯要从便于射紧砂芯方面来考虑改进砂芯形状。

　　2. 芯头设计

　　芯头是指伸出铸件以外不与金属接触的砂芯部分。对芯头的要求是：定位和固定砂芯，使砂芯在铸型中有准确的位置，能承受砂芯重力及浇注时液体金属对砂芯的浮力不致破坏；芯头应能及时排出浇注后砂芯所产生的气体；上下芯头及芯号容易识别，不致下错方向或芯号；下芯、合型方便，芯头应有适当斜度和间隙。间隙量要考虑到砂芯、铸型的制作误差，又要少出飞边、毛刺，并使砂芯堆放、搬运方便，重心平稳；避免砂芯上有细小凸出的芯头

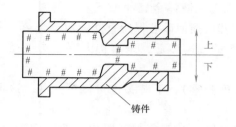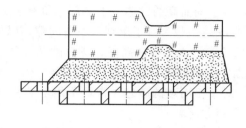

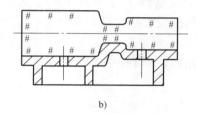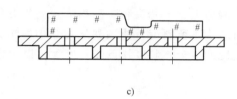

图 3-31 烘干砂芯的几种方法

a）砂胎支撑烘干 b）用成形烘干器烘干 c）用平面烘干板烘干

部分，以免损坏。

芯头可分水平芯头和垂直芯头两大类。

典型的芯头结构如图 3-32 所示。它包括芯头长度、斜度、间隙、压环、防压环和集砂槽等结构。

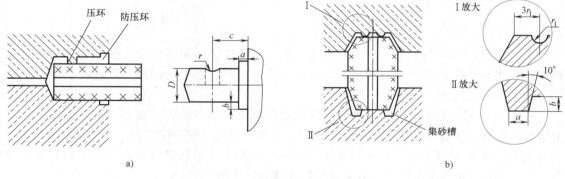

图 3-32 典型的芯头结构

a）水平芯头 b）垂直芯头

（1）芯头长度 芯头长度指的是砂芯伸入铸型部分的长度。垂直芯头长度通常称为芯头高度。

过长的芯头会增加砂箱的尺寸，增加填砂量。芯头过高，不便于扣箱。对于水平芯头，砂芯越大，所受浮力越大，因此芯头长度也应越大，以使芯头和铸型之间有更大的承压面积。但垂直芯头的高度和砂芯体积之间并不存在上述关系，砂芯的重量或浮力由垂直芯头的底面积来承受。

决定芯头高度有以下经验值得注意：

1）对于细而高的砂芯，上下部应留有芯头，以免在液体金属冲击下发生偏斜，而且下芯头应当取高一些。对于湿型可不留间隙，以便下芯后能使砂芯保持直立，便于合箱。有的工厂对于 L/D（L 为砂芯高度，D 为砂芯直径）$\geqslant 5$ 的细高砂芯，采用扩大下芯头直径的办法，增加下芯时的稳定性。

2）对于粗而矮的砂芯，常可不用上芯头（高度为零），下芯头也可做短一些。这可使造型、合箱方便。

3）对于等截面的或上下对称的砂芯，为下芯方便，上下芯头可用相同的高度和斜度。对于需要区分上、下芯头的砂芯，一般应使下芯头高度高于上芯头高度。

（2）芯头斜度　对垂直芯头，上、下芯头都应设有斜度（图 3-33 中 α 和 β）。为合箱方便，避免上、下芯头和铸型相碰，上芯头和上芯头座的斜度应大些。对于水平芯头，如果制芯时芯头不留斜度就能顺利从芯盒中取出，那么芯头可以不留斜度。芯座-模样的芯头是留有斜度的，上箱斜度比下箱斜度大，以免合箱时和砂芯相碰，如图 3-34 所示。

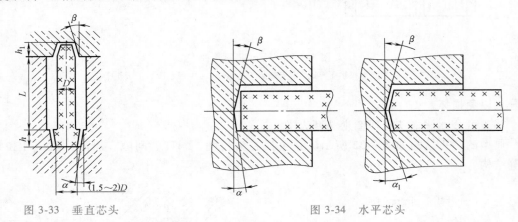

图 3-33　垂直芯头　　　　　　　　　图 3-34　水平芯头

（3）芯头间隙　为了下芯方便，通常在芯头和芯座之间留有间隙，间隙的大小取决于砂芯的大小和精度及芯座本身的精度。因此，机器造型、制芯的间隙一般较小，而手工造型、制芯则间隙较大，一般为 0.5~4mm。

（4）特殊定位芯头　有的砂芯有特殊的定位要求，如防止砂芯在型内绕轴线转动，不允许轴向位移偏差过大或下芯时搞错方位，这时就应采用特殊定位芯头。这种芯头的结构可自行设计。图 3-35 所示为特殊定位芯头的实例，这些芯头结构都可防止砂芯转动和下错方位，图 3-35d 所示的水平芯头兼有防止沿轴线移动的作用。

3. 芯头承压面积的核算

芯头的承压面积应足够大，以保证在金属液的最大浮力作用下不超过铸型的许用压应力。由于砂芯的强度通常都大于铸型的强度，故只核算铸型的许用压应力即可。芯头的承压面积 S 应满足下式

$$S \geqslant \frac{kF_{芯}}{\sigma_{压}} \tag{3-1}$$

式中，$F_{芯}$ 为计算的最大浮芯力；k 为安全系数，$k = 1.3~1.5$；$\sigma_{压}$ 为铸型的作用应力。此值应根据工厂中所使用的型砂的抗压强度来决定。一般湿型 $\sigma_{压}$ 可取 40~60kPa，活化膨润土砂型可取 60~100kPa，干型可取 0.6~0.8MPa。

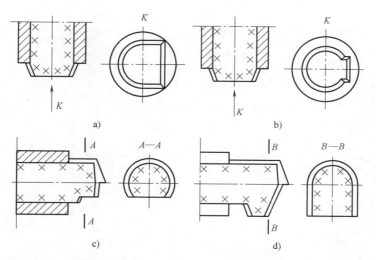

图 3-35　特殊定位芯头

a)、b) 垂直芯头　c)、d) 水平芯头

如果实际承压面积不能满足式（3-1）要求，则说明芯头尺寸过小，应适当放大芯头。若受砂箱等条件限制，不能增加芯头尺寸，则可采用提高芯座抗压强度（许用压应力）的方法，如在芯座部分附加砂芯、铁片、耐火砖等。在许可的情况下，附加芯撑也等于增加了承压面积。

3.2.5　铸造工艺设计参数

铸造工艺设计参数（简称工艺参数），通常是指铸型工艺设计时需要确定的某些数据，这些工艺数据一般都与模样及芯盒尺寸有关，即与铸件的精度有密切关系，同时也与造型、制芯、下芯及合箱的工艺过程有关。工艺参数选取得准确、合适，才能保证铸件尺寸（形状）精确，为造型、制芯、下芯、合箱创造方便，提高生产率，降低成本。工艺参数选取不准确，则铸件精度降低，甚至因尺寸超过公差要求而报废。由于工艺参数的选取与铸件尺寸、重量验收条件有关，有的资料把铸件的尺寸和重量允许偏差也列为工艺参数。

1. 铸造收缩率

铸造收缩率 K 的定义是

$$K = \frac{L_{模} - L_{件}}{L_{件}} \times 100\% \qquad (3-2)$$

式中，$L_{模}$ 为模样（或芯盒）工作面的尺寸；$L_{件}$ 为铸件尺寸。

铸造收缩率受许多因素的影响。例如，合金的种类及成分、铸件冷却收缩时受到阻力的大小、冷却条件的差异等。因此，必须正确地选定铸造收缩率。对于大量生产的铸件，一般应在试生产过程中对铸件多次画线，测定铸件各部位的实际收缩率，反复修改木模，直至铸件尺寸符合铸件图样要求。然后再依实际铸造收缩率设计制造金属模。对于单件、小批量生产的大型铸件，铸造收缩率的选取必须有丰富的经验，同时要结合使用工艺补正量、适当放大加工余量等措施来保证铸件尺寸达到合格。各种铸铁的铸造收缩率见表3-4。

2. 机械加工余量

在铸件加工表面上留出的、准备切削去的金属层厚度，称为机械加工余量。加工余量过

表 3-4　各种铸铁的铸造收缩率

铸铁种类	线收缩率（%）	
	阻碍收缩	自由收缩
灰铸铁：中小型铸件	0.8~1.0	0.9~1.1
大中型铸件	0.7~0.9	0.8~1.0
特大型铸件	0.6~0.8	0.7~0.9
圆筒型铸件：长度方向	0.7~0.9	0.8~1.0
直径方向	0.5	0.6~0.8
孕育铸铁：HT250、HT300	0.7~0.9	0.9~1.1
HT350	1.0	1.5
球墨铸铁：珠光体组织	0.6~0.8	0.9~1.1
铁素体组织	0.4~0.6	0.8~1.0
黑心可锻铸铁：壁厚>25mm	0.5~0.6	0.6~0.8
壁厚<25mm	0.6~0.8	0.8~1.0
白心可锻铸铁	1.5	1.75
白口铸铁	1.5	1.75

注：1. 同一铸件，由于结构上的原因，其局部与整体、纵向与径向或长、宽、高三个方向的铸造收缩率可能不一致。对于重要铸件长、宽、高应分别给以不同的铸造收缩率。对于收缩大的方向和部位应选用上限值，收缩小的方向和部位应选用下限值。

2. 对于手工造型的灰铸铁和球墨铸铁小件以及薄壁大芯的可锻铸铁中小件可以不留缩尺。

3. 对于大量生产的铸件，线收缩率初步选用之后，需进行工艺试验，以木模试生产。测出铸件的实际线收缩之后，再进行金属模的设计。

4. 活化湿型与干型比较时，活化湿型选用的铸造收缩率应取上限值，干型则应取下限值。

5. 选取相互配合铸件（如主轴箱体和箱盖）的缩尺，应保证装配时不产生错边。

大，将浪费金属和机械加工工时，增加零件成本；加工余量过小，则不能完全除去铸件表面的缺陷，甚至露出铸件表皮，达不到设计要求。此外，太小的加工余量由于铸件表面的粘砂及黑皮硬度高，会使刀具寿命缩短。

影响机械加工余量的主要因素有：铸造合金及铸造方法所能达到的铸件精度，加工表面所处的浇注位置（上面、侧面、底面），铸件基本尺寸和结构等。具体数据请参照有关标准选用。加工余量上面>侧面>底面。

3. 起模斜度

为了方便起模，在模样、芯盒的出模方向留有一定斜度，以免损坏砂型或砂芯。这个斜度，称为起模斜度。起模斜度应在铸件上没有结构斜度的、垂直于分型面（分盒面）的表面上应用。其大小应依模样的拔模高度、表面粗糙度以及造型（芯）方法而定。关于起模斜度的大小的具体数值见有关各级标准中的规定。使用时尚应注意：起模斜度应小于或等于产品图上所规定的起模斜度值，以防止零件在装配或工作中与其他零件相妨碍。尽量使铸件内、外壁的模样和芯盒斜度取值相同，方向一致，以使铸件壁均匀。在非加工面上留起模斜度时，要注意与相配零件的外形一致，保持整台机器的美观，同一铸件的起模斜度应尽可能只选用一种或两种斜度，以免加工金属模时频繁地更换刀具，非加工的装配面上留斜度时，最好用减小厚度法，以免安装困难。手工制造木模时，起模斜度应标出毫米数，机械加工金属模时，起模斜度应标明角度，以利于操作。起模斜度的形式如图 3-36 所示。

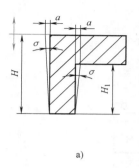 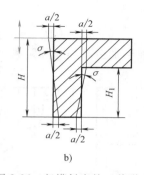 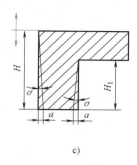

a) b) c)

图 3-36 起模斜度的三种形式

a）增加厚度法 b）加减厚度法 c）减小厚度法

4. 最小铸出孔及槽

零件上的孔、槽、台阶等，究竟是铸出来好，还是靠机械加工出来好？这应从质量及节约方面全面考虑。一般来说，较大的孔、槽等，应铸出来，以便节约金属和加工工时，同时还可以避免铸件局部过厚所造成的热节，提高铸件质量。有些特殊要求的孔，如弯曲孔，无法实行机械加工，则一定要铸出来。可用钻头加工的受制孔（有中心线位置精度要求）最好不铸。表 3-5、表 3-6 分别为铸件的最小铸出孔及最小铸出槽尺寸，供参考。

表 3-5 铸件的最小铸出孔[1]

生产批量	最小铸出孔直径 d/mm	
	灰铸铁件	铸钢件
大量生产	12 ~ 15	—
成批量生产	15 ~ 30	30 ~ 50
单件、小批量生产	30 ~ 50	50

[1] 最小铸出孔直径指的是毛坯孔直径。

表 3-6 铸件的最小铸出槽尺寸

结构简图	最小铸出槽尺寸/mm			
	灰铸铁件		铸钢件	
	b	t	b	t
	20	10	20	20

5. 工艺补正量

在单件、小批量生产中，由于选用的缩尺与铸件的实际收缩率不符，或由于铸件产生了变形、操作中不可避免的误差（如工艺上允许的错箱偏差、偏芯误差）等原因，会使加工后的铸件某些部分的厚度小于图样要求尺寸，严重时会因强度太弱而报废。因工艺需要在铸件相应非加工面上增加的金属层厚度称为工艺补正量。为了防止由于铸造收缩率估计不准而削弱零件强度应采用工艺补正量。工艺补正量可粗略地按式（3-3）来确定（图 3-37）。法兰铸件的工艺补正量可参考表 3-7。

$$S \leqslant 0.002L \tag{3-3}$$

式中，S 为工艺补正量；L 为加工面到加工基准面的距离。

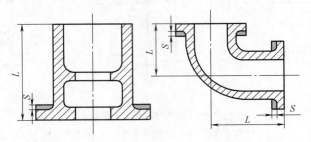

图 3-37　法兰类铸件工艺补正量位置

表 3-7　法兰铸件的工艺补正量　　　　　　　　　　　（单位：mm）

法兰间的距离 L	工艺补正量 S		法兰间的距离 L	工艺补正量 S	
	铸铁件	铸钢件		铸铁件	铸钢件
<100	1	2	1601~2500	4	8
101~160	1.5	3	2501~4000	5	10
161~250	2	4	4001~6500	6	12
251~400	2.5	5	6501~8000	6	12
401~650	2.5	5	8001~10000	8	16
651~1000	3	6	10001~12000	9	18
1001~1600	3.5	7			

6. 分型负数

干型、半干型以及尺寸很大的湿型，分型面由于烘烤、修整等原因一般都不很平整，上下型接触面很不严密。为了防止浇注时跑火，合箱前需要在分型面之间垫以石棉绳、泥油灰条等，这样在分型面处就明显地增大了铸件的尺寸。为了保证铸件尺寸精确，在拟订时，为抵消铸件在分型面部位的增厚（垂直于分型面的方向），在模样上相应减去的尺寸为分型负数。

7. 反变形量

反变形量又称反挠度、反弯势、假曲率。在铸造大平板类、床身类等铸件时，由于冷却速度的不均匀性，铸件冷却后常出现变形。为了解决翘曲变形问题，在制造模样时，按铸件可能产生变形的相反方向做出反变形模样，使铸件冷却后变形的结果正好将反变形抵消，得到符合设计要求的铸件。这种在模样上做出的预变形量称为反变形量。

影响铸件变形的因素很多，如合金性能，铸件结构和尺寸大小，浇冒口系统的布局，浇注温度、速度，打箱清理温度，造型方法，砂型刚度等。但归纳起来不外乎两方面：一是铸件冷却时温度场的变化；二是导致铸件变形的残余应力的分布。因此，应判明铸件的变形方向：铸件冷却缓慢的一侧必定受拉应力而产生内凹变形；冷却较快的一侧必定受压应力而发生外凸变形。图 3-38 所示箱体，壁厚虽均匀，但内部冷却慢，外部冷却快，因此壁发生向外凸出变形，模样反变形量应向内侧凸起。

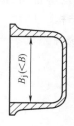
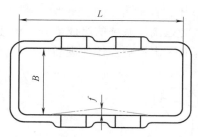

图 3-38 箱体件反变形量方向

一般中小铸件，壁厚差别不大且结构上刚度较大时，不必留反变形量。以下铸件，如大的床身类、平台类、大型铸钢箱体类、细长的纺织零件（如龙筋、胸梁等），多使用反变形量。

8. 砂芯负数（砂芯减量）

大型黏土砂芯，在舂砂过程中砂芯向四周涨开、刷涂料以及在烘干过程中发生的变形使砂芯四周尺寸增大。为了保证铸件尺寸准确，将芯盒的长、宽尺寸减去一定量，这个被减去的尺寸称为砂芯负数。砂芯负数只应用于大型黏土砂芯。

9. 非加工壁厚的负余量

在手工黏土砂造型、制芯过程中，为了取出（如芯盒中的筋板）木模，要进行敲模，木模受潮时将发生膨胀，这些情况均会使型腔尺寸扩大，从而造成非加工壁厚的增加，使铸件尺寸和重量超过公差要求。为了保证铸件尺寸的准确性，凡形成非加工壁厚的木模或芯盒内的筋板厚度尺寸应该减小，即小于图样尺寸。所减小的厚度尺寸称为非加工壁厚的负余量。

10. 分芯负数

对于分段制造的长砂芯或分开制造的大砂芯，在接缝处应留出分芯间隙量，即在砂芯的分开面处，将砂芯尺寸减去间隙尺寸，被减去的尺寸，称为分芯负数。分芯负数是为了砂芯拼合及下芯方便而采用的。不留分芯负数，就必须用手工磨出间隙量，这将延长工时并恶化劳动条件。分芯负数可以留在相邻的两个砂芯上，每个砂芯各留一半；也可留在指定的一侧的砂芯上。根据砂芯接合面的大小，一般留 1~3mm 的间隙。

11. 铸件尺寸公差和重量公差

铸件尺寸公差等级（DCTG）共分 16 级，标记为 DCTG1~DCTG16。铸件尺寸公差详见国家标准 GB/T 6414—2017。

铸件重量公差是指铸件实际重量与公称重量的差与铸件公称重量的比值（用百分率表示），其代号用 MT（Mass Tolerance）表示，共分 16 级。铸件公称重量包括机械加工余量及其他工艺余量等因素引起的铸件重量的变动量。铸件重量公差详见国家标准 GB/T 11351—2017。

3.3 液态成形浇注系统设计

3.3.1 概述

浇注系统是铸型中液态金属流入型腔的通道之总称。铸铁件浇注系统的典型结构如图

3-39 所示，它由浇口杯、直浇道、直浇道窝、横浇道和内浇道等部分组成。广义地说，浇包和浇注设备也可认为是浇注系统的组成部分，浇注设备的结构、尺寸、位置高低等，对浇注系统的设计和计算有一定影响。铸件废品中约有 30% 是因浇注系统不当引起的。

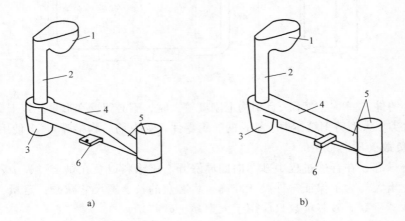

图 3-39 铸铁件浇注系统的典型结构

a）封闭式 b）开放式

1—浇口杯 2—直浇道 3—直浇道窝 4—横浇道 5—末端延长段 6—内浇道

对浇注系统的基本要求是：

1）在规定的浇注时间内充满型腔，且具有良好的阻渣能力。

2）提供必要的充型压力头，保证铸件轮廓、棱角清晰。

3）金属液流动平稳，避免严重紊流。防止卷入、吸收气体和使金属过度氧化。

4）金属液进入型腔时线速度不可过高，避免飞溅、冲刷型壁或砂芯，不破坏冷铁和芯撑的作用。

5）金属液在型内金属液面有足够的上升速度，以免形成夹砂、皱皮、冷隔等缺陷。

6）所确定的内浇道的位置、方向和个数应符合铸件的凝固原则或补缩方法。

7）浇注系统的金属消耗小，并容易清理；造型简单，模样制造容易。

3.3.2 浇注系统基本组元的作用

1. 浇口杯

浇口杯可用来承接来自浇包的金属液，防止金属液飞溅和溢出，便于浇注；减轻液流对型腔的冲击；分离渣滓和气泡，阻止其进入型腔；增加充型压力头。只有浇口杯的结构正确，配合正当的浇注操作，才能实现上述功能。浇口杯分漏斗形和池形两大类，如图 3-40 所示。漏斗形浇口杯挡渣效果差，但结构简单，消耗金属少。池形浇口杯挡渣效果较好，其挡渣原理如图 3-41 所示。浇口杯中出现水平旋涡会带入渣滓和气体，因而应注意防止。水力模拟试验表明，影响浇口杯内水平旋涡的主要因素是浇口杯内液面的深度，其次是浇注高度、浇注方向及浇口杯的结构等，如图 3-42 所示。液面浅极易出现水平旋涡；液面深度超过直浇道上口直径的 5 倍时可基本消除水平旋涡；浇包嘴距浇口杯越高，越易产生水平旋涡。

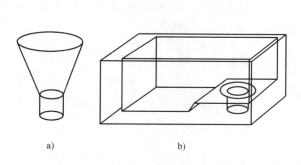

图 3-40 浇口杯基本类型
a）漏斗形 b）池形

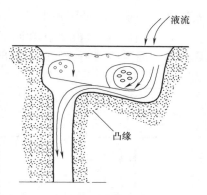

图 3-41 池形浇口杯的挡渣效果原理

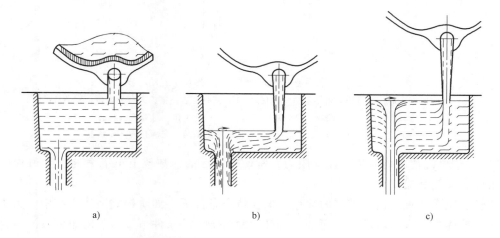

图 3-42 液面深度和浇注高度对形成水平旋涡的影响
a）合理 b）、c）不合理

2. 直浇道

直浇道的功用：从浇口杯引导金属向下，进入横浇道、内浇道或直接导入型腔；提供足够的压力头，使金属液在重力作用下能克服各种流动阻力，在规定时间内充满型腔。直浇道常做成上大下小的锥形、等断面的柱形和上小下大的倒锥形。

曾经对只包括浇口杯和直浇道的两单元浇注系统进行过水力模拟试验，结果如图 3-43 所示。因此，可得出以下结论：

1）液态金属在直浇道中存在两种流态：充满式流动或非充满式流动。

2）在非充满的直浇道中，金属液以重力加速度向下运动，流股呈渐缩形，流股表面压力接近大气压力，微呈正压。流股表面会带动表层气体向下运动，并能冲入型内上升的金属液内，由于流股内部和砂型表层气体之间无压力差，气体不可能被"吸入"流股，故在直浇道中气体可被金属表面所吸收和带走。

3）直浇道入口形状影响金属流态。当入口为尖角时，增加流动阻力和断面收缩率，常导致非充满式流动。实际砂型中，尖角处的型砂会被冲掉引起冲砂缺陷。要使直浇道呈充满式流动，要求入口处圆角半径 $r \geq d/4$（d 为直浇道上口直径）。

4）在有机玻璃模型中能够出现真空度下的充满式流动，这种情况不能代表砂型中的金属液态。因为砂型是透气体，给出限制性边界条件如图 3-43 所示。

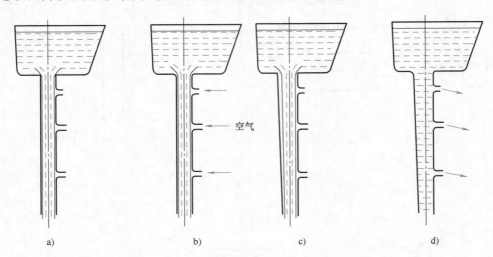

图 3-43　水在有机玻璃模型的直浇道内流动状况

a）圆柱形直浇道，入口为尖角，呈非充满状态　b）圆柱形直浇道，入口为圆角，充满且吸气
c）上大下小的锥形（1/50）直浇道，入口为尖角，呈非充满状态
d）上大下小的锥形（1/50）直浇道，入口为圆角，充满且为正压状态

5）由于横浇道和内浇道的流动阻力，常使等截面的，甚至上小下大的直浇道均能满足充满条件而呈充满式流动。

尽管非充满的直浇道有带气的缺点，但在特定条件下，如阶梯式浇注系统中，为了实现自下而上地逐层引入金属的目的而采用；又如漏包浇注的条件下，为了防止钢液溢至型外而使用非充满式流动的直浇道。

3. 直浇道窝

金属液对直浇道底部有强烈的冲击作用，并产生涡流和高度紊流区（图 3-44a），常引起冲砂、渣孔和大量氧化夹杂物等铸造缺陷。设置直浇道窝可改善金属液的流动状况（图 3-44c），其作用如下：

1）缓冲作用。液流下落的动能有相当大的一部分被窝内液体吸收而转变为压力能，再由压力能转化为水平速度流向横浇道，从而减轻了对直浇道底部铸型的冲刷。

2）缩短直-横浇道拐弯处的高度紊流区。直浇道窝可减轻液流进入横浇道的孔口压缩现象（图 3-44b），从而减少直-横浇道拐弯处的卷气，同时缩短高速紊流（过渡）区。这样也改善了横浇道内的压力分布，如图 3-45 所示。速度高的地方压力低，压力分布的特性说明过渡区的存在。这对减轻金属氧化、阻渣和减少卷入气体都有利。当内浇道距直浇道较近时，应采用直浇道窝。

3）减小直-横浇道拐弯处的局部阻力系数和水头损失。

4）改善内浇道的流量分布。

例如在 $S_{直下} : S_{横} : S_{内} = 1 : 2.5 : 2.5$ 的试验条件下，无直浇道窝时，两个等断面的内

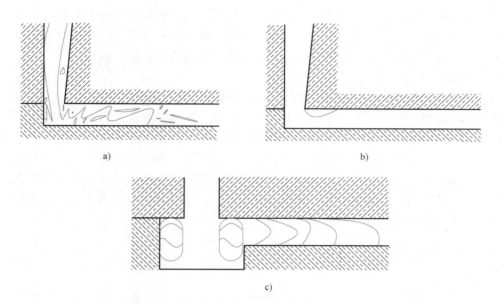

图 3-44 直浇道窝对液流的影响

a)、b) 无直浇道窝 c) 有直浇道窝

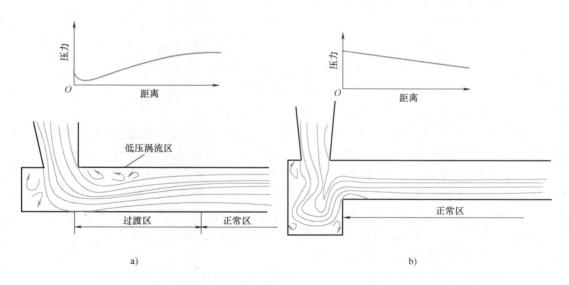

图 3-45 直浇道窝对液流的影响

a) 无直浇道窝 b) 有直浇道窝

试验条件：$S_{直下} : S_{横} : S_{内} = 1 : 2.5 : 2.5$

浇道的流量分配为 31.5%（近者）和 68.5%（远者）；有直浇道窝时的流量分配为 40.5%（近者）和 59.5%（远者）。

5）浮出金属液中的气泡。最初注入型内的金属液中，常带有一定量的气体，如果有直浇道窝则可在浇口内浮出。

直浇道窝的大小、形状应适宜，砂型应坚实，底部放置干砂芯片、耐火砖等可防止冲砂。直浇道窝常做成半球形、圆锥台等形状。通常直浇道窝直径为直浇道下端直径的 1.4~2 倍，高度为横浇道高度的 2 倍，侧壁在能顺利起模的条件下尽量垂直，底部做成平面，转角处避免尖角。较大直径的直浇道窝适用于流动要求平稳的合金铸件，如轻合金铸件。

4. 横浇道

（1）横浇道的功用　向内浇道分配洁净的金属液；储留最初浇入的含气和渣污的低温金属液并阻留渣滓；使金属液流平稳和减少产生氧化夹渣物。为了节约，中小铸件多不用浇口杯，主要靠横浇道阻渣，故横浇道又称为捕渣道。

横浇道的阻渣原理如图 3-46 所示。横浇道内，在内浇道入口周围存在一个区域，被称为内浇道吸动区，只要金属进入该区就会自动吸入内浇道。显然，进入该区的渣团也将会流入型腔。由于渣团密度比金属液小，渣团一面上浮，一面随金属液做水平运动。如果渣团能上浮到横浇道顶部且超过内浇道吸动区，就不致进入型腔。

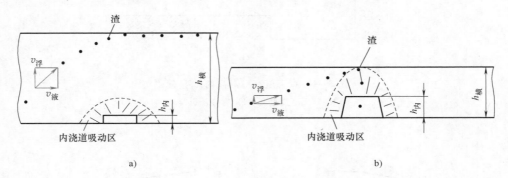

图 3-46　横浇道的阻渣原理

a）正确　b）不正确

（2）横浇道发挥阻渣作用应具备的条件

1）横浇道应呈充满式流动，即满足充满条件。应注意，横浇道断面积比内浇道大，横浇道呈充满式流动。此外，内浇道相对横浇道的位置对横浇道的充满条件也有影响。

2）流速应尽可能低。要在横浇道内捕获更小的渣团，需要更低的流速、更大的横浇道断面积。实际中常把横浇道扩大、做高，如 $S_横/S_内 = 2 \sim 4$，但横浇道太大会浪费金属。

3）有正确的横浇道末端延长段，其功用为容纳最初浇注的低温、含气及渣污的金属液，防止其进入型腔；吸收液流动能，使金属流入型腔平稳，如图 3-47 所示。

4）内浇道与横浇道的位置关系要正确

① 内浇道距直浇道应足够远，使渣团有条件浮起到超过内浇道的吸动区。

② 封闭式浇注系统的横浇道应高而窄，一般取高度为宽度的 2 倍。内浇道宜扁而薄，以降低其吸动区。同时，封闭式浇注系统的内浇道应位于横浇道的下部，且和横浇道具有同一底面，使最初浇入的冷污金属液能靠惯性越过内浇道，纳于横浇道末端延长段而不进入型腔（图 3-48a）。

③ 开放式浇注系统的内浇道比横浇道阻流大得多，若将内浇道置于横浇道底部，则横、内浇道都呈非充满式流动，无法实现阻渣，故需把内浇道重叠在横浇道上方，且搭接面积要小，但应大于内浇道的截面积，如图 3-48b 所示。用横浇道的顶面及末端延长段黏附和储留渣滓。

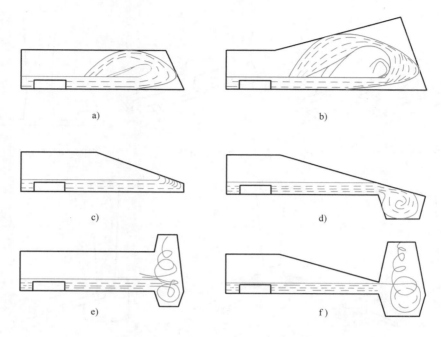

图 3-47 封闭式浇注系统横浇道末端延长段的形式

a)、b) 差 c)、d) 中 e) 良 f) 优

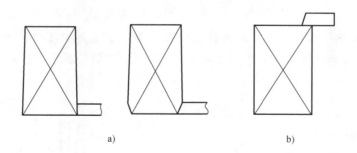

图 3-48 浇注系统横、内浇道的位置关系

a) 封闭（内/横控制）式 b) 开放（直/横控制）式

④ 内浇道应远离横浇道的弯道；应尽量使用直的横浇道；内浇道同横浇道连接，呈锐角时初期进渣较多，呈钝角时会增加紊流程度。

（3）强化横浇道阻渣的措施

1）采用缓流式浇注系统。增加横浇道的拐弯可以多次改变液流方向（图 3-49），因而可以增加局部流动阻力，可使横浇道中流动速度明显降低，有助于杂质上浮到横浇道顶部。

2）采用阻流式浇注系统。横浇道断面的突然扩大会产生局部阻力，使液流速度明显降低，有助于杂质上浮到横浇道顶部，如图 3-50 所示。金属液通过过滤网时，由于网孔眼的阻力，液流速度降低，并在网孔出口处出现涡流运动区，有利于渣滓上浮并黏附在滤网下面，如图 3-51 所示。

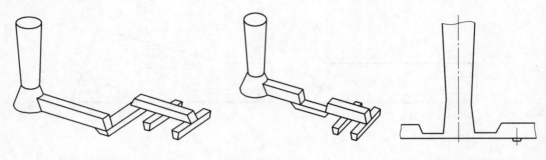

图 3-49　通过多次改变液流方向加强横浇道阻渣　　　　图 3-50　横浇道断面扩大

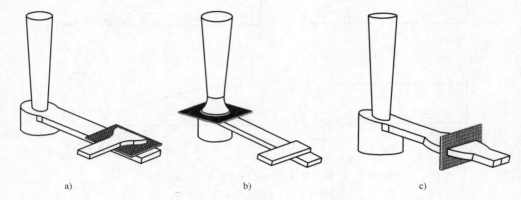

a)　　　　　　　　　　　b)　　　　　　　　　　　c)

图 3-51　滤网在浇道中的安放形式

a）横浇道-内浇道交接处　b）直浇道底端　c）横浇道中

3）设置集渣包的浇注系统。集渣包是横浇道中局部加高的部位，当金属流经此处时，因断面的扩大使流速降低而在集渣包死角处产生涡流，使渣粒易于上浮并留存在该处，如图 3-52、图 3-53 所示。

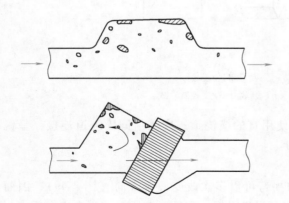

图 3-52　设置集渣包与过滤网的浇注系统

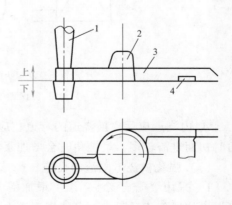

图 3-53　设置集渣包的浇注系统

1—直浇道　2—集渣包　3—横浇道　4—内浇道

5. 内浇道

内浇道的功用是控制充型速度和方向，分配金属，调节铸件各部位的温度和凝固顺序。

浇注系统的金属液通过内浇道对铸件有一定补缩作用。设计内浇道时还应避免流入型腔时的喷射现象和飞溅，使充型平稳。

（1）浇口比的影响 直浇道、横浇道和内浇道断面积之比（即 $S_直 : S_横 : S_内$）称为浇口比。

如图 3-54 所示，如果以内浇道为阻流时（封闭式浇注系统，图 3-54a），金属液流入型腔时喷射严重；以直浇道下端或附近的横浇道为阻流时（开放式浇注系统，图 3-54b），充型较平稳，$S_内/S_阻$ 比值越大则充型越平稳。因此，轻合金铸件常采用 $S_内/S_阻$ 大得多的开放式浇注系统。

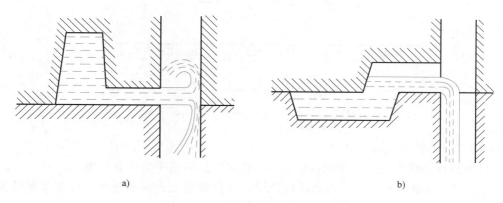

图 3-54 充型时金属液的两种状态
a）封闭式 b）开放式

（2）内浇道流量的不均匀性 同一横浇道上有多个等断面的内浇道，各内浇道的流量不等（图 3-55a）。试验表明：一般条件下，远离直浇道的内浇道流量最大，且先进入金属。近直浇道的流量小，且后进入金属。在浇注初期，进入横浇道的金属液流向末端时失去动能而使压力升高，金属液首先在末端充满并形成末端压力高而靠近直浇道压力低的态势，故而形成这种流量分布；但当总压头小而横浇道很长时，沿程阻力大，也会出现近直浇道处压力高的情况，这时近处的内浇道流量大。

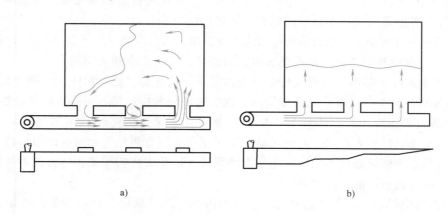

图 3-55 内浇道流量的分布
a）横浇道等断面 b）横浇道缩小面积

为了使各内浇道流量均匀，通常采用如下方法：缩小远离直浇道的内浇道断面积；增大横浇道的断面积；严格依 $S_横/S_内$ 的比值，每流经一个内浇道，使横浇道断面积依比值缩小（图3-55b、图3-56）；设置直浇道窝等。

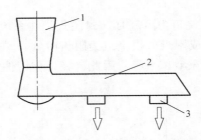

直浇道	横浇道	内浇道	内浇道流量比	
1	2	4	34%	66%
1	2	2	44%	56%

图3-56　内浇道流量的分布与 $S_横/S_内$ 的关系

1—直浇道　2—横浇道　3—内浇道

（3）内浇道的基本设计原则

1）内浇道在铸件上的位置和数目应服从所选定的凝固顺序或补缩方法。

① 对要求同时凝固的铸件，内浇道应开设在铸件薄壁处，应数量多，分散布置使金属液快速均匀地充满型腔，避免内浇道附近的砂型局部过热。

② 对要求顺序凝固的铸件，内浇道应开设在铸件厚壁处。如设有冒口，使内浇道通过冒口，让金属液先流经冒口再引入型腔，更能提高冒口的补缩效果。

③ 对结构复杂的铸件，采用顺序凝固和同时凝固相结合的原则安排内浇道，即对每一个补缩区依顺序凝固原则设置内浇道，而对整个铸件则按同时凝固原则采用多内浇道分散充型。这样，既可使铸件的各个厚大部位得到充分补缩而避免出现缩孔、缩松，又可将铸件的铸造应力和变形减小。

④ 当铸件壁厚相差悬殊，而又必须从薄壁处引入金属时，应同时采用冷铁加速厚壁处的冷却凝固，并加放冒口，浇注时采用点冒口措施，保证铸件的补缩效果；对采用实用冒口的铸件，遵守实用冒口或均衡凝固的原则来布置内浇道和冒口。

⑤ 对薄壁铸件可用多内浇道的浇注系统实现补缩，这时内浇道尺寸应符合冒口颈的要求。

⑥ 内浇道避免开设在铸件品质要求很高的部位，以防止金相组织粗大。

⑦ 对要求耐压、防渗漏的管类件，内浇道通常开设在法兰处，以防止管壁处出现缩松。

⑧ 对收缩大易于形成裂纹的合金铸件，内浇道的设置应尽量不阻碍铸件的收缩。

2）液流方向不要冲着细小砂芯、型壁、冷铁和芯撑，必要时采用切线引入，但应注意，切线引入会引起型内金属的回转运动，适用于外表面有粗糙度要求的圆形铸件。当筒形铸件内表面要求严格的条件下，应避免金属液回转，以免夹渣物聚集在铸件的内表面。必要时采用顶雨淋式或底雨淋式浇注系统。

3）内浇道应尽量。薄薄的内浇道可以降低内浇道的吸动区，有利于横浇道阻渣；减少进入初期渣的可能性；减轻清理工作量；内浇道薄于铸件的壁厚，在去除浇道时不易损害铸件；对球墨铸铁件，薄的内浇道能充分利用铸件本身的石墨化膨胀获得紧实的铸件。

4）各个内浇道中的金属流向应力求一致。为了使金属液快速而平稳地充型，有利于排气和除渣，各个内浇道中的金属流向应力求一致，防止金属液在型内碰撞，流向混乱而出现过度紊流。

3.3.3 浇注系统的基本类型

1. 封闭、开放式浇注系统

（1）封闭式浇注系统 封闭式浇注系统可理解为正常浇注条件下，所有组元能被金属液充满的浇注系统，也称为充满式浇注系统。封闭式浇注系统包括了以内浇道为阻流的各种浇注系统和部分扩张式（$S_内/S_阻 \leqslant 1.5 \sim 2.5$）的浇注系统。

封闭式浇注系统的优点是有较好的阻渣能力，可防止金属液卷入气体，消耗金属少，清理方便。其主要缺点是：进入型腔的金属液流速高，易产生喷溅和冲砂，使金属氧化，使型内金属液发生扰动、涡流和不平静。因此，主要应用于不易氧化的各种铸铁件。对于容易氧化的轻合金铸件、采用漏包浇注的铸钢件和高大的铸铁件，均不宜使用。

（2）开放式浇注系统 在正常浇注条件下，金属液不能充满所有组元的浇注系统，又称为非充满式或非压力式浇注系统。其阻流截面通常设在直浇道下端，且 $S_阻/S_内 \leqslant 1/3$。该浇注系统的优缺点与封闭式浇注系统正好相反，主要用于铸钢、球铁及有色轻合金铸件。

（3）半封闭式浇注系统 这种浇注系统的特点是 $\sum S_横 > \sum S_直 > \sum S_内$，即阻流截面是内浇道，横浇道截面积最大，直浇道一般是上大下小的锥形。浇注时，直浇道很快充满，而横浇道充满较晚，故可降低内浇道的流速，使浇注初期充型平稳，对铸型的冲击比封闭式的小；在横浇道充满后，因其中的金属液流速较慢，所以挡渣比开放式的好，但浇注初期在横浇道充满前，挡渣效果较差。该浇注系统适用于各类铸铁件，尤其是球墨铸铁件及表面干型。

2. 按内浇道在铸件上的位置分类

（1）顶注式浇注系统 以浇注位置为基准，内浇道设在铸件顶部的，称为顶注式浇注系统，也称为上注式浇注系统（图3-57），它有利于铸件自下而上的顺序凝固和冒口的补缩；其冒口尺寸小，节约金属；内浇道附近受热较轻；结构简单，易于清除。

缺点：易造成冲砂缺陷；金属液下落过程中接触空气，易出现激溅、氧化、卷入空气等现象，使充型不平稳；易产生砂孔、铁豆、气孔和氧化夹杂物缺陷；大部分浇注时间，内浇道工作在非淹没状态，相对地说，横浇道阻渣条件较差。

按其位置可分为如下几种（图3-57）：

1）简单式。用于要求不高的简单小件。

2）楔形。浇道窄而长，断面积大，适用于薄壁容器类铸件，如锅、盆、罩盖等。

3）压边式。金属液经压边窄缝进入型腔，充型慢，有一定补缩和阻渣作用。其结构简单，易于清除，多用于中、小型各种厚壁铸铁件。

4）雨淋式。金属液经型腔顶部许多小孔（内浇道）流入，状似雨淋，比其他顶注式对型腔的冲击力小。炽热金属液流不断冲刷上升液面，使熔渣不易黏附在型（芯）侧壁上。该浇注系统适用于要求较高的筒类铸件，如缸套、大的铁活塞、机床卡盘等。也可用于床身、柴油机缸体等。

5）搭边式。自上而下导入金属液，避免直接冲击型的侧壁。该浇注系统适用于湿型铸造薄壁铸件，如纺织铸件。

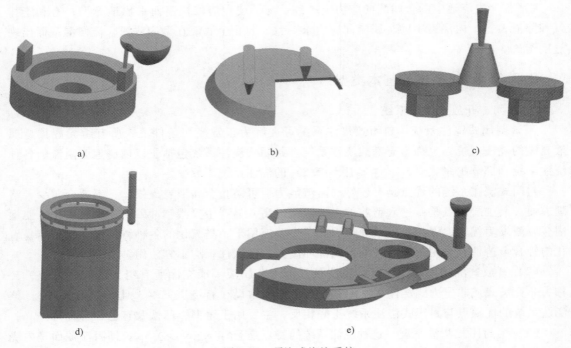

图 3-57 顶注式浇注系统

a）简单式 b）楔形（刀片式） c）压边式 d）雨淋式 e）搭边式

（2）底注式浇注系统 内浇道设在铸件底部的称为底注式浇注系统（图 3-58）。其主要优点有：内浇道基本上工作在淹没状态下，充型平稳；可避免金属液发生激溅、氧化及由此

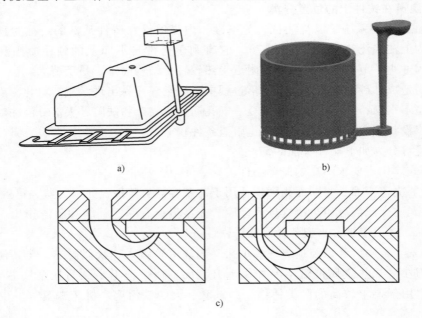

图 3-58 底注式浇注系统

a）基本形式 b）牛角浇口 c）底雨淋式

而形成的铸件缺陷；横浇道基本处在充满状态下，有利于阻渣；型腔内的气体也容易顺序排出。其缺点是：充型后金属的温度分布不利于顺序凝固和冒口补缩；内浇道附近容易过热，导致缩孔、缩松和结晶粗大等缺陷；金属液面在上升中容易结皮，难以保证高大的薄壁铸件充满，易形成浇不到、冷隔等缺陷；金属消耗较大。为了克服这些缺点，常采用快浇和分散的多内浇道，大的 $S_内/S_阻$ 比值，使用冷铁和安放冒口或用高温金属补浇冒口等措施。

1）底注式（基本形式）。适用于容易氧化的有色合金铸件和形状复杂、要求高的各种黑色铸件。

2）牛角浇口。用于各种铸齿齿轮和有砂芯的盘形铸件。

3）底雨淋式。充型后金属温度分布均匀，同一水平横截面上的金相组织和硬度一致。型内金属液上升平稳且不发生旋转运动，能避免熔渣黏附在砂芯上。该浇注系统适用于内表面质量要求高的筒类铸件、大型床身等。

（3）中间（分型面）注入式浇注系统 从铸件中间某一高度面上开设内浇道（图 3-59）。对内浇道以下的型腔部分为顶注式；对内浇道以上的型腔部分相当于底注式，故它兼有顶注式和底注式浇注系统的优缺点。由于内浇道在分型面上开设，有利于控制金属液的流量分布和铸型的热分布，对形状复杂的铸件极为方便。因此，中间注入式浇注系统广为应用，适用于高度不大的中等壁厚（铸钢件壁厚约 50mm，灰铸铁件 20mm）的铸件。

（4）阶梯式浇注系统 在铸件不同高度上开设多层内浇道的称为阶梯式浇注系统（图 3-60）。

图 3-59 中间注入式浇注系统的一般形式

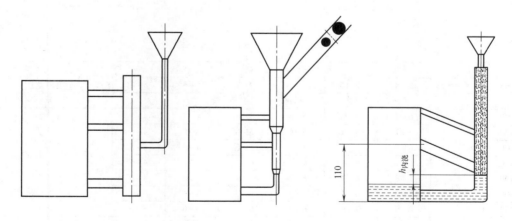

图 3-60 阶梯式浇注系统

结构正确的阶梯式浇注系统具有以下优点：金属液首先由最底层内浇道充型，随着型内液面上升，自下而上地、顺序地流经各层内浇道，因而充型平稳，型腔内气体排出顺利。充型后，上部金属液温度高于下部，有利于顺序凝固和冒口的补缩，铸件组织致密，易避免缩孔、缩松、冷隔及浇不到等铸造缺陷。利用多内浇道，可减轻内浇道附近的局部过热现象。

其主要缺点是：造型复杂，有时要求几个水平分型面，要求正确的计算和结构设计，否则，容易出现上下各层内浇道同时进入金属液的"乱浇"现象。

阶梯式浇注系统适用于高度大的中、大型铸件，具有垂直分型面的中大件可优先采用。

3.3.4 铸件浇注系统设计与计算

1. 铸铁件浇注系统设计与计算

一般在确定铸造方案的基础上设计浇注系统。浇注系统的设计步骤大致可分为：

1）选择浇注系统类型。

2）确定内浇道在铸件上的位置、数目和金属引入方向。

3）决定直浇道的位置和高度。

实践表明，直浇道过低会使充型及液态补缩压力不足，易出现铸件棱角和轮廓不清晰、浇不到、上表面缩凹等缺陷。

一般使直浇道高度等于上砂箱高度，但应检验该高度是否足够。直浇道的剩余压力角应大于表 3-8 中的数值，或者，剩余压力头应满足压力角的要求，如下式所列

$$H_M \geq L\tan\alpha \qquad (3-4)$$

式中，H_M 为最小剩余压力头；L 为直浇道中心到铸件最高且最远点的水平投影距离；α 为压力角。α 的大小可查表 3-8。

表 3-8 压力角的最小值

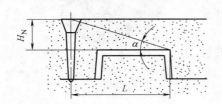 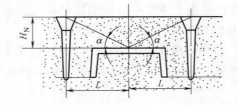

直浇道的剩余压力角

L/mm	铸件壁厚 δ/mm							使用范围
	3~5	5~8	8~15	15~20	20~25	25~35	35~40	
	压力角 α/(°)							
4000	根据具体情况确定	6~7	5~6	5~6	5~6	4~5	4~5	用两个或更多的直浇道浇注
3500		6~7	5~6	5~6	5~6	4~5	4~5	
3000		6~7	6~7	5~6	5~6	4~5	4~5	
2800		6~7	6~7	6~7	6~7	5~6	4~5	
2600		7~8	6~7	6~7	6~7	5~6	4~5	
2200		7~8	6~7	6~7	6~7	5~6	5~6	
2000		8~9	7~8	6~7	6~7	5~6	5~6	
1800		8~9	7~8	6~7	6~7	5~6	6~7	用一个直浇道浇注
1600		8~9	7~8	7~8	7~8	6~7	6~7	
1400		8~9	7~8	7~8	7~8	6~7	6~7	
1200		8~9	8~9	7~8	7~8	6~7	6~7	
1000	10~11	9~10	8~9	7~8	7~8	6~7	6~7	
800	11~12	9~10	9~10	7~8	7~8	6~7	6~7	
600	12~13	9~10	9~10	8~9	7~8	7~8	6~7	
	13~14	9~10	9~10	9~10	8~9	7~8	6~7	

直浇道的位置应设在横、内浇道的对称中心点上，以使金属液流程最短，流量分布均匀。近代造型机模板上的直浇道位置一般都被确定，在这样的条件下应遵守规定的位置。直浇道距离第一个内浇道应有足够的距离。

4）计算浇注时间并核算金属上升速度。浇注时间，也可称为浇注速度，对铸件质量有重要影响。因此，铸件在浇注时应考虑铸件结构、合金和铸型等方面来选择浇注速度。

快浇的优点是金属温度和流动性降低幅度小；可减小皮下气孔；对上表面热作用时间短，可减小夹砂结疤缺陷；有利于石墨铸铁充分利用石墨化膨胀，防止缩孔、缩松缺陷。其缺点是对型壁冲击大，容易造成胀砂、冲砂、抬型等缺陷；浇注系统的重量稍大，铸件成品率低。快浇主要应用于薄壁（或上部有薄壁）铸件；具有大平面铸件；表皮易形成氧化膜的铸件；底注式浇注系统，顶部有冒口；中大型灰铸铁、球墨铸铁件。

慢浇的优点是对型壁冲刷作用轻，可防止胀砂、抬型、冲砂等缺陷；有利于型（芯）内气体排出；对收缩率大的合金采用顶注法或内浇道通过冒口时，有利于减小冒口的尺寸，减少浇注系统金属消耗量。慢浇的缺点是对上表面烘烤时间长，易产生夹砂类缺陷；金属液温度、流动性降低幅度较大，易浇不足、冷隔；会降低流水线生产率。慢浇主要应用于有高的砂胎或吊砂的湿型；型内砂芯多、砂芯大而芯头小或排气困难的；顶注法浇注体收缩大的合金铸件。

根据铸件壁厚、铸件重量、型砂种类、合金种类和浇注方式等，每种铸件有合适的浇注时间。表3-9所示为铸铁件和铸钢件的浇注时间。

表3-9 铸铁件和铸钢件的浇注时间

铸铁件		铸钢件	
浇注质量/kg	浇注时间/s	浇注质量/kg	浇注时间/s
<250	4~6	501~1000	12~20
251~500	5~8	1001~3000	20~50
501~1000	6~20	3001~5000	50~80（40）
1001~3000	10~30	5001~10000	（40~80）
>3000	20~60	>10000	（80~150）

注：括号内数据为2个包孔的浇注时间。

应指出，浇注过程中一个重要的因素是核算铸件最大横截面处的型内金属上升速度。当不满足要求时，应缩短浇注时间或改变浇注位置。铸钢件和铸铁件型内金属最小上升速度见表3-10和表3-11。对于易氧化的轻合金铸件，应限制其液面最大上升速度，以免由于高度紊流造成大量的氧化物夹杂。型内金属最大上升速度可用下式确定

$$v_{型\max} = \frac{Re_{型}\ \nu}{4R} \tag{3-5}$$

式中，R为型腔的水利学半径；$Re_{型}$为金属液雷诺数；ν为合金液的运动黏度。

5）计算阻流断面积$S_{阻}$。阻流断面积的计算采用奥赞公式

$$S_{阻} = \frac{m}{\mu\tau\sqrt{2gH_p}} \tag{3-6}$$

式中，m为包括冒口在内的金属总重量；μ为金属液流量系数，可查阅相关表格（表3-13）；

τ 为浇注时间；H_p 为充型压力头。

表 3-10　型内钢液面最小上升速度 　　　　　　　　　　　　（单位：mm/s）

铸件重量 m/t	特点		
	复杂	一般	实体
≤5	25	20	15
>5~15	20	15	10
>15~35	6	12	8
>35~65	14	10	6
>65~100	12	8	5
>100	10	7	4

表 3-11　型内铁液面最小上升速度

铸件壁厚 δ/mm	$v_{型min}/(mm/s)$
>40，水平浇注大平板	8~10
>40，上箱有大平面	20~30
10~40	10~20
4~10	20~30
1.5~4	30~100

m 一般可通过估算、计算、称重等方式获得，浇冒口重量按照铸件重量的比例求出，见表 3-12。

表 3-12　浇冒口占铸件重量

铸件重量/kg	大量生产	成批量生产	单件、小批量生产
<100	20%~40%	20%~30%	25%~35%
100~1000	15%~20%	15%~20%	20%~25%
>1000	—	10%~15%	10%~20%

如果铸件重量很大，则计算铸件重量 m 时，应包括由于各种原因引起的增重。例如，木模壁厚偏差，起模时扩砂量，铸型及砂芯干燥过程中的尺寸变化，合箱偏差及浇注时的胀砂等。因铸件大小及铸型等工艺条件而异，一般增重在 3%~7% 范围内。

① 金属液流量系数 μ 值的确定。流量系数与浇注系统各部分阻力及型腔内的流动阻力大小有关，也与浇注系统的形状、尺寸、结构和铸型的性质及合金种类、流速等有关。

重要铸件或大量生产的铸件流量系数一般采用实验测定的方法确定，一般铸件采用经验数据。铸铁件及铸钢件的流量系数可根据表 3-13 确定。

② 浇注时间 τ 值的确定。浇注时间一般根据经验公式来计算。

对重量小于 450kg、壁厚 2.5~15mm、形状复杂的薄壁铸铁件，浇注时间 τ 可采用下式确定

$$\tau = S\sqrt{m} \tag{3-7}$$

式中，m 为型内金属总重量（kg）；S 为系数，取决于铸件的壁厚，可按表 3-14 选取。

表 3-13 铸铁件及铸钢件的流量系数 μ 值

铸铁件				铸钢件			
铸型	铸型阻力大小			铸型	铸型阻力大小		
	大	中	小		大	中	小
湿型	0.35	0.42	0.50	湿型	0.25	0.32	0.42
干型	0.41	0.48	0.50	干型	0.30	0.38	0.50

表 3-14 铸件凝固系数 S 值

铸件壁厚 δ/mm	2.5~3.5	3.5~8.0	8.0~15
系数 S	1.63	1.85	2.2

对于重量小于 1000kg 的大、中型铸铁件，浇注时间 τ 可采用下式确定

$$\tau = k^3\sqrt{\delta m} \tag{3-8}$$

式中，δ 为铸件的平均壁厚（mm），对于圆形或正方形的铸件，δ 取其直径或边长的一半；k 为系数，可按表 3-15 选取。

表 3-15 铸件凝固系数 k 值

铸件种类或工艺要求	大型复杂铸件、高应力及大型球墨铸铁件	防止侵入气孔或呛火	一般铸件	厚壁小件、球墨铸铁小件、防止缩松缩孔
系数 k	0.7~1.0	1.0~1.3	1.7~2.0	3.0~4.0

浇注时间确定以后，对于大平面或结构复杂的薄壳铸件，还应验算型内金属液液面平均上升速度，可按下式计算型内金属液液面平均上升速度：

$$v = \frac{c}{\tau} \tag{3-9}$$

式中，c 为铸件最低点到最高点的距离，按浇注位置确定（mm）；τ 为计算的浇注时间（s）。

计算结果应大于表 3-16 中的数值，如果计算值小于允许的最小液面上升速度时，就要强行缩短浇注时间或调整铸件的浇注位置，使上升速度达到或高于最小液面上升速度值。

表 3-16 型内铁液液面允许的最小上升速度

铸件壁厚/mm	<4	4~10	11~40	壁厚>40mm 以及所有水平位置浇注的平板铸件
最小上升速度/(mm/s)	31~100	21~30	11~20	8~10

③ 充型压力头 H_p 的确定。如果铸件浇口杯+直浇道高度为 H_0，铸件最低点到最高点的距离为 c，铸件在上箱的高度为 a（图 3-61），则对铸件在不同浇注位置时，其充型压力头分别为：

铸件在下箱时：$H_p = H_0$

铸件在上箱时：$H_p = H_0 - \dfrac{c}{2}$

铸件部分在上箱、部分在下箱时：

$$H_p = H_0 - \frac{a^2}{2c} \tag{3-10}$$

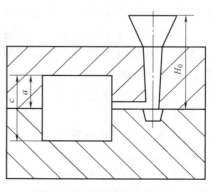

图 3-61 充型压力头的确定

6）确定浇口比并计算各组元断面积。当浇注系统中阻流断面积确定之后，其主要组元的断面积之间的关系可按照浇口比（$S_直$：$\sum S_横$：$\sum S_内$称为浇口比）来确定。以阻流面积为尺度，可依表 3-17 选择和确定浇口比。

7）绘出浇注系统图形。

表 3-17　铸铁件的浇口比

类型		$\sum S_内$：$\sum S_横$：$S_直$	特点及应用
封闭式	Ⅰ	1：1.5：2 1：1.2：1.4 1：1.1：1.15 1：1.06：1.11	以 $S_内$ 为阻流。浇注系统充满快，金属液在横浇道内流速较高，阻渣效果欠佳。进入型腔时呈喷射状态，充型不平稳。可用于灰铸铁件、干型
	Ⅱ	1：1.4：1.2 1：1.5：1.1 3：8：4	以横浇道断面最大，阻渣效果较好，俗称"半封闭式"。仍以内浇道为阻流，充型不平稳。适用于灰铸铁件
	Ⅲ	(2.5～1.5)：2.5：1	以直浇道下口或附近的横浇道为阻流，浇注系统可充满，阻渣效果较好，充型较平稳。适用于各种铸铁件
开放式	全开放	不推荐使用	以浇包嘴或浇口杯人口为阻流。浇注系统的组元呈非充满式流动，阻渣效果极差，会造成金属氧化、带气
	先封闭后开放	4：4：1（阻流） 5：5：1（阻流）	阻流以前的直浇道封闭，阻流以后的直浇道"开放"。这时横浇道设在下箱，内浇道设在上箱。充型平稳，也有阻渣效果。适用于球墨铸铁件及各种铸铁件

2. 铸钢件浇注系统的设计

铸钢件浇注系统的特点：

1）熔点高，浇注温度高，钢液对砂型的热作用大，且冷速大，钢液流动性差。

2）易氧化，夹杂物对铸件力学性能影响严重，多使用漏包（柱塞包）浇注。要求浇注系统结构简单、断面积大，使充型快而平稳，流股不宜分散，有利于铸件的顺序凝固和冒口的补缩，不应阻碍铸件的收缩。

3）体收缩大，易产生缩孔、缩松，需要按照顺序凝固原则设计浇注系统，并用冒口补缩。

对于铸钢件，绝大多数工厂使用保温性能好、阻渣能力强的漏包浇注，中大型铸件的直浇道用耐火砖管砌成。当每个内浇道的钢液流过量超过 1t 时，内浇道和横浇道也用耐火砖管砌成。只在造型流水线上浇注小件的个别情况下才使用转包浇注。

为了浇注重量不同的铸件，可使用不同容量的浇包、不同直径的包孔和采用塞杆阻流以调节流量。塞杆阻流有一定限度，依经验，最大塞杆阻流限度时的流量为开启塞杆流量的0.77。用漏包浇注时，浇注系统必须是开放式的，直浇道不被充满，保证钢液不会溢出浇道以外。为快速而平稳地充型，对一般中小铸件多用底注式浇注系统，高大铸件常采用阶梯式浇注系统。

3. 轻合金浇注系统的设计

轻合金是铝、镁合金的统称，特点是密度小、熔点低、容积热容量小而热导率大，化学性质活泼，极易氧化和吸收气体。常见的铸造缺陷有：非金属夹杂物（由泡沫、熔渣和氧化物组成）、浇不到和冷隔、气孔、缩孔、缩松及裂纹、变形等。

轻合金的浇注温度低，对型砂的热作用较轻。过热的铝合金有很高的氢的溶解度，因而应严格控制熔炼温度，脱氢和变质处理应精心，否则易引起析出性气孔，改善充型过程无助于解决此类缺陷。轻合金降温快，宜快浇。有的轻合金结晶范围宽，凝固收缩大，易出现缩孔、缩松、变形甚至开裂等缺陷。有的糊状凝固特性强，难以消除缩松，浇注系统的设计应注意发挥冷铁、冒口的作用，要求有较大的纵向温度梯度才能消除缩松缺陷。

轻合金液化学性质极为活泼，一旦接触空气或水分，表面立即被氧化，因此，液体表面总是覆盖着极薄的一层氧化膜。这层膜的高温强度很低，若流速高或流向急剧改变，都会使氧化膜破裂。紊流运动促使氧化膜、空气混入合金内部，所形成的氧化夹杂物的密度常比金属液的密度大，难以清除。因此，要求合金在浇注系统中流动平稳，不产生涡流、喷溅，以近乎层流的方式充型。轻合金适合应采用开放式的底注浇注系统。

4. 铜合金浇注系统的设计

铸造常用的铜合金有铝青铜、锡青铜、磷青铜和黄铜。

铝青铜结晶温度范围窄，易产生集中缩孔，易氧化生成氧化膜和铸件夹杂物，多应用底注、开放式浇注系统，并常用滤渣网和集渣包。

锡青铜和磷青铜的结晶温度范围宽，易产生缩松缺陷，但受氧化倾向轻，可采用雨淋式，压边式等顶注式浇注系统。对大中型复杂铸件，也常设滤网除渣，并使流动趋于平稳。

黄铜的铸造性能接近于铝青铜等无锡青铜，黄铜液中因有锌蒸气的保护和自然脱气作用，故很少形成氧化膜的析出性气孔。黄铜应依顺序凝固的原则设置浇注系统和冒口。

5. 一型多铸小件浇注系统截面尺寸的确定

有一种对灰口铸铁小件一型多铸浇注系统截面尺寸的确定方法如下：

（1）对称排列 对称排列铸件如图 3-62 所示。这种排列方式适用于 0.16～0.2kg 的小铸件，其浇注系统计算步骤为：

1）选定每个铸件的内浇道截面积

$$S_{内} = 0.4 \sim 0.5 \text{cm}^2 \tag{3-11}$$

各基元截面比例关系为

$$S_{直} : \sum S_{阻} : \sum S_{横(B \sim B)} : \sum S_{内} = 0.7 : 0.3 : 0.5 : 1 \tag{3-12}$$

2）每一组（分枝）内浇道和横浇道的截面关系应满足

$$\sum S_{横(A \sim A)} \geqslant \sum S_{内(1组)} \tag{3-13}$$

3）每两个分枝横浇道的截面积应小于一侧总横浇道的截面积

$$2S_{横(A \sim A)} \leqslant S_{横(B \sim B)} \tag{3-14}$$

（2）不对称排列 不对称排列的铸件如图 3-63 所示，适用于 0.5～1.0kg 的小件，其浇注系统计算步骤为：

1）选定每个铸件的内浇道截面积

$$S_{内} = 0.4 \sim 0.5 \text{cm}^2 \tag{3-15}$$

2）确定各基元截面比例

$$S_{直} : \sum S_{阻} : \sum S_{横(B \sim B)} : \sum S_{内} = 0.7 : (0.3 \sim 0.5) : (0.5 \sim 0.7) : 1 \tag{3-16}$$

3）确定分枝横浇道和内浇道的截面关系

$$S_{(A \sim A)} \geqslant S_{内(1组)} \tag{3-17}$$

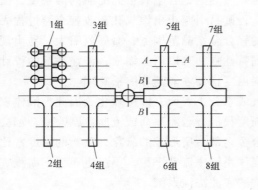

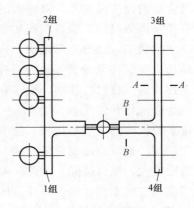

图 3-62　对称排列的浇注系统　　　　　　　　　图 3-63　不对称排列的浇注系统

3.3.5　金属过滤技术

　　铸造过程中的过滤是指在浇注过程中，在浇注系统的某个部位放置过滤器，用于降低铸件中的气孔和夹杂缺陷，提高铸件性能的一种手段。常用的过滤器有两种：过滤网和陶瓷过滤片。过滤器的放置位置可参考图 3-64 和图 3-65 的示例。

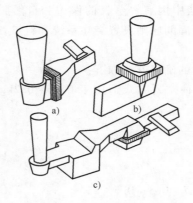

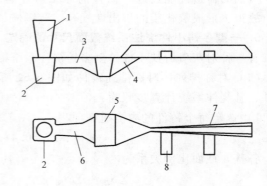

图 3-64　在半封闭浇注系统中　　　　　　　　图 3-65　在封闭浇注系统中安置过滤器实例
安置过滤器实例

a）横浇道垂直过滤器　b）直浇道水平过滤器　　　1—直浇道　2—直浇道座　3—下型横浇道
c）横浇道水平过滤器后缩窄的横浇道　　　　　4—过滤器　5—安置过滤器的下型芯头　6—扩张的横浇道
7—上型横浇道　8—上型内浇道

1. 纤维过滤网（布）

　　过滤网上均布着网孔，网孔尺寸越小，对铁液的过滤效果越好，但铁液堵塞倾向越大。大于网孔尺寸的渣滓易于滤除，比网孔尺寸细的固体渣滓仅能部分地过滤，为提高滤渣效果，可以使用双层或多层过滤网。这种过滤系统适合于过滤大块浮渣、夹杂物、氧化膜等。

2. 泡沫陶瓷过滤片

　　这种过滤片是泡沫塑料状的多孔过滤片。它具有比较高的滤渣能力，尺寸细小到 0.1mm 的固体渣也能完全滤除，并且不会引起铁液的飞溅。在过滤球墨铸铁铁液时，当残余镁的质量分数达 0.07% 或者浇注温度偏低时，则由于铁液带有过多的氧化镁、氧化稀土等，可能会使过滤片堵塞。

3. 蜂窝状陶瓷过滤片

这种过滤片呈板状，在板上并行排列不同数量的圆孔或方孔。该过滤片采用氧化锆、氧化铝、红柱石等粉料烧结而成，从而有较高的抗铁液冲刷能力，滤渣效果稳定可靠。

3.4 冒口及冷铁设计

在铸件上设置冒口、冷铁和铸筋是常用的铸造工艺措施，主要用于防止缩孔、缩松、裂纹和变形等铸件缺陷。

3.4.1 冒口的设计

1. 冒口的作用

冒口是铸型内用以储存金属液的空腔，在铸件形成时补给金属液，有防止缩孔、缩松、排气和集渣的作用。习惯上把冒口所铸成的金属实体也称为冒口。同时，冒口还可以调节铸件凝固时的温度分布，控制铸件的凝固顺序，还可以利用明冒口观察铸件充型情况。

2. 冒口的分类

1）按冒口形状分有球形、球顶圆柱形、圆柱形、腰圆柱形等多种，如图 3-66 所示。

2）按冒口的安放位置可分为顶冒口、边冒口、明冒口、暗冒口等，如图 3-67 所示。

3）按冒口的功用可分为通用冒口和特种冒口（如保温冒口、发热冒口等）。

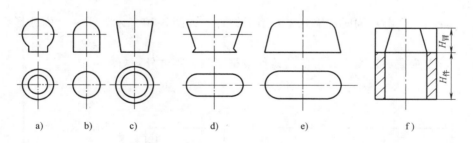

图 3-66　常用冒口形状

a）球形　b）球顶圆柱形　c）圆柱形（带斜度）　d）腰圆柱形（明）　e）腰圆柱形（暗）　f）整圈接长冒口

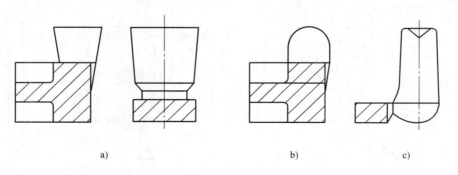

图 3-67　常用冒口种类（按安放位置）

a）明顶冒口　b）暗顶冒口　c）边冒口

3. 通用冒口的补缩原理

通用冒口适用于所有合金铸件，它遵守顺序凝固的基本条件：

1）冒口的凝固时间大于或等于铸件（被补缩部分）的凝固时间。

2）有足够的金属液补充铸件的液态收缩和凝固收缩，补偿浇注后型腔扩大的体积。

3）在凝固期间，冒口和被补缩部位之间存在补缩通道，补缩扩张角向着冒口。

4. 选择冒口位置的基本原则

1）冒口应就近设在铸件热节的上方或侧旁。

2）冒口应尽量设在铸件最高、最厚的部位。对低处的热节增设补贴或使用冷铁，如图 3-68 所示，造成补缩的有利条件。

3）不同高度上的冒口，应用冷铁使各个冒口的补缩范围隔开，如图 3-69 所示。

4）冒口不应设在铸件重要的、受力大的部位，以防组织粗大降低强度。

5）冒口位置不要选在铸造应力集中处，应注意减轻对铸件的收缩阻碍，以免引起裂纹。

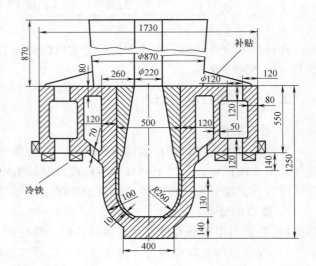

图 3-68　压力缸体铸钢件（缸底用补贴）

6）尽量用一个冒口同时补缩几个热节或铸件，如图 3-70 所示，用一个椭圆形冒口补缩两个法兰。

7）冒口布置在加工面上，可节约铸件精整工时，零件外观好。

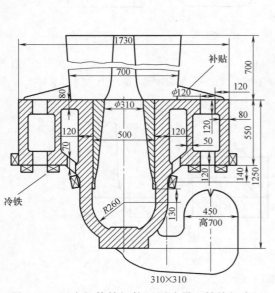

图 3-69　压力缸体铸钢件（用暗冒口补缩缸底）

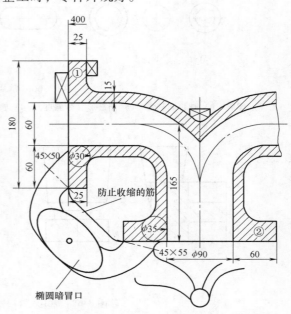

图 3-70　铸钢三通管工艺方案

5. 冒口有效补缩距离的确定

冒口的有效补缩距离为冒口作用区与末端区长度之和。在远离冒口的一端由于铸件存在边角，散热条件较好，同时补缩扩张角比较大，凝固时易于补缩，此区域称为末端区（图3-71）。冒口的有效补缩距离是确定冒口数目的依据，与铸件结构、合金成分及凝固特性、冷却条件、对铸件质量要求的高低等多种因素有关，简称为冒口补缩距离。在冒口的补缩距离之内的铸件是无缺陷的，如果超出冒口的补缩距离，铸件将出现缩松缺陷，如图3-71所示。

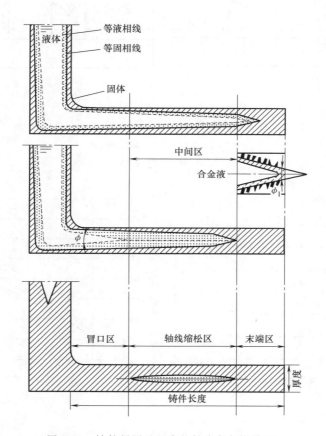

图 3-71　铸件凝固过程中的扩张角与末端区

（1）铸钢件通用冒口的补缩距离　对于厚度为 T 的碳钢铸件的冒口补缩距离可参考图3-72确定，也可依图3-73的曲线查出，这些曲线是用 $w_C = 0.2\% \sim 0.3\%$ 的碳钢铸件的试验取得的。

容易看出，冒口区长度和末端区长度都随铸件厚度增大而增加，且随截面的宽厚比减小而减小。说明薄壁件比厚壁件更难以消除轴线缩松，而杆件比板件补缩难度大。阶梯形铸钢件的冒口补缩距离比板形件的大。冒口的垂直补缩距离至少等于冒口的水平补缩距离。

（2）铸铁件通用冒口的补缩距离　一般灰铸铁件的冒口补缩距离 $L = (5 \sim 8)T$，T 为铸件壁厚。干型浇注时 $L = (6 \sim 10)D_r$，D_r 为冒口直径。

（3）外冷铁对冒口补缩距离的影响　试验证明，在两个冒口之间安放冷铁，相当于在

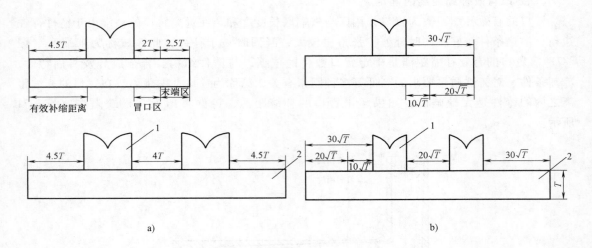

图 3-72　板件及杆件铸钢冒口的补缩距离

a）板形件　b）杆形件

1—冒口　2—铸件

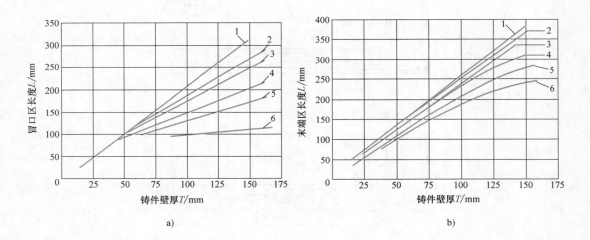

图 3-73　碳钢铸件试验取得的冒口补缩距离

a）冒口区长度与壁厚的关系　b）末端区长度与壁厚的关系

铸件断面的宽厚比：1—5∶1；2—4∶1；3—3∶1；4—2∶1；5—1.5∶1；6—1∶1

铸件中间增加了激冷端，使冷铁两端向着两个冒口方向的温度梯度扩大，形成两个冷铁末端区，显著地增大了冒口的补缩距离。当把冷铁置于板或杆件末端时，会使铸件末端区长度略有增加，如图 3-74 所示。

（4）补贴的应用　为实现顺序凝固和增强补缩效果，铸造工艺人员在靠近冒口的铸件壁厚上补加的倾斜的金属块，称为补贴（衬补、增肉），如图 3-75 所示。冒口附近有热节或铸件尺寸超出冒口补缩距离时，利用补贴可形成向冒口的补缩通道，实现补缩。应用补贴可消除铸件下部热节处的缩孔，还可延长补缩距离，减少冒口数目。

按照补贴在铸件上的位置，可分为垂直补贴和水平补贴。

按照补贴的材质可分为金属补贴、加热补贴和保温补贴（图 3-76）。

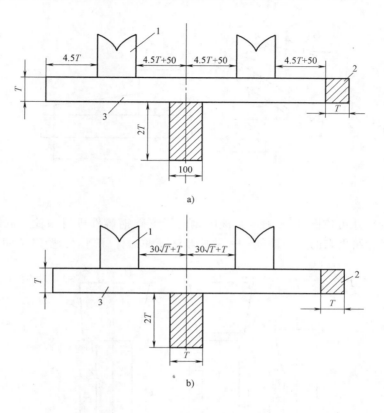

图 3-74 冷铁对冒口补缩距离的影响

a）板件 b）杆件

1—冒口 2—冷铁 3—铸件

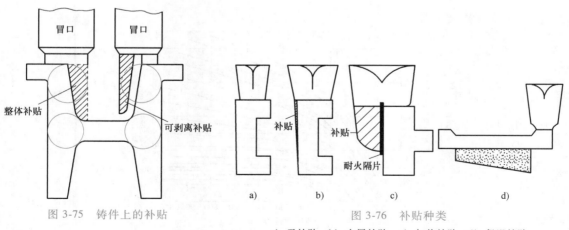

图 3-75 铸件上的补贴

图 3-76 补贴种类

a）无补贴 b）金属补贴 c）加热补贴 d）保温补贴

水平补贴尺寸可参考图 3-77。如果设冒口颈的模数为 M_n，则水平补贴的宽度为冒口颈的宽度，其最大长度为 $4.7M_n$。

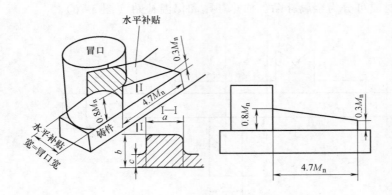

图 3-77　水平补贴的尺寸

　　垂直补贴的尺寸可依图 3-78 确定。该图是对板形碳钢铸件进行顶注、立浇试验后，经 X 光透视检查而总结出来的关系曲线——补贴厚度 a 和铸件壁高 H、壁厚 T 间的关系曲线。

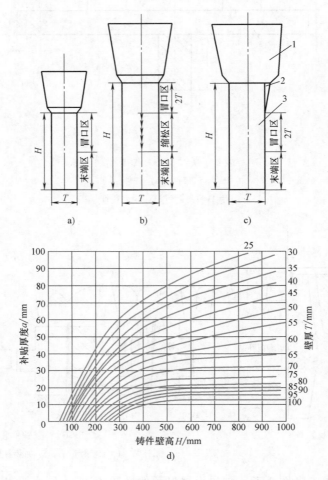

图 3-78　垂直补贴尺寸

1—冒口　2—补贴　3—铸件

去除金属补贴会增加铸件清理和机械加工工时，为克服金属补贴的这一缺点，可以应用加热补贴和保温补贴，如图 3-76 所示。加热补贴的耐火隔片至少要被钢液加热到 1480℃ 才有效。保温补贴的应用具有良好的经济效益。

当生产条件与上述试验条件有差别时，如用于杆件（断面宽厚比小于 5∶1），采用底注式浇注系统、高合金钢铸件等，都需要将补贴厚度数据乘以补偿系数。铸钢件垂直补贴的补偿系数见表 3-18。

表 3-18 铸钢件垂直补贴的补偿系数

补偿原因	补偿条件	补偿系数
杆件比板件的冒口补缩距离小,需要有较大的补贴厚度才能保证铸件致密	杆件断面宽厚比:4∶1	1.0
	3∶1	1.25
	2∶1	1.5
	1.5∶1	1.7
	1.1∶1	2.0
充型方式和化学成分不同	底注式、碳钢及低合金钢铸件	1.25
	顶注式、高合金钢铸件	1.25
	底注式、高合金钢铸件	$1.25 \times 1.25 = 1.56$

铸件上局部热节的补贴尺寸，常用 A. Heuvers 氏滚圆法确定。对于重要部位的热节采用扩大滚圆法；对于次要部位的热节采用等径滚圆法。图 3-79 所示为铸钢齿轮毛坯的轮缘和轮毂处补贴的具体求法。图 3-79a 为轮缘补贴的确定方法。图中 d_y 为热节处内切圆直径；$d_1 = 1.05d_y$，$d_2 = 1.05d_1$；d_1 和 d_2 均与轮缘内壁相切，圆心依次取在 d_y 和 d_1 的圆周上，最后画出一条曲线与各圆相切，即为补贴外形曲线。对于轮毂（图 3-79b），一般用 d_y 沿轮毂内壁连续滚圆到冒口根部，然后作各圆外切线即得到冒口补贴。

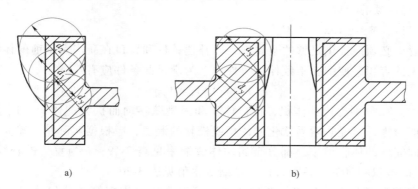

a)   b)

图 3-79 求冒口补贴尺寸的滚圆法

a）轮缘的补贴 b）轮毂的补贴

3.4.2 铸钢件冒口的设计与计算

铸钢件冒口属于通用冒口，其计算原理适用于实行顺序凝固的一切合金铸件。通用冒口的计算方法很多，现仅介绍几种常用的冒口计算方法。

1. 模数法

（1）模数的概念 模数 M 定义为铸件的体积与其表面积之比，即

$$M = \frac{V}{A} \tag{3-18}$$

式中，M 为模数；V 为体积；A 为表面积。

铸件的模数 M 与凝固时间 τ 之间遵循平方根定律

$$\tau = \left(\frac{M}{k}\right)^2 \tag{3-19}$$

式中，k 为凝固系数，与铸件的合金种类、铸型的热物理性能、铸件形状、浇注温度等有关。对碳钢和低合金钢，$k = (0.9 \sim 1.26) \times 10^{-3} \, \mathrm{m/s^{1/2}}$。

（2）模数法基本原理　遵守顺序凝固的基本条件。首先，冒口的凝固时间 τ_r 应大于等于铸件被补缩部位的凝固时间 τ_c。

根据平方根定律有：$\tau_r = \left(\dfrac{M_r}{k_r}\right)^2$ 和 $\tau_c = \left(\dfrac{M_c}{k_c}\right)^2$，可得到

$$\left(\frac{M_r}{k_r}\right)^2 \geqslant \left(\frac{M_c}{k_c}\right)^2 \tag{3-20}$$

式中，M_r、M_c 分别为冒口和铸件的模数；k_r、k_c 分别为冒口和铸件的凝固系数。

对于普通冒口，$k_r = k_c$，因而式（3-20）可写成

$$M_r = f M_c \tag{3-21}$$

式中，f 为冒口的安全系数，$f \geqslant 1$。一般取 $f = 1.2$。

对于碳钢、低合金钢铸件，铸件、冒口颈和冒口的模数关系应符合下列比例：

对于侧冒口：$M_c : M_n : M_r = 1 : 1.1 : 1.2$

内浇道通过冒口：$M_c : M_n : M_r = 1 : (1 \sim 1.03) : 1.2$

式中，M_n 为冒口颈的模数。

对于顶冒口：$M_r = (1.2 \sim 1) M_c$

其次，冒口必须能提供足够的金属液，以补偿铸件和冒口在凝固完毕前的体收缩和因型壁移动而扩大的容积，使缩孔不致伸入铸件内。为满足此条件应有

$$\varepsilon(V_c + V_r) + V_o \leqslant V_r \eta \tag{3-22}$$

式中，V_c、V_r、V_o 分别为铸件体积、冒口体积和因型壁移动而扩大的体积，V_o 值对舂砂紧实的干型近似为零，对受热后易软化的铸型或松软的湿型，应根据实际情况确定；ε 为金属从浇完到凝固完毕的体收缩率，部分金属的体收缩率见表 3-19；η 为冒口的补缩效率，$\eta =$ 补缩体积/冒口体积 $\times 100\%$，各种冒口的补缩效率值见表 3-20。

（3）铸件模数的计算　任何复杂的铸件都可以看成由许多简单几何体组合而成。只要掌握一些简单的几何体、组合体的模数计算公式，就不必用烦琐的公式计算铸件的体积和表面积。一些简单几何体模数计算公式见表 3-21。

（4）冒口的设计步骤

1）把铸件划分为几个补缩区，计算各区的铸件模数 M_c。

2）计算冒口及冒口颈的模数。

3）确定冒口形状和尺寸（应尽量采用标准系列的冒口尺寸）。

4）检查顺序凝固条件。如补缩距离是否足够，补缩通道是否畅通。

5）校核冒口补缩能力。

表 3-19　部分金属的体收缩率

金属种类	晶体种类	熔点/℃	液态密度/（kg/m³）	固态密度/（kg/m³）	体收缩率（%）
Al	fcc	660	2368	2550	7.14
Au	fcc	1063	17380	18280	5.47
Co	fcc	1495	7750	8180	5.26
Cu	fcc	1083	7938	8382	5.30
Ni	fcc	1453	7790	8210	5.11
Pb	fcc	327	10665	11020	3.22
Fe	bcc	1536	7035	7265	3.16
Li	bcc	181	528	—	2.74
Na	bcc	97	927	—	2.60
K	bcc	64	827	—	2.54
Rb	bcc	39	1437	—	2.30
Cs	bcc	29	1854	—	2.60
Tl	bcc	303	11200	—	2.20
Cd	hcp	321	7998	—	4.00
Mg	hcp	651	1590	1655	4.10
Zn	hcp	420	6577	—	4.08
Ce	hcp	787	6668	6646	-0.33
In	fct	156	7017	—	1.98
Sn	tetrag	232	6986	7166	2.51
Bi	rhomb	271	10034	9701	-3.32
Sb	rhomb	631	6493	6535	0.64
Si	diam	1410	2525	—	-2.90

表 3-20　冒口的补缩效率 η

冒口种类或工艺措施	$\eta \times 100$
圆柱式腰圆柱形冒口	12~15
球形冒口	15~20
补浇冒口时	15~20
浇口通过冒口时	30~35
发热保温冒口	30~50
大气压力冒口	15~20

表 3-21　简单几何体的模数计算公式

铸件形状及尺寸		铸件模数	铸件形状及尺寸		铸件模数
球形直径为 D		$\dfrac{D}{6}$	立方体边长 D		$\dfrac{D}{6}$
矩形长杆截面尺寸 ab		$\dfrac{ab}{2(a+b)}$	大平板板厚 T		$\dfrac{T}{2}$
圆柱高径比 1.0		$\dfrac{D}{6}$	空心圆柱壁厚 a		$\dfrac{a}{2}$
高径比 1.5		$\dfrac{3D}{16}$			
高径比 2.0		$\dfrac{D}{5}$			

2. 比例法

比例法是在分析、统计大量工艺资料的基础上，总结出的冒口尺寸经验确定法。我国各地工厂根据长期实践经验，总结归纳出冒口各种尺寸相对于热节圆直径的比例关系，汇编成各种冒口尺寸计算的图表。详见有关手册。比例法简单易行，广为采用。

现以常见的轮形铸钢件（如齿轮、车轮、带轮、摩擦轮和飞轮等）为例，介绍用比例法确定冒口尺寸的方法和步骤（图3-80）。

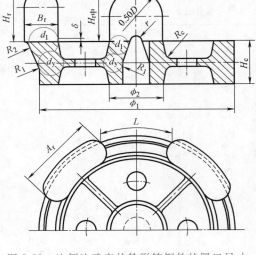

图 3-80 比例法确定的轮形铸钢件的冒口尺寸

（1）热节圆直径 d_y 的确定 根据零件图尺寸，加上加工余量和铸造收缩率作图（最好按1:1），量出或算出热节圆直径 d_y（应考虑砂尖角效应）。

（2）轮缘冒口尺寸

1）冒口补贴。按下列经验比例关系确定：

$$d_1 = (1.3 \sim 1.5)d_y$$
$$R_1 = R_c + d_y + (1 \sim 3)\text{mm}$$
$$R_2 = (0.5 \sim 1)d_y$$
$$\delta = 5 \sim 15\text{mm} \tag{3-23}$$

2）冒口尺寸。用下述比例关系计算：

$$\text{暗冒口宽} \quad B_{r暗} = (2.2 \sim 2.5)d_y$$
$$\text{明冒口宽} \quad B_{r明} = (1.8 \sim 2.0)d_y$$
$$\text{冒口长} \quad A_r = (1.5 \sim 1.8)B_r \tag{3-24}$$

3）冒口补缩距离 $L = 4d_y$。当两冒口之间距离超过此值时，应放冷铁或设水平补贴。

（3）轮毂冒口尺寸

1）冒口补贴。轮毂补贴比轮缘补贴略小。

$$d_1 = (1.1 \sim 1.3)d_y \tag{3-25}$$

r 的值待 d_1 值确定后，按图作出。

2）冒口尺寸。当轮毂较小时用一个冒口。

冒口直径 $D = \phi_2 - (15 \sim 20)\text{mm}$，$\phi_2$ 是轮毂外径 $\tag{3-26}$

冒口高度 $H = (2 \sim 2.5)d_1 + r$ $\tag{3-27}$

当轮毂直径较大，需要设两个或更多的冒口才比较节约时，冒口尺寸应按轮缘冒口的确定方法计算。由于各地区、各工厂的生产条件不同，所给出的经验比例也不完全一致，参照应用时要注意生产条件、铸件类型、合金成分等条件尽量一致。

3. 补缩液量法

补缩液量法原理（图3-81）如下，假设：

1）铸件和冒口的凝固速度相同。

2）冒口内供补缩用的金属液体积（名义上的缩孔体积）为直径 d_0 的球。

3）冒口凝固层厚度为铸件凝固层厚度的一半。

4）冒口中缩孔直径 d_o 等于冒口直径与铸件厚度之差。

即
$$d_o = D_r - T$$

由于
$$\frac{1}{6}\pi d_o^3 = \varepsilon V_c$$

因此
$$d_o = \sqrt[3]{\frac{6\varepsilon V_c}{\pi}} \qquad (3-28)$$

根据经验，取冒口高度为
$$H_r = (1.15 \sim 1.8)D_r \qquad (3-29)$$

式中，ε 为金属的体收缩率；V_c 为铸件体积；D_r 为冒口直径。

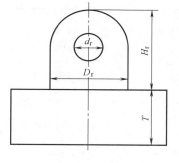

图 3-81 补缩液量法原理

4. 铸件成品率的校核

铸件成品率为合格铸件产量占金属装料量（投入熔炼设备的金属炉料总重量）的百分比，即

铸件成品率＝铸件重/（铸件重+冒口总重+浇注系统重）×100%

经过长期的生产统计，各种铸钢件的成品率见表 3-22，可供校核之用。计算出的铸件成品率若大于表中的数值，说明所设计的冒口可能偏小；反之，可能偏大。上述三种冒口计算法中，比例法使用最简便，但比例系数范围较宽，需要丰富的实践经验才能准确地选择比例系数。相对来说，模数法比较科学。

表 3-22 碳钢及低合金钢铸件的成品率

组别	名称	铸件重量 m/kg	大部分壁厚 T/mm	成品率×100	
				明冒口	球形暗冒口
I	一般重要的小件	>100	>20	54~62	59~67
			20~50	53~60	58~65
			>50	52~58	57~63
	特别重要的小件	>100	>20	52~58	57~63
			20~50	51~57	56~62
			>50	50~56	55~61
II	一般重要的中等件	100~500	>30	56~64	61~69
			30~60	54~62	59~67
			>60	52~60	57~65
	特别重要的中等件	100~500	>30	54~62	59~67
			30~60	53~62	56~65
			>60	50~58	55~63
III	一般重要的大件	500~5000	>50	57~65	52~70
			50~100	55~63	60~68
			>100	53~61	58~66
	特别重要的大件	500~5000	>50	55~63	60~68
			50~100	53~61	58~66
			>100	51~59	56~64

（续）

组别	名称	铸件重量 m/kg	大部分壁厚 T/mm	成品率×100	
				明冒口	球形暗冒口
IV	一般重要的重型件	>5000	>50	58~66	62~70
			50~100	56~64	60~68
			>100	54~62	58~66
	特别重要的重型件	>5000	>50	57~65	61~69
			50~100	55~63	59~67
			>100	53~61	57~65
V	齿轮	>100	—	—	55~60
		100~500	—	54~58	58~62
		>500	—	55~59	59~63

3.4.3　球墨铸铁件的冒口设计

球墨铸铁的凝固主要有以下三方面的特征：

1. 凝固温度范围宽

从铁碳相图可知，在共晶成分附近，凝固的温度范围并不宽。实际上，铁液经球化处理和孕育处理后，其凝固过程偏离平衡条件很远，在共晶转变温度（1150℃）以上150℃左右，即开始析出石墨球，共晶转变终了的温度又可能比平衡共晶转变温度低50℃左右。

凝固温度范围这样宽的合金，以糊状凝固方式凝固，很难使铸件实现顺序凝固。因此，按铸钢件的冒口设计原则，使铸件实现顺序凝固，在最后凝固的热节部位设置大冒口的工艺方案不是很合适。

由于在很高的温度下即有石墨球析出，并发生共晶转变，液-固两相共存的时间很长，铁液凝固过程中同时发生液态收缩和凝固收缩。因此，要像铸钢件那样，通过浇注系统和冒口比较充分地补充液态收缩也是不太可能的。

2. 共晶转变过程中石墨的析出导致体积膨胀

在共晶温度附近，奥氏体的密度约为 7.3g/cm^3，石墨的密度约为 2.15g/cm^3。铸件凝固过程中，石墨的析出会导致系统的体积膨胀，大约每析出1%（质量分数）的石墨可产生3.4%的体积膨胀。

妥善地利用铸铁中的石墨化膨胀，可以有效地补偿凝固过程中的体积收缩，在一定的条件下，可以不用冒口生产健全的铸件。

灰铸铁和球墨铸铁都在共晶转变过程中析出石墨、发生体积膨胀，但是，由于两种铸铁中石墨形态和长大的机制不同，石墨化膨胀对铸铁铸造性能的影响也不一样。

灰铸铁共晶团中的片状石墨，与铁液直接接触的尖端优先长大，石墨长大所发生的体积膨胀大部分作用于石墨尖端接触的铁液，有利于迫使其填充奥氏体枝晶间的空隙，从而使铸件更为致密。

球墨铸铁中的石墨，是在奥氏体外壳包围的条件下长大的，石墨球长大所发生的体积膨胀主要是通过奥氏体外壳作用在相邻的共晶团上，有可能将其挤开，使共晶团之间的空隙扩大，也易于通过共晶团作用在铸型的型壁上，导致型壁运动。

3. 铸件凝固过程中石墨化膨胀易使铸型发生型壁运动

球墨铸铁以糊状凝固方式凝固，铸件开始凝固时，铸型-金属界面处的铸件外表面层就比灰铸铁薄得多，而且增长很慢，即使经过了较长的时间，表层仍然是强度低、刚度差的薄壳。内部发生石墨化膨胀时，这种外壳不足以耐受膨胀力的作用，就可能向外移动。如果铸型的刚度差，就会发生型壁运动而使型腔胀大。结果，不仅影响铸件的尺寸精度，而且石墨化膨胀以后的收缩得不到补充，就会在铸件内部产生缩孔、缩松之类的缺陷。

针对球墨铸铁件在凝固过程中要经历共晶膨胀期的特点，其冒口设计可分两类：通用（传统）冒口设计和实用冒口设计。通用冒口遵循传统的顺序凝固原则，冒口和冒口颈迟于铸件凝固，铸件进入石墨化膨胀期会把多余的铁液挤回冒口，依靠冒口的金属液柱重力克服凝固末期的二次收缩缺陷——缩松；而实用冒口设计法不实行顺序凝固，让冒口和冒口颈先于铸件凝固，利用全部或部分的共晶膨胀量在铸件内部建立压力，实现"自补缩"，更有利于克服缩松缺陷。相比之下，实用冒口的成品率高，铸件质量好，成本低，它比通用冒口更实用。

球墨铸铁件有 5 种冒口类型或补缩方法供选用：通用冒口、控制压力冒口、浇注系统当冒口、直接实用冒口和无冒口补缩法（表 3-23）。

表 3-23　球墨铸铁件冒口类型

球墨铸铁冒口				
实用冒口				通用冒口
铸型强度低（铸件模数 M/cm）		铸型强度高（铸件模数 M/cm）		
>0.48	<0.48	<2.5	>2.5	
控制压力冒口	浇注系统当冒口	直接实用冒口	无冒口补缩	

通用冒口的主要优点是：可用于任何壁厚的球墨铸铁件和各种铸型，对铸型强度、刚度无特殊要求，只要浇注温度不过低即可，无严格限制。其主要缺点是铸件成品率过低。

在铸型强度较低的湿砂型中（硬度低于 85）铸造较厚的球墨铸铁件时，仍然建议采用通用冒口。为节约起见，推荐应用瓶形的"缩管"冒口。

（1）直接实用冒口

1）基本原理。直接实用冒口的特点是：利用全部共晶膨胀以补偿铸件的二次收缩。安放冒口是为了补给铸件的液态收缩，当液态收缩终止或共晶膨胀开始时，冒口颈即行冻结。在刚性好的高强度铸型内，铸铁的共晶膨胀形成内压，迫使型腔做弹性扩大。于铸铁二次收缩时期，随内压逐渐降低，型壁回弹挤压铸件。这样就可防止铸件凝固时期内部出现真空度，避免了缩孔、缩松缺陷。这种冒口又称为压力冒口。

2）直接实用冒口的优缺点

① 主要优点

a. 铸件成品率高。

b. 冒口位置便于选择，冒口颈可很长。

c. 冒口便于去除，花费少。

② 主要缺点

a. 要求铸型强度高。模数超过 0.48cm 的球墨铸铁件，要求使用高强度铸型，如干型、自硬砂型和 V 法砂型等。

b. 要求严格控制浇注温度范围（±25℃），保证冒口凝固时间准确。

c. 对于形状复杂的多模数铸件，关键模数不易确定。为了验证冒口颈是否正确，需要进行试验。

（2）控制压力冒口　控制压力冒口适于在湿型铸造中等厚度的球墨铸铁件。其特点是：只利用部分共晶膨胀量补偿铸件的二次收缩。安放冒口补给铸件的液态收缩，在共晶膨胀初期冒口颈畅通，可使铸件内部铁液回填冒口以释放"压力"。控制回填程度使铸件内建立适中的内压，用来克服二次收缩缺陷——缩松，从而达到既无缩孔、缩松，又能避免铸件胀大变形。这种冒口又称为"释压冒口"。

（3）浇注系统当冒口　对于薄壁的铸铁件，冒口颈很小，可用浇注系统兼起直接实用冒口的作用，内浇道依冒口颈计算，超过铸件最高点水平面的浇口杯和直浇道部分实质上就是冒口。由于湿型的承压能力所限，确定球墨铸铁件的模数小于等于 0.48cm 时，适宜采用浇注系统当冒口。

（4）无冒口补缩法　只要球墨铸铁冶金质量高，铸件模数大，采用低温浇注和坚固的铸型，就能保证浇注型内的铁液从一开始就膨胀，从而避免形成液态收缩缺陷——缩孔的可能性，因而无须冒口。尽管以后的共晶膨胀率较小，但因为模数大，即铸件壁厚大，仍可以得到很高的膨胀内压（高达 $500N/cm^2$），在坚固的铸型内，足以克服二次收缩缺陷。

在生产中要满足下列条件才可用无冒口补缩：

1）铁液的冶金质量好。

2）球墨铸铁件的平均模数应在 2.5cm 以上。当铁液冶金质量非常好时，模数比 2.5cm 小的铸件也能成功地应用无冒口工艺。

3）使用强度高、刚性大的铸型。可用干型、自硬砂型、水泥砂型等铸型。上下箱之间要用机械法（螺栓、卡钩等）牢靠地锁紧。

4）低温浇注。浇注温度控制在 1300～1350℃。

5）要求快浇。防止铸型顶部被过分地烘烧和减少膨胀的损失。

6）采用小的扇形薄内浇道，分散引入金属。每个内浇道的断面积不超过 $15×60mm^2$，以求尽早凝固，促使铸件内部尽快建立压力。

7）开设明出气孔。生产中容易出现工艺条件的某种偏差，为了更完全、可靠，可以采用一个小的顶暗冒口，重量可不超过浇注重量的 2%，通常称为安全冒口。其作用仅是为弥补工艺条件的偏差，以防万一，当铁液呈现轻微的液态收缩时可以补给，避免铸件上表面凹陷。在膨胀期，它会被回填满。这仍属于无冒口补缩范畴。

3.4.4　特种冒口

通用冒口的重量约为铸件重量的 50%～100%，耗费金属多，去除冒口的劳动量大。因此应努力提高冒口的补缩效率，主要采取如下两方面的措施：

1）提高冒口中金属液的补缩压力，如采用大气压力冒口等。

2）延长冒口中金属液的保持时间，如采用保温冒口、发热冒口等。

1. 大气压力冒口

在暗冒口顶部插放一个细砂芯，或造型时做出锥顶砂，伸入冒口中心区，称为大气压力冒口。浇注后冒口表面结壳，外界大气压力仍可通过砂芯的孔隙作用在内部金属液面上，从而增加了冒口的补缩压力（图3-82）。理论上，大气压力冒口可补缩比浇口高出1480mm的钢、铁铸件。但由于枝晶阻力及金属中气体的析出等原因，实际上的补缩高度H约为200mm。

机器造型的中小铸铁件多用带锥顶砂的冒口，大件，特别是铸钢件多用带砂芯的大气压力冒口。对铸钢件可按普通冒口确定尺寸，冒口高度取允许的最小值。大气压力侧冒口直径D_r、冒口颈最小尺寸b与铸件热节圆直径d_y之间有下列经验关系

$$b = (1.3 \sim 1.7)d_y \tag{3-30}$$

$$D_r = (2.0 \sim 2.5)d_y \tag{3-31}$$

冒口颈截面采用椭圆形，短轴长为b，长轴长等于$(1.2 \sim 1.5)b$。

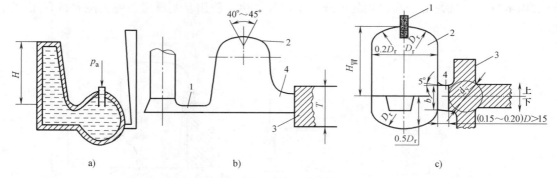

图3-82　大气压力冒口

a）补缩原理　b）带锥顶砂的冒口　c）带砂芯的大气压力冒口

1—大气压力砂芯　2—冒口　3—铸件　4—冒口颈

2. 保温冒口

用保温材料或发热材料作冒口套（图3-83）的称为保温冒口或发热冒口。试验表明，使用保温套或发热套，可大大延长冒口的凝固时间，见表3-24。冒口补缩效率为30%～50%，最高可达67%。一般比普通冒口的铸件成品率提高10%～25%，从而显著地节约了金属和降低了铸件成本。

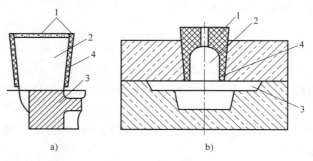

图3-83　保温冒口

a）明冒口　b）暗冒口

1—保温套（剂）　2—冒口　3—铸件　4—砂冒

表 3-24　不同保温措施对冒口凝固时间的影响　　　　　　（单位：min）

合金	措施			
	明冒口	顶部绝热	四周用保温套	保温套加顶部绝热
铸钢	5.0	13.4	7.5	43
铸铜	8.2	14.0	15.1	45
铸铝	12.3	14.3	31.1	45.6

注：冒口套一般由耐火材料、保温材料、发热材料和黏结剂组成。

3. 易割冒口

易割冒口如图 3-84 所示，在冒口根部放一片耐火陶瓷或耐火材料制成的带孔隔板，使冒口中金属液通过孔对铸件补缩，易于从铸件上去除冒口。这对于不易用机械方法切除冒口，而使用气割时容易引起裂纹的高合金钢（如高锰钢）铸件具有特别重要的意义。小冒口可用锤打掉，就是对于高韧性的镍合金钢铸件，也可使用易割冒口，使去除冒口费用大为降低。

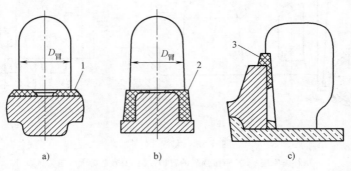

图 3-84　易割冒口结构

a）、b）顶冒口　c）边冒口

1、2、3—隔板

3.4.5　冷铁的作用及种类

冷铁是控制铸件凝固顺序和冷却速度的一种金属块。它主要是为了增加铸件局部冷却速度，一般安放在铸件的型腔内部或工作表面。

1. 冷铁的作用

1）在冒口难以补缩的部位防止缩孔、缩松。

2）防止壁厚交叉部位及急剧变化部位产生裂纹。

3）与冒口配合使用，能加强铸件的顺序凝固条件，扩大冒口补缩距离或范围，减少冒口数目或体积。

4）用冷铁加速个别热节的冷却，使整个铸件接近于同时凝固，既可防止或减轻铸件变形，又可提高铸件成品率。

5）改善铸件局部的金相组织和力学性能，如细化基体组织，提高铸件表面硬度和耐磨性等。

6）减轻或防止厚壁铸件中的偏析。

2. 冷铁的种类

冷铁分为内冷铁和外冷铁两大类。放置在型腔内能与铸件熔合为一体的金属激冷块称为内冷铁，内冷铁将成为铸件的一部分，因此应和铸件材质相同；造型（芯）时放在模样（芯盒）表面上的金属激冷块称为外冷铁，外冷铁用后回收，一般可重复使用。根据铸件材质和激冷作用强弱，可采用钢、铸铁、铜、铝等材质的外冷铁，还可采用蓄热系数比石英砂大的非金属材料，如石墨、碳素砂、铬镁砂、铬砂、镁砂、锆砂等作为激冷物使用。

（1）外冷铁

1）外冷铁的种类。外冷铁分为直接外冷铁和间接外冷铁两类。

① 直接外冷铁。直接外冷铁也称为明冷铁，与铸件表面直接接触，激冷作用强，如图3-85所示。

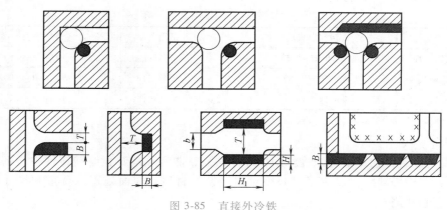

图 3-85 直接外冷铁

② 间接外冷铁。间接外冷铁同被激冷铸件之间有 10~15mm 厚的砂层相隔，故又名隔砂冷铁、暗冷铁。其激冷作用弱，可避免灰铸件表面产生白口层或过冷石墨层，还可避免因明冷铁激冷作用过强所造成的裂纹。铸件外观平整，不会出现同铸件熔接等缺陷，如图3-86所示。

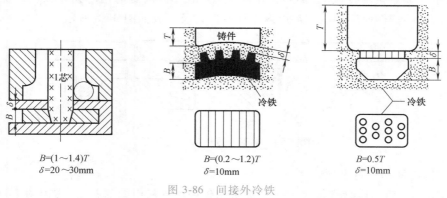

$B=(1\sim1.4)T$
$\delta=20\sim30mm$

$B=(0.2\sim1.2)T$
$\delta=10mm$

$B=0.5T$
$\delta=10mm$

图 3-86 间接外冷铁

2）外冷铁使用注意事项

① 外冷铁的位置和激冷能力的选择，不应破坏顺序凝固条件，不应堵塞补缩通道（图3-87）。

② 每块冷铁勿过大、过长，冷铁之间应留间隙。避免铸件产生裂纹和因冷铁受热膨胀而毁坏铸型。有关冷铁尺寸、间隙要求等具体数据请参阅有关文献及手册。

③ 外冷铁厚度可参照表 3-25 选取。

④ 尽量把外冷铁放在铸件底部和侧面。顶部外冷铁不易固定，且常影响型腔排气。

⑤ 外冷铁工作表面应平整光洁、去除油污和锈蚀，涂以涂料。

⑥ 铸铁外冷铁多次使用后，易使铸件产生气孔。当用于要求高的铸件时，应限制使用次数。使用中氧及其他气体会沿石墨缝隙进入冷铁内部，造成其氧化、生长。当再次应用时，遇热就会析出气体，导致铸件产生气孔。

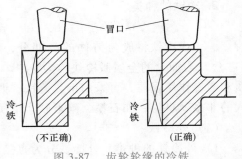

图 3-87　齿轮轮缘的冷铁

表 3-25　外冷铁的厚度（经验法）

序号	适用条件	外冷铁的厚度	序号	适用条件	外冷铁的厚度
1	灰铸铁件	$\delta = (0.25 \sim 0.5)T$	4	铸钢件	$\delta = (0.3 \sim 0.8)T$
2	球墨铸铁件	$\delta = (0.3 \sim 0.8)T$	5	铜合金件	$\delta = (1.0 \sim 2.0)T$
3	可锻铸铁件	$\delta = 1.0T$	6	轻合金件	$\delta = (0.8 \sim 1.0)T$

注：T——铸件热节圆直径。

（2）内冷铁

1）基本原理。内冷铁的激冷作用比外冷铁强，能有效地防止厚壁铸件中心部位发生偏析、缩孔、缩松等缺陷。但应用时必须对内冷铁的材质、表面处理、重量和尺寸等严加控制，以免引起缺陷。

内冷铁在浇注后与铸件熔接在一起，因此内冷铁的材质应与铸件相同或相近。铸铁件可采用低碳钢。通常是在外冷铁激冷作用不足时才用内冷铁，主要用于壁厚大而技术要求不太高的铸件上，特别是铸钢件。对于承受高温高压的铸件不适宜采用内冷铁，只在个别条件下才允许应用"非熔接内冷铁"。例如，在铸件加工孔中心放置的内冷铁，在以后加工时会被钻去，不会影响铸件使用性能。常用内冷铁的形式及安放如图 3-88 所示。

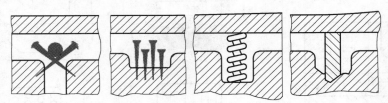

图 3-88　常用内冷铁的形式及安放

2）内冷铁使用注意事项

① 内冷铁材质不应含有过多气体（如沸腾钢内冷铁易引起气孔）。表面须十分洁净，应去除锈斑和油污等。

② 对于干型，内冷铁应于铸型烘干后再放入型腔；对于湿型，放置内冷铁后应尽快浇注，不要超过 3~4h，以免冷铁表面氧化、凝聚水分而引起铸件气孔。

③ 内冷铁表面应镀锡或锌，以防存放时生锈。

④ 放置内冷铁的砂型应有明出气孔或明冒口。

3.4.6 铸筋

铸筋又称工艺筋，分两类。一类是割筋（收缩筋），用于防止铸件热裂；另一类是拉筋（加强筋），用于防止铸件变形。割筋要在清理时去除，只有在不影响铸件使用并得到用货单位同意的情况下才允许保留在铸件上。而拉筋必须在消除内应力的热处理之后才能去除。

1. 割筋

割筋比铸件壁薄，先于铸件凝固并获得强度，承担铸件收缩时引起的拉应力而避免热裂。显然。割筋方向应与拉应力方向一致，而与裂纹方向相垂直。常用的割筋形式有三角筋、井字筋、弧形筋和长筋等，如图 3-89 所示。

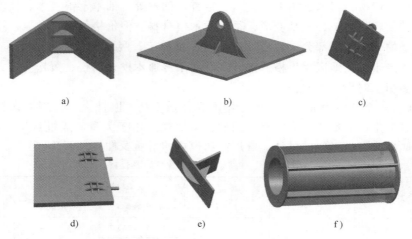

图 3-89 割筋的形式和实例

a）、b）三角筋 c）、d）井字筋 e）弧形筋 f）长筋

割筋除用于防止热裂之外，尚有加强冷却的作用。单纯为加强散热作用而设置的割筋又称为激冷筋。

2. 拉筋

断面呈 U、V 字形的铸件，铸出后经常发现变形，结果使开口尺寸增大。为防止这类铸件变形，可设置拉筋。

拉筋厚度应小于铸件厚度，保证拉筋先于铸件凝固。拉筋厚度为铸件厚度的 0.4～0.6。个别情况下，可利用浇注系统当拉筋，以节约金属。应指出：设置拉筋并未使铸件的应力消除，只是靠拉筋防止铸件变形过大。为使铸件几何形状符合图样尺寸，在工艺设计时往往要在拉筋两端加工艺补正量；或使用反变形模样，在模样上加反变形量。目的在于补偿拉筋在应力作用下所产生的弹性变形量。

3.5 铸造工艺装备

铸造工艺装备是造型、制芯及合箱过程中所使用的模具和装置的总称，包括模样、模板、模板框、砂箱、砂箱托板、芯盒、烘干板（器）、砂芯修整磨具、组芯及下芯夹具、量具及检验样板、套箱、压铁等。芯盒及烘干器的钻模和修整标准也属于铸造工艺装备。

对于大批量生产的重要铸件，应经过试制阶段，证明铸造工艺切实可行后，才进行工艺装备设计。所设计的各种模具应满足铸件要求，加工、使用方便和成本低廉。

3.5.1 模样及模板设计

1. 模样

（1）模样的材质

1）木模。木模具有轻便、容易加工、来源广、价格低廉的优点。但由于其强度和精度低、寿命短、易吸潮而变形等缺点，只适用于单件、小批量生产的各种铸件的模样制作。制模前木材应经干燥处理，要求水分含量小于 8% ~ 12%（质量分数）。我国常用木种有红松、落叶松、白松、黄松、杉木、柏木、桂木、银杏、柚木等。柚木、银杏木、桂木一般纹理平直、质地细腻，容易加工，不易变形，是优质木模材料。但价格贵，来源少，用于高级木模或制造木模上的一些精细部分。红松纹理平直，易加工，吸水性低，变形小，但质地松软，耐磨性差，盛产于东北地区，价格低廉，广泛用于普通木模；白松、黄松等，大都质地松软或易变形，多用于制作低级木模。

2）金属模。金属模表面光洁，尺寸精度高，强度高，刚性大，使用寿命长。但其加工相对木模较难，生产周期长，成本高。因此，金属模适用于大量、成批量生产的各种铸件。制造前，金属模应经过专门的设计。常用金属模样的材质及性能见表 3-26。

表 3-26 常用金属模样的材质及性能

材料种类		规格牌号	密度 /(g/cm³)	收缩率（%）		应用情况
				自由收缩	实际取用	
铝合金		ZL201	2.81	1.35 ~ 1.45	1.0 ~ 1.25	各种模样整铸模板
		ZL102		0.9 ~ 1.0		
		ZL104		0.9 ~ 1.1		
铜合金	黄铜	ZCuZn40Mn3Fe1	8.5	1.53	1.5	各种筋条、活块、镶片等
	锡青铜	ZCuSn5Pb5Zn5	8.8	1.6		
灰铸铁		HT150	6.8 ~ 7.1	0.8 ~ 1.0	0.8 ~ 1.0	尺寸较大的整体模板及模样
		HT200	7.2 ~ 7.3	0.8 ~ 1.0		
球墨铸铁		QT500-7	7.3	0.8 ~ 1.0	1.0	
铸钢及钢材		ZG270-500 45	7.8	1.6 ~ 2.0	1.4 ~ 2.0	出气冒口、通气针、芯头、模样等

3）塑料模。塑料模大多为环氧树脂和聚氨基甲酸乙酯。塑料模制造、修理简便，表面光洁，不吸潮，变形小，轻巧耐磨，寿命长，成本只有金属模的 20% ~ 50%。但由于其导热性差，不能加热，不宜在型砂周转快、砂温高的流水线上应用，且塑料的硬化剂有毒性。塑料模多用于成批量生产的中小铸件。

4）聚苯乙烯泡沫塑料模（气化模、消失模）。由于模样在造型后不取出，直接浇注。模样遇金属液汽化烧去。要求模样汽化迅速，烟尘和残留物少，密度小（0.15 ~ 0.03g/cm³）。

（2）金属模的结构设计　其设计原则是在满足铸造工艺要求的前提下，便于加工制造。特别复杂、难以加工的模样，可采用陶瓷型等精密铸造法铸出。一般金属模应尽量采用机床加工，减少钳工量。

1）模样的结构。当金属模的平均轮廓尺寸小于 50mm，高度小于 30mm 时，可制成实心体，一般模样可设计成空心结构，以减轻模样的重量及节省材料。空心模具应设加强筋，以保证模具的强度和刚度。模样的壁厚及加强筋的数量、大小和布置形式等可查阅相关手册。

2）模样在模底板上的装配。按照装配形式可分为平装式（图 3-90a、b、c）和嵌入式（图 3-90d、e、f、g）。平装式结构简单，容易加工，最常用。嵌入式在特殊条件下应用，如模样部分表面凹入分型面以下，如图 3-90d 所示；分型面以上模样过薄，加工、固定困难，如图 3-90e 所示；分型面通过模样圆角，如图 3-90f 所示。

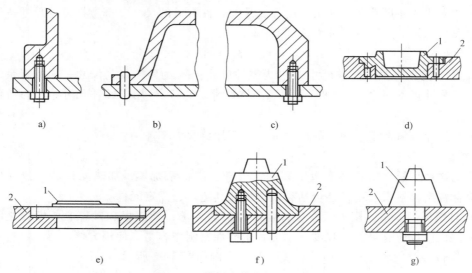

图 3-90　模样在模底板上的装配

a）、b）、c）平装式模样　d）、e）、f）、g）嵌入式模样

1—模样　2—模底板

3）模样的固定和定位。模样向模底板上固定，可用螺钉或螺栓，用定位销定位。故模样上应设有定位销孔及固定用通孔或螺纹孔。依 0.8~1.0 模样壁厚尺寸选用螺栓直径，按中等精度配合设计螺栓孔尺寸。螺栓孔位置应尽量靠近模样四周，并均匀分布，还要顾及勿和模板底部的筋条相碰。

模样上钻通孔，螺钉穿过模样与模底板固定，称为上固定法（图 3-91a）。其优点是便于选择螺孔位置，钻孔和装配方便；缺点是会破坏模样的工作表面，紧固后需用塑料或铝等

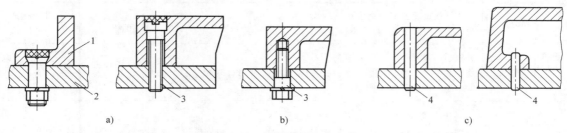

图 3-91　模样的固定和定位

a）上固定法　b）下固定法　c）定位销固定

1—模样　2—模底板　3—螺钉　4—定位销

填平模样表面上的螺钉孔坑。模底板上钻通孔，模样上攻螺纹孔的固定方法称为下固定法（图3-91b）。其优点是模样工作表面不受损害；缺点是确定螺孔位置要躲开模底板底部的筋条，还要让出扳手空间，安装不甚方便。下固定法用于模样高大且四周没有低矮的凸边可利用的条件下。

定位销孔的位置应选在模样上矮而平的部位（图3-91c），两孔间距尽量远。每块模样上至少应设2个，至多不超过4个（大模样）销孔。定位销用于防止模样在使用中位置移动。一般在安装完毕或试生产后证明模样位置准确后才配钻、配铰销孔，最后打入定位销。

4）模样（芯盒）的尺寸标注。模样（芯盒）的尺寸有两类：一类是与铸件有关的尺寸；另一类为非关联尺寸，如芯头长度等。凡与铸件有关的尺寸，都应把铸件尺寸按照收缩率加以放大，可依下式计算，并准确到0.1mm。

$$L_{模} = (L_{件} \pm L_{艺})(1+K) \tag{3-32}$$

式中，$L_{模}$为与铸件有关的模样尺寸；$L_{件}$为零件尺寸；$L_{艺}$为铸造工艺尺寸，如加工余量、起模斜度、工艺补正量等之和，"+"号用于凸体尺寸，"−"号用于凹体尺寸；K为铸件的线收缩率（缩尺）。

非关联尺寸按铸造工艺图上的尺寸标注，不加放收缩率。

2. 模板

模板也称为型板，是在模底板上装配上模样、浇冒系统模、加热元件、定位元件等组成。在组合快换模板系统中，还包括有模板框及其定位、固定元件。

（1）对模板的要求　模板尺寸应符合造型机的要求，模底板和砂箱、各模样之间应有准确的定位，模板应有足够的强度、刚度和耐磨性，制作容易，使用方便，尽量标准化。

（2）模板种类　常用模板种类见表3-27，实例如图3-92所示。

表3-27　常用模板种类

类别		特点	材质	应用
双面模板	平面	模板两面都有模样和浇冒口系统。一块模板可同时造出上、下砂型。曲面模板可增加模板的刚度,防止错箱,但制造较麻烦	普通机器用铸铝、塑料；高压造型用铸钢、铸铁	成批量、大量生产的小件
	曲面			
普通单面模板	顶杆式	两半模样分别装在上、下模板上的称为单面模板,模板直接固定在造型机工作台上。顶杆式模板:造型机起模顶杆直接顶起砂箱实现起模,模板上留有顶杆孔	铸铁、铸钢	成批量、大量生产的小件
	顶框式	顶杆通过顶框实现造型机的起模。要求模底板高度大于或等于顶框高度	铸铁、铸钢	成批量、大量生产的中件
	漏模式	模板上套装一块漏模板,其内孔形状和模梯外廓一致。起模时漏相对向上送动,顶起砂箱。用于起模困难的铸件	铸铁、铸钢	各种批量、起模困难的铸件
	翻转式	紧砂后,砂型和模板一起翻转180°,起模,砂型在下,模板在上,不易损坏砂型。适于造下半型或中、大砂芯。要求模板上设有卡紧砂箱的机构	铸铁、铸钢模板。铸铝或铸铁芯盒	成批量、大量生产的中、大件,中、大砂芯

（续）

类别		特点	材质	应用
快换单面模板	普通式	模板装在模板框内或顶面。模板框固定在造型机工作台上，更换模板省时、省力	木、塑料、铸铝、铸铁、铸钢等	小批量、成批量或大量生产的中、小件
	组合式	模板框内，可配置多块小模板块，可组合各种小铸件的生产，任意更换其中一块或几块模板块，可实现多品种铸件的生产，便于组织管理、生产平衡	铸铝、铸铁、铸钢	批量小、品种多的小铸件

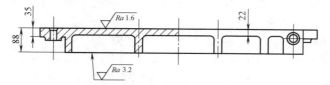

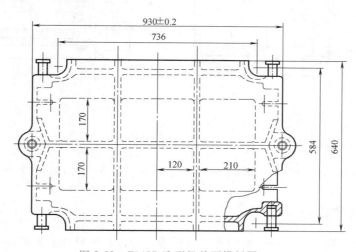

图 3-92　Z148B 造型机单面模板图

（3）模底板结构　模底板上应有与砂箱定位用的定位销、同造型机连接用的凸耳、供运输用的吊轴或手把、顶杆起模用的通道等。翻转式造型机用的模板上还应有固定砂箱用的机构或凸耳等。

通常模底板外廓和砂箱一致。普通单面模底板的高度、壁厚及筋的有关尺寸可参见表 3-28。

表 3-28　普通单面模底板的高度、壁厚及筋的有关尺寸　　　（单位：mm）

砂箱平均轮廓尺寸 ($\frac{长+宽}{2}$)	铸铁模底板				铸钢模底板			
	高度	壁厚	筋厚	筋距	高度	壁厚	筋厚	筋距
≤750	80	14	12~16	250~300	70	10	10~14	300
751~1000	90	16	14~18	300	80	12~14	12~14	400
1001~1500	120	18	16~20	250~300	90	14~16	12~16	400
1501~2000	160	22	20~24	350~400	110	18	16~20	450
2001~2500	190	25	22~28	400~450	130	22	20~24	500
2501~3000	250	28	24~30	400~450	150	25	23~27	500
>3000	250	32	26~32	400~500	160	28	26~30	500

模底板高度和模板框的高度，还应满足造型机的工艺要求。例如，Z148B造型机要求：490mm<（砂箱高+模底板高+压头体高+浇口杯模高）<750mm，造型机工作台到压头体座底面的最小距离为490mm，最大距离为760mm。

（4）模板和砂箱的定位

1）直接定位法。定位销（套）直接安装在模底板上，如图3-93a所示。

2）间接定位法。定位销（套）装在模板框上，如图3-93b所示。模板和模板框之间另有定位。显然间接定位法多了一次定位误差。为防止铸件尺寸超差，模底板和模板框之间的定位精度要严。

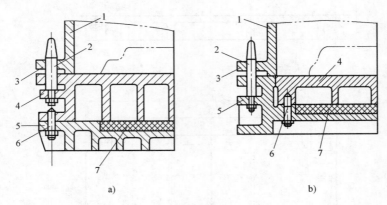

图3-93　模板和砂箱的定位

a）直接定位　b）间接定位

1—砂箱　2—定位销　3—销套　4—模底板　5—模板框　6—模板定位销　7—加热元件

3.5.2　砂箱设计

砂箱的设计内容有：选择砂箱的类型和材质、确定砂箱尺寸、砂箱结构设计、砂箱定位及紧固等。

1. 砂箱设计和选用砂箱的基本原则

1）满足铸造工艺要求，如砂箱和模样间应有足够的吃砂量、箱筋不妨碍浇冒口的安放、不严重阻碍铸件收缩等。

2）尺寸和结构应符合造型机、起重设备、烘干设备的要求。

3）有足够的强度和刚度，使用中保证不断裂或发生过大变形。

4）对型砂有足够的附着力，使用中不掉砂或塌箱，但又要便于落砂。为此，只在大的砂箱中才设置箱带（筋）。

5）经久耐用，便于制造。

6）应尽可能标准化、系列化和通用化。

2. 砂箱类型

（1）依使用类型分类　可分为专用砂箱和通用砂箱。

1）专用砂箱。专为某一复杂或重要铸件设计的砂箱，如发动机缸体的专用砂箱。

2）通用砂箱。凡是模样尺寸合适的各种铸件均可使用的砂箱，多为长方形。

（2）依制造方法分类　可分为整铸式、焊接式和装配式。

1）整铸式。用铸铁、铸钢或铸铝合金整体铸造而成的砂箱，应用较广。

2）焊接式。用钢板或特殊轧材焊接成的砂箱，也可用铸钢元件焊接而成。

3）装配式。由铸造的箱壁、箱带等元件，用螺栓组装而成的砂箱，用于单件、成批量生产的大砂箱。

（3）依造型方法及使用条件分类　可分为手工造型用砂箱、机器造型用砂箱和高压造型用砂箱等。

3．砂箱结构

（1）砂箱名义尺寸　砂箱名义尺寸是指分型面上砂箱内框尺寸（长度×宽度）乘砂箱高度。确定砂箱尺寸时要考虑一箱内放置铸件的个数和吃砂量。吃砂量的最小值参照表3-29。所设计的砂箱，其长度和宽度应是 50mm 或 100mm 的倍数，高度应是 20mm 或 50mm 的倍数。

表 3-29　吃砂量的最小值　　　　　　　　　　　　　　　　　（单位：mm）

模样高	8	10	15	25	30	35	40	50	60	70	90	120
吃砂量	15	18	20	24	26	28	32	35	38	40	45	50

（2）箱壁　砂箱壁的断面形状、尺寸影响强度和刚度。选用箱壁形式时，可参考以下经验：

1）简易手工造型砂箱，常用较厚的直箱壁，不设内外凸缘，制造简便，容易落砂。

2）普通机器造型砂箱，常用向下扩大的倾斜壁，底部设凸缘，防止塌箱，保证刚度，便于落砂，箱壁上留出气孔。

3）中箱箱壁多为直壁，上下都设凸缘。大砂箱内应有箱带以防止塌箱。中箱因无贯通的箱带，刚度小，故应加厚。

4）高压造型用砂箱，尽量不加箱带，以便落砂。因受力大，要求刚度大。小砂箱用单层壁，大砂箱用双层壁。箱壁上不设出气孔。

（3）箱带（箱挡、箱筋）　箱带可增加对型砂的附着面积和附着力，提高砂型总体强度和刚度，防止塌箱和掉砂，延长砂箱使用期限。但使紧砂和落砂困难，限制浇冒口的布局，故用于中、大砂箱。平均内框尺寸小于 500mm 的普通砂箱、小于 1250mm 的高压造型用砂箱可不设箱带。

（4）砂箱定位　上下箱间的定位方法有多种，可使用泥号、楔榫、箱垛、箱锥、止口及定位销等。机器造型时只用定位销定位，其合箱销的形式如图 3-94 所示。合箱销分插销和座销两种：插销多用于成批量生产的矮砂箱；座销多用于大量生产的各种砂箱。

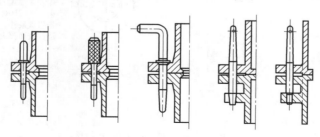

图 3-94　合箱销的形式

箱耳多布置在砂箱两端，一端装圆孔的定位套（或销），一端装长孔的导向套。合箱时上下箱的圆孔套对应圆销，另一端对应方销。

普通砂箱用的合箱销套的典型结构如图 3-95 所示。手工造型和抛砂造型用砂箱不必装销套，直接在箱耳上钻孔和切槽。模板和砂箱间的定位元件实例如图 3-96 所示。

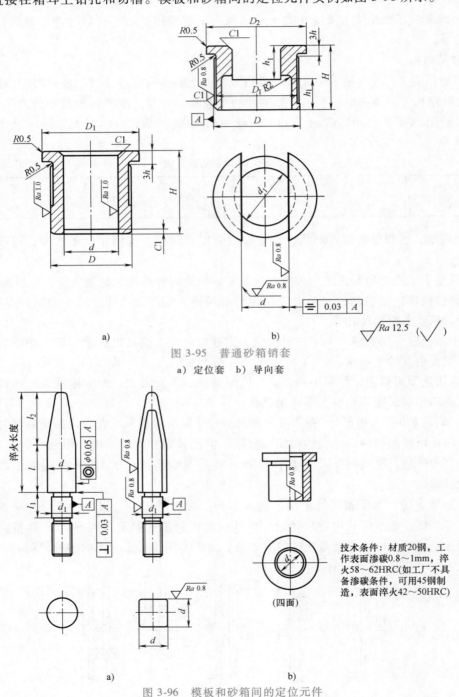

图 3-95　普通砂箱销套

a）定位套　b）导向套

图 3-96　模板和砂箱间的定位元件

a）定位销导向销　b）圆套

技术条件：材质20钢，工作表面渗碳0.8~1mm，淬火58~62HRC(如工厂不具备渗碳条件，可用45钢制造，表面淬火42~50HRC)

（5）搬运、翻箱结构　手把用于小型砂箱，吊轴广泛用于各种中大砂箱，吊环主要用于重型砂箱。这些吊运结构的设计，应使吊运平衡，翻箱方便，特别强调安全可靠，要绝对杜绝人身事故。同时，要考虑最大的负荷，应给出较大的安全系数。

吊环、吊轴和手把一般用钢材制造，用铸接法同砂箱相连接。小手把也可用螺纹连接。铸接必须牢靠。吊轴、吊环上的铸接部分应加工出沟槽式倒刺。也可用整铸法，但应保证无缩孔、裂纹等缺陷，为此，箱轴常设计成中空的，或应用内冷铁。

（6）砂箱的紧固　为防止胀箱、跑火等缺陷，上下箱间应紧固。紧固方式有：上箱自重法、压铁法、手工夹紧（箱卡）法和自动卡紧法等。上箱自重法和压铁法多用于小件。

（7）设计模板图的注意事项

1）模样和浇冒口模的位置、尺寸是否符合铸造工艺图的要求，吃砂量是否合适。

2）上、下模板上的模样布局、方向、尺寸标注等是否一致，能否满足合箱要求。

3）根据造型机的具体要求，验算模板高度应低于起模高度等。

4）直浇道的位置，合箱后应靠近浇注平台一侧。

5）各种螺钉、定位元件位置是否合适，装卸是否方便。

3.5.3　芯盒设计

芯盒的优劣直接影响砂芯质量及制芯生产率。木芯盒、菱苦土及塑料芯盒一般不必专门设计。本节只介绍金属芯盒的设计。其步骤为：确定类型和材质，选取分盒面，芯盒结构设计和工作尺寸计算等。

1. 芯盒的类型和材质

依制芯方法不同，芯盒分为普通芯盒、热芯盒、壳芯盒和冷芯盒。普通芯盒应用广，有代表性，常用结构如图 3-97 所示。中小芯盒多用铝合金铸造。铝芯盒轻巧，易加工，表面光洁，不生锈，但强度、硬度低，不耐磨。在经常受摩擦的表面上镶装钢板——耐磨片，可延长铝芯盒的寿命。大芯盒多用铸铁制造。铸铁芯盒强度、硬度高，耐磨，但沉重易锈。铜

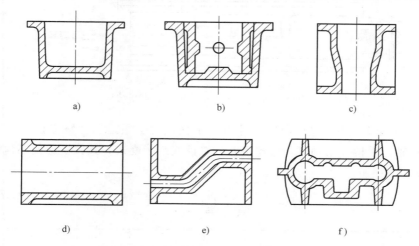

图 3-97　普通金属芯盒的结构

a）单面敞形式　b）单面脱落式　c）垂直对开式
d）、e）有开口的水平对开式　f）无开口的水平对开式

合金及钢材，多用于制作芯盒中的镶块和活块，满足高耐磨性的要求。

2. 芯盒结构设计

芯盒的本体结构包括壁厚、加强筋、边缘、活块、镶块等；外围结构包括定位、夹紧结构，手柄、吊轴，同制芯机连接的耳子等；附件有气孔针、通气板和填砂板等。

（1）壁厚、加强筋和边缘　可参照有关设计手册选取壁厚、筋和边缘尺寸。筋可加强芯盒强度和刚度，增加芯盒高度，以便安放手柄，还利用筋使芯盒在工作台上放置平稳。铝芯盒边缘上应镶装厚 3~4mm 的钢板——防磨片，用沉头螺钉固定。

（2）活块、镶块　妨碍砂芯取出的部分应制成活块。活块同芯盒本体之间可用定位销、榫及燕尾槽定位。应使活块重心落入芯盒窝座之内，以保持稳定。一般先加工窝座，然后钳工用涂色法修配活块，使之松紧适度。为加工方便，常将芯盒内需要镶块的部位及镶块分开加工，然后将镶块镶装在本体上。

（3）定位、夹紧结构　对开芯盒都有定位结构，常用定位销、铰链及止口进行定位。定位销是标准件，精度高，应用广。销子、销套用工具钢制造，工作部分经淬火后硬度为 40~45HRC，销子直径一般为 8mm、10mm、12mm，以适应芯盒大小。

手工制芯的简单芯盒的夹紧可用钢丝制成的弓形夹。成批量生产的芯盒应用操作方便的、由标准元件构成的夹紧结构，如蝶形螺母活节螺栓（图 3-98）、快速螺杆螺母装置等。其结构应简单、紧凑，操作、修理应方便。

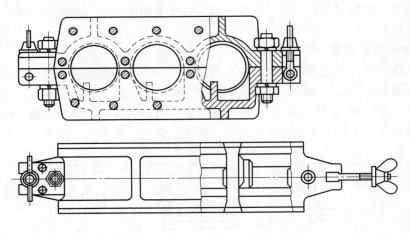

图 3-98　垂直对开芯盒的定位、夹紧结构

（4）手柄、吊轴　小芯盒可利用凸耳当作手柄。为了搬运、翻转方便，中、大芯盒上应有手柄或吊轴。手柄、吊轴可采用铸接式、整铸式或装配式，其位置应使芯盒搬运时保持平衡。

思 考 题

1. 什么是铸造工艺设计？为什么在进行铸造工艺设计之前，要弄清设计的依据？设计依据包含哪些内容？铸造工艺设计的内容是什么？

2. 怎样审查铸造零件图样？请对典型铸造工艺方案进行分析。

3. 铸造生产中，选择造型方法时应考虑哪些基本原则？

4. 为什么铸件应该有合适的壁厚？

5. 什么称为浇注位置？浇注位置的选择或确定为何受到铸造工艺人员的重视？应遵循哪些原则？

6. 为什么要设分型面、分模面？怎样选择分型面、分模面？

7. 砂芯的功用是什么？结合生产条件，确定砂芯形状（分块）及分盒面选择的原则。

8. 芯头长些好还是短些好？间隙留大些好还是不留间隙好？请举例说明。

9. 压环、防压环、积砂槽各起什么作用？什么条件下应用？不用它们行不行？

10. 铸造工艺设计参数有哪些？怎样才能使所生产的铸件尺寸精确？

11. 简述典型浇注系统的结构组成及其基本组元的作用。

12. 怎样才能防止浇口杯内出现水平旋涡流动？

13. 简述横浇道的阻渣原理。如何能发挥横浇道的阻渣作用？

14. 上小下大的直浇道能否呈充满态流动？为什么？

15. 内浇道的基本设计原则是什么？如何确定浇口比？

16. 试述顶注式浇注系统的优缺点。

17. 为什么说传统的"开放式"浇注系统不一定是不充满式浇注系统？理由何在？

18. 浇注系统的基本类型有哪几种？各有何特点？

19. 设计阶梯式浇注系统应注意防止哪些不良现象出现？怎样防止？

20. 铸钢件和有色合金铸件的浇注系统各有哪些特点？

21. 简述金属液过滤器的种类和用途。

22. 冒口的功用是什么？常用哪几种冒口？

23. 铸钢件冒口和球墨铸铁件的冒口在设计原则上有哪些相同点和不同点？

24. 如何用模数法和比例法计算冒口？有何优缺点？

25. 球墨铸铁件的实用冒口有几种？其补缩原理有何异同？

26. 特种冒口主要有哪些？简述其优缺点。

27. 补贴有何用途？

28. 冷铁有何用途？

29. 试述冷铁分类及其使用注意事项。

30. 割筋、拉筋各在何种条件下使用？

31. 铸造工艺装备包括哪些？

32. 如何选择模样的材质？有何优缺点？金属模样的尺寸如何标注？

33. 常用的模板种类有哪些？模板和砂箱之间如何定位？

34. 简述设计和选用砂箱的基本原则。如何确定砂箱尺寸？

35. 芯盒设计的工艺特点有哪些？

Chapter 4

第4章

计算机模拟在铸造工艺中的应用

一般来说，铸件结构设计、造型工艺、浇注系统设计等，主要依靠工程技术人员的实际工作经验来完成。对于复杂件和重要件，生产中往往要反复地修改铸件结构、造型或铸造工艺方案等，来达到最终的技术要求。因此，传统的试错法铸造工艺已无法满足现代生产的实际需求。

随着科学技术的发展，计算机数值模拟技术在铸造工艺设计中应用日益广泛，已成为铸造成形工艺设计的基本工具。数值模拟技术是基于物理规律，对宏观和微观物理现象的数学描述与计算方法。近年来，随着计算机模拟技术的日益成熟，数值模拟手段在优化铸造凝固工艺方面的应用日益广泛，作用越来越重要。计算机数值模拟技术可以有效地再现和预测铸造工艺过程中可能出现的各种成形问题及凝固缺陷控制问题，从而实现了工艺过程的快速优化，显著降低了制造成本。铸造数值模拟技术综合了物理学、化学、材料学、冶金学、流体力学、传热学、数学及计算机等诸多学科领域最先进的研究成果，是智能制造领域的前沿技术，代表着一个国家的工业化制造水平。

4.1 | 铸造数值模拟技术的发展历史

美国铸造学会（AFS）早在 1940 年就开始采用计算技术解决实际铸造过程中的传热问题。到 1960 年，基于有限差分及有限元法的数字模拟技术开始在冶金领域得到应用并快速发展。20 世纪 80 年代末，凝固数值模拟技术已取得大量成果，新的数学模型和各种判据使模拟结果更加趋于实测结果，关于温度场的数值模拟技术已经趋于成熟。近年来，各种铸造模拟软件功能日益强大，应用非常广泛，已可精确模拟铸造的充型过程、凝固过程、缺陷形成过程及应力分布特征等。20 世纪 90 年代后期，发展了微结构模拟，对冶金学产生了深远影响，这不但可以预测铸件的组织和缺陷，甚至还可以控制铸件的力学性能。近 10 年来，合金凝固过程微观组织与相演变模拟成为研究热点。从毫米、微米到纳米的不同尺度上，元胞自动机、相场、分子动力学等方法在金属凝固领域得到了广泛的应用。

我国的铸件凝固过程数值模拟研究始于 20 世纪 70 年代末期，尽管起步较晚，但进步非常迅速。"六五"期间，沈阳铸造研究所联合国内高校开展了大型铸钢件的数值模拟工作，形成了凝固充填、外冷铁工艺、强冷工艺及应力分析等多种计算软件。"七五"期间，沈阳铸造研究所等对铸件凝固过程的数值模拟、铸钢件的缩孔缩松判据、铸件热应力计算、浇注系统 CAD、冒口系统 CAD、外冷铁工艺 CAD 等进行了较为系统与细致的研究，开发出了SIMU-3D 模拟计算及工艺设计等一批软件。2001 年，德阳二重铸造厂一次试制出长江三峡水轮机叶轮重 62t 的不锈钢叶片，计算机模拟仿真技术起到了很大的作用。近年来，国内在充型过程模拟、温度场模拟、应力场模拟、流场模拟、组织及缺陷模拟等诸多领域取得了明显进展。

4.2　常用铸造数值模拟的物理模型、求解方法及模拟软件

4.2.1　物理模型

精确描述数值求解问题的关键是建立物理模型和确定边界条件，铸造模拟过程的物理模型包括温度场模型、流动场模型和应力场模型等。

1. 温度场模型

铸造过程的温度计算包括两个阶段：充型过程和凝固过程。充型过程的温度计算可视为瞬态对流-扩散问题，其控制方程为

$$\partial(\rho cT)/\partial t + \nabla \cdot (\rho cUT) = \nabla \cdot (k\nabla T) + S_T \tag{4-1}$$

式中，c 为比热容 $[J/(kg \cdot K)]$；T 为热力学温度（K）；U 为速度（m/s）；k 为热导率 $[W/(m \cdot K)]$；S_T 为热源项。

凝固过程的温度计算可视为瞬态扩散问题，其控制方程为

$$\partial(\rho cT)/\partial t - \nabla \cdot (k\nabla T) = S_T \tag{4-2}$$

与一般导热问题相比，铸造过程温度场计算涉及液固转变过程中的潜热释放，因此，计算温度时需单独对潜热进行处理。在铸造宏观过程温度场计算中，主要采用温度回升法、等效比热法和热焓法处理潜热。

2. 流动场模型

铸造充型过程所采用的流动场模型为 Navier Stokes 方程，即动量方程，用于控制速度的变化，即

$$\partial \rho U/\partial t + \nabla \cdot (\rho UU) - \nabla \cdot \tau = -\nabla p + S \tag{4-3}$$

式中，ρ 为密度（kg/m³）；t 为时间（s），p 为压力（Pa）；S 为源项；τ 为应力张量。

3. 应力场模型

目前热应力数值模拟主要采用热弹塑性模型，该模型不直接计入黏性效应，它认为材料屈服前为弹性，屈服后为塑性，弹性模量与屈服应力是温度的函数，且当材料接近熔点时，弹性模量与屈服应力均变为零。

对于弹性模型，应力和应变符合如下关系

$$\{d\sigma_e\} = [D_e]\{d\varepsilon_e\} \tag{4-4}$$

式中，$\{d\sigma_e\}$、$[D_e]$ 和 $\{d\varepsilon_e\}$ 分别为弹性应力增量、弹性模量矩阵、弹性应变增量，在热弹塑性模型中，应变增量可表示为 $d\varepsilon = d\varepsilon_e + d\varepsilon_p + d\varepsilon_t$，且应力与总应变符合如下关系

$$\{d\sigma\} = [D]_{ep}(\{d\varepsilon_e\} + \{d\varepsilon_p\}) = [D]_{ep}(\{d\varepsilon\} - \{d\varepsilon_t\}) \tag{4-5}$$

式中，$[D]_{ep}$ 为弹塑性模量矩阵。下标 e 以及后面的 p 和 t 分别表示弹性、塑性及传热。

热应变增量包括温度变化产生的收缩以及弹性模量和线膨胀系数随温度变化而引起的增量，可以表示为

$$\{d\varepsilon_t\} = \{\alpha\}dT + (T-T_0)\frac{\partial\{\alpha\}}{\partial T} + \frac{\partial[\alpha]_e^{-1}}{\partial T}\{\sigma\} \tag{4-6}$$

式中，T_0 是初始温度；T 是瞬时温度；α 是线膨胀系数。

塑性应变增量的大小和方向由流动准则确定，即

$$\{d\varepsilon_p\} = \frac{1}{H'}\left[\frac{\partial \overline{\sigma}}{\partial \{\sigma\}}\right]^{\mathrm{T}} \{d\sigma\} \frac{\partial \{\overline{\sigma}\}}{\partial \{\sigma\}} \tag{4-7}$$

式中，H' 为材料的塑性硬化模量，可由简单的拉伸曲线得到。由以上各式得出热弹塑性模型的本构方程

$$D\sigma = [D]_{ep}(\{d\varepsilon\} - \{d\varepsilon_t\}) = ([D_e] - [D_p])(\{d\varepsilon\} - \{d\varepsilon_t\}) \tag{4-8}$$

4.2.2　求解方法

数值求解与网格划分相辅相成，有限差分法（Finite Difference Method，FDM）适用于差分网格和多重网格，有限元法（Finite Element Method，FEM）适用于除混合网格之外的其他网格类型，有限体积法（Finite Volume Method，FVM）适用于任何网格类型，无网格算法（Smoothed Particle Hydrodynamic，SPH）只需定义边界范围。

FDM 适用于差分网格和多重网格，无法拟合复杂曲面边界。尽管通过设置足够小的网格尺寸可以减小误差，但当流动方向偏离坐标轴方向时，计算精度会大幅下降，FDM 求解流场的准确性和稳定性难以保证。FEM 通过形函数获得单元内各点物理量，进而通过变分法将控制方程转换为节点物理量的矩阵操作，在求解温度场和应力场时具有很高的精度，主要应用于铸造宏观凝固及应力场模拟。FVM 利用高斯定理将体积分转换为面积分，进而将面积分转换为节点物理量之间的线性运算，具有局部守恒性，且适用于任何网格类型，广泛应用于计算流体动力学分析。

4.2.3　模拟软件

1. 目前常用的模拟软件及特点

目前，国内外成熟的模拟软件主要包括温度场模拟软件、流场模拟软件、应力场模拟软件等。铸造充型过程及温度场模拟软件如 MAGMASOFT、Flow-3D、Any Casting、ProCAST、FT-Star 和华铸 CAE 等；应力场模拟软件如 ANSYS、ABAQUS；流场模拟软件如 Fluent、PHOENICS、COMSOL 等；组织及凝固缺陷模拟软件如 STEMS、MATLAB 等。

MAGMASOFT 是一个用于铸造厂工程师的全面而强大的工具，能提高铸件质量，优化工艺条件，大幅节省铸造设计和生产过程中的成本。它能够模拟铸造过程中的热流与流体流动现象，以及确定稳健的工艺过程和优化的铸造解决方案。通过结合用于虚拟试验设计和自主设计的统计方法，该软件能够提供虚拟试验创建与评估的综合选项。该软件能够对铸造过程中的充型、凝固、冷却、热处理、应力应变等内容进行全面的模拟分析，多用于压力铸造的数值模拟。

Flow-3D 是一款三维计算流体动力学和传热分析软件，自 1985 年正式推出商业版之后，就以其功能强大、简单易用、工程应用性强的特点，逐渐在 CFD（计算流体动力学）和传热学领域得到越来越广泛的应用。目前 Flow-3D 已被广泛应用于水力学、金属铸造业、镀膜、航空航天工业、船舶行业、消费产品、微喷墨头、微机电系统等领域。Flow-3D 是高效能的计算仿真工具，工程师能够自行定义多种物理模型，应用于各种不同的工程领域。Flow-3D 与其他 CFD 软件最大的不同，在于其描述流体表面的方法。该技术以特殊的数值方

法追踪流体表面的位置，并且将适合的动量边界条件施加于表面上。Flow-3D 提供多网格区块建立技术，该技术能够让有限差分法计算更有弹性，并且更具效率。在标准的有限差分法网格中，局部加密可能会造成网格大幅增加，因为局部加密网格会对整体网格的三维方向造成影响。采用多网格区块能够做局部的网格加密，而不影响整体网格数量，使用者可以用较少的硬件资源完成复杂的计算。Flow-3D 是一套全功能的软件，具有完全整合的图像式使用界面，其功能包括导入几何模型、生成网格、定义边界条件、计算求解和计算结果后处理，也就是说一个软件就能让使用者快速地完成从仿真专案设定到结果输出的过程，而不需要其他前后处理软件。

AnyCasting 是基于 Windows 研发的，其采用基于混合算法的 Real Flow 技术，使用智能化的可变网格自动生成，多核高性能并行可运算可提供卓越的分析速度和高准确度的分析结果。AnyCasting 适用于砂型铸造、金属型重力铸造、高压压铸、低压铸造、倾转铸造、精密铸造、半固态等几乎所有铸造工艺的仿真分析。AnyCasting 软件被广泛应用于汽车制造、电子电器、重型工业、航空航天、军事、工程机械、农业机械、造船、风电等各个行业，为铸件质量提供可靠的技术保障。

ProCAST 提供了整体软件解决方案，能够进行完整的铸造工艺过程预测评估，包括充型、凝固、微观组织以及热力耦合模拟等，使得工艺设计人员可以很便捷地观察模具设计效果，在制造过程的早期阶段就能进行正确的选择与决策。ProCAST 广泛涵盖了各种铸造工艺与合金种类，包括高压铸造、低压铸造、砂型铸造、金属型铸造及倾斜浇注、熔模铸造、壳模铸造、消失模铸造、离心铸造、连续和半连续铸造。

ProCAST 是完整的模块化软件系统，包含了可拓展的应用模块与工程工具，以满足铸造企业具有挑战性的各种需要。各个模块具有很强的专用性，分别针对工艺过程的某一特定步骤，如流动求解器用于充型过程模拟，包括半固态材料、消失模工艺及离心铸造；传热求解器用于凝固与收缩趋势预测，包括辐射选项；应力求解器用于热应力及变形情况。此外，高级专用金相选项能够预测气孔与微观缩孔、铁碳合金微观组织及晶粒结构。通过 ProCAST 图形用户界面可以定义各种边界条件。这些丰富的功能能够准确模拟所有铸造情况。所选需要施加边界条件的几何区域，可以通过点击和自动选择延伸执行。用户定义的数据可以是不变的，也可以随时间或温度变化。ProCAST 提供了可扩展材料数据库，可用于模拟大多数合金，从钢和铁到铝基、钴基、铜基、镁基、镍基、钛基和锌基合金。目前，材料数据库还仍在持续不断地进行扩充，经过工业验证的完善的物性参数会及时补充。

此外，ProCAST 还拥有独特的热力学数据库。该数据库允许用户直接输入合金化学成分，自动产生模拟所需的物性数据。ProCAST 后处理器功能相当强大而多样，采用菜单和图标驱动方式，提供了下列变化过程的动态信息：金属液前沿流动、卷气、温度场、压力云图、凝固数据、速度矢量、应力和变形、微观组织等。此外，后处理器 ViewCAST 提供了多种方式，便于显示工艺结果，包括：云图、矢量图、截面及切平面、*X-Y* 曲线图、动画，图片及影片输出便于快速直接地交换信息和通信，并可将模拟结果以不同的标准格式输出到其他 CAE 软件中。

ANSYS 是一款大型通用的商业有限元软件，具有功能完备的前后处理器、强大的图形处理能力、奇特的多平台解决方案，平台支持 NT、Linux、UNIX 和异种异构网络浮动，各种硬件平台数据库兼容，功能一致，界面统一。ANSYS 具有强大的实体建模技术。与现在流行的大多数 CAD 软件类似，ANSYS 可以通过自顶向下或自底向上两种方式，以及布尔运算、坐标变换、曲线构造、蒙皮技术、拖拉、旋转、复制、镜像、倒角等多种手段，建立真实地反映工程结构的复杂几何模型。

ANSYS 提供智能网格和映射网格两种基本网格划分技术，分别适合于 ANSYS 初学者和高级使用者。智能网格、自适应、局部细分、层网格、网格随移、金字塔单元（六面体与四面体单元的过渡单元）等多种网格划分工具，可以帮助用户完成精确的有限元模型。

另外，ANSYS 还提供了与 CAD 软件专用的数据接口，能实现与 CAD 软件的无缝几何模型传递。这些 CAD 软件有 Pro/E、UG、CATIA、iDeaS、SolidWorks、Solid Edge、Inventor、MDT 等。ANSYS 还可以读取 SAT、STEP、Parasolid、IGES 格式的图形标准文件。

此外，ANSYS 还具有近 200 种单元类型，这些丰富的单元特性能使用户方便而准确地构建出反映实际结构的仿真计算模型。

ANSYS 提供了对各种物理场的分析，是目前唯一能融结构、热、电磁、流场、声学等为一体的有限元软件。除了常规的线性、非线性结构静力、动力分析之外，还可以解决高度非线性结构的动力分析、结构非线性及非线性屈曲分析。ANSYS 提供的多种求解器分别适用于不同的问题及不同的硬件配置。

ANSYS 的后处理用来观察 ANSYS 的分析结果。ANSYS 的后处理分为通用后处理模块和时间后处理模块两部分。后处理结果可能包括位移温度应力应变速度以及热流等，输出形式可以是图形显示和数据列表两种。ANSYS 还提供自动或手动时程计算结果处理的工具。AN-SYS 软件提供了对各种物理场量的分析，其主要功能包括：结构分析、热分析、流体动力学分析、电磁场分析、声学分析、压电分析、多耦合场分析等。

ABAQUS 被广泛地认为是功能最强的有限元软件，除了能解决大量结构（应力/位移）问题，还可以模拟其他工程领域的许多问题，如热传导、质量扩散、热电耦合分析、声学分析、岩土力学分析（流体渗透/应力耦合分析）及压电介质分析等广阔领域中的问题，多用于力学分析领域。

Fluent 是国内外使用最多、最流行的商业软件之一，具有适用面广、高效省时、稳定性好及精度高的特点。Fluent 包含基于压力的分离求解器、基于密度的隐式求解器、基于密度的显式求解器，多求解器技术使 Fluent 可以用来模拟从不可压缩到高超声速范围内的各种复杂流场。Fluent 包含非常丰富、经过工程确认的物理模型，由于采用了多种求解方法和多重网格加速收敛技术，因而 Fluent 能达到最佳的收敛速度和求解精度。由于其具有灵活的非结构化网格和基于解的自适应网格技术及成熟的物理模型，所以可以模拟高超声速流场、传热与相变、化学反应与燃烧、多相流、旋转机械、动/变形网格、噪声、材料加工等复杂机理的流动问题。Fluent 软件具有强大的网格支持能力，支持界面不连续的网格、混合网格、动/变形网格以及滑动网格等。

Fluent 包含三种算法，即非耦合隐式算法、耦合显式算法和耦合隐式算法，是商用软件中最多的。另外，Fluent 包含丰富而先进的湍流模型，使得用户能够精确地模拟无黏流、层流和湍流。湍流模型包含 Spalart-Allmaras 模型、k-ω 模型组、k-ε 模型组、雷诺应力模型（RSM）组、大涡模拟模型（LES）组以及最新的分离涡模拟（DES）和 V2F 模型等。

2. 数值模拟软件的兼容性

铸造模拟软件注重的是模拟计算过程，一般需要通过专业的三维造型软件和网格划分软件处理几何模型后，再将铸件三维图形信息通过特定的接口导入铸造模拟软件中进行模拟计算。不同软件间接受数据文件的类型也存在一定的差别。为了保证在铸造模拟软件中能够准确显示出铸件的几何模型，需要保证对几何建模软件与铸造模拟软件之间的兼容。目前，常用的 UG、Pro/E 和 SolidWorks 几何建模并经专业的网格划分软件划分网格后，基本都可以与常用的数值模拟软件如 ProCAST、ANSYS、ABAQUS 等兼容。

4.3　数值模拟流程

4.3.1　铸件几何建模

几何建模是计算机数值模拟的基础，模型精度直接影响模拟结果的准确性。为保证数值模拟的顺利进行，铸件建模后还需要进行优化，去除影响网格划分的细节部分。

目前，普遍采用的几何造型软件为 UG、Pro/E 和 SolidWorks 等，这几种软件都是基于 Windows 开发的三维 CAD 系统，在航空航天、机车、食品、机械、国防、交通等各种领域获得了广泛应用。几何建模的过程中，需要考虑不同的铸件材质及工艺特点，添加不同的浇注系统及辅助系统，如铸钢件铸造过程中需要添加浇注系统、冷铁及补缩冒口等，铝合金的浇注系统、冷却结构及砂芯等，铝合金压力成形的流道等，单晶高温合金叶片的选晶系统等。

4.3.2　铸件模型的网格划分

网格划分是铸件数值模拟的重要前处理过程，网格质量及数量影响模拟计算时间及模拟的准确性。许多软件自身都具有网格划分功能，更有专业的网格划分软件可以保证网格划分的准确性及计算的时效性。

燃机叶轮铸造工艺数值模拟研究时，为了在保证模拟结果可靠性的同时节约模拟时间，便将铸件网格划分较细，浇注系统网格划分较稀疏。如果铸件几何模型具有高度对称性，也可以对铸件进行等分，对部分模型进行网格划分、边界条件施加和数值模拟结果分析。定向凝固铸件进行热分析时，因为几何模型的对称性便将其分成多个部分，只对原有铸件的代表性部分模型进行数值模拟研究，这样可以大大降低对计算资源的占用以及提高模拟计算效率。

4.3.3　材料热物性参数计算

金属凝固过程中固液相的热物理性质是铸造模拟研究的重要数据，母合金热物性参数和型壳热物性参数的准确性，直接影响铸件数值模拟结果的可靠性。热物性参数一般会随温度改变，主要包括固相率、密度、比热容、潜热和热导率等。熔模铸造型壳的热物性参数还受到黏结剂种类与制壳工艺影响。

在铸造模拟研究中，合金材料的热物性参数可通过不同的金属材料计算软件获取，如 JMatPro 和 Pandat 软件。型砂、型壳材料的热物性参数一般通过实验手段获取，以保证模拟的准确性。

4.4 | 铸造过程数值模拟

4.4.1 铸造充型过程模拟

铸件浇注过程中，伴随着复杂的液体流动，易产生铸造缺陷，如冷隔、浇不足、夹砂、裹气等。铸造充型过程是不可压缩流体流动过程，通过充型过程流场的数值模拟，能模拟金属液在型腔中的充填过程及缺陷的形成过程。基于 Flow-3D 软件对不同结构的铝合金平板铸件低压铸造充型过程进行数值模拟的结果表明，增压速度和铸件结构影响充型过程中的卷气量，不同结构模型的卷气结果明显不同。依据模拟结果选择优化的模型，生产的平板铸件具有良好的力学性能。有文献使用 Flow-3D 软件模拟了镁合金汽车转向柱支架模的充型过程，模拟结果表明，底注式浇注系统优于中间注入式浇注系统。对不同浇注温度和砂型烘烤温度条件下的氧化膜和卷气进行模拟的结果表明，浇注温度为 700℃、砂型烘烤温度为 200℃时，浇注能达到较优效果。根据模拟结果进行了实验验证，模拟结果较为理想，实际铸造达到了预期效果。挤压铸造是液态金属在高压下快速充填型腔的过程，充型过程中影响金属液体流动的因素众多，过程比较复杂。有文献研究了铝合金挤压铸造的充型过程，以实际生产过的零件尺寸和工艺方案为依据，建立了挤压铸造舵面三维网格模型，计算了相应的边界条件，对充型过程中液体流动进行了数值模拟。结果表明，挤压铸造舵面充型过程中，压力流和反射流的汇聚点处在舵面的右上方，并伴有搅动的液流和气体出现，该部位更容易形成多种缺陷。针对模拟结果，在该处开设了溢流槽和排气槽，实际生产结果表明缺陷明显减少。有文献结合马氏体不锈钢折流器的结构特点和质量要求，设计了一种平做立浇工艺方案和环形底注侧入式浇注系统，模拟了整个充型过程，如图 4-1 所示，保证了折流器铸件的平稳充型及铸件的致密性。

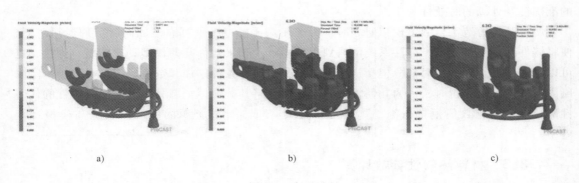

a)   b)   c)

图 4-1 充型过程

a) 5.50s b) 10.61s c) 16.8s

4.4.2 凝固温度场模拟

凝固过程的温度场变化和金属液收缩将直接导致在铸件中形成缩孔、缩松及其他类凝固缺陷的产生。关于温度场的模拟目前已比较成熟，在铸件生产过程中已获得了广泛应用。铸钢齿轮具有厚薄相差较大的结构，在生产过程中容易产生缩孔及缩松类缺陷，利用数值模拟软件可有效再现铸件温度场分布情况，预测铸造过程中可能产生的缺陷位置。模拟结果表明，齿轮的凝固顺序依次为横浇道、直浇道、内浇道及铸件型腔内，接下来齿轮的辐板开始不均衡凝固，辐板与轮缘的热节处出现了孤立的液相区，这个区域将会出现缩孔、缩松等缺陷。通过设置冒口对齿轮轮缘上的缺陷进行补缩及冷铁对齿轮轮缘与辐板的热节处进行急冷，数值模拟结果显示齿轮的缺陷完全消除，从而获得高品质的铸件。镁合金铸件温度场模拟显示，离浇口越远的薄壁位置温度降低越快，处在浇道或离浇口越近的位置温度降低越慢。铸件充型完成后整体温度分布较为均匀，局部地方存在一定温差，造成铸件整体收缩不一致，容易导致凝固过程中产生缩孔、缩松等缺陷。轮毂在汽车领域的应用越来越广泛，有文献模拟了轮毂铸造过程的温度场。通过研究铝液充型和凝固过程，分析了温度场变化，如图 4-2 所示。研究表明，轮毂轮辋上下边缘以及浇铸中心处容易出现缩松和缩孔。在轮辋中心处、轮辋与轮辐交接处的模具区域采用保温措施，在与浇铸中心缩孔密集处接触的模具区域适当增加冷却强度，可实现顺序凝固，获得高质量的铸件。

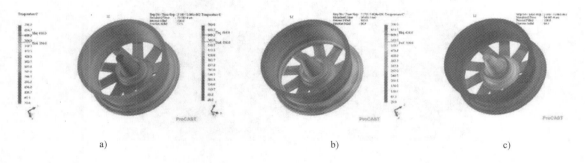

a) b) c)

图 4-2 不同固相体积分数时铸件温度场分布

a）固相体积分数为 17.5% b）固相体积分数为 66.9% c）固相体积分数为 96.1%

4.4.3 凝固组织模拟

合金成分、铸型材料、浇注温度、保温时间与冷却速度等参数都将影响铸件最终的组织，而组织影响铸件的性能。

金属凝固微观组织模拟主要包括晶粒的形核及晶粒长大过程。通常，凝固为异质形核过程。由于微观组织模拟方法不能模拟晶粒的形核过程，需人为设定形核位置与晶体的择优生长方向，常见的模型包括：连续形核模型、瞬时形核模型、准连续形核模型等。凝固微观组织模拟方法主要包括确定性方法（Deterministic Modeling）、相场法（Phase Field，PF）和随机性方法（Stochastic Modeling）。

相场法的原理是通过引入相场变量，将凝固过程中的微观和宏观的尺度结合起来，避免了跟踪固/液界面的困难，从而直接模拟流场等外场作用下的枝晶生长形貌和生长过程，可以定量地研究流场速度、过冷度、各向异性强度和不同的择优取向等因素对枝晶生长形貌的影响。

随机性方法中，以 Monte Carlo（MC）法、Cellular Automata（CA）法为代表，能够考虑凝固过程中发生的各种随机现象，包括形核位置和择优生长取向等。CA 法的枝晶生长动力学采用确定性方法计算。相比于其他方法，CA 法原理清晰、实现方便且易于与各种物理过程耦合，广泛应用于模铸、连铸、定向凝固、增材制造及焊接等过程的组织模拟。

CA 法与有限元热流计算耦合起来创建了 CAFE 模型，耦合模型在柱状晶向等轴晶转化方面的模拟有独特优势。大型商用软件 ProCAST 的 CAFE 模块为凝固过程形核生长模拟提供支持，有利于对凝固过程微观组织的预测分析。CA 法与有限差分法耦合起来创建了 CA-FD 方法，将溶质扩散模型与宏观温度场结合起来，可用于预测枝晶的生长行为。

CAFE 宏-微观耦合模型模拟出不同工艺下 Al-5.0Cu 合金的凝固组织，并与宏观腐蚀结果进行对比。模拟和试验的结果均表明：功率超声和挤压铸造的耦合作用较于单一外场作用能进一步改善合金的凝固组织，同时可以完全消除铸造缺陷；耦合作用还可以使得熔体内部温度分布更加均匀，显著细化 Al-5.0Cu 合金的初生晶粒，有利于得到均匀、细小的微观组织。不同工作条件下凝固组织模拟结果如图 4-3 所示。

图 4-3　不同工作条件下凝固组织模拟结果
a）重力场（0MPa+0W）　b）压力场（75MPa+0W）
c）超声场（0MPa+1000W）　d）耦合场（75MPa+1000W）

4.4.4　凝固应力场模拟

铸件凝固过程中存在枝晶间的对流和收缩，也就导致了应力场的变化。应力场的变化会使铸件产生热裂、冷裂和变形缺陷。铸件凝固过程中应力场受多种因素影响，除了通过铸造模拟软件开展应力场分析，如 ProCAST、MAGMASOFT 与华铸 CAE 等软件，也可采用通用有限元应力分析软件模拟铸造过程的应力分布，如 ANSYS 和 ABAQUS 软件。

针对高铬铸铁叶轮在样品试制过程中出现的热裂问题，采用 ProCAST 对凝固过程温度场和应力场的耦合运算，容易发现问题出现的原因。同时，通过对温度场的数值模拟，计算出了合适的开箱时间，避免因开箱过早而导致开裂的产生。通过对应力场的数值模拟，找到可能产生裂纹的位置，进而可以有针对性地进行结构的改进，使得高铬铸铁叶轮满足使用要求。

汽车转向节是一种结构复杂的铝合金铸件，铸造过程中非常容易开裂，制备难度较大。采用 ProCAST 软件对铸造凝固过程进行数值模拟，通过实测温度与数值模拟结果对比，验证温度场计算的准确性。进一步采用热力耦合的数值模拟方法，对汽车转向节差压铸造-空冷-淬火过程进行动态数值模拟，可得到铸件的温度/应力/应变的动态变化及分布规律。同时，可以采用蓝光扫描仪对汽车转向节铸件的轮廓进行测定，利用 Geomagic Control 拟合软件对铸件的实际变形进行分析。试验结果证明，数值模拟与实测得到的铸件变形分布规律基本一致。这样就可以通过定量预设反变形量、改善铸造工艺等获得质量合格的铸件。

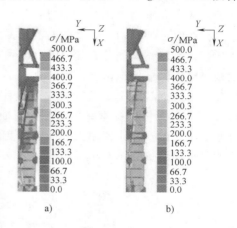

图 4-4 应力场分布
a）原方案 b）改进方案

采用商用软件 ProCAST 对调节片熔模铸造过程的应力进行数值模拟，分析调节片凝固过程中的应力变化情况，结果表明，裂纹缺陷处应力较大，凝固较慢。针对调节片裂纹的成因，提出在裂纹处增加内浇道的改进工艺方案，并对其在改进工艺下的铸造应力进行数值模拟。模拟结果表明，改进方案可明显减小原方案裂纹处的应力，如图 4-4 所示。实际生产表明，改进方案明显消除了原方案的裂纹缺陷，合格率提高了 30%。

4.4.5 定向凝固过程模拟

镍基高温合金是一类重要的高温结构材料，主要应用于航空及火箭用发动机、舰船与地面燃气轮机等的热端部件。不同于砂型铸造、压力铸造等过程，高温合金叶片的制造通常采用定向凝固技术，通过建立垂直方向的温度梯度，限制晶体凝固结晶的生长取向，最终得到具有优异高温力学性能的柱状晶或者单晶叶片。因此，其数值模拟过程有别于其他铸造过程。

高温合金涡轮叶片定向凝固过程宏观物理场模拟包含了温度场、溶质场、流场、应力场等物理场的模拟。在高温合金宏观物理场模拟中，温度场的模拟结果对分析凝固顺序、糊状区界面宽度，判断是否存在缩孔、缩松、孤立过冷区等都起着关键作用。高温合金晶粒组织作为一种重要的微观组织特征，对其最终力学性能有重要影响。使用耦合宏观温度场、溶质场的 CA 法，能够实现高温合金晶粒组织的模拟。

枝晶凝固过程是单晶定向凝固生长的基本过程。采用元胞自动机-有限差分（CA-FD）方法对 DD6 高温合金高速凝固法（High Rapid Solidification，HRS）定向凝固树枝晶三维生长过程进行了模拟研究。通过建立温度场和溶质场耦合控制的枝晶生长模型，综合考虑工艺条件如抽拉速率、温度梯度等，以及合金物性参数如成分过冷、溶质分配系数、晶体择优取向等。模拟结果反映了高温合金树枝晶的竞争生长及形貌特征，描述了凝固过程的溶质分布变化及枝晶间距的动态调整过程。模拟结果与实验结果进行了对比，两者吻合良好，采用模拟方法可以预测定向凝固过程的枝晶形貌及一、二次枝晶间距动态调整过程，不同凝固体积分数时枝晶形貌如图4-5所示。

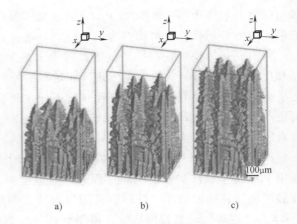

图 4-5　DD6 高温合金不同凝固体积分数时枝晶定向生长过程模拟

a）20%　b）40%　c）60%

　　不同的定向凝固工艺对凝固过程产生的影响存在明显的差别。有文献对高速凝固（HRS）和液态金属冷却（LMC）两种工艺下高温合金叶片宏观温度场、介观晶粒组织与微观枝晶组织做了模拟仿真，对比分析了两种定向凝固工艺下的传热过程和微观组织演化规律。介绍了变抽拉速率工艺在高温合金定向凝固中的应用，以实际叶片作为算例，对比了 LMC 工艺条件下常抽拉速率与优化的变抽拉速率对涡轮叶片温度场、晶粒组织的影响。结果表明，优化的变抽拉速率工艺能够改变上凸或者下凹的糊状区形状，得到平直的糊状区与平行的晶粒组织，如图4-6所示。

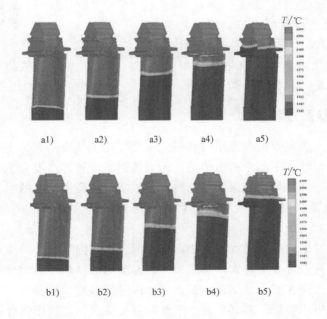

图 4-6　LMC 工艺条件下不同凝固体积分数时的温度场分布

a1）~a5）固定抽拉速率　b1）~b5）变化抽拉速率

a1）、b1）9%　a2）、b2）13%　a3）、b3）24%　a4）、b4）31%　a5）、b5）67%

4.5 | 数值模拟的发展方向

近年来，铸件模拟过程更加深化，已从合金凝固过程微观组织扩展到相演变模拟。在毫米、微米到纳米的不同尺度上，元胞自动机、相场、分子动力学等方法在金属凝固领域都得到了广泛的应用。同时，针对不同尺度模型耦合的问题，集成计算材料工程（ICME）已可以提供铸造过程的多尺度与全流程模拟。

1）结合已有的合金热力学数据库，开展真实的合金凝固过程数值模拟工作。

2）开发宏、微观耦合的数值模拟模型，模拟合金微观组织与缺陷的形成过程。

3）开发高效的并行计算方法，实现数值模拟的快速计算，基于模拟的结果，使用机器学习进行凝固工艺优化，提供优选的凝固工艺参数。

4）将数值模拟与互联网、人工智能、智能装备、数字化工厂、物联网与在线检测等技术相结合，实现铸件成形制造过程中的实时工艺优化，铸件组织、性能与使用寿命的预测，零件质量的实时监控，使产品研发周期大幅缩短，生产费用大幅降低，资源与能源消耗大量降低等。

4.6 | 铸造工艺 CAD

铸造工艺 CAD 是利用计算机协助铸造工艺设计者确定铸造方案、分析铸件质量、优化铸造工艺、估计铸造成本及显示并绘制铸造工艺图等，把计算机的快速、准确与设计人员的思维、综合分析能力结合起来，可以加快设计进程，提高设计质量和效率，加速产品的更新换代，提高产品的竞争能力。

与传统的铸造工艺设计方法相比，借助计算机进行铸造工艺设计有如下特点：

1）计算准确、快速，消除了人为的计算误差。

2）可同时对几个不同的工艺方案进行设计和比较，从中找出最佳的方案。

3）能够储存并系统利用铸造工作者的经验，使得使用者不论其经验丰富与否都能设计出较为合理的铸造工艺。

4）对系列产品，能够做到参数化设计，提高设计效率。

5）计算结果能够形成工艺图和工艺卡等技术文件。

4.6.1 铸造工艺 CAD 的主要内容

1. 铸件工艺数值模拟

根据铸件的结构特点及材质，模拟铸件的充型过程、温度场、流场、应力场、组织生长过程及凝固缺陷形成等，在已有的数值模拟技术的基础上，对铸造相关缺陷进行预测和分析，设计相应的铸造工艺，然后采用实验进行验证并优化铸造工艺。

2. 工艺设计与计算

这部分内容包括大量的工艺选择和计算，具体设计过程及内容请参考第 3 章液态成形工艺设计。

4.6.2 典型件铸造工艺设计实例

镁合金汽车转向柱支架充型过程的数值模拟

1. 汽车转向柱支架数值模拟

根据汽车转向柱支架的特点，采用 SolidWorks 进行数字造型，铸件三维图如图4-7所示。设计底注式和中间注入式两种浇注系统。利用 Flow-3D 对两种浇注系统进行数值模拟，通过分析不同浇注方式的氧化膜和卷气模拟结果，确定较理想的浇注方式，再利用双因素实验方法，确定较优的浇注温度和砂型烘烤温度。

图 4-7　铸件三维图

2. 浇注系统的设计

铸件的浇注位置是指浇注时铸件在铸型中所处的状态和位置。浇注位置是根据铸件的结构特点、尺寸、重量、技术要求、铸造合金特性、铸造方法以及生产车间的条件决定的。确定浇注位置的一般原则：铸件的重要加工面、主要工作面和受力面应尽量放在底部或侧面，以防止这些表面上产生砂眼、气孔和夹渣等铸造缺陷；浇注位置应有利于所确定的凝固顺序；浇注位置应有利于砂芯的定位和稳固支撑，使排气通畅；避免大水平面浇注。根据以上原则确定了两种浇注系统，如图 4-8 所示。

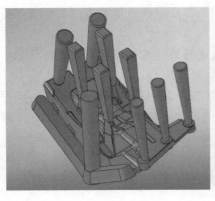

a)

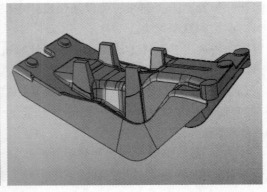

b)

图 4-8　浇注系统

a）底注式　b）中间注入式

3. 模拟前处理

在三维模型及浇注系统设计完成后，将 STL 格式的文件导入 Flow-3D 中，然后利用 Flow-3D 中自带的网格剖分模块对实体模型进行网格剖分。利用 Flow-3D 分别对底注式和中间注入式浇注系统进行网格划分，其中底注式浇注系统划分单元数量为 1084680 个，中间注入式浇注系统划分单元数量为 1042220 个。表 4-1 给出了 AZ91D 合金的物理参数。

表 4-1 AZ91D 合金的物理参数

物理性能	数据	物理性能	数据
密度/(g·cm³)	1.82	液相温度/℃	595
热导率/[W/(m·K)]	72	固相温度/℃	470
比热容/[J/(kg·K)]	1.05		

4. 浇注系统的模拟及选择

铸件材料选用 AZ91D 合金，镁合金液初始温度设定为 700℃，砂型烘烤温度设定为 200℃，其余采用软件的默认设置。假定初始时镁液在熔杯中处于完全静止状态，液面无任何波动。在浇注温度为 700℃、砂型烘烤温度为 200℃条件下，分别对底注式和中间注入式浇注系统进行氧化膜和卷气模拟。

图 4-9 所示为两种浇注系统氧化膜的模拟结果，其中标尺表示氧化膜相对分布率，即 1 区域分布面积越大，说明铸件缺陷率越高，铸件的质量也越差；2 区域分布面积越大，说明铸件缺陷率越低，铸件的质量也越好。由图 4-9a 可知，在底注式浇注系统下，仅有少许 1 区域分布在铸件的上表面和冒口位置，其余大体上均为无缺陷 2 区域。由图 4-9b 可知，在中间注入式浇注系统下，大量 1 区域分布在铸件的表面和冒口位置，无缺陷 2 区域分布较少。对比图 4-9a、图 4-9b 可知，底注式浇注系统的缺陷率较低，处于可控范围之内；而在中间注入式浇注系统下，缺陷率很高，若采用此浇注方式进行实际浇注，很难控制其缺陷数量，难以保证铸件质量。因此，对于通过采用氧化膜数量来判断铸件质量的方式而言，底注式浇注系统明显优于中间注入式浇注系统。在 Flow-3D 中通过卷气设定可确认金属液中卷气量的多寡，以分析浇道或冒口的合理性并加以改善。

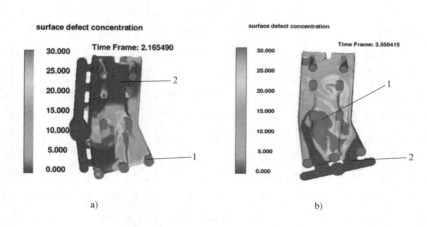

图 4-9 两种浇注系统氧化膜的模拟结果
a) 底注式浇注系统缺陷分布 b) 中间注入式浇注系统缺陷分布

图 4-10 为两种浇注系统的卷气分布图。其中 1 区域表示卷气集中分布区域，2 区域表示无卷气区域。通过图 4-10 中 a、b 图的对比可以得出，底注式浇注系统只有在铸件表面和冒口处出现少量卷气；中间注入式浇注系统卷气则分布比较广泛，在铸件表面和冒口的黄色区域分布较多。中间注入式浇注系统的整个铸件最大卷气量为 5.012%，要比底注式浇注系统的最大卷气量 1.146% 大很多。通过模拟结果得出，底注式浇注系统的卷气含量较小，且集

中在冒口区域，易于处理；而中间注入式浇注系统卷气分布多，且铸件内部分布较多，较难处理。因此，由卷气分布比较，底注式浇注系统也优于中间注入式浇注系统。通过对两种浇注系统进行模拟，分析两种浇注系统的氧化膜和卷气分布对比得出，底注式浇注系统明显优于中间注入式浇注系统。因此本实验采用底注式浇注系统。

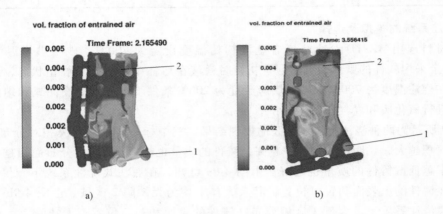

图 4-10 两种浇注系统卷气分布图

a）底注式浇注系统卷气分布 b）中间注入式浇注系统卷气分布

5. 底注式浇注的充型模拟

砂型重力铸造过程中，液态或者半固态金属在重力作用下充型，并迅速凝固，容易产生浇不足、卷气、缩孔、氧化膜等缺陷。铸造过程流场、温度场计算的主要目的之一就是对铸件中可能产生的卷气、缩孔进行预测，优化工艺设计，控制铸件内部质量。对充型过程中的氧化膜和卷气模拟可以检验冒口设置是否合理，进而对其进行优化。图 4-11 中，1 区域表示氧化膜含量较高区域，2 区域为不含氧化膜的区域。图 4-11a 为充型 10% 时的氧化膜模拟，可以看出 1 区域主要集中在离浇口较远的横浇道、内浇道处，这是由于金属液进入型腔之后，温度急剧降低，离浇口较远的位置金属液大幅度收缩，导致氧化膜出现。横浇道附近区域中的氧化膜也是上述原因造成的。图 4-11b 为充型 30% 时的氧化膜模拟，可以看出 1 区域依旧集中在离浇口较远的一侧。此处虽设置了冒口，但是金属液尚未进入冒口，导致大面积氧化膜出现。图 4-11c、图 4-11d 分别为充型 60% 和 80% 时的氧化膜模拟，可以看出这两个时段 1 区域面积主要集中在金属液较慢到达的区域，这是金属液尚未进入该区域临近冒口所致。与充型 30% 时的充型模拟相比，这两个时段离浇口较远的边缘区域氧化膜明显降低，这是金属液进入事先设置好的冒口，有效地降低了该区域氧化膜的含量，这表明该位置的冒口设置正确。图 4-11e 为充型完成时的缺陷模拟，可以看出，1 区域主要集中在冒口、铸件表面区域，并且面积较小，处于可控范围之内，这是由于金属液进入冒口使得氧化膜降低。这表明事先设置好的冒口很好地起到了聚敛氧化膜的作用，且金属液充满型腔，冒口起到很好的补缩作用。

6. 充型过程卷气模拟

图 4-12 中，1 区域表示卷气含量较高的区域，2 区域为卷气含量较低的区域。图 4-12a 为充型 10% 时的卷气模拟，可以看出 1 区域主要分布在离浇口较远的横浇道、内浇道处，这

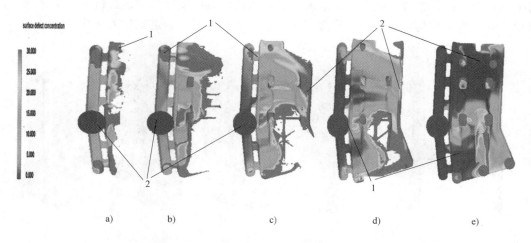

图 4-11　底注式浇注系统在不同时间下氧化膜模拟

a）充型 10%　b）充型 30%　c）充型 60%　d）充型 80%　e）充型 100%

是因为金属液从浇口进入型腔后，温度急剧冷却，当金属液到达离浇口较远的横浇道和内浇道时，部分液体已经凝固，导致该部位卷气含量增加。再加上型腔中空气被金属液挤压，随着横浇道、直浇道排出，故金属液越迟填充的位置，卷气的含量越高。图 4-12b 为充型 30% 时的卷气模拟，卷气含量较高的区域主要集中在离冒口较远的边缘部位，这是由于边缘部位是型腔内金属液最后充满的部位。图 4-12c、图 4-12d 为充型 60% 与 80% 时的卷气模拟，由图可知，卷气较为集中的区域依旧为边缘部位，但是卷气含量较充型 30% 时的卷气模拟已明显降低，这表明已经设置的冒口起到了聚敛卷气的作用。图 4-12e 为充型完成时的卷气模拟，整个铸件大多数区域为 2 区域，说明这些铸件内部卷气含量较低，且主要集中在冒口区域，这表明冒口很好地聚敛了卷气，设置较为适当。

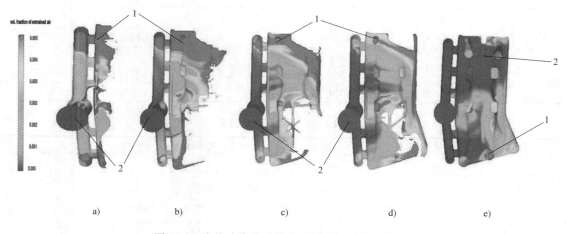

图 4-12　底注式浇注系统在不同时间下卷气模拟

a）充型 10%　b）充型 30%　c）充型 60%　d）充型 80%　e）充型 100%

7. 充型过程温度场模拟

图 4-13 所示为底注式浇注系统在不同时间下的温度场模拟，可以看出，离浇口越远的

薄壁位置温度降低越快，处在浇道或离浇口越近的位置温度降低越慢。铸件充型完成后，整体温度分布较为均匀，但是局部地方存在一定温差，但不足以造成较大缩孔。

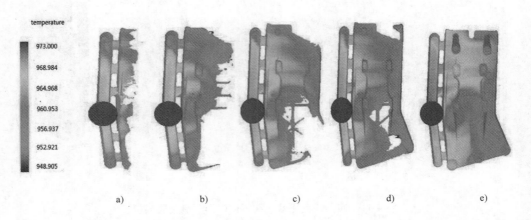

图 4-13　底注式浇注系统在不同时间下温度场模拟

a) 充型 10%　b) 充型 30%　c) 充型 60%　d) 充型 80%　e) 充型 100%

8. 实验参数的确定

在铸造过程中，浇注温度、砂型温度对铸件质量的影响非常大。温度过高，会产生裂纹、粘砂、缩孔、缩松和尺寸精度差，金属液氧化严重；温度过低，会产生浇不足、冷隔等缺陷。通过双因素实验能确定最优的生产工艺。据此选择两个有关的因素进行实验：浇注温度 (A)、砂型温度 (B)，利用 Flow-3D 分别对氧化膜和卷气进行模拟，确定其对铸件的影响。实验范围：$A = 680 \sim 720\,℃$、$B = 180 \sim 220\,℃$。表 4-2 给出了实验因素-水平表。表 4-3 为双因素实验结果。

表 4-2　实验因素-水平表

水平	因素	
	浇注温度 (A)/℃	砂型温度 (B)/℃
1	680	180
2	700	200
3	720	220

表 4-3　双因素实验结果

因素水平号	浇注温度	砂型温度	进入气体百分数 Air(%)	氧化膜 Sur
1	1	1	0.030	228.857
2	2	1	0.050	230.322
3	3	1	0.027	228.772
4	1	2	0.029	227.914
5	2	2	0.011	223.323
6	3	2	0.025	229.889
7	1	3	0.027	230.340
8	2	3	0.034	231.221
9	3	3	0.027	225.387

图 4-14 为双因素实验条件下的卷气模拟结果，其中浅色区域表示卷气含量较高，深色区域表示卷气含量较低，标尺代表在同样条件下最大的进气量。可以看出，图 4-14c、e、f 所示工艺参数下卷气含量较低，图 4-14a、b、h 所示工艺参数下卷气含量较高。这表明合金温度与砂型温度对铸件中卷气含量有影响。其中，图 4-14b 所示最大进气量最大，为 0.050；图 4-14e 所示最大进气量是最小的，为 0.011。这表明图 4-14e 所示，即浇注温度 700℃、砂型温度 200℃ 条件为卷气模拟条件下的较优工艺条件。

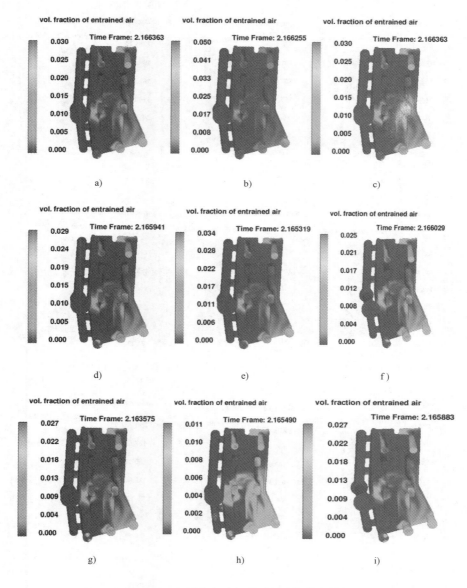

图 4-14 双因素实验条件下的卷气模拟结果

a）浇注温度 680℃、砂型温度 180℃　b）浇注温度 700℃、砂型温度 180℃　c）浇注温度 720℃、砂型温度 180℃
d）浇注温度 680℃、砂型温度 200℃　e）浇注温度 700℃、砂型温度 200℃　f）浇注温度 720℃、砂型温度 200℃
g）浇注温度 680℃、砂型温度 220℃　h）浇注温度 700℃、砂型温度 220℃　i）浇注温度 720℃、砂型温度 220℃

图 4-15 为双因素实验条件下的氧化膜模拟结果，其中浅色区域表示缺陷含量较高，深色区域表示缺陷含量较低，标尺代表在同样条件下最大的氧化膜含量。可以看出，图 4-15c、e、i 所示工艺参数下氧化膜含量较低，同时图 4-15b、g、h 所示工艺参数下氧化膜含量较高。这表明合金温度与砂型烘烤温度对铸件中氧化膜含量有影响。其中，图 4-15h 所示最大缺陷率最大，为 231.221；图 4-15e 所示最大表面氧化膜含量最小，为 223.323。这表明图 4-15e 所示，即浇注温度 700℃、砂型烘烤温度 200℃条件为氧化膜模拟条件下的较优工艺条件。

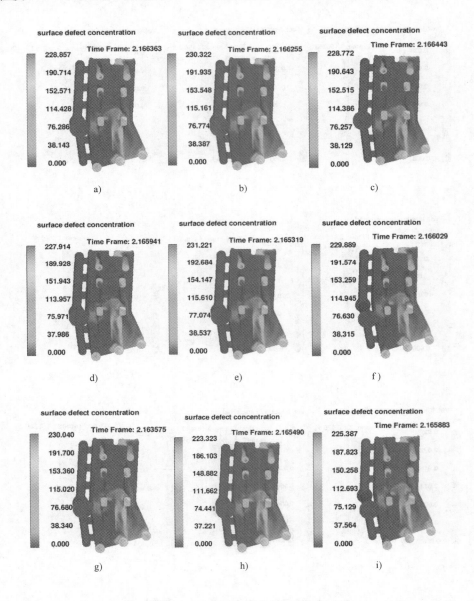

图 4-15　双因素实验条件下的氧化膜模拟结果

a）浇注温度 680℃、砂型温度 180℃　b）浇注温度 700℃、砂型温度 180℃　c）浇注温度 720℃、砂型温度 180℃
d）浇注温度 680℃、砂型温度 200℃　e）浇注温度 700℃、砂型温度 200℃　f）浇注温度 720℃、砂型温度 200℃
g）浇注温度 680℃、砂型温度 220℃　h）浇注温度 700℃、砂型温度 220℃　i）浇注温度 720℃、砂型温度 220℃

综合上述卷气和氧化膜模拟结果，可以得出浇注的较优工艺条件为浇注温度700℃、砂型温度200℃。

9. 浇注结果及分析

采用模拟结果工艺（即底注式浇注系统，浇注温度700℃、砂型温度200℃）进行浇注，得到如图4-16所示的铸件。可知铸件成形完整，轮廓清晰，无欠铸等缺陷，表面较为光滑，无明显砂孔、夹砂、气孔等缺陷。

图4-17为X射线检测结果，可以看出铸件内部无云雾状或蝗条状条纹，表明铸件内部无明显缩松，铸件内部良好，基本实现浇注目的。

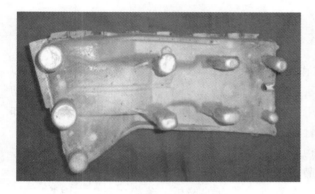

图 4-16 铸件实物

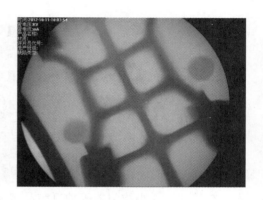

图 4-17 X射线检测结果

10. 铸造工艺固化

结合模拟及实验结果，最终确定的镁合金汽车转向柱支架铸造工艺为：铸件的重要加工面、主要工作面和受力面放在底部，以防止这些表面上产生砂眼、气孔和夹渣等铸造缺陷；浇注采用底注式，有利于顺序凝固、砂芯的定位和稳固支撑，使排气通畅；热节处设立楔形冒口，浇注温度为700℃、砂型烘烤温度为200℃，可获得质量合格的铸件。

思 考 题

1. 如何校正铸件温度场模拟结果？
2. 如何准确确定铸造过程模拟的边界条件？
3. 如何采用有效的模拟方法，模拟缩孔、裂纹的产生位置？

Chapter 5

第5章

金属的锻造成形

5.1 概　述

锻造是指在加压设备及工（模）具的作用下，使坯料产生全部或局部的塑性变形，以获得所需形状和尺寸的制件的成形加工方法。在锻造加工中，坯料整体或部分发生明显的塑性变形，有较大量的塑性流动。锻造主要用于加工金属制件，也可用于加工某些非金属，如工程塑料、橡胶、陶瓷坯、砖坯以及复合材料的成形等。

金属经过锻造加工后能改善其组织结构和力学性能。锻件组织经过锻造方法热加工变形后由于金属的变形和再结晶，原来的粗大枝晶和柱状晶粒变为晶粒较细、大小均匀的等轴再结晶组织，使钢锭内原有的偏析、疏松、气孔、夹渣等压实和焊合，其组织变得更加致密，提高了金属的塑性和力学性能。

锻造简介

锻造作为金属加工的主要方法和手段之一，在国民经济中占有举足轻重的地位，是装备制造业，特别是机械、汽车行业，以及军工、航空航天工业中不可或缺的主要加工工艺。

5.1.1　锻造方法的分类及特点

1. 根据使用工具和生产工艺的不同分类

根据使用工具和生产工艺的不同，锻造方法分为自由锻、模锻和特种锻造。

（1）自由锻　一般是指借助简单工具，如锤、砧、型砧、摔冲子、垫铁等对铸锭或棒材进行镦粗、拔长、弯曲、冲孔、扩孔等方式生产零件毛坯的方法。其加工余量大，生产率低；锻件力学性能和表面质量受操作工人的影响大，不易保证。自由锻适合于单件或极小批量或大锻件的生产，也适合于模锻的制坯工步。

自由锻设备依锻件质量大小而选用空气锤、蒸汽-空气锤或锻造水压机。自由锻还可以借助简单的模具进行锻造，也称胎模锻，其效率和成形效果优于自由锻。

（2）模锻　将坯料放入上、下模块的型槽（按零件形状尺寸加工）间，借助锻锤锤头、压力机滑块或液压机活动横梁向下的冲击或压力成形为锻件的方法。模锻件加工余量小，生产率高，内部组织均匀，力学性能高且稳定性好，形状和尺寸主要是靠模具保证，尺寸精度高。但是，模锻需要借助模具，加大了生产投资，不适合单件和小批量生产。

模锻常用的设备主要是模锻锤、机械压力机、螺旋锤、模锻液压机等。模锻还经常需要配置自由锻、辊锻或楔横轧设备制坯，尤其是曲柄压力机和液压机上的模锻。

（3）特种锻造　有些零件采用专用设备可以大幅度提高生产率，锻件的各种要求（如尺寸、形状、性能等）也可以得到很好的保证。如螺钉，采用镦头机和搓丝机，生产率可成倍提高；利用摆动碾压生产盘形件或杯形件，可以节省设备吨位，即"用小设备干大活"；利用旋转锻造生产棒材，其表面质量高，生产率也比其他设备高，操作方便。特种锻造有一定的局限性，特种锻造机械只能生产某一类型的产品，因此适合于生产批量大的零件。

2. 根据变形温度分类

根据变形温度不同，锻造可分为热锻、冷锻、温锻和等温锻造（表5-1）。

表5-1　锻造根据变形温度分类

名称	特点
热锻	终锻温度高于再结晶温度的锻造过程，工件温度高于模具温度
冷锻	在室温下进行的或低于工件再结晶温度的锻造
温锻	介于热锻及冷锻之间的加热锻造
等温锻造	模具带加热和保温装置，成形时模具与坯料等温

热锻是在金属再结晶温度以上进行的锻造。提高温度能改善金属的塑性，有利于提高工件的内在质量，使之不易开裂。提高温度还能减小金属的变形抗力，降低所需锻压机械的吨位。但热锻工序多，工件精度差，表面不光洁，锻件容易产生氧化、脱碳和烧损。冷锻是在低于金属再结晶温度下进行的锻造，通常所说的冷锻多专指在常温下的锻造，而将在高于常温且不超过再结晶温度下的锻造称为温锻。温锻的精度较高，表面较光洁而变形抗力不大。在常温下冷锻成形的工件，其形状和尺寸精度高，表面光洁，加工工序少，便于自动化生产。许多冷锻件可以直接用作零件或制品，而不再需要切削加工。但冷锻时，因金属的塑性低，变形时易产生开裂，变形抗力大，需要大吨位的锻压机械。等温锻造是在整个成形过程中坯料温度保持恒定值。等温锻造是为了充分利用某些金属在某一温度下所具有的高塑性，或是为了获得特定的组织和性能。等温锻造需要将模具和坯料一起保持恒温，所需费用较高，仅用于特殊的锻造工艺，如超塑性成形。钢的再结晶温度约为460℃，但普遍采用800℃作为划分线，高于800℃的是热锻；在300~800℃之间称为温锻或半热锻。

辊锻　　　径向锻造

3. 根据锻模的运动方式分类

根据锻模的运动方式，锻造又可分为模锻、辊锻、横轧、斜轧、摆辗、径向锻造和辗环等方式（表5-2）。

表5-2　锻造根据锻模运动方式分类

名称	模锻	辊锻	横轧
特点	模具相对于坯料做直线往复运动	毛坯做直线运动，两辊锻模做旋转运动，转向相反，其旋转轴线与毛坯运动方向垂直	轧辊轴线相互平行，旋转方向相同，轧件旋转轴线与轧辊旋转轴线平行，但旋转方向相反

（续）

名称	斜轧	摆辗	径向锻造
	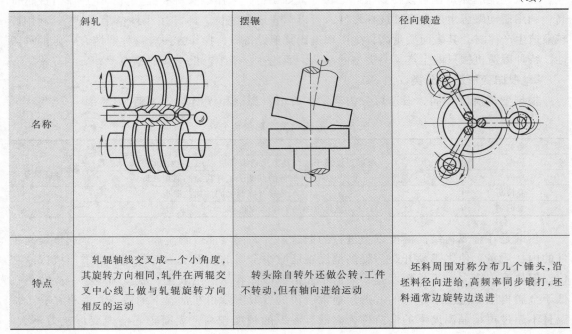		
特点	轧辊轴线交叉成一个小角度，其旋转方向相同，轧件在两辊交叉中心线上做与轧辊旋转方向相反的运动	转头除自转外还做公转，工件不转动，但有轴向进给运动	坯料周围对称分布几个锤头，沿坯料径向进给，高频率同步锻打，坯料通常边旋转边送进

5.1.2 锻造的发展趋势

各行各业对锻件的要求越来越高，加之锻造工艺一直处于与焊件、粉末冶金件及冲压件的激烈竞争之中，因此锻造工艺沿着锻件优质化、生产柔性化、工艺省力化、不断改善劳动环境及广泛应用计算机等方面发展。

1. 锻件优质化

它体现在两个方面，一是毛坯的尺寸精化，二是生产高性能材料的锻件。为了实现锻件精化，需相应地发展精密锻造、精密辊锻制坯、少无氧化加热等技术，并提高锻压机的刚度及改善模具的结构等。采用温锻成形，然后在尺寸精度要求高的地方采用冷整形工艺。与此同时，为了提高锻件的性能和满足特殊要求，对一些新材料，特别是塑性差的特种材料实现锻造是今后的发展方向之一。

2. 生产柔性化

其目的是适应品种多变的需要，这就要求换样时间短，设备能提供尽可能多的运动方式（多滑块多向滑动）；操作系统尽可能采用 CNC 化及 PNC（示教再现式）控制。与此同时，应尽量采用"柔性"高的生产工艺，尽量采用少模、小模、无模成形工艺，像带自动换工具系统的自动自由锻造机、多向锻造机、环形件辗压工艺及热等静压成形工艺等都是一些重要的发展方向。

3. 工艺省力化

变形力大是锻造成形的一大缺点，这不仅相应地增加了设备重量，也增大了初始投资。近年来，回转成形工艺（辊锻、摆辗、楔横轧、径向锻造等）得到了很快发展，这是由于回转成形是以连续局部成形化代替整体同时成形，因而变形力大幅度下降。

4. 改善劳动环境

锻造噪声大、振动大已成为公害，如何减振降噪已成为日益突出的问题。与此同时，为了减轻劳动强度，应逐步实现机械化，且应尽量减少烟尘。

5. 锻造工艺模拟及优化技术

随着试验技术及计算机技术的发展，一门崭新的交叉技术——材料热加工工艺模拟及优化设计应运而生。金属材料锻造成形宏观尺寸（形状、位置、尺寸及孔洞、裂纹、皱纹等宏观缺陷）模拟优化及模拟预测材料微观组织结构（偏析、混晶、氢致裂纹等微观缺陷的演化），成为大批研究工作者研究的热点及技术前沿。

6. 在工艺过程优化和模具设计制造方面广泛应用计算机技术

计算机不仅已用于设备控制和成形过程的仿真，而且在计算机辅助设计、制造与分析中已经在逐步实施，专家系统也在完善，如锻模计算机辅助设计与制造（CAD/CAM）技术、锻造过程的计算机有限元数值模拟技术（CAE），无疑会缩短锻件生产周期，提高锻件设计和制造水平。

5.2 锻造热规范

5.2.1 坯料加热

实际锻造生产中所用的坯料，主要是各种不同规格的钢材、钢坯和钢锭。在锻前通常均需把坯料加热到规定温度，然后才能顺利地进行自由锻或模锻。

坯料锻前加热的目的是提高金属的塑性，降低其变形抗力，使之易于塑性成形并获得良好的锻后组织。这对提高锻造生产率、保证锻件质量以及节约能源消耗等都有直接影响。因此，坯料锻前加热是锻造生产过程不可缺少的重要环节。

坯料在锻前需要进行加热，这是因为对于大多数的金属与合金，随着加热温度的升高，将伴随有回复、再结晶软化和二次再结晶过程发生，从而导致临界剪应力降低和滑移系增加，多相组织转变为单相组织，以及热塑性（或扩散塑性）的作用使坯料获得良好的塑性和很低的变形抗力。此外，金属与合金在温度高于 $0.5T_M$（T_M 为熔点的热力学温度）的条件下进行锻造成形时，由于产生动态回复和动态再结晶过程，塑性变形所引起的加工硬化得到消除，从而使锻件具有良好的组织与性能。

坯料锻前加热，按其所用热源不同，可分为火焰加热与电加热两大类。

1. 火焰加热

火焰加热是将坯料放入锻造加热炉内，通过燃烧煤、煤气或柴油等，以辐射、对流、传导等传热方式使坯料加热。其优点是燃料来源广泛，炉子建造容易，加热费用低，对坯料的适应范围广等；缺点是劳动条件差，加热速度慢，金属氧化烧损严重，加热质量难以控制等。目前，该加热方法仍是锻造加热的主要方法，广泛用于自由锻、模锻时对各种大、中、小型坯料的加热。

2. 电加热

电加热是将电能转换为热能来加热坯料的方法。锻造生产常用的电加热方法有电阻炉加热、接触电加热、盐浴炉加热及感应电加热等。

（1）电阻炉加热　电阻炉加热是利用电流通过炉内的电热体产生的热量，加热炉内的金属坯料，其原理如图 5-1a 所示。这种方法的加热深度受到电热体的使用温度的限制，热效率也比其他电加热法低，但对坯料加热的适应范围较大，便于实现加热的机械化、自动化，也可用保护气体进行少无氧化加热。

（2）接触电加热　如图 5-1b 所示，它是以低电压大电流通过坯料，由于电流流通时要克服电阻发热，故可利用这种热量直接加热金属。此电加热方法适于细长坯料的整体加热或局部加热。其优点是加热速度快，氧化少，电能消耗低，设备简单，操作方便等；缺点是坯料要求严格，下料必须规整，温度控制与测量比较困难。

（3）盐浴炉加热　如图 5-1c 所示，在电极间通以低压交流电，利用盐液导电产生大量的电阻热，将盐液加热至工作温度。通过高温盐液的对流和热传导，将埋在盐液中的金属加热。这种方法加热速度快，加热温度均匀，可以实现金属坯料的整体或局部的无氧化加热。但其热效率较低，辅助材料消耗大，劳动条件差。

（4）感应电加热　如图 5-1d 所示，在感应器通入交变电流产生的交变磁场作用下，置于交变磁场中的金属坯料内部便产生交变电动势并形成交变涡流。由于金属毛坯电阻引起的涡流发热和磁滞损失发热，使坯料得到加热。

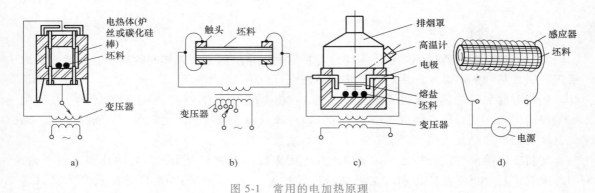

图 5-1　常用的电加热原理

a）电阻炉加热　b）接触电加热　c）盐浴炉加热　d）感应电加热

由于趋肤效应，表层金属主要是因电流通过而被加热，心部金属则靠外层热量向内传导加热。对于大直径的坯料，为了提高加热速度和保证坯料的加热质量，应选用低电流频率，以增大电流透入深度。而对小直径坯料，由于截面尺寸较小，可采用较高电流频率，这样能够提高电效率。

按所用电流频率不同，感应电加热可以分为高频加热（$f = 10^5 \sim 10^6 \mathrm{Hz}$）、中频加热（$f = 500 \sim 10000 \mathrm{Hz}$）和工频加热（$f = 50 \mathrm{Hz}$）。在锻压生产中，以中频感应电加热应用最多。

感应电加热因其加热速度快、加热质量好、金属烧损少、操作简单、易于实现机械化、自动化，劳动条件好，对环境没有污染的优点，近年来应用越来越广泛，特别是大量适用于精密成形的加热。感应电加热的缺点是：设备费用高，每种规格感应器加热的坯料尺寸范围窄，电能消耗大。

表 5-3 为各种电加热方法的应用范围。加热方法的选择要根据具体的锻造要求、能源情况、投资效益及环境保护等多种因素确定。大型锻件常采用火焰加热；而对于中、小型锻件

可以选择火焰加热和电加热。但对于精密锻造应选择感应电加热或其他无氧化加热方法，如控制炉内气氛法、介质保护加热法、少无氧化火焰加热等。

表5-3 各种电加热方法的应用范围

电加热类型	适用范围			单位电能消耗/ $kW \cdot h \cdot kg^{-1}$
	坯料规格	加热批量	适用工艺	
工频电加热	坯料直径大于150mm	大批量	模锻、挤压、轧锻	0.35~0.55
中频电加热	坯料直径为20~150mm	大批量	模锻、挤压、轧锻	0.40~0.55
高频电加热	坯料直径小于20mm	大批量	模锻、挤压、轧锻	0.60~0.70
接触电加热	直径小于80mm细长坯料	中批量	模锻、电镦、卷簧、轧锻	0.30~0.45
电阻炉加热	各种中、小型坯料	单件、小批量	自由锻、模锻	0.50~1.0

5.2.2 金属加热过程中的变化

随着温度的升高，金属坯料内部的原子在晶格中相对位置强烈变化，原子的振动速度和电子运动的自由行程发生改变，周围介质对金属产生影响，这将使金属的组织结构、力学性能、物理化学性能发生变化。

组织结构方面，大多数金属会发生组织转变，其晶粒发生长大，严重时会出现过热、过烧。

力学性能方面，总的趋势是金属塑性提高，变形抗力降低，残余应力逐步消失，但也可能由于坯料内部温度不均产生新的内应力，当内应力过大时会导致金属开裂。

物理性能方面，随着温度的升高，金属的热扩散率、膨胀系数、密度等均会发生变化。500℃以上，金属会发生不同颜色的光，即火色变化。

化学性能方面，金属表层与炉气和周围介质发生氧化、脱碳、吸氢等化学反应，金属表面将产生氧化皮和脱碳层等，造成金属烧损，使金属表面硬度、光洁程度降低。

金属在加热过程中发生的变化，直接影响金属的锻造性能和锻件质量，了解这些变化是制订加热规范的基础。下面重点讨论金属加热时的氧化、脱碳、过热、过烧、导温性及内应力等问题。

1. 氧化

金属原子失去电子与氧结合形成氧化物的化学反应，称为氧化。钢料加热到高温时，表层中的铁与炉内的氧化性气体（如 O_2、CO_2、H_2O 和 SO_2）发生化学反应，在钢料表层形成氧化铁，即氧化皮。这种氧化皮是不希望存在的，从钢锭到成品往往需要多次加热锻造，每加热一次有0.5%~3%的金属由于氧化而烧损，整个热加工过程的烧损率高达4%~5%。氧化后产生的氧化皮在炉底烧结成块，会侵蚀耐火材料，缩短炉体寿命。清理氧化皮的劳动强度大，还要增加锻后清理工序。氧化皮压入锻件将严重影响锻件表面质量和尺寸精度。氧化皮硬而脆，还会引起模具和机加工工具的严重磨损。氧化皮的形成过程是一个扩散过程，如图5-2所示。影响金属氧化的主要因素包括：

（1）炉气成分 燃料炉的炉气成分取决于燃料成分、空气消耗系数、完全燃烧与否。根据炉气成分对金属氧化程度的影响，可分为氧化性炉气、中性炉气和还原性炉气。炉气中一

般含有 O_2、CO_2、H_2O、SO_2 等氧化性气体，氧化性最强的是 SO_2，依次是 O_2、H_2O、CO_2。在强氧化性炉气中，炉气可能完全由氧化性气体（O_2、CO_2、H_2O、SO_2）组成，并且含有较多的游离 O，使金属产生较厚的氧化皮。在还原性炉气中，含有足够量的还原性气体（CO、H_2），它可以使金属少氧化或无氧化。普通电阻炉在空气介质中加热，属于氧化性炉气。

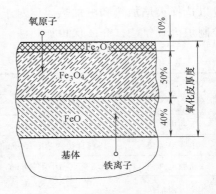

图 5-2　氧化皮形成过程示意图

（2）加热温度　如图 5-3 所示，温度是影响金属氧化速度的最主要因素。温度越高，金属和气体的原子扩散速度越快，则氧化越剧烈，生成的氧化皮越厚。

（3）加热时间　如图 5-4 所示，当钢加热到高温阶段，加热时间的影响更加显著。采用高温短时加热的方法，可以减少氧化皮的生成。

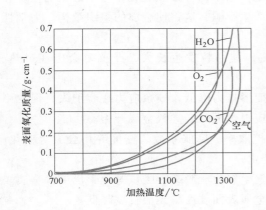

图 5-3　加热温度对氧化的影响

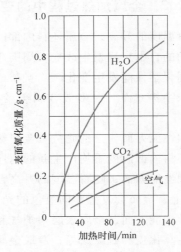

图 5-4　加热时间对氧化的影响

（4）钢的成分　在相同条件下，随着钢中含碳量的增加，钢的烧损率有所下降，这是因为在高碳钢中生成了较多 CO 而降低了氧化铁的生成量。合金元素 Cr、Ni、Al、Si、Mo、V 等，能够提高钢的抗氧化性能，这些元素本身也能被氧化，而且比铁的氧化倾向还大，它们在钢的表面生成一层薄而致密且不易脱落的氧化膜，这层合金成分氧化物构成的膜成了钢的保护膜，使钢的氧化速度大为降低，外部的氧化性介质不易透入，从而可阻止金属继续氧化。铬镍耐热钢能够抗高温下的氧化，就是因为其能生成致密、机械强度良好、不易脱落的氧化膜。

减少氧化可以采取快速加热、控制炉内气氛、采用保护涂料、使用保护气氛、使钢料与氧化性气氛隔绝、少无氧化火焰加热等措施。

2．脱碳

钢在加热过程中，表面除了被氧化烧损外，还会造成表层内含碳量的减少，即钢料表层的碳和炉气中的某些气体发生化学反应，使钢料表面的含碳量降低，这种现象称为脱碳。

脱碳使锻件表层变软，强度、耐磨性和疲劳性能降低。例如，高碳工具钢就是依靠碳获得高的热硬性，如果表面脱碳后，钢的硬度将大为降低，造成废品。除此以外，滚珠轴承钢、弹簧钢等都不希望发生脱碳现象，脱碳后最明显的是硬度下降，弹簧钢的疲劳强度将降低，要淬火的钢还容易出现裂纹。大部分锻件需经机械加工以后使用。当脱碳层深度小于机械加工余量时，锻件经过机械加工就可以完全去掉脱碳层，对锻件的使用没有危害。反之，当脱碳层深度大于机械加工余量时，锻件经过机械加工后不能完全去掉脱碳层，会造成其表面硬度下降，强度、耐磨性、疲劳性能降低，要清理钢的脱碳层，势必增加额外的工作量。

脱碳过程也是一个扩散过程，一方面炉气中的氧向钢内扩散，另一方面钢中的碳向外扩散，使钢的表面形成了含碳量低的脱碳层。其主要化学反应为

$$Fe_3C + H_2O \Longleftrightarrow 3Fe + CO + H_2 \tag{5-1}$$

$$Fe_3C + CO_2 \Longleftrightarrow 3Fe + 2CO \tag{5-2}$$

$$2Fe_3C + O_2 \Longleftrightarrow 6Fe + 2CO \tag{5-3}$$

$$Fe_3C + 2H_2 \Longleftrightarrow 3Fe + CH_4 \tag{5-4}$$

由此可见，氧化介质（H_2O、CO_2、O_2 等）都是脱碳介质。在氧化性炉气中加热时，钢的氧化和脱碳是相伴发生的，从整个过程来看，在脱碳速度超过氧化速度时才能形成脱碳层，即在氧化作用相对较弱的情况下，可形成较深的脱碳层。但当钢的表面生成致密的氧化皮时，使扩散趋于缓慢，可以阻碍脱碳的发展。影响脱碳的主要因素包括：

（1）炉气成分　炉气成分中的 H_2O、CO_2、O_2 都能引起脱碳。其中 H_2O 的脱碳能力最强，其余依次是 CO_2、O_2 在一定条件下也能促使钢脱碳。

（2）加热温度　随着加热温度的升高，碳的扩散速度增加，脱碳层厚度也增大。钢在氧化性炉气中加热时，氧化、脱碳同时发生。一般温度低于 1000℃ 时，钢料表面的氧化皮阻碍碳的扩散，因此脱碳过程比氧化慢。随着温度的升高，氧化速度加快，同时脱碳速度也加快，但此时氧化皮剥落丧失保护能力，因此达到某一温度后，脱碳就比氧化更激烈。

（3）加热时间　在低温条件下，即使钢在炉内时间较长，脱碳并不显著，但高温下停留的时间越长，则脱碳层越厚。例如，高速钢在 1000℃ 经 0.5h 脱碳层深度达 0.4mm，经 4h 达 1.0mm，经 12h 达 1.2mm。一些易脱碳钢不允许长时间在高温下保温待锻，如遇故障，长时间不能出炉锻造时，应降低炉温或把炉内钢料退出炉外。

（4）钢的成分　钢中含碳量越高，脱碳倾向越大。Cr、Mn 等元素减少钢的脱碳，Al、Co、W、Mo、Si 等元素促进钢的脱碳。因此，加热高碳钢和含 Al、Co、W 等元素的合金钢时，应特别注意防止脱碳。

前述减少钢的氧化的措施基本适用于减少脱碳。例如，进行快速加热，缩短钢在高温区域停留的时间；正确选择加热温度，适当调节和控制炉内气氛，对易脱碳钢使炉内保持氧化气氛，使氧化速度大于脱碳速度等。

3. 过热

金属在加热时，由于加热温度过高、加热时间过长而引起晶粒过分长大的现象称为过热。晶粒开始急剧长大的温度称为过热温度。金属的过热温度与化学成分有关，不同钢种的过热温度不同，通常钢中的 C、Mn、S、P 等元素会增加钢的过热倾向，而 Ti、W、V、Nb 等元素能减小钢的过热倾向。

过热将引起材料的塑性、冲击韧性、疲劳性能、断裂韧性及抗应力腐蚀能力下降。各种材料过热的表现有所不同，碳钢、轴承钢和一些铜合金，过热后往往呈现出魏氏组织。马氏

体钢过热后，显微组织呈粗针状，并出现过多的 δ 铁素体。高合金工模具钢过热后，往往出现一次碳化物角状化，呈现萘状断口。钛合金过热后，会出现明显的 β 晶界和平直细长的魏氏组织。

按照用正常热处理工艺消除过热组织的难易程度，将过热分为不稳定过热和稳定过热两种情况：单纯由于奥氏体晶粒粗大形成的过热，用一般热处理方法（正火、高温回火、均匀化退火和快速升温、快速冷却）可以改善和消除，这种过热称为不稳定过热；除原高温奥氏体晶粒粗大外，沿奥氏体晶界大量析出第二相质点或薄膜，而用热处理方法很难消除的过热称为稳定过热。

有同素异构转变的钢才有不稳定过热和稳定过热之分。没有同素异构转变的金属材料，只要过热就是稳定的，用热处理的方法不能消除。对于有同素异构转变的钢，明确提出稳定和不稳定的概念，对指导锻造和热处理工艺具有重要的实际意义，如果将稳定过热的锻件按不稳定过热的情况进行处理，那么稳定过热引起的缺陷组织就会遗传在零件中，降低材料的性能，甚至在使用中造成严重事故。

存在稳定过热组织的锻件受力时，沿晶界析出的第二相质点常常是促成微观裂纹的起因，引起晶界弱化，促使沿原高温奥氏体晶界断裂。

稳定过热难以用热处理方法改善或消除，对于某些合金结构钢，只有轻度稳定过热（即析出相密度较小，其断口呈现细小、分散的石状）经二次正火或多次正火可以改善或消除，对于一般的稳定过热（在断口上分布的石状较多，石状尺寸较大）需经多次高温均匀化退火和正火才能得到改善，而对于较严重的稳定过热（石状较大，遍及整个洞口），多次长时间高温均匀化退火加正火也极难改善。

塑性变形可以击碎过热形成的粗大奥氏体晶粒，并破坏沿晶界析出相的网状分布，使稳定过热得以改善和消除。为避免锻件稳定过热，应该严格控制加热温度，缩短高温保温时间；装炉时不要将金属坯料放在炉内局部高温处；应保证锻件有足够的变形量，锻造比越大，效果越显著；适当控制冷却速度，以控制析出相的数量和密度。若冷却速度快，第二相来不及沿晶界析出；而冷却速度过慢，析出相将聚集长大。这两种情况都不容易形成稳定过热，所以应避免采用中等冷却速度。

4. 过烧

当金属加热到接近其熔化温度，在此温度下停留时间过长时，组织中除晶粒粗大外，晶界发生氧化、熔化，出现氧化物和熔化物，有时出现裂纹，金属表面粗糙，有时呈橘皮状，并出现网状裂纹，这种现象称为过烧。

开始发生过烧现象的温度为过烧温度。金属的过烧温度主要受化学成分的影响，如钢中的 Ni、Mo 等元素使钢易产生过烧，Al、W 等元素则能减轻过烧。

过烧不仅取决于加热温度，也和炉内气氛有关。炉气的氧化能力越强，越容易发生过烧现象，因为氧化性气体扩散到金属中去，更易使晶界氧化或局部熔化。在还原性气氛下，也可能发生过烧，但开始过烧的温度比氧化性气氛时要高 $60 \sim 70 ℃$。钢中碳含量越高，产生过烧危险的温度越低。

金属过烧后，晶间连续遭到破坏，晶界间强度很低，塑性大大下降，脆性大，在外力作用下会沿晶界断裂，常常一锻即裂。过烧的金属不能修复，只能报废回炉重新冶炼。局部过烧的金属坯料，须将过烧的部分切除后，再进行锻造。减少和防止过烧的办法就是要严格执行加热规范，防止炉子跑温，不要把坯料放在炉内局部温度过高的区域。

鉴别过热、过烧的方法，目前最广泛应用的是低倍（50倍以下）检查、金相分析和断口分析三种方法，这三种方法相互配合使用。

5. 导温性的变化

热导率（λ）是指在稳定条件下，1m厚的物体，两侧面温差为1℃，1h内通过1m^{2}面积传递的热量。金属的热导率表示金属的导热能力，它与金属化学成分、温度、组织、杂质含量以及加工条件都有关。钢的热导率会随含碳量的增加而降低，锰、硅、硫、磷会降低钢的热导率。

热导率越大时，表现出通过金属传导的热量越多。但是传递热量的多少并不完全直接反映金属温度升高的快慢，因为升温的快慢不仅与导热性能有关，还与金属的比热容及密度有关，即与金属的导温性有关。

导温性就是指加热（或冷却）时温度在金属内部的传播能力。导温性好，温度在金属内部传播速度快，金属坯料内的瞬时温差较小，由于温差造成的膨胀差和温度应力小，在这种情况下可以快速加热，坯料不致因受温度应力而破坏。反之，若金属的导温性差，加热速度快，就可能因温度应力过大而导致坯料开裂。

金属的导温性用热扩散率a来表示，即

$$a = \frac{\lambda}{\rho c} \tag{5-5}$$

式中，a为热扩散率（m^2/s）；λ为热导率［W/（m·℃）］；ρ为密度（kg/m^3）；c为比热容［J/（kg·℃）］。

由于金属的热导率、密度和比热容都与温度有关，因此金属的热扩散率也随温度的变化而变化。当加热到高温阶段，各种钢的热扩散率趋近一致，尽管这时钢的导热性不好，但因处于高温具有良好的塑性，加热引起的内应力可以通过塑性变形消除，所以在高温阶段各类钢均可快速加热。

6. 应力的变化

金属在加热过程中产生的内应力可分为温度应力和组织应力。

（1）温度应力　金属坯料在加热过程中，表面首先受热，表层温度高于中心温度，必然出现表层和心部的不均匀膨胀，从而产生的内应力，称为温度应力或热应力。因为各层金属之间的相互制约，在温度高、膨胀大的表层部分，因其膨胀受到中心部分约束，于是在表层引起的温度应力为压应力；而心部温度低、膨胀小，但是其受到表层的牵制作用，促其膨胀以保持材料的连续性，于是在心部产生的温度应力为拉应力。只有当钢料中出现温度差，并且钢料处于弹性状态时，才可能存在较大的温度应力。

温度应力的大小与金属的性质、截面温差有关，而截面温差又取决于金属的导热性、截面尺寸和加热速度。如果金属的导热性差、截面尺寸大、加热速度快，则其截面温差就大，因此温度应力也大。反之，温度应力就小。

温度应力一般都是三向应力状态，即轴向应力、切向应力和径向应力。对于圆柱体坯料，等速加热时温度应力的值可按下式计算：

圆柱体坯料表面的温度应力为

$$\sigma_r = 0 \tag{5-6}$$

$$\sigma_z = \sigma_\theta = \frac{\alpha E}{1-\nu} \frac{\Delta t}{2} \tag{5-7}$$

圆柱体坯料中心的温度应力为

$$\sigma_r = \sigma_\theta = \frac{\alpha E}{1-\nu} \frac{\Delta t}{4} \tag{5-8}$$

$$\sigma_z = \frac{\alpha E}{1-\nu} \frac{\Delta t}{2} \tag{5-9}$$

式中，σ_z、σ_θ、σ_r 为轴向应力、切向应力、径向应力（MPa）；Δt 为坯料断面上的最大温差（℃）；α 为坯料的线膨胀系数（℃$^{-1}$）；E 为弹性模量（MPa）；ν 为泊松比（对钢 ν = 0.3）。

由上述公式可见，在三向应力中，最大的拉应力是坯料中心的轴向应力，因此金属坯料加热时，心部容易产生裂纹。上述计算适用于低于 500℃ 的低温加热阶段，在此阶段金属坯料处于弹性状态，只有热膨胀变形和温度应力引起的弹性变形，可以不考虑塑性变形。当温度高于 600℃ 时，金属坯料进入塑性状态，此时变形抗力较低，温度应力可以引起塑性变形，变形之后温度应力会自行减少或消失，可以不考虑温度应力的影响。

（2）组织应力 具有固态相变的金属，在加热时表层首先发生相变，心部后发生相变，并且相变前后组织的比体积发生变化，由此而产生的内应力称为组织应力。比体积增大的转变区受压应力，比体积缩小的转变区受拉应力。

组织应力也是三向应力状态，其中切向应力最大。随着金属坯料温度的升高，首先表层发生奥氏体转变，使表层体积缩小（奥氏体比体积为 0.122 ~ 0.125cm³/g，铁素体比体积为 0.127cm³/g）约 1%，于是在表层产生拉应力，心部产生压应力。此时组织应力是中心为拉应力，表层为压应力，虽然与温度应力方向相同，使总的应力值加大，但这时已接近高温，不会在坯料中形成裂纹。

在金属加热过程中，当温度应力、组织应力的叠加值超过强度极限时，就会产生裂纹。加热初期 500℃ 之前的低温阶段是坯料产生裂纹最危险的阶段。在此阶段金属塑性低，温度应力显著，极易产生裂纹。

当加热断面尺寸大的大型钢锭和导热性差的高温合金时，由于温度应力大，低温阶段必须缓慢加热，否则会产生加热裂纹。此外，在加热不充分的情况下，如加热时间不够或者加热温度过低，使中心区塑性低，低塑性的心部变形也会出现裂纹。

5.2.3 加热规范及锻造温度范围选择

1. 加热规范的制订

坯料锻前进行加热时，为了提高生产率、降低燃料消耗，一般要求尽快将其加热到始锻温度。但是，如果加热升温太快，坯料断面温差很大，由此会导致坯料开裂。所以，在实际生产中，坯料应按一定的加热规范（加热制度）进行加热。

加热规范是指坯料从开始装炉升温直到加热完毕出炉的整个过程中，对炉温或料温随时间变化的规范。为了应用方便，一般加热规范以炉温-时间的变化曲线（也称加热曲线）来表示。

在锻造生产中，坯料锻前加热采用的加热规范类型有一段、二段、三段、四段及五段加热规范，其加热曲线如图 5-5 所示。

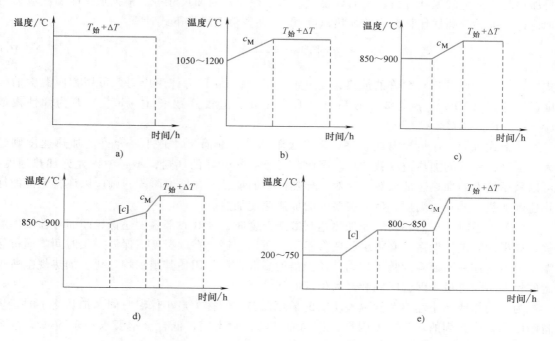

图 5-5　锻造加热规范的加热曲线类型

a）一段加热曲线　b）二段加热曲线　c）三段加热曲线　d）四段加热曲线　e）五段加热曲线
$T_{始}$—始锻温度　ΔT—温度头（料温与炉温之差）
$[c]$—坯料允许的加热速度　c_M—最大可能的加热速度

制订加热规范的基本原则是：要求坯料在加热过程中不产生裂纹、过热与过烧，温度应均匀，氧化和脱碳少，加热时间短等。

通常，可将坯料锻前加热过程分为预热、加热和均热三个阶段。制订加热规范就是确定上述各个阶段的加热炉温、加热速度和加热时间。其中，预热阶段主要是规定坯料装炉时炉温（简称装炉温度）；加热阶段关键是选择正确的加热速度；均热阶段是为了使坯料断面温度均匀，要求给出适当的保温时间。

因此，一般加热规范包括装炉温度、加热速度、保温时间和加热时间等。

（1）装炉温度　开始加热的预热阶段，坯料温度低而塑性差，同时还存在蓝脆区。为了避免应力过大引起裂纹，则需规定坯料装炉时的装炉温度。一般来讲，装炉温度取决于温度应力，与钢的导热性和坯料断面尺寸有关。而导热性差或者断面尺寸大的坯料，则应按照规定的装炉温度，并且在该温度下保温一定时间。

（2）加热速度　一般采用单位时间内坯料表面温度的变化来表示坯料加热升温时的加热速度（单位为℃/h），也有采用单位时间内坯料截面热透的数值来表示（单位为 mm^2/min）。

加热规范中有两种不同含义的加热速度。一种称为最大可能的加热速度，另一种称为坯料允许的加热速度。

最大可能的加热速度，是指炉子按最大功率升温时，所能达到的加热速度。它与炉子形式、燃料种类、燃烧状态、坯料形状尺寸及其在炉中放置方式等有关。

坯料允许的加热速度，则为坯料在保持完整性的条件下所允许的加热速度。它取决于坯料加热时所产生的温度应力、钢的导温性、力学性能及断面尺寸等。根据加热时温度应力的理论计算推导，圆柱坯料允许的加热速度 $[c]$ 在数值上可按下式计算

$$[c] = \frac{5.6\alpha[\sigma]}{\beta E R^2} \tag{5-10}$$

式中，$[c]$ 为圆柱坯料允许的加热速度（$℃ \cdot h^{-1}$）；$[\sigma]$ 为许用应力，可用相应温度的强度极限计算（MPa）；β 为线膨胀系数（$℃^{-1}$）；α 为导温系数（$m^2 \cdot h^{-1}$）；E 为弹性模数（MPa）；R 为坯料半径（m）。

从上式可知，坯料导温性越好、强度极限越大、断面尺寸越小，允许的加热速度则越大。反之，允许的加热速度就越小。因此，对于导热性好的坯料，不必考虑允许加热速度，可以采用最大的加热速度加热。而对于导热性差的坯料，在低温阶段，则应以坯料允许的加热速度加热，升到高温后，就可按最大的加热速度加热。

（3）保温时间　当坯料表面加热达到锻造温度时，因其心部温度还低，断面存在较大温差，如果这时出炉锻造，必将引起变形不均。所以，还需在此温度下保温一段时间。通过保温不但可使坯料断面温度趋于均匀，还能借助高温扩散作用使其组织均匀化。加热规范所规定的保温时间有最小保温时间和最大保温时间。

为了消除或减小坯料断面温差所需的最短保温时间称为最小保温时间。加热终了时，坯料断面温差应达到的均匀程度因钢种不同而不同，碳素钢、低合金钢要求小于 50℃，高合金钢要求小于 40℃。

（4）加热时间　加热时间一般应包括坯料加热过程所需时间的总和。确定加热时间的方法，可按传热学理论进行计算，或以经验公式、试验数据、图线等来决定。前者由于计算复杂，与实际差距又大，生产中很少采用。后者虽然具有一定局限性，但比较简便。

在制订坯料加热规范时，是以坯料的类型、钢种、断面尺寸、组织特点及其有关性能（如塑性、强度极限、导温系数）等为依据，并参考有关书册资料。首先应定出坯料的始锻温度，然后再确定加热规范的类型及其相应加热工艺参数，如装炉温度、加热速度、保温时间、加热时间等，于是便可制订出该坯料的加热规范。

2. 锻造温度范围选择

所谓锻造温度范围，是指坯料开始锻造时的温度（始锻温度）至锻造终止时的温度（终锻温度）之间的温度区间。确定锻造温度范围的基本原则：要求坯料在锻造温度范围内进行锻造时，具有良好的塑性和较低的变形抗力，并且还能获得组织性能优质的锻件。在满足上述要求的前提下，尽量扩大其锻造温度范围，以便减少锻造加热次数和提高锻造生产率。

确定锻造温度范围的现行方法：以铁-碳相图为基础，再结合其塑性图、抗力图和再结晶图，从钢的塑性、变形抗力和组织性能等三个方面进行综合分析，由此定出合适的始锻温度与终锻温度。一般来讲，各种碳钢的锻造温度范围由铁碳相图便能确定。而大多数合金结构钢的锻造温度范围，可参照与其含碳量相当的碳钢来考虑。对于一些塑性较低、没有相变的钢种（如高合金钢、奥氏体钢、纯铁素体钢等），则还需要进行有关热加工成形性的试验，通过试验建立塑性图、抗力图和再结晶图，从而确定出这类钢的合理锻造温度范围。

（1）始锻温度的确定　确定坯料始锻温度，首先必须保证在加热时绝对不能产生过烧，

同时也要尽力避免发生过热。此外，还应考虑到坯料组织、锻造方式和变形工艺等因素。其中对于大型锻件锻造，最后一火的始锻温度，应根据剩余锻造比确定，以避免锻后晶粒粗大，这对不能用热处理方法细化晶粒的钢种尤为重要。

（2）终锻温度的确定　终锻温度过高，会使锻件晶粒粗大，甚至产生魏氏组织。相反，终锻温度过低，不仅导致锻造后期加工硬化严重，可能引起锻裂，而且会使锻件局部处于临界变形状态，产生粗大晶粒。因此，通常钢的终锻温度应稍高于其再结晶温度。这样，既可保证坯料在终锻前仍有足够的塑性，又可使锻件在锻后能够获得较好的组织性能。

终锻温度与钢种、锻造工序和后续工艺等也有关。对于无相变的钢种，因用热处理不能细化晶粒，只能依靠锻造控制晶粒度。为了使锻件获得较细晶粒，这类钢的终锻温度一般偏低。当锻后立即进行锻件余热处理时，终锻温度应满足余热处理的要求。一般锻造精整工序的终锻温度，比常规值低 50~80℃。

各类钢的锻造温度范围见表 5-4。各类钢的锻造温度范围相差很大，碳钢的锻造温度范围比较宽，如碳素结构钢达到 400~580℃。而合金钢的锻造温度范围则比较窄，尤其高合金钢只有 200~300℃。因此在锻造生产中，高合金钢锻造较困难，对锻造工艺的要求严格。

表 5-4　各类钢的锻造温度范围

钢种	始锻温度/℃	终锻温度/℃	锻造温度/℃
普通碳素钢	1280	700	580
优质碳素钢	1200	800	400
碳素合金钢	1100	770	330
合金结构钢	1150~1200	800~850	350
合金工具钢	1050~1150	800~850	250~300
高速合金钢	1100~1150	900	200~250
耐热钢	1100~1150	850	250~300
弹簧钢	1100~1150	800~850	300
轴承钢	1080	800	280

5.2.4　锻件的冷却

锻件的冷却主要是指锻后冷却，锻后冷却一般是指锻件从锻后终锻温度一直冷却到室温的降温过程。如果锻后冷却工艺不当，锻件在冷却过程中将会产生缺陷以至报废，也可能因此延长生产周期而影响生产率。所以，锻后冷却也是锻造生产中不可忽视的一个重要环节。

1. 锻后冷却过程中的常见缺陷

在锻后冷却过程中，由于冷却不当而使锻件产生的常见缺陷有裂纹、白点、网状碳化物等。

（1）裂纹　锻件在锻后冷却过程中会产生温度应力、组织应力以及因锻造变形不均匀而引起的残余应力。当三种应力叠加后为拉应力，并且超过强度极限时，便会引起裂纹。由于锻后冷却的锻件是处于温度较低的弹性状态，故锻后冷却比坯料加热产生裂纹的危险性更大。

锻后冷却过程中，锻件的温度场和坯料加热时的不同，因而温度应力与组织应力的分布也就不同。至于残余应力的分布与大小，只能根据锻造时的不均匀变形情况而定。因此，下面仅从温度应力和组织应力的分布与变化情况，来分析锻件在锻后冷却过程中产生裂纹的规律。

锻后冷却时的温度应力和坯料加热时的温度应力一样，也是三向应力状态，其中轴向应力最大，锻后冷却过程中，锻件的温度应力（轴向）分布和变化如图 5-6 所示。

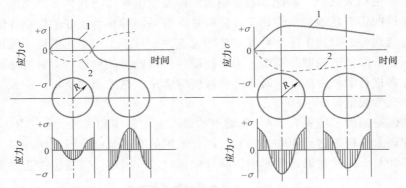

图 5-6　锻后冷却过程中锻件的温度应力（轴向）分布与变化
1—表层应力　2—心部应力

1）温度应力的分布与变化。在锻后冷却初期，由于锻件表层冷却快、体积收缩大，心部冷却慢、体积收缩小，因此在锻件内部引起了温度应力，表层产生拉应力，心部产生压应力。

对于软钢（抗力小、易变形）锻件，因能够产生变形松弛，而使应力逐渐减小至零。在冷却后期，锻件表层温度低而停止收缩，心部收缩则受到表层的限制，结果使温度应力表现为拉应力。

对于硬钢（抗力大、难变形）锻件，因不能产生变形松弛，即使到了冷却后期产生相反的温度应力，也只能使冷却初期的温度应力值有所降低，表层仍为拉应力，心部为压应力。

2）组织应力的分布与变化。如锻件在锻后冷却过程中发生相变，由于比热容不同，会产生组织应力。随着锻件温度降低，表层先发生相变，这时组织应力的分布为：表层是压应力，心部是拉应力。但此时锻件心部仍处于塑性良好的奥氏体状态，通过局部塑性变形，组织应力很快松弛。随后锻件继续降温，心部也发生相变，这时产生的组织应力为：心部是压应力，表层是拉应力。

锻后冷却时的组织应力和坯料加热时的组织应力一样，也是三向应力状态，其中切向应力最大。一般来讲，在锻后冷却后期，锻件容易产生裂纹。综上所述，硬钢锻件可能出现表面裂纹。由组织应力引起的裂纹，则表现为锻件表面纵裂。

（2）白点　所谓白点，是指某些含铬、镍的中合金钢的大型锻件，在锻后冷却过程中形成的一种缺陷。它可从低倍试片中观察到，在试片纵向断口上呈圆形或椭圆形的银白色斑点，直径大小由几毫米到几十毫米。在试片横向断口上呈现为极细的裂纹，属于脆性破裂。因此，白点的实质是一束极细的脆性裂纹。

如在锻件内部形成了白点，不仅会导致力学性能急剧下降，而且由于白点会引起高度应力集中，会在热处理淬火时使零件开裂，或在零件使用过程中发生突然断裂。所以，白点是锻件的一种致命缺陷，锻件一旦发现白点必须报废。

关于形成白点的理论很多，目前比较一致的看法认为：白点是由钢件内的氢和内应力（主要是组织应力）共同作用的结果（白点形成机理如图5-7所示），没有一定数量的氢和较大的内应力，白点是不能形成的。如果锻件在锻后仍含有较多的氢，加上冷却不当而产生较大内应力，将促进位错汇集到亚晶界并构成亚显微裂口-断裂源，钢中的氢原子（或氢离子）也聚集到亚显微裂口附近。当氢原子从固溶体里脱溶析出到亚显微裂口时，氢原子在裂口中结合成氢分子并产生很大压力，于是在组织应力和氢析出应力的作用下，使亚显微裂口不断扩大，以致破裂为极细的裂纹，即形成白点。

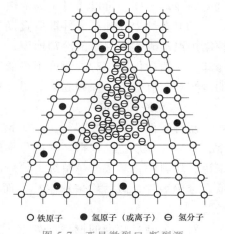

○ 铁原子　● 氢原子（或离子）　⊖ 氢分子

图 5-7　亚显微裂口-断裂源
（图为三个位错会合形成白点的示意图）

各种钢产生白点的敏感性差别很大，见表5-5。一般 Cr、Ni、Mo 等元素会增大钢的白点敏感性。分析钢的组织状态认为，通常只有珠光体、贝氏体及马氏体钢会出现白点，而奥氏体、铁素体及莱氏体钢不产生白点。这是因为前者在锻后冷却过程中发生组织转变时，会引起较大组织应力，后者奥氏体与铁素体钢具有较高塑性且无相变，而莱氏体钢由于钢中氢被化合使氢含量降低。

（3）网状碳化物　当锻件为某些含碳较高的钢种时（如碳素工具钢、合金工具钢及轴承钢等），如果其终锻温度较高，锻后又采取缓慢冷却时，则将会从奥氏体中析出大量二次碳化物，并沿奥氏体晶界分布而形成网状碳化物。严重的网状碳化物将导致锻件的冲击韧性降低，进行热处理时，还会使锻件表面产生龟裂。

表 5-5　钢种按白点敏感性高低分组

组别	钢号举例	白点敏感性
1	60、55、50、45、40、35、30 30Cr、20Cr、20CrMo、20CrV、20CrNi、20CrMn、20MnMo、20MnMoV、10、15、20 等	较低
2	60CrMnMo、60CrNi、50CrNi、50Cr、50Mn2、42CrMo、40Cr、40CrMo、 38CrMnMoSi、38CrMnNi、38CrMnNiSi、38SiMnMo、35CrMo、35SiMn 等	中等
3	5CrNiMo、5CrMnMo、5CrNiB、9Cr2、9Cr、9CrMoV、9Cr2W、 12CrNi3Mo、18CrNiBA、GCr15、GCr16 等	较高
4	34CrNiMo、34CrNi3W、37CrNi3Al、20Cr3Ni4A 等	最高

此外，当锻件为奥氏体不锈钢时（如 12Cr18Ni9 等），如在 800～550℃ 温度区间缓慢冷却，则有大量含铬的碳化物析出。这样不但会沿奥氏体晶界形成网状碳化物，还会使晶界产生贫铬现象，导致抗晶间腐蚀能力降低。

2. 锻后冷却方法

根据锻件在锻后的冷却速度，冷却方法有三种，即在空气中冷却（空冷），速度较快；在坑（箱）内冷却（坑冷），速度较慢；在炉中冷却（炉冷），速度最慢。

（1）在空气中冷　却锻件锻后单个或成堆直接放在车间地面上冷却，但不能放在潮湿地面、金属板上,以及通风的地方,以免锻件冷却不均或局部急冷引起裂纹。

(2)在坑(箱)内冷却 锻件锻后放到地坑或铁箱中封闭冷却,或埋入坑内砂子、石灰或炉渣中冷却。一般锻件入砂温度应高于500℃,周围积砂厚度不能少于80mm。锻件在坑内的冷却速度,可以通过不同绝热材料及保温介质厚度来调节。

(3)在炉中冷却 锻件锻后直接装入炉中按一定的冷却规范缓慢冷却。由于炉冷可通过控制炉温准确实现规定的冷却速度,因此适于高合金钢、特殊钢锻件及各种大型锻件的锻后冷却。一般锻件入炉时的温度不得低于650℃,装料时的炉温应与入炉锻件温度相当。常用的冷却规范有等温冷却和起伏等温冷却。

3. 锻后冷却规范

制订锻件锻后的冷却规范,关键是选择合适的冷却速度,以免产生前述各种缺陷。通常,锻后冷却规范是根据坯料的化学成分、组织特点、原料状态和断面尺寸等确定的。一般来讲,坯料的化学成分越单纯,锻后冷却速度越快,反之则慢。按此,对成分简单的碳钢与低合金钢锻件,锻后均采取空冷;而合金成分复杂的中高合金钢锻件,锻后应采取坑冷或炉冷。

对于含碳量较高的钢种(如碳素工具钢、合金工具钢及轴承钢等),若锻后缓慢冷却,在晶界会析出网状碳化物,将严重影响锻件使用性能。这类锻件在锻后先空冷、鼓风或喷雾快速冷却到700℃,然后再把锻件放入坑中或炉中缓慢冷却。

对于没有相变的钢种(如奥氏体钢、铁素体钢等),由于锻后冷却过程无相变,可采取快速冷却。此外,为了获得单相组织,防止铁素体钢475℃发生缓冷脆性,也要求快速冷却。所以,这类锻件锻后通常采用空冷。

对于空冷自淬的钢种(如高速钢、不锈钢、高合金工具钢等),因空冷便发生马氏体相变,由此会引起较大的组织应力,易产生裂纹,故锻件锻后必须缓慢冷却。

对于白点敏感的钢种(如铬镍钢等),为了防止冷却过程产生白点,应按一定冷却规范进行炉冷。

采用钢材锻造的锻件,锻后的冷却速度可快,而用钢锭锻造的锻件,锻后的冷却速度要慢。此外,对于断面尺寸大的锻件,因冷却温度应力大,在锻后应缓慢冷却,而对断面尺寸小的锻件,锻后则可快速冷却。

有时,在锻造过程中也要将中间坯料或锻件局部冷却到室温,称为中间冷却。例如,为了进行毛坯探伤或清理缺陷,需要中间冷却。又如多火锻造大型曲轴时,先锻中部而后锻两端,当中部锻完后应进行中间冷却,以免再加热两端时影响质量。中间冷却规范的确定和锻后冷却规范相同。

5.2.5 锻件热处理

锻件在机械加工前后,一般都要进行热处理。机械加工前的热处理称为锻件热处理(也称毛坯热处理或第一热处理)。机械加工后的热处理称为零件热处理(也称最终热处理或第二热处理)。由于在锻造生产过程中,锻件各部位的变形程度、终锻温度和冷却速度不一致,锻后必然产生锻件组织不均匀、残余应力和加工硬化等现象。为了消除上述不足,在锻后还需进行锻件热处理,其目的是:

1)调整锻件的硬度,以利锻件进行切削加工。

2）消除锻件内应力，以免在机械加工时变形。

3）改善锻件内部组织，细化晶粒，为最终热处理做好组织准备。

4）对于不再进行最终热处理的锻件，应保证达到规定的力学性能要求。

实际锻造生产常用的锻件热处理方法有退火、正火、淬火、回火、调质等。

1. 中小锻件热处理

中小锻件根据钢种和工艺要求不同，常采用以下热处理方法：

（1）退火 一般亚共析钢锻件采用完全退火，共析钢和过共析钢锻件采用不完全退火（球化退火）。完全退火是把锻件加热到 Ac_3 以上 $30\sim50℃$，经一定时间保温后随炉缓冷。而不完全退火是将锻件加热到 Ac_1 以上 $10\sim20℃$，经较长时间保温后随炉缓冷。由于钢中渗碳体凝聚成球状，便可获得球状珠光体组织。

锻件经过退火处理后，由于再结晶作用，可以细化晶粒、消除残余应力、降低锻件硬度、提高塑性和韧性、改善切削性能，并为最终热处理做好组织准备。

（2）正火 对于亚共析钢、共析钢和过共析钢锻件，除了细化晶粒、消除内应力外，如还需要增加强度和韧性，或为了消除网状碳化物，应采用正火。正火是把锻件加热到 Ac_3 或 Ac_{cm} 以上 $50\sim70℃$（高合金钢锻件为 $100\sim500℃$），经保温后在空气中冷却。如正火后锻件硬度较高，为了降低硬度还应进行高温回火。

（3）调质 一些亚共析钢（中碳钢和低合金钢）锻件，尤其是不再进行最终热处理时，为了获得良好的综合力学性能，采用调质处理较为合适，即淬火后再进行高温回火。

各种锻件热处理的加热温度范围如图 5-8 所示。

锻件热处理是按一定的热处理规范进行的，根据锻件钢种、断面尺寸及技术要求等，并参考有关手册和资料制订。其内容包括加热温度、保温时间和冷却方式等。一般也是采用温度-时间曲线来表示。

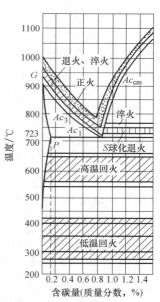

图 5-8 各种锻件热处理
加热温度范围

近年来国内外生产一些小型模锻件时，为了使锻后锻件的自身热量得到利用，在终锻之后直接进行淬火处理。这种把锻造和热处理紧密结合到一起的新工艺，称为锻件余热处理（也称锻热淬火）。

生产实践表明，锻件余热处理具有极其可观的技术经济效益。由于生产周期大大缩短，提高了生产率，节约了能源消耗，经济效益十分显著。此外，由于锻件余热处理同时具有变形强化和热处理强化的双重作用，锻件还可获得良好的综合力学性能——高强度和高韧性，这是单一锻造或热处理所不能达到的。

2. 大型锻件热处理

由于大型锻件的断面尺寸大，生产过程复杂，其热处理应考虑以下特点：组织性能很不均匀、晶粒粗细不均、存在较大残余应力、一些锻件容易产生白点缺陷。因此，大型锻件热处理的目的，除了消除应力、降低硬度之外，主要是预防锻件出现白点，其次则是使锻件化学成分均匀化，调整与细化锻件组织。其中大型锻件热处理通常是与锻后冷却结合在一起进行的。

（1）防止白点的措施　对白点敏感的大型锻件进行锻后冷却与热处理时，若能将氢大量扩散出去，同时尽量减小组织应力，即可避免产生白点。通常，氢含量低于 $2 \sim 3 cm^3/100g$ 便不会产生白点（此极限氢含量与锻件成分、偏析程度有关）。

由于锻后冷却过程所产生的组织应力是由奥氏体转变所引起的，因此欲使组织应力减小，则要求奥氏体转变迅速、均匀、完全。从奥氏体等温转变图（C 曲线）可知，位于 C 曲线鼻尖处温度时，奥氏体转变最快，对于珠光体钢为 $620 \sim 660℃$，马氏体钢为 $580 \sim 660℃$ 及 $280 \sim 320℃$。因此，当锻件冷却到上述温度进行等温转变，便可使奥氏体转变迅速、均匀、完全，这样可以明显减小组织应力。

综上所述，减小组织应力产生的奥氏体等温转变温度，也正好是钢中氢扩散速度最快的温度。按此原理，大型锻件防止白点的锻后冷却与热处理如图 5-9 所示。

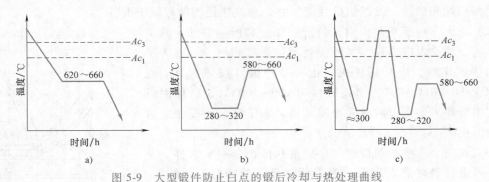

图 5-9　大型锻件防止白点的锻后冷却与热处理曲线
a）等温冷却　b）起伏等温冷却　c）起伏等温退火

1）等温冷却（图 5-9a），适用于白点敏感性较低的碳钢及低合金钢锻件。

2）起伏等温冷却（图 5-9b），适用于白点敏感性较高的小截面合金钢锻件。

3）起伏等温退火（图 5-9c），适用于白点敏感性较高的大截面合金钢锻件。

（2）正火回火处理　对于白点不敏感钢种和铸锭经过真空处理的大型锻件，由于锻件基本不会产生白点，在锻后则采取正火回火处理，使锻件晶粒细化，组织均匀。

在实际生产中，多数锻件锻后接着热装炉进行正火回火处理，如图 5-10a 所示。锻后空冷锻件只能冷装炉进行正火回火处理，如图 5-10b 所示。正火后进行过冷的目的是降低锻件

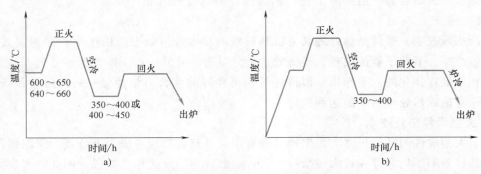

图 5-10　大型锻件正火回火热处理曲线
a）热装炉　b）冷装炉

心部温度，经适当保温使温度均匀，同时也能起到除氢的作用。同时过冷温度会因钢种不同而不同，一般热装炉为350~400℃或400~450℃，冷装炉为350~400℃。

5.3 自由锻造

自由锻造（简称自由锻）是一种用来进行单件、小批量锻件和大型锻件生产的锻造方法。它是将加热到锻造温度的坯料，在自由锻设备和简单通用工具的作用下，通过人工操作控制其金属流动以获得所需形状和尺寸的锻件。

自由锻通用性强、灵活性大，而且使用的工具简单。自由锻锻件是由坯料逐步变形而成，变形过程中仅局部与工具接触，故所需锻造设备的吨位比模锻要小得多。

自由锻工艺所研究的内容主要包括金属在自由锻过程中的变形规律和特点，以及如何提高锻件质量的方法。自由锻一般以热、冷轧型坯和初锻毛坯或钢锭坯等作为所用原材料。对于碳钢和低合金钢的中小型锻件，其所用原材料大多是经过锻轧的型坯，这类坯料内部质量较好，在锻造时主要是解决成形问题；要灵活应用各种工序，选择恰当的工具，从而提高成形效率并准确地获得所需零件的形状和尺寸。而对于大型锻件和高合金钢锻件，其所用原材料为内部组织较差的钢锭，由于其内部组织存在较多缺陷，如成分偏析、夹杂、气泡、缩松和疏松等缺陷，所以，其锻造时关键的问题是改变性能和提高锻件质量。自由锻的生产操作方式有手工锻造和机械锻造。随着机械制造工业的迅速发展，现代生产中主要采用机器锻造。根据所用锻造设备类型不同，机械锻造可分为锤上自由锻和水压机自由锻两种。前者用于中小锻件，后者主要锻造大型锻件。

5.3.1 自由锻分类及工序

自由锻件在成形过程中，由于其形状的不同而导致所采用的变形工序也不同，自由锻的变形工序有许多种，为应用方便起见，通常将自由锻工序按其性质和作用分为三大类：基本工序、辅助工序和修整工序。

（1）基本工序 较大幅度地改变坯料形状和尺寸的工序，是锻件变形与变性的核心工序，也是自由锻的主要变形工序，如镦粗、拔长、冲孔、芯轴扩孔、芯轴拔长、弯曲、切割、错移、扭转等。

（2）辅助工序 为了配合完成基本变形工序而做的工序，如预压夹钳把、钢锭倒棱和缩颈倒棱、阶梯轴分锻压痕（锻阶梯轴时，为了使锻出来的过渡面平整齐直，需在阶梯轴变截面处压痕和压肩）等。

（3）修整工序 对完成基本工序后的锻件形状和尺寸做进一步精整，使其达到所要求的形状和尺寸的工序，如镦粗后对鼓形面的滚圆和截面滚圆、凸凹面和翘曲面的压平和有压痕面的平整、端面平整、锻斜后或拔长后弯曲的校直和校正等。

5.3.2 自由锻基本工序

基本工序是自由锻件在变形过程中的核心工序，了解和掌握自由锻每种基本工序中的金属流动规律和变形分布，对合理选择成形工序、准确分析锻件质量和制订锻件自由锻工艺规程是非常重要的。

自由锻

1. 镦粗

使坯料高度减小而横截面增大的成形工序称为镦粗。在坯料上某一部分进行的镦粗称为局部镦粗。镦粗工序是自由锻基本工序中最常见的工序之一。

镦粗的目的在于：

1）由横截面积较小的坯料得到横截面积较大而高度较小的坯料或锻件。

2）增大冲孔前坯料的横截面积以便于冲孔、平整端面。

3）反复镦粗、拔长，可提高下一步坯料拔长的锻造比。

4）反复镦粗和拔长可使合金钢中碳化物破碎，达到均匀分布。

5）提高锻件的力学性能和减小力学性能的异向性。

在镦粗过程中，坯料的变形程度、应力和应变场分布与坯料的形状、尺寸和镦粗的方式有很大关系，其变化差别很大。

镦粗从原料可分为圆截面镦粗、方截面镦粗、矩形截面镦粗等；从镦粗方式可分为平砧镦粗、垫环镦粗和局部镦粗。

（1）平砧镦粗

1）平砧镦粗与镦粗比。坯料完全在上下平砧间或镦粗平板间进行的压制称为平砧镦粗。如图 5-11 所示，平砧镦粗的变形程度可以用坯料镦粗前后的高度之比（镦粗比）K_H 来表

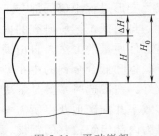

图 5-11　平砧镦粗

示，也可以用压下量 ΔH、坯料高度方向上的相对变形 ε_e、坯料高度方向上的对数变形 ε_H 来表示，即

$$K_H = \frac{H_0}{H} \tag{5-11}$$

$$\Delta H = H_0 - H \tag{5-12}$$

$$\varepsilon_e = \frac{H_0 - H}{H_0} = \frac{\Delta H}{H_0} \tag{5-13}$$

$$\varepsilon_H = \ln \frac{H_0}{H} \tag{5-14}$$

式中，H_0、H 分别为坯料镦粗前、后的高度。

2）平砧间镦粗的变形分析。圆柱坯料在平砧间镦粗，随着压下量（轴向）的增加，径向尺寸不断增大。由于坯料与工具之间的接触面存在着摩擦，造成坯料变形分布不均匀，从而使镦粗后坯料的侧表面出现鼓形，即中间直径大，上下两端直径小，如图 5-11 所示。

通过采用网格法的镦粗实验可以看到（图 5-12），根据镦粗后网格的变形程度大小可将坯料分为三个变形区。

区域Ⅰ：难变形区，该变形区受摩擦力和砧子激冷影响最大，变形十分困难。

区域Ⅱ：大变形区，该变形区处于坯料中段，受摩擦影响较小，应力状态有利于变形，因此变形程度最大。

区域Ⅲ：小变形区，其变形程度介于区域Ⅰ与区域Ⅱ之间。因鼓形部分存在切向拉应力，所以很容易引起表面产生纵向裂纹。

对不同高径比（H_0/D_0）的坯料进行镦粗时，产生鼓形特征和内部变形分布也不同，如图 5-13 所示。

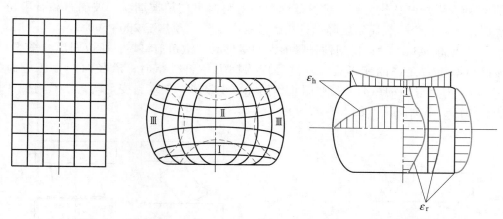

图 5-12 圆柱坯料镦粗时的变形分布

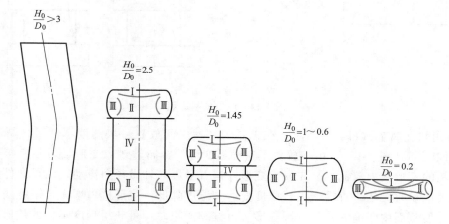

图 5-13 不同高径比坯料镦粗时鼓形情况与变形分布

当高径比 $H_0/D_0>3$ 时，坯料容易失稳而弯曲。尤其当坯料端面与轴线不垂直，或坯料有初弯曲，或坯料各处温度和性能不均，或砧面不平时，更容易产生弯曲。弯曲了的坯料如果不及时校正而继续镦粗则要产生折叠。

高径比 $H_0/D_0=2\sim3$ 时，在坯料的两端先产生双鼓形，形成 Ⅰ、Ⅱ、Ⅲ、Ⅳ 四个变形区。其中，区域 Ⅰ、Ⅱ、Ⅲ 同前所述，坯料中部为均匀变形区 Ⅳ，该区受摩擦影响小，内部变形均匀分布，侧表面保持圆柱形。如果继续镦粗到 $H_1=D_1$ 时，则由双鼓形变为单鼓形。

高径比 $H_0/D_0=0.5\sim2$ 时，只产生单鼓形，坯料变形均匀，形成三个变形区。

高径比 $H_0/D_0\leqslant0.5$ 时，由于相对高度较小，两个难变形区相遇，变形抗力急剧上升，锻造过程难以进行。

由此可见，坯料在镦粗过程中，鼓形不断变化，镦粗开始阶段鼓形逐渐增大，当达到最大值后又逐渐减小。

3）坯料镦粗的主要质量问题及防止措施。坯料镦粗时的主要质量问题有：鼓形；侧表面易产生纵向或呈 45°方向的裂纹；坯料镦粗后，上、下端常保留铸态组织；高坯料镦粗时由于失稳而弯曲。其质量问题防止措施如下：

① 使用润滑剂和预热工具。镦粗低弹塑性材料时可使用玻璃粉、玻璃布和石墨粉等作为润滑剂，为防止变形金属温度降低过快，镦粗时工具应预热至 200～300℃。

② 凹形坯料镦粗。锻造低塑性材料的大型锻件时，镦粗前将坯料压成凹形（图 5-14a），可明显提高镦粗时允许的变形程度。这是因为凹形坯料镦粗时，沿径向产生压应力分量（图 5-14b），对侧表面的纵向开裂起阻止作用并减小鼓形，使坯料变形均匀。获得侧凹坯料的方法有铆镦、断面碾压（图 5-14c、d）

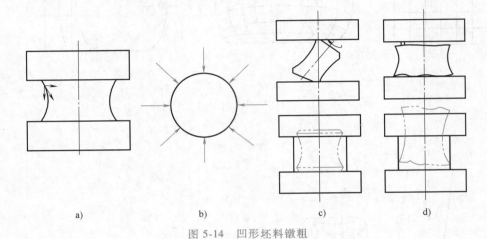

a)　　　　　　　　b)　　　　　　　　c)　　　　　　　　d)

图 5-14　凹形坯料镦粗

③ 采用软金属垫镦粗。镦粗时，在工具与坯料之间放置一块温度不低于坯料温度的软金属垫板或垫环（图 5-15），由于放置了这种易变形的金属软垫，变形金属不直接受工具的作用，软垫的变形抗力较低，易先发生变形并拉着金属向外做径向流动，结果锻件的侧面内凹。当继续镦粗时，软垫直径增大，厚度变薄，温度降低，变形抗力增大，镦粗变形便集中到锻件上，使侧面内凹消失，呈现圆柱形。再继续镦粗时，可获得程度不大的鼓形。对于高径比较大的坯料，在变形前期可能形成侧凹，继续镦粗可减小鼓形，获得较大的变形量。

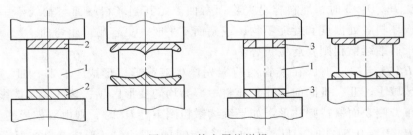

图 5-15　软金属垫镦粗

1—坯料　2—板状软垫　3—环状软垫

④ 采用铆镦、叠镦和套环内镦粗。如图 5-14c 所示，铆镦就是预先将坯料端部局部成形，然后再重击镦粗把中间内凹部分镦出，使其变成圆柱形。对于小坯料，可先将坯料放斜轻击，旋转打棱成侧面内凹形状，然后再放正镦粗。高速钢坯料在镦粗时常因出现鼓形而产生纵向裂纹，为了防止产生纵向裂纹，常用此铆镦方法。

叠镦主要用于扁平的圆盘类锻件。将两件坯料叠起来镦粗，直到形成鼓形后，再把坯料上下翻转 180°对叠，继续镦粗，如图 5-16 所示。叠镦不仅能使金属变形均匀，而且能显著降低其变形抗力。

套环内镦粗是在坯料的外圈加一个碳钢外套，靠套环的径向压力来减小坯料的切向拉应力，镦粗后将外套去掉。

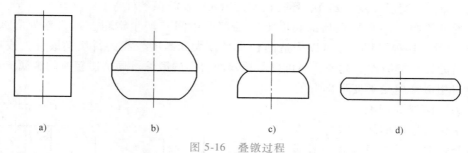

图 5-16 叠镦过程

a）叠料 b）第一次镦粗 c）翻转叠料 d）第二次镦粗

⑤ 反复镦粗与侧面修直。在镦粗坯料产生鼓形后，可以通过圆周侧压将鼓形修直，再继续镦粗，这样可以消除鼓形表面上的附加拉应力，同时可以获得侧面平直、没有鼓形的镦粗锻件。

4）镦粗时的注意事项

① 为防止镦粗时产生弯曲，坯料高径之比应不超过 2.5，在 2~2.2 的范围内更好。

② 镦粗前，要先倒棱，消除锥度，压合皮下气泡，防止造成裂纹。

③ 坯料端面需平整，不得有凹坑或裂纹，防止产生歪斜和夹层。

④ 镦粗时每次的压缩量应小于材料塑性允许的范围。如果镦粗后进一步拔长时，应考虑到拔长的可能性，即不要镦得太矮。

⑤ 镦粗时坯料高度应与设备空间尺寸相适应。在锤上镦粗时，应使

$$H_{锤}-H_0>0.25H_{锤} \qquad (5-15)$$

式中，$H_{锤}$ 为锤头的最大行程；H_0 为坯料的原始高度。

在水压机上镦粗时，应使

$$H_{水}-H_0>100mm \qquad (5-16)$$

式中，$H_{水}$ 为水压机工件空间最大距离；H_0 为坯料的原始高度。

（2）垫环镦粗 坯料在单个垫环上或两个垫环间进行镦粗称为垫环镦粗，又称为镦挤，如图 5-17 所示。这种方法可用于锻造带有单边或双边凸台的齿轮或带法兰的饼类锻件。由于锻件凸台和高度比较小，采用的坯料直径要大于环孔直径，因此，垫环镦粗变形实质属于镦挤变形。

垫环镦粗既有挤压又有镦粗，它和平砧镦粗的不同点是：金属既有径

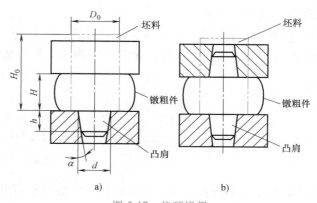

图 5-17 垫环镦粗

a）单边镦粗 b）双边镦粗

向流动，增大锻件外径，也有向环孔中的轴向流动，增加凸台高度。由此可知，金属在变形时必然存在一个使金属分流的分界面，这个面被称为分流面，而且，在镦挤过程中分流面的位置是在不断变化的。分流面的位置与下列因素有关：坯料高径比（H_0/D_0）、环孔与坯料直径比（d/D_0）、变形程度（ε_H）、环孔侧斜度（α）及摩擦条件等。

（3）局部镦粗　坯料只在局部长度上（端部或中间）产生镦粗变形，称为局部镦粗，如图 5-18 所示。这种镦粗方法可以锻造凸台直径较大和高度较高的饼块类锻件，或端部带有较大法兰的轴杆类锻件。此外，还可以镦粗双凸台类的锻件。局部镦粗时的金属流动特征与平砧镦粗相似，但受不变形部分的影响，称为"刚端"影响。

局部镦粗成形时的坯料尺寸，应按杆部直径选取。局部镦粗时变形部分的坯料同样存在产生纵向失稳弯曲的问题，为了避免镦粗时产生纵向弯曲，坯料变形部分高径比 $H_{头}/D_0$ 应不大于 3。对于头部较大而杆部较细的锻件，一般不能采用局部镦粗，而是用大于杆部直径的坯料，采取先镦粗头部，然后再拔长杆部，或者先拔长杆部，然后再镦粗头部的方法。

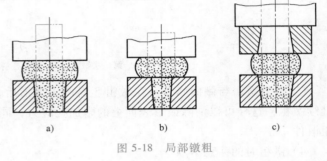

a)　　　　b)　　　　c)

图 5-18　局部镦粗

2. 拔长

使坯料横截面减小而长度增加的成形工序称为拔长。由于拔长通常是逐次送进和反复转动坯料进行压缩变形的，所以它是自由锻造生产中耗费时间最多的一个工序（拔长工序约占工作总台时的 70%）。因此，在保证锻件质量的前提下，如何提高拔长效率显得尤为重要。

（1）拔长类型　按坯料拔长所使用的工具不同，拔长可分为平砧拔长、型砧拔长和芯轴拔长三类。根据坯料截面形状不同，拔长又可分为矩形截面拔长、圆截面拔长和空心截面拔长三类。

1）平砧拔长。平砧拔长是生产中用得最多的一种拔长方法。在平砧拔长过程中有以下几种坯料截面变化情况。

① 方→方截面拔长。将较大的方形截面坯料拔长后得到截面尺寸较小的方形锻件的过程，也称为方截面坯料拔长，如图 5-19 所示。矩形截面拔长也属于这一类。

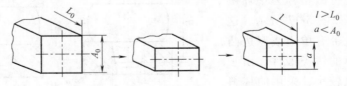

图 5-19　方截面坯料拔长

② 圆→方截面拔长。将圆截面坯料经拔长后得到方截面锻件的拔长，除最初变形过程不同外，以后拔长过程的变形特点与方截面坯料拔长相同，如图 5-20 所示。

③ 圆→圆截面拔长。它是将较大尺寸的圆截面坯料，经拔长后得到较小尺寸圆截面锻

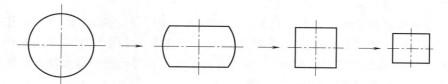

图 5-20 圆截面坯料拔长

件，称为圆截面坯料拔长。这种拔长过程是由圆截面锻成四方截面、八方截面，最后倒角滚圆，获得所需直径的圆截面锻件，如图 5-21 所示。

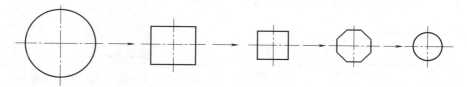

图 5-21 平砧拔长圆截面坯料时的截面变化过程

2）型砧拔长。型砧拔长是指将坯料放在 V 型砧或圆弧型砧中进行的拔长。其中 V 型砧拔长又可分两种方式：一是在平砧下 V 型砧上拔长；二是在上、下 V 型砧中拔长，如图 5-22 所示。

型砧拔长主要用于拔长低弹塑性材料和提高拔长效率，它是利用型砧的侧面压力限制金属的横向流动，迫使金属沿轴向伸长。

3）芯轴拔长。芯轴拔长也称空心件拔长，空心件通常为管件，这类坯料拔长时，在孔中穿一根芯轴。

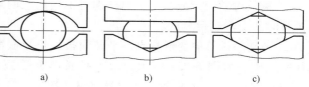

图 5-22 在型砧中拔长

a）圆弧型砧 b）上平砧下 V 型砧 c）上下 V 型砧

芯轴拔长是一种减小空心坯料外径（壁厚）并增加其长度的锻造工序，用于锻制长筒类锻件，图 5-23 所示为采用平砧的芯轴拔长。

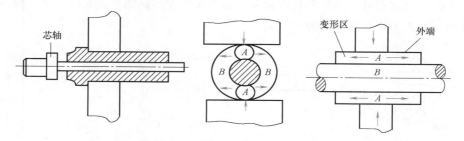

图 5-23 采用平砧的芯轴拔长

（2）拔长变形过程分析

1）拔长时的变形参数。拔长是在长坯料上局部进行压缩，属于局部加载、局部受力、局部变形的情况。其变形区的变形和金属流动与镦粗相近，但又有别于自由镦粗，因为它是在两端带有不变形金属的镦粗。此时，变形区金属的变形和流动除了受工具的影响外，还受其两端不变形金属的影响。

若拔长前变形区金属的长为 l_0、宽为 a_0、料高 h_0，则 l_0 称为送进量，l_0/a_0 称为相对送进量，也称进料比。拔长后变形区的长为 l、宽为 a、高为 h（图 5-24），则 $\Delta h = h_0 - h$ 称为压下量，$\Delta a = a - a_0$ 称为展宽量，$\Delta l = l - l_0$ 称为拔长量。拔长时的变形程度是以坯料拔长前后的截面积之比——锻造比 K_L 来表示的，即

$$K_L = \frac{A_0}{A} = \frac{h_0 a_0}{ha} \tag{5-17}$$

式中，A_0 为坯料拔长前的截面积；A 为坯料拔长后的截面积；h_0、a_0 为坯料拔长前的高度和宽度；h、a 为坯料拔长后的高度和宽度。

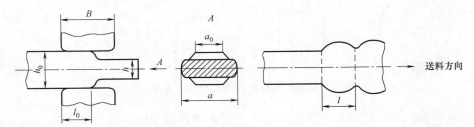

图 5-24　拔长变形前后尺寸关系

2）拔长时的变形分析。下面分别对不同形状的坯料在平砧间拔长、型砧内拔长和芯轴上拔长时的变形进行分析。

① 平砧间拔长的变形特点。平砧间拔长矩形截面毛坯时，金属流动始终遵循最小阻力定律的原则，如图 5-25a 所示。由于拔长部分受到两端不变形金属的约束，其轴向变形（ε_1）与横向变形（ε_a）就与相对送进量（送进长度 l 与宽度 a 之比，即 l/a，也称进料比）相关。

ε_1 和 ε_a 随 l/a 变化的情况如图 5-25b 所示。当相对送进量（l/a）较小时，金属多沿轴向流动，轴向的变形程度 ε_1 较大，横向的变形程度 ε_a 较小；随着 l/a 的不断增大，ε_1 逐渐减小，ε_a 逐渐增大。在 $l/a = 1$ 处，$\varepsilon_1 > \varepsilon_a$，即拔长时沿横向流动的金属量少于沿轴向流动的金属量。而在自由镦粗时，沿轴向和横向流动的金属相等。显然，拔长时，由于两端不变形金属的作用，阻止了变形区金属的横向流动。

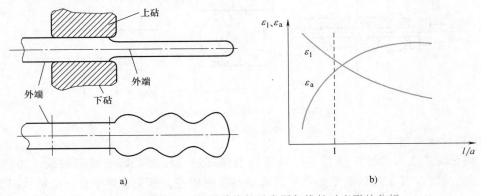

图 5-25　矩形截面坯料平砧拔长示意图与拔长时变形的分析

矩形截面坯料拔长时，若将截面积为 A_0 的坯料拔长到截面积为 A 的锻件所需的时间主要取决于总的压缩（或送进）次数，总的压缩次数 N 等于沿坯料长度上各遍压缩所需送进次数的总和。总的压缩次数与每次的变形程度及进料比有关。要提高拔长时的生产率必须正确地选择相对压缩程度和进料比。

a. 相对压缩程度 ε_n 的确定。相对压缩程度 ε_n 大时，压缩所需的遍数和总的压缩次数就少，故生产率高。但在实际生产中，ε_n 常受到材料塑性的限制。ε_n 不能大于材料塑性允许值。对于塑性高的材料，每次压缩后应保证宽度与高度之比小于 2.5。否则，翻转 90° 再压时可能使坯料弯曲。

b. 进料比（l_{n-1}/a_{n-1}）的确定。进料比 l_{n-1}/a_{n-1} 小时，ε_1 大，即在同样的相对压缩程度下，横截面减小的程度大，可以减少所需的压缩遍数。但是进料比 l_{n-1}/a_{n-1} 小时，对于一定长度的毛坯，压缩一遍所需的送进次数增多，因此有必要确定一个最佳的送进值。实际生产中确定送进量时常取 $l = (0.4 \sim 0.8)B$，式中 B 为平砧的宽度。

矩形截面坯料在平砧间拔长时的每一次压缩，其内部的变形情况与镦粗很相似。所不同的是拔长有"刚端"影响，表面应力分布和中心应力分布与拔长时的各变形参数有关。如当送进量小时，拔长变形区出现双鼓形，这时变形集中在上下表面层，中心不但锻不透，而且会出现轴向拉应力。当送进量大时，拔长变形区出现单鼓形。这时心部变形很大，能锻透，但在鼓形的侧表面和棱角处受拉应力。

② 型砧拔长的变形特点。型砧拔长是为了解决圆形截面坯料在平砧间拔长时轴向伸长小、横向展宽大而采用的一种拔长方法。坯料在型砧内受到砧面法线方向的侧向应力，可以减小坯料的横向流动，迫使金属沿轴向流动，提高拔长效率。

一般在型砧内拔长比平砧间拔长可提高生产率 $20\% \sim 40\%$。

③ 芯轴拔长的变形特点。芯轴上拔长与矩形截面坯料拔长一样，被上下型砧压缩的那一部分金属是变形区，其左右两侧金属为外端，变形区又可分为 A 区和 B 区，如图 5-26 所示。其中 A 区是直接受力区，B 区是间接受力区。B 区的受力和变形主要是由 A 区的变形引起的。

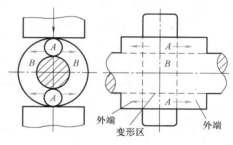

图 5-26 芯轴拔长时金属的变形流动情况

在平砧上拔长时，变形的 A 区金属沿轴向和切向流动，当 A 区金属沿轴向流动时，借助外端的作用拉着 B 区金属一道伸长，而 A 区金属沿切向流动时，则受到外端的限制，因此，芯轴拔长时外端起着重要的作用。外端对 A 区金属切向流动的限制越强烈，越有利于变形金属的轴向伸长；反之，则不利于变形区金属的轴向流动。如果没有外端的存在，则在平砧上拔长的环形件将被压成椭圆形，并变成扩孔变形。

在芯轴上拔长后取出芯轴也是一个重要问题，应采取以下两点措施：

a. 在芯轴上做出 $1/100 \sim 1/150$ 的锥度，一头有凸缘。表面加工应比较平滑，使用时应涂水剂石墨作润滑剂。

b. 按照一定顺序拔长，如图 5-27 所示，以使内孔壁与芯轴形成间隙，尤其是最后一遍拔长时应特别注意。在锻造时如果芯轴被锻件"咬住"（芯轴与锻件分不开），可将锻件放在平砧上，沿轴线轻压一遍，然后翻90°再轻压使锻件内孔扩大一些，即可取出芯轴。

（3）坯料拔长时易产生的缺陷与防止措施

1）表面横向裂纹与角部裂纹。在平砧上拔长低弹塑性材料和锭料时，在坯料外部常常引起表面横向裂纹和角部裂纹（图5-28），其开裂部位主要是受拉应力作

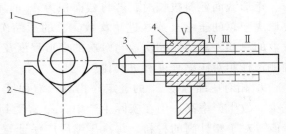

图 5-27　芯轴拔长

1—上砧　2—V型砧　3—芯轴　4—坯

用，而造成这种拉应力的原因是压缩量过大和送进量过大（出现单鼓形）。而角部裂纹除了变形原因外，因角部温度散热快，材料塑性有所降低，并且产生了温度附加拉应力而引起的。

根据表面裂纹和角部裂纹产生的原因，操作时主要控制送进量和一次压下的变形量；应及时进行倒角，以减少温降，改变角部的应力状态，避免裂纹产生。

2）表面折叠。表面折叠分为横向折叠与纵向折叠。折叠属于表面缺陷，一般经打磨后可去除，但较深的折叠会使锻件报废。表面横向折叠的产生，主要是送进量过小与压下量过大所引起

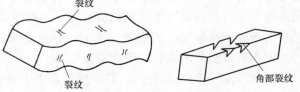

图 5-28　表面横向裂纹与角部裂纹

的，如图5-29所示。避免这种折叠的措施是增大送进量 l_0，使每次送进量与单边压缩量之比大于1.5，即 $l_0/(\Delta h/2)>1.5$。

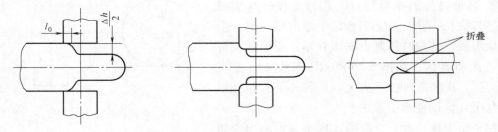

图 5-29　拔长横向折叠形成过程示意图（$l_0<\Delta h/2$ 时）

纵向折叠是在纠正坯料菱形截面时所产生的。这类折叠多数发生在有色金属拔长时。避免措施是在坯料拔长过程中，控制好翻转角度为90°，避免坯料出现菱形截面，同时还应注意选择合适的操作方式。

3）内部裂纹

① 内部纵向裂纹。内部纵向裂纹也称为中心开裂。这种裂纹的产生，主要是在平砧上拔长圆截面坯料时，拔长进给量太大，压下量相对较小，金属沿轴向流动小，横向流动大，而且中心部分没有锻透所引起的。防止该裂纹的产生，通常需要选择合理的压下量和进给量，使坯料中心部分得到足够量的变形，并确保金属沿轴向流动大于横向流动，还可采用V型砧拔长。对于方截面可采用型砧倒角的方法。

② 内部横向裂纹。如图 5-30 所示为拔长时锻件内部产生的横向裂纹，主要是由于相对压下量的大小（$l_0/h_0 < 0.5$）、拔长变形区出现双鼓形，而中心部位受到轴向拉应力的作用，从而产生中心横向裂纹。为防止产生该裂纹，可适当增大相对送进量，控制一次压下量；改变变形区的变形特征，避免出现双鼓形，使坯料变形区内应力分布合理；对于塑性较差的合金钢等材料，要选择合适的变形量。

③ 对角裂纹（十字裂纹）。拔长高合金工具钢或塑性较低的材料时，当送进量较大，且在坯料同一部位反复重击，常易产生对角裂纹（图 5-31）。为防止对角裂纹，必须控制锻造温度、进给量的大小，避免金属变形部分横向流动大于轴向流动，还应注意一次变形量不能过大和反复在同一部位上连续翻转锻打。

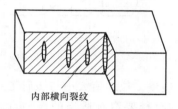

图 5-30　拔长时锻件的内部横向裂纹

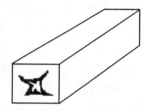

图 5-31　对角裂纹

4）端面缩口。这种缺陷主要是拔长的首次送进量太小，表面金属变形，而中心部位金属未变形或变形较小引起的。常采用在坯料端部变形时，应保证有足够的送进量和较大的压缩量，使中心部位金属得到充足的变形。

5）孔壁端部裂纹。孔壁端部裂纹指在芯轴上拔长时，由于受到芯轴表面的摩擦影响，以及内表面由于与芯轴接触温度比外表面低，变形抗力较大，使空心件外表面金属比内表面金属流动快而造成的裂纹。为了提高拔长效率和防止孔壁端部裂纹的产生，一般采取以下防止措施：

① 当空心件壁厚（t）与芯轴直径（d）的比值，即 $t/d > 0.5$ 时，一般采用上平砧下 V 型砧拔长。

② 当 $t/d \leq 0.5$ 时，上下均采用 V 型砧拔长。

③ 在平砧上拔长时，必须将坯料先锻成六边形，达成一定尺寸后，再倒角修圆。

④ 拔长时为了避免两端温度降低过低，应先拔长两端。

⑤ 芯轴在使用前应预热至 $150 \sim 250℃$。

（4）拔长操作方法　拔长操作方法是指坯料在拔长时的送进与翻转方法，一般有三种。

1）螺旋式翻转送进法。每压下一次，坯料翻转 90°，每次翻转为同一个方向，连续翻转，如图 5-32a 所示。这种方法坯料各面的温度均匀，因此变形也较均匀，用于锻造台阶轴时，可以减小各段轴的偏心。

2）往复翻转送进法。每次往复翻转 90°，如图 5-32b 所示。用该方法时，坯料只有两个面与下砧接触，而这两个面的温度较低。一般

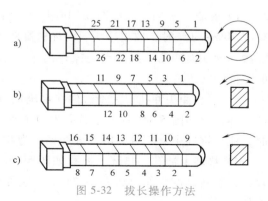

图 5-32　拔长操作方法

这种方法用于中小型锻件的手工操作中。

3）单面压缩法。即沿整个坯料长度方向压缩一面后，翻转 90°再压缩另一面，如图 5-32c 所示。这种方法常用于锻造大型锻件。因为这种操作易使坯料发生弯曲，在拔长另一面之前，应先翻转 180°将坯料校直后，再翻转 90°拔长另一面。

（5）压痕与压肩　在锻造阶梯轴类锻件时，为了锻出台阶和凹挡，应先用三角压棍压肩或用圆压棍压痕，切准所需的坯料长度，然后再分段局部拔长，如图 5-33 所示。这样可使过渡面平齐，减小相邻区的拉缩变形。

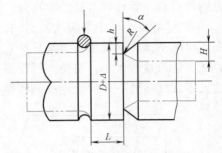

图 5-33　分段拔长时压痕与压肩

通常当 $H < 20mm$ 时，采用圆压棍压痕便可；当 $H > 20mm$ 时，应先压痕再压肩，压肩深度 $h = (1/2 \sim 2/3)H$。

压肩深度过大时，拔长后会在压肩处留有深痕或折叠，严重时可使锻件报废。压痕、压肩时，也有拉缩现象，拉缩值大小与压肩工具形状及锻件凸肩的长度有关。为此，锻件凸肩（法兰）部分的直径要留有适当的修整量 Δ，以便最后进行精整。

3. 冲孔

在坯料上锻制出通孔或不通孔的工序称为冲孔。冲孔工序常用于：锻件带有直径大于 30mm 的不通孔或通孔；需要扩孔的锻件应预先冲出通孔；需要拔长的空心件应预先冲出通孔。常用的冲孔方法有实心冲头冲孔（图 5-34a）、空心冲头冲孔（图 5-34b）、垫环上冲孔（图 5-34c）三种。

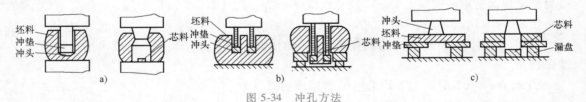

图 5-34　冲孔方法

a）实心冲头冲孔　b）空心冲头冲孔　c）垫环上冲孔

（1）分类及应用

1）实心冲头冲孔。如图 5-34a 所示，将实心冲头从坯料的一端冲入，当孔深达到坯料高度 70%~80%时，取出冲头，将坯料翻转 180°，再用冲头从坯料的另一面把孔冲穿。这种方法称为双面冲孔。其优点是操作简单，芯料损失较少，主要用于孔径小（400~500mm）的锻件。

2）空心冲头冲孔。大型锻件在水压机上冲孔时，当孔径大于 400mm 时，一般采用空心冲头冲孔，如图 5-34b 所示。冲孔时坯料形状变化较小，但芯料损失较大。当锻造大锻件时，能将钢锭中心质量差的部分冲掉。为此，钢锭冲孔时，应把钢锭冒口端向下。

3）垫环上冲孔。垫环上冲孔如图 5-34c 所示。冲孔时坯料形状变化很小，但芯料损失较大，芯料高度为 $h = (0.7 \sim 0.75)H$。这种冲孔方法只适应高径比 $H_0/D_0 < 0.125$ 的薄饼类锻件。

（2）冲孔变形过程分析　冲孔是局部加载、整体受力、整体变形。将坯料分为直接受力区（A 区）和间接受力区（B 区）两部分（图 5-35）。B 区的受力主要是由 A 区的变形引起的。

A 区和 B 区的应力应变特点：

1）A 区金属的变形可看作是环形金属包围下的镦粗。A 区金属被压缩后高度减小，横截面积增大，沿径向外流，但受到环壁的限制，故处于三向受压的应力状态。通常 A 区内的金属不是同时进入塑性状态的，在冲头端部下面的金属由于摩擦力的作用成为难变形区，当坯料较高时，由于沿加载方向受力面积逐渐扩大，应力的绝对值逐渐减小，造成变形由上往下逐渐发展。随着冲头的下降，变形区也逐渐下移（图 5-35）。由于是环形金属包围下的镦粗，故冲孔时的单位压力比自由镦粗时要大，环壁越厚，单位冲孔力也越大。单位冲孔力的公式为

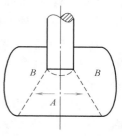

图 5-35　冲孔变形区分布

$$p = \sigma_{\mathrm{s}}\left(2 + 1.1\ln\frac{D}{d}\right) \tag{5-18}$$

式中，p 为单位冲孔力；σ_{s} 为材料的屈服强度；D 为坯料直径；d 为孔径。

可见 D/d 越大，即环壁越厚时，单位冲孔力 p 也越大。

2）B 区的受力和变形主要是由于 A 区的变形所致。由于作用力分散传递的影响，B 区金属在轴向也受一定的压应力，越靠近 A 区其轴向压应力越大。冲孔时坯料的形状变化情况与 D_0/d 关系很大，如图 5-36 所示。一般有三种可能的情况：

$D_0/d \leqslant 2 \sim 3$ 时，拉缩现象严重，外径明显增大，如图 5-36a 所示。

$D_0/d = 3 \sim 5$ 时，几乎没有拉缩现象，而外径仍有所增大，如图 5-36b 所示。

$D_0/d > 5$ 时，由于环壁较厚，扩径困难，多余金属挤向端面形成凸台，如图 5-36c 所示。

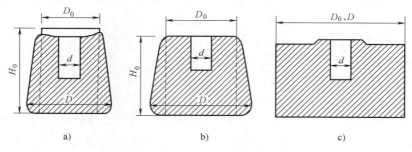

图 5-36　冲孔时坯料形状变化的情况

坯料冲孔后的高度，总是小于或等于坯料原高度 H_0。随着总孔深度的增加，坯料高度将逐渐减小。但当超过某极限值后，坯料高度反而又增加，这是由于坯料底部产生翘底现象的缘故。当 D/d 的比值越小，拉缩现象越严重。这是由于 A 区的金属是同一连续整体，被压缩的 A 区金属必将拉着 B 区金属同时下移。这种作用的结果使上端面下凹，而高度减小。

综上所述，实心冲头冲孔时，坯料直径与孔径之比 D/d 应大于 $2.5 \sim 3$，坯料高度要小于坯料直径，即 $H_0 < D_0$。坯料高度可按以下考虑：

当 $D/d \geqslant 5$ 时，取 $H_0 = H$。

当 $D/d <$ 时，取 $H_0 = (1.1 \sim 1.2)H$。

式中，H 为冲孔后要求的高度；H_0 为冲孔前坯料的高度。

（3）冲孔质量问题及防止措施 在冲孔时如果操作不当、坯料尺寸不合适、坯料温度不均匀等，可能会使锻件形状"走样"，产生孔冲偏、斜孔、裂纹等缺陷。

1）走样。产生这种变形的原因主要是环壁厚度太小，环壁厚度越小，冲孔件走样越严重。一般在冲孔前，应将坯料镦至 $D_0/d>3$ 后再冲孔，冲孔后可进行端面整平，以达到锻件的尺寸要求。

2）孔冲偏。引起孔冲偏的原因很多，如冲头放偏、环形部分金属性质不均、坯料加热温度不均匀、冲头各处的圆角和斜度不一致等，均可产生孔冲偏。可在初期，先用冲头在坯料上压一浅印，经目视观察确定冲印在坯料中心后，再在原位继续下冲。如果因坯料温度不均匀引起的偏心，在坯料加热时，使坯料温度均匀后再进行冲孔。尽量采用平冲头，并使冲头各处的圆角和斜度加工得均匀一致。另外，原坯料高度 H_0 一般要小于 D_0，在个别情况下，采用 $H_0/D_0 \leqslant 1.5$。

3）斜孔。若操作不当，坯料或工具不规范，坯料两端不平行，冲头端面与轴线不垂直，冲头本身弯曲，操作时坯料未转动或转动不均匀，冲头压入坯料初产生倾斜等，均会造成斜孔。因此，在冲孔前，坯料端面要进行压平，冲头要标准；在冲头压入坯料后，要检查冲头是否与坯料端面垂直；冲孔过程中，应不断转动坯料，尽量使冲头受力均匀。

4）裂纹。低弹塑性材料或坯料温度较低时，则在开式冲孔过程中常在坯料外侧面和内孔圆角处产生纵向裂纹。防止冲孔时产生裂纹的方法：一是增大 D_0/d 的比值，减小冲孔坯料走样程度；二是冲低弹塑性材料时，不仅要求冲头锥度要小，而且要采用多次加热冲孔的方法，逐步冲成。

4. 扩孔

减小空心坯料壁厚而使其内、外径增大的锻造工序称为扩孔。扩孔工序用于锻造各种带孔锻件和圆环类锻件。在自由锻中，常用的扩孔方法有冲头扩孔、芯轴扩孔和碾压扩孔。另外，还有楔扩孔、液压扩孔和爆炸扩孔等不太常用的一些方法。

此外，从变形区的应变情况来看，扩孔又可分为拔长类扩孔（如芯轴扩孔和碾压扩孔）和胀形类扩孔（如冲头扩孔、楔扩孔、液压扩孔和爆炸扩孔等）。

（1）冲头扩孔 如图 5-37 所示，冲头扩孔是采用直径比空心坯料内孔要大并带有锥度的冲头，穿过坯料内孔而使其内、外径扩大。

冲头扩孔一般用于 $D_0/d>1.7$ 和 $H_0/D_0 \geqslant 0.125$ 且壁厚不太薄的锻件（D_0 为锻件外径）。

（2）芯轴扩孔 图 5-38 所示为芯轴扩孔示意图，它是将芯轴穿过空心坯料并放在支架上，然后将坯料每转过一个角度压下一次，逐渐将坯料的壁厚压薄、内外径扩大。

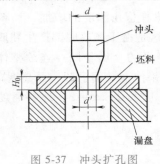

图 5-37 冲头扩孔图

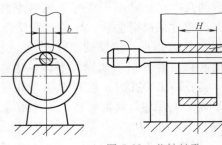

图 5-38 芯轴扩孔

1—扩孔型砧 2—坯料 3—芯轴 4—支架

芯轴扩孔时，为保证锻件壁厚均匀，每次转动量和压缩量应尽可能一致。另外，在批量生产时，为提高扩孔的效率，可以采用窄上砧（$b = 100 \sim 150\mathrm{mm}$）。

5. 弯曲

将坯料弯成所规定外形的锻造工序称为弯曲，这种方法可用于锻造各种弯曲类锻件，如起重吊钩、弯曲轴杆等。

坯料弯曲时，变形区金属内侧受压缩，可能产生折叠，外侧金属受拉伸，容易引起裂纹，而且弯曲处坯料断面形状要发生畸变，如图 5-39 所示，断面面积减小，长度略有增加。弯曲半径越小，弯曲角度越大，上述现象越严重。

由于上述原因，坯料弯曲时，一般将坯料断面比锻件断面增大 $10\% \sim 15\%$，锻时先将不弯曲部分拔长到锻件尺寸，然后再进行弯曲成形。此外，坯料加热要均匀，最好仅加热弯曲段。

当锻件有数处弯曲部分时，弯曲的次序一般是先弯端部及弯曲部分与直线部分的交界处，然后再弯其余的圆弧部分。

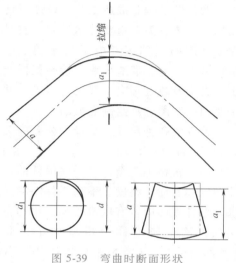

图 5-39　弯曲时断面形状

6. 错移

将坯料的一部分相对另一部分平行错移开的锻造工序称为错移。这种方法常用于锻造曲轴类锻件等。错移的方法有两种：一种是在一个平面内错移，如图 5-40a 所示；另一种是在两个平面内错移，如图 5-40b 所示。

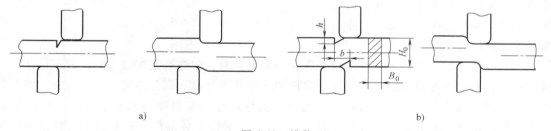

a)　　　　　　　　　　　　　　　　　　　b)

图 5-40　错移

a) 在一个平面内错移　b) 在两个平面内错移

错移前坯料压肩的尺寸可按下式确定，即

$$h = \frac{H_0 - 1.5d}{2} \tag{5-19}$$

$$b = \frac{0.9V}{H_0 B_0} \tag{5-20}$$

式中，H_0、B_0 为坯料高与宽；d、V 为锻件轴颈直径和轴颈体积。

5.3.3　自由锻工艺过程的制订

自由锻工艺规程一般包括以下内容：①根据零件图绘制锻件图；②确定坯料的质量和尺

寸；③制订变形工艺和确定锻造比；④选择锻造设备；⑤确定锻造温度范围，制订坯料加热和锻件冷却规范；⑥制订锻件热处理规范；⑦制订锻件的技术条件和检验要求；⑧填写工艺规程卡片等。

在制订自由锻工艺规程时，必须密切结合现有的生产条件、设备能力和技术水平等实际情况，力求经济合理、技术先进，并能确保正确指导生产。

1. 锻件图的制订与绘制

锻件图是编制锻造工艺、设计工具、指导生产和验收锻件的主要依据，也是联系其他后续加工工艺有关的重要技术资料。它是在零件图的基础上考虑了机械加工余量、锻件公差、锻造余块、检验试样及工艺夹头及热处理夹头等工艺因素，并按照国家制图标准绘制而成的。

锻件的各种尺寸、余量和公差的关系如图 5-41 所示。

（1）机械加工余量 一般锻件的尺寸精度和表面粗糙度达不到零件图的要求，锻件表面应留有供机械加工用的金属层，该金属层称为机械加工余量（简称余量）。其大小主要取决于零件的形状尺寸、加工精度、表面质量要求、锻造加热质量、设备工具精度和操作技术水平等。对于非加工面，则无须加放余量。零件公称尺寸加上余量，即为锻件公称尺寸。

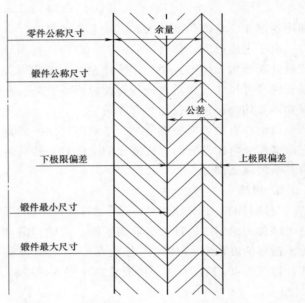

图 5-41 锻件的各种尺寸、余量和公差的关系

（2）锻件公差 锻造生产中，由于各种因素的影响，如终锻温度的差异，锻压设备、工具的精度和工人操作技术水平的差异，锻件实际尺寸不可能达到公称尺寸，允许有一定的偏差，这种偏差称为锻件公差，锻件尺寸大于其公称尺寸的偏差称为上极限偏差（正偏差），小于其公称尺寸的偏差称为下极限偏差（负偏差）。锻件上各部位不论是否需机械加工，都应注明锻件公差。通常锻件公差为余量的 1/4 ~ 1/3。

（3）锻造余块（敷料） 为了简化锻件外形或根据锻造工艺需要，零件上较小的孔、狭窄的凹槽、直径差较小而长度不大的台阶等（图 5-42）难以锻造的地方，通常都需填满金

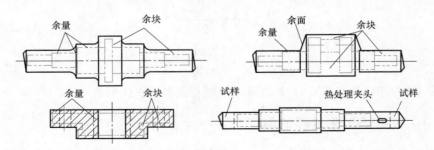

图 5-42 锻件的各种余块

属，这部分附加的金属称为锻造余块，又称为敷料。

（4）检验试样及工艺夹头　除了锻造工艺要求加放余块之外，对于某些有特殊要求的锻件，还需在锻件的适当位置添加试验余料，以供锻后检验锻件内部组织及力学性能。另外，为了锻后热处理的吊挂、夹持和机械加工的夹持定位，常在锻件的适当位置增加部分工艺余块和夹头。这样设计的锻件形状与零件形状往往有差异。

（5）绘制锻件图

1）确定锻件形状。确定锻件形状要对锻件的一些台阶、小孔考虑是否需要简化，根据设备吨位大小、工厂生产条件、技术条件来取得锻件图（参阅 GB/T 21471—2008 标准中的规定确定锻件形状）。

2）确定余量和公差。对于锤上自由锻件的余量公差参阅 GB/T 21471—2008，对于液压机上自由锻件的加工余量可参阅 JB/T 9179.1—2013～JB/T 9179.8—2013。

3）绘制锻件图。在余量、公差和各种余块确定后，便可绘制锻件图。在锻件图中，锻件的形状用粗实线描绘。为了便于了解零件的形状和检验锻后的实际余量，一般在锻件图内用双点画线画出零件形状（零件的外轮廓）。锻件的尺寸、公差标注在尺寸线上面，零件的公称尺寸加括号后标注在相应尺寸线下面。如锻件带有检验试样、热处理夹头时，在锻件图上应注明其尺寸和位置。在图上无法表示的某些要求，以技术条件的方式加以说明。

2. 坯料质量和尺寸的确定

自由锻用原材料有两种：一种是型材、钢坯，多用于中小型锻件；另一种是钢锭，主要用于大中型锻件。

（1）坯料质量的计算　坯料质量 $m_{坯}$ 应包括锻件的质量和各种损耗的质量，可按下式计算，即

$$m_{坯} = (m_{锻} + m_{芯} + m_{切})(1 + \delta) \qquad (5-21)$$

式中，δ 为钢料加热烧损率，与所用加热设备类型等因素有关；$m_{锻}$ 为锻件质量（kg），按锻件公称尺寸算出体积，然后再乘以密度即可求得；$m_{芯}$ 为冲孔芯料损失（kg），取决于冲孔方式、冲孔直径（d）和坯料高度（H_0），具体可按下式计算：

实心冲头冲孔：
$$m_{芯} = (0.15 \sim 0.2)d^2 H_0 \rho \qquad (5-22)$$

空心冲头冲孔：
$$m_{芯} = 0.78 d^2 H_0 \rho \qquad (5-23)$$

垫环冲孔：
$$m_{芯} = (0.55 \sim 0.6)d^2 H_0 \rho \qquad (5-24)$$

式中，ρ 为锻造材料的密度（g/mm^2）。

$m_{切}$ 为锻件拔长端部由于不平整而应切除的料头质量（kg），其与切除部位的直径（D）或截面宽度（B）和高度（H）有关，具体可按下式计算：

圆形件：
$$m_{切} = (0.21 \sim 0.23)D^3 \rho \qquad (5-25)$$

短形件：
$$m_{切} = (0.28 \sim 0.3)B^2 H \rho \qquad (5-26)$$

（2）坯料尺寸的确定　坯料尺寸与锻件成形工序有关，采用工序不同，坯料尺寸计算方法也不同。由于坯料质量已求出，将其除以材料密度 ρ 即可得到体积 $V_{坯}$，即

$$V_{坯} = \frac{m_{坯}}{\rho} \qquad (5-27)$$

当头道工序采用镦粗法锻造时，为避免产生弯曲，坯料的高径比应小于 2.5；为便于下

料，高径比则应大于 1.25，即

$$1.25 \leqslant \frac{H_0}{D_0} \leqslant 2.5 \tag{5-28}$$

将上述条件代入 $V_{坯} = \frac{\pi}{4} D_0^2 H_0$ 后，便可得到坯料直径 D_0（或方形料边 a_0）的计算式，即

$$D_0 = (0.8 \sim 1.0) \sqrt[3]{V_{坯}} \tag{5-29}$$

$$a_0 = (0.75 \sim 0.9) \sqrt[3]{V_{坯}} \tag{5-30}$$

当头道工序为拔长时，原坯料直径应按锻件最大截面积 $A_{锻}$，并考虑锻造比 K_L 和修整量等要求来确定。从满足锻造比要求的角度出发，原坯料截面积 $A_{坯}$ 为

$$A_{坯} = K_L A_{锻} \tag{5-31}$$

由此可算出原坯料直径 D_0，即

$$D_0 = 1.13 \sqrt{K_L A_{锻}} \tag{5-32}$$

初步算出坯料直径 D_0（或边长 a_0）后，按材料规格标准，圆整到标准直径或标准边长的坯料，然后根据选定的直径（或边长），计算坯料高度（即下料长度）：

圆坯料：
$$H_0 = \frac{V_{坯}}{\frac{\pi}{4} D_0^2} \tag{5-33}$$

方坯料：
$$H_0 = \frac{V_{坯}}{a_0^2} \tag{5-34}$$

（3）钢锭规格的选择　当选用钢锭为原坯料时，选择钢锭规格的方法有两种。

1）首先确定钢锭的各种损耗，求出钢锭的利用率 η 为

$$\eta = [1 - (\delta_{冒口} + \delta_{锭底} + \delta_{烧损})] \times 100\% \tag{5-35}$$

式中，$\delta_{冒口}$、$\delta_{锭底}$ 分别为保证锻件质量被切去的冒口和锭底的质量占钢锭质量的百分比；$\delta_{烧损}$ 为加热烧损率。

碳素钢钢锭：$\delta_{冒口} = 18\% \sim 25\%$，$\delta_{锭底} = 5\% \sim 7\%$。

合金钢钢锭：$\delta_{冒口} = 25\% \sim 30\%$，$\delta_{锭底} = 7\% \sim 10\%$。

然后计算钢锭的计算质量 $m_{锭}$ 为

$$m_{锭} = \frac{m_{锻} + m_{损}}{\eta} \tag{5-36}$$

式中，$m_{锻}$ 为锻件质量；$m_{损}$ 为除冒口、锭底及烧损以外的损耗质量；η 为钢锭利用率。

2）根据锻件类型，参照经验资料先定出概略的钢锭利用率 η（表 5-6），然后求得钢锭的计算质量 $m_{锭} = m_{锻} / \eta$，再从有关钢锭规格表中，选取所需的钢锭规格。

表 5-6　各类锻件的钢锭利用率 η　　　　　　（100%）

锻件种类	钢锭利用率 η	锻件种类	钢锭利用率 η
圆光轴	58~62	空心圆柱体	58~60
台阶轴	58~60	空心圆柱体带有锻合的两端	55~58
曲轴	55~58	圆盘件	45~55
矩形光轴	57~60	环形锻件	60~65
矩形台阶轴	57~59	复杂外形锻件	50~55
板状锻件	50~60	离合器	55~58
混合断面件	55~57	锤头	50~55

3. 制订变形工艺和确定锻造比

（1）制订变形工艺　制订变形工艺的内容主要包括确定锻件成形必须采用的变形工序以及各变形工序的顺序、计算坯料工序尺寸等。制订变形工艺是编制自由锻工艺规程最主要的部分。对于同一锻件，不同的工艺规程会产生不同的效果。锻件所需的变形工序及工序顺序安排应根据锻件的形状、尺寸和技术要求，并结合现有的生产条件来综合考虑。此外，还应参考相关工艺的技术资料等具体确定。变形工序的确定要点如下：

1）根据锻件所需力学性能的不同要求采用不同的锻造工序。拔长工序适合于轴向力学性能要求较高的锻件；镦粗工序适合于径向力学性能要求较高的锻件；对于轴向和径向力学性能要求较高的锻件，可采用镦粗和拔长相结合的工序。

2）饼块类锻件的变形工艺，一般均以镦粗成形。当锻件带有凸肩时，可根据凸肩尺寸选取垫环镦粗或局部镦粗。若锻件的孔可冲出，则还需采取冲孔工序。

3）轴杆类锻件的变形工艺，主要采用拔长工序。当坯料直接拔长不能满足锻造比的要求时，或锻件要求横向力学性能较高时，以及锻件带有台阶尺寸相差较大的法兰时，则应采用镦粗—拔长联合变形工序。

4）空心类锻件的变形工艺，一般均需镦粗、冲孔，有的稍加修整便可达到锻件尺寸，有的需要扩孔来扩大其内、外径，有的还需要芯轴拔长，以增加其长度，具体工艺方案，要视锻件几何尺寸而定。

坯料的各工序尺寸设计和工序选择是同时进行的，在确定各工序毛坯尺寸时应注意下列事项：

① 工序尺寸必须符合工艺特点和各工序的变形规则。

② 必须保持各部分有足够的体积。例如，台阶尺寸相差较大的轧辊形锻件的辊身，可按其公称长度下料，或按其计算质量（直径应加正公差）下料。

③ 多火次锻打大件时必须注意中间各火次加热的可能性。

④ 有些长轴类锻件的轴向尺寸要求精确，且沿轴向又不能镦粗的（例如曲轴），必须预计到轴向在修整时会略有伸长。

（2）确定锻造比　锻造比（常用 K_L 来表示）是表示锻件变形程度的指标，它指的是锻件拔长或镦粗前后的截面积之比或高度之比，即 $K_L = A_0/A = D_0^2/D^2$ 或 $K_L = H_0/H$（A_0、D_0、H_0 和 A、D、H 分别为锻件锻造前后的截面积、直径和高度）。

锻造比也是衡量锻件质量的一个重要指标，它的大小能反映锻造对锻件组织和力学性能的影响。一般规律是，随着锻造比增大，锻件的内部缺陷被焊合，铸态树枝晶被打碎，锻件的纵向和横向力学性能均可得到提高；当锻造比超过一定数值时，由于形成纤维组织，垂直于纤维方向的力学性能（塑性和韧性）急剧下降，导致锻件出现各向异性。因此，在制订锻造工艺规程时，应合理地选择锻造比的大小。

对用钢材锻制的锻件（莱氏体钢锻件除外），一般不必考虑锻造比。用钢锭（包括有色金属铸锭）锻制大型锻件时，就必须考虑锻造比。由于各锻造工序变形特点不同，则各工序锻造比和变形过程总锻造比的计算方法也不尽相同，因此，可参照表5-7计算。另外，为了合理选择锻造比，表5-8列出了各类典型锻件的总锻造比要求，使用时可作为参考。

表 5-7　锻造工序锻造比和变形过程总锻造比的计算方法

序号	锻造工序	变形简图	总锻造比
1	钢锭拔长		$K_L = \dfrac{D_1^2}{D_2^2}$
2	坯料拔长		$K_L = \dfrac{D_1^2}{D_2^2}$ 或 $K_L = \dfrac{l_2}{l_1}$
3	两次镦粗拔长		$K_L = K_{L1} + K_{L2} = \dfrac{D_1^2}{D_2^2} + \dfrac{D_3^2}{D_4^2}$ 或 $K_L = \dfrac{l_2}{l_1} + \dfrac{l_4}{l_3}$
4	芯轴拔长		$K_L = \dfrac{D_0^2 - d_0^2}{D_1^2 - d_1^2}$ 或 $K_L = \dfrac{l_1}{l_0}$
5	芯轴扩孔		$K_L = \dfrac{A_0}{A_1} = \dfrac{D_0^2 - d_0^2}{D_1^2 - d_1^2}$ 或 $K_L = \dfrac{t_0}{t_1}$
6	镦粗		轮毂 $K_L = \dfrac{H_0}{H_1}$，轮缘 $K_L = \dfrac{H_0}{H_2}$

注：1. 钢锭倒棱锻造比不计算在总锻造比之内。
　　2. 连续拔长或连续镦粗时，总锻造比等于分锻造比的乘积，即 $K_L = K_{L1} K_{L2}$。
　　3. 两次镦粗拔长和两次镦粗间有拔长时，可按总锻造比等于两次分锻造比之和计算，即 $K_L = K_{L1} + K_{L2}$，并且要求分锻造比 $K_{L1} K_{L2} > 2$。

表 5-8　典型锻件的总锻造比

锻件名称	计算部位	总锻造比	锻件名称	计算部位	总锻造比
碳素钢轴类锻件 合金钢轴类锻件	最大截面 最大截面	2.0~2.5 2.5~3.0	曲轴	曲拐 轴颈	≥2.0 ≥3.0
热轧钢	辊身	2.5~3.0	锤头	最大截面	≥2.5
冷轧钢	辊身	3.5~5.0	模块	最大截面	≥3.0
齿轮轴	最大截面	2.5~3.0	高压封头	最大截面	3.0~5.0
船用主轴、中间轴、 推力轴	法兰 轴身	>1.5 ≥3.0	汽轮机转子 发电机转子	轴身 轴身	3.5~6.0 3.5~6.0
水轮机主轴	法兰 轴身	最好≥1.5 ≥2.5	汽轮机叶轮 旋翼轴、涡轮机	轮毂 法兰	4.0~6.0 6.0~8.0
水压机立柱	最大截面	≥3.0	航空用大型锻件	最大截面	6.0~8.0

注：1. 对于热轧辊，一般取 3.0，对小型轧辊可取 2.5。

　　2. 对于冷轧辊，支承辊锻造比可减小到 3.0。

4. 选择锻造设备

自由锻常用的设备为锻锤和液压机。这类设备虽无过载损坏问题，但若设备吨位选得过小，则锻件内部锻不透，而且生产率低；相反，若设备吨位选得过大，不仅浪费动力，而且大设备的工作效率低，同样也影响生产率和锻件成本。因此，正确选择锻造设备吨位是编制工艺规程的重要环节之一。

锻造设备吨位主要与变形面积、锻件材质、变形温度等因素有关。在自由锻中，变形面积由锻件大小和变形工序性质而定。镦粗时锻件与工具的接触面积相对于变形工序要大得多，而很多锻造过程均与镦粗有关。因此，常以镦粗力的大小来选择设备。确定设备吨位的方法有理论计算法和经验类比法两种。

（1）理论计算法　理论计算法是根据塑性成形理论建立的公式来计算设备吨位。

1）液压机上锻造。液压机锻造时，锻件所需最大变形力可按以下公式计算，即

$$F = pA \tag{5-37}$$

式中，F 为变形力（N）；A 为坯料与工具的接触在水平方向上的投影面积（mm^2）；p 为坯料与工具接触面上的平均单位压力（MPa）。

2）锻锤上锻造。在锻锤上自由锻时，由于其打击力是不定的，所以应根据锻件成形所需变形功来计算设备的打击能量或吨位。

（2）经验类比法　经验类比法是在统计分析生产实践数据的基础上，总结归纳出的经验公式或图表，用来估算所需锻造设备吨位的一种方法。锻锤吨位 m（kg）可按如下工序计算。

1）镦粗时：
$$m = (0.002 \sim 0.003) k A_{镦} \tag{5-38}$$

式中，k 为与钢材抗拉强度有关的系数；$A_{镦}$ 为锻件镦粗后的横截面面积（cm^2）。

2）拔长时：
$$m = 2.5 A_{坯} \tag{5-39}$$

式中，$A_{坯}$ 为坯料横截面面积（cm^2）。

5. 编写工艺卡片

锻件工艺方案经计算后成为工艺规程，将内容填写在工艺卡片上，作为锻件生产的基本文件之一。工艺卡片一般包括锻件名称、图号，锻件图，坯料规格、质量、尺寸和材料牌号、锻件质量技术要求、加热火次和工序变形过程，工具简图，锻压设备，加热冷却规范，热处理方法和验收方法等项目。由于各厂生产条件不同，工艺卡片的格式也不相同，一般锤上锻件工艺卡片较简单，而液压机上锻件工艺卡片则比较复杂，根据锻件的重要程度，可编写续页补充满足生产操作的需要。

5.3.4 自由锻工艺实例

1. 液压机自由锻热轧辊锻件工艺示例

（1）热轧辊零件图　如图 5-43 所示，轧辊材料为 60CrMnMo，生产数量为 1 件。热轧辊技术条件中无力学性能的要求，因此锻件不留试样，这类锻件也不需要热处理吊卡头和机械加工特殊余块。

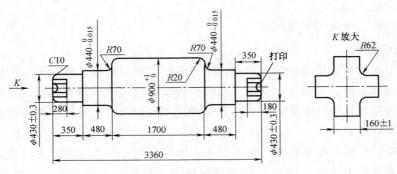

图 5-43　热轧辊零件图

（2）绘制热轧辊锻件图　从有关标准中可查得粗加工和热处理余量 $a=14\text{mm}$，粗加工外圆角半径 $R_1=15\text{mm}$，内圆角半径 $R_2=30\text{mm}$，绘制粗加工图。由于轧辊两端的梅花头凹槽不能锻出，故需加余块，如图 5-44 所示。

根据锻件形状和尺寸查有关标准中的相应锻件，得到轧辊中间直径的余量及公差为 $46\text{mm}\pm34\text{mm}$，轧辊两端直径的余量及公差为 $38\text{mm}\pm26\text{mm}$，绘制锻件图，如图 5-45 所示。

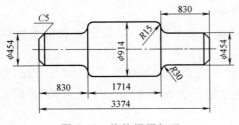

图 5-44　热轧辊粗加工

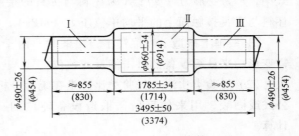

图 5-45　热轧辊锻件

（3）确定钢锭质量　大中型锻件按基本尺寸加上 $\frac{1}{2}$ 上偏差来计算锻件质量。

$$m_{锻}=m_{\text{I}}+m_{\text{II}}+m_{\text{III}}+2m_{余面}$$

其中，$m_\text{I} = m_\text{II} = 6.16D^2L = 6.16\text{kg/mm}^3 \times 5.03^2\text{mm}^2 \times 8.63\text{mm} \approx 1345\text{kg}$

$m_\text{III} = 6.16\text{kg/mm}^3 \times 9.77^2\text{mm}^2 \times 18.02\text{mm} \approx 10596\text{kg}$

$m_\text{余面} = 0.18(D-d)^2(D+2d)$

$\quad\quad = 0.18\text{kg/mm}^3 \times (9.77-5.03)^2\text{mm}^2 \times (9.77+2\times5.03)\text{mm} = 80.2\text{kg}$

取 $m_\text{余面} = 80\text{kg}$，则

$$m_\text{锻} = m_\text{I} + m_\text{II} + m_\text{III} + 2m_\text{余面} = 1345\text{kg} + 1345\text{kg} + 10596\text{kg} + (2\times80)\text{kg} = 13446\text{kg}$$

钢锭利用率 η 查表 5-6，台阶轴类锻件为 $58\%\sim60\%$，按 60% 计算得

$$m_\text{锭} = \frac{m_\text{锻}}{\eta} = \frac{13446\text{kg}}{0.6} = 22410\text{kg}$$

根据钢锭规格，初选 22t 钢锭，如图 5-46 所示。

（4）确定锻造比 K_L　查表 5-8 可知，一般情况下热轧辊 $K_\text{L} = 2.5\sim3$，验算初选的钢锭截面积是否满足 K_L 的要求，即 $K_\text{L} = \dfrac{A_\text{锭}}{A_\text{锻}} = \dfrac{1063^2}{960^2} = 1.2 < (2.5\sim3)$。

上述计算未能满足要求，则应采用镦粗后拔长的工艺方案。

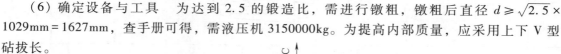

图 5-46　22t 钢锭尺寸

（5）拟定锻造工序　参照类似产品的锻造工艺，确定锻造工序方案如下：

第一火：压钳把→倒棱→切锭尾。

第二火：镦粗→预拔长→分段压印→拔长至锻件尺寸。

（6）确定设备与工具　为达到 2.5 的锻造比，需进行镦粗，镦粗后直径 $d \geqslant \sqrt{2.5 \times 1029}\text{mm} = 1627\text{mm}$，查手册可得，需液压机 3150000kg。为提高内部质量，应采用上下 V 型砧拔长。

（7）确定加热、冷却和热处理规范

1）加热规范。通常，大型合金钢钢锭采用热运送，根据某厂热钢锭加热规范来定出加热温度变化曲线，如图 5-47 所示。始锻温度 1200℃，终锻温度 800℃，修整温度不低于 700℃。第二火直接进入高温炉中进行快速加热，其加热曲线与热锭加热曲线相同。

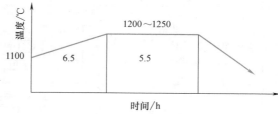

图 5-47　22t 60CrMnMo 热锭加热曲线

2）锻件冷却和热处理规范。由锻件尺寸参照某厂锻后冷却及热处理规范，确定图 5-48 所示冷却、热处理规范。

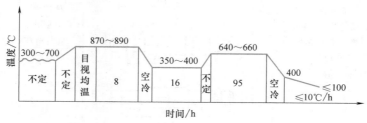

图 5-48　60CrMnMo 热轧辊冷却、热处理规范

（8）制订工时定额和确定锻件级别　参照某厂工时定额标准，定出工时定额为：第一火0.4 台时，第二火 2.2 台时。根据国家标准中相应锻件，查得该锻件为Ⅲ级。

（9）填写工艺卡片　将上述编好的工艺规程填入工艺卡片，见表 5-9。

表 5-9　液压机自由锻造热轧辊工艺卡片

锻件	名称	热轧辊	材料参数						
	生产件数	1	项目	锻件	烧损	冒口切头	底部切头	其他	共计
	钢号	60CrMnMo	质量/kg	13446	770	5500	1540	744	22000
	生产号		占总量(%)	61	3.5	25	7	3.5	100

工艺参数		锻件图
锻造比	3:1	
锻件级别	Ⅲ	
单件台时	2.6	
锭型	普通锥度锭	技术要求：
锭小头直径/mm	1029	1. 锻后等温冷却处理。
锭大头直径/mm		2. 热处理硬度：196～269HBW。
锭身长度		
锭身质量/kg	22590	编制　　　审核　　　组长　　　会审

火次	温度/℃	操作说明	变形过程	工具	设备/kN	冷却
		钢锭				
1	1200～800	1. 压钳把 2. 倒棱 3. 切底		上平砧 下 V 型砧	3150000 液压机	返炉
2	1200～800，修正温度不低于 700	4. 镦粗 5. 预拔长到 1100mm 6. 分段压槽 7. 拔长到 φ490mm 切下部残料 8. 拔长Ⅲ到 φ490mm 9. 修整辊中 φ960mm 10. 矫直锻件 11. 剁下锻件		球面镦粗拔长下镦盘、上下 V 型砧、三角形剁刀	3150000 液压机	送热处理工段

5.4 | 模锻工艺

模锻是指在模锻设备上，利用高强度锻模，使金属坯料在具有一定形状和尺寸的模膛内受冲击力或静压力产生塑性变形，而获得所需形状、尺寸以及内部质量锻件的加工方法。在变形过程中由于模膛对金属坯料流动的限制，因而锻造终了时可获得与模膛形状相符的模锻件。

与自由锻相比，模锻具有如下优点：

1）生产率较高。金属的变形在模膛内进行，故能较快获得所需形状。

2）能锻造形状复杂的锻件，并可使金属流线分布更为合理，延长零件寿命。

3）模锻件的尺寸较精确，表面质量较好，加工余量较小。

4）节省材料，减少切削加工工作量。在大批量生产条件下能降低零件成本。

5）模锻操作简单，劳动强度低。

但模锻生产受模锻设备吨位限制，模锻件的质量一般在 150kg 以下。模锻设备投资较大，模具费用较昂贵，工艺灵活性较差，生产准备周期较长。因此，模锻适合于小型锻件的大批量生产，不适合单件小批量生产以及中、大型锻件的生产。

模锻按模锻时有无飞边可把模锻分为开式模锻（图 5-49a）和闭式模锻（图 5-49b）。模锻时，多余金属由飞边处流出，由于飞边部分减薄，径向阻力增大，可以使金属充满模膛，这种方式即是开式模锻。闭式模锻又称为无飞边模锻，即在成形过程中模膛是封闭的，特别有利于低塑性材料的成形。

根据所使用的设备分为锤上模锻、压力机上模锻、胎模锻等。

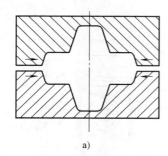
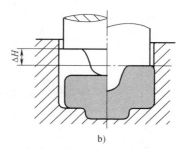

图 5-49　开式模锻与闭式模锻

a）开式模锻　b）闭式模锻

1）锤上模锻是在自由锻、胎模锻基础上发展起来的一种锻造生产方法。锻锤与其他锻压设备相比，具有工艺适应性强、生产率高、设备造价低的优点。模锻锤的打击能量可调整，能够实现轻重缓急打击。毛坯在不同能量的多次锤击下，经过镦粗、打扁、拔长、滚挤、弯曲、卡压、成形、预锻和终锻等各类工步，使各种形状的锻件得以成形。因此，具有一定规模的锻造厂都配备有不同吨位的模锻锤。

2）压力机上模锻可分为曲柄压力机模锻、平锻机模锻、螺旋压力机模锻、水压机模锻及其他专用设备（如精压机、辊锻机、旋转锻机、扩孔机、弯曲机等）模锻。压力机上模锻由于其设备的结构及工艺特点，可以较好地满足现代工业的迅速发展，特别是自动化程度很高的热模锻曲柄压力机上模锻，可以生产出高质量、高精度、大批量锻件，从而大幅度提高锻件生产率。

3）胎模锻是在自由锻设备上用胎模生产锻件的一种方法。一般采用自由锻制坯、胎模中成形的工艺方法，因此，其工艺非常灵活，可以锻造出许多类别的锻件。但胎模锻件的尺寸精度和表面质量较低、工人劳动强度大、生产率低，而且锤砧易磨损使表面不平，胎模寿命也较短。

5.4.1 模锻工艺规程的制订及工艺方案的选择

1. 模锻件的分类

模锻工艺与锻件外形密切相关，形状相似的锻件，其模锻工艺及所用的锻模结构也基本相同。因此为了便于拟定工艺规程，加快锻件及断面的设计工作，按照锻件外形和模锻时毛坯轴线方向，把模锻件分成两大类，即圆饼类锻件和长轴类锻件。各类锻件列于表 5-10。

表 5-10　模锻件分类

类　型	组　别	模锻件简图
圆饼类锻件	简单形状	
	较复杂形状	
	复杂形状	
长轴类锻件	直长轴线	
	弯曲轴线	

（续）

类型	组别	模锻件简图
长轴类锻件	枝芽类	
	叉类	

（1）圆饼类锻件 在分模面上锻件投影为圆形或长宽尺寸相差不大的锻件，都列入这一类。模锻时，毛坯轴线方向与打击方向相同，金属沿高度、宽度和长度方向同时流动。终锻前通常利用镦粗台或拍扁台进行制坯，以保证锻件成形质量。

（2）长轴类锻件 这类锻件的轴线较长，即锻件的长度与宽度或高度的尺寸比例较大。模锻时，毛坯轴线方向与打击力相垂直，金属主要沿高度和宽度方向流动，沿长度方向流动很小。为此，当锻件沿长度方向其截面积变化较大时，必须考虑采用有效的制坯工步，如卡压、成形、拔长、滚挤、弯曲工步等，以保证锻件饱满成形。

2. 模锻工艺规程的制订

模锻工艺规程是由坯料经过一系列加工工序制成模锻件的整个生产过程。其工艺过程由以下几个工序组成：

（1）备料工序 按锻件所要求的坯料规格尺寸下料，必要时还需对坯料表面进行除锈、防氧化和润滑处理等。

（2）加热工序 按变形工序所要求的加热温度和生产节拍对坯料进行加热。

（3）锻造工序 可分为制坯的模锻工步和成形的模锻工步。

（4）锻后工序 该类工序的作用是弥补模锻工序和其他前期工序的不足，使锻件最后能完全符合锻件图的要求。

（5）检验工序 包括工序间检验和最终检验。

3. 模锻工艺方案及方法的选择

对于模锻其工艺方案可包括：

1）根据产品零件形状、尺寸、技术要求和生产批量，结合具体生产条件，合理地选择模锻工艺方案。

2）设计锻件图。

3）确定所需的工序，并选择所用设备。

4）确定模锻工艺流程并填写模锻工艺卡片。

模锻工艺的一般流程如图5-50所示。

选择合理的模锻工艺方案是锻造工艺设计的关键。同一锻件可以在不同设备上采用不同的工艺方法，不同的工艺方案所用的工艺装备（设备和模具）不同，其经济效果也不同。当大批量生产时，可采用模锻锤或热模锻压力机；如批量较小时，可采用螺旋压力机或自由锻锤上胎模锻或模锻。无论采用哪种工艺都必须保证锻件的质量要求，工艺方案的选择还必须考虑工厂的具体条件，尽量根据工厂当前的设备状况选择合理的工艺方案。

模锻件生产可采用不同的方法，如单件模锻、调头模锻、一火多件、一模多件、合锻等。合理选择模锻方法可以提高模锻生产率，简化模锻工步和降低材料消耗。

1）单件模锻。对于模锻锤、热模锻压力机、螺旋压力机上模锻的锻件，通常一个坯料只锻一个锻件，尤其是较大的锻件都是采用单件模锻。

2）调头模锻。毛坯下料长度可供锻两个锻件，坯料整体加热，在第一个锻件锻完后，调转180°，余下的坯料锻另一个锻件，如图 5-51 所示。采用这种方法，可提高生产率，此种方法适合于单个锻件重 2~3kg，长度不超过 350mm 的中、小锻件。

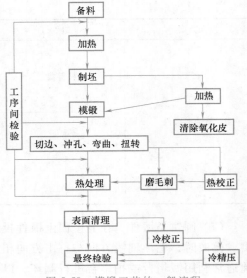

图 5-50 模锻工艺的一般流程

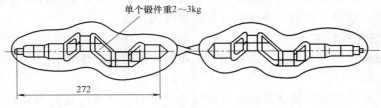

图 5-51 调头模锻

3）一火多件。用一根加热好的棒料连续锻几个锻件，每锻完一个锻件从棒料上分离下来，再锻另一锻件。带杆锻件采用切断使锻件分离；空心锻件采用穿孔的方法使锻件分离。锤上一火多件模锻法利用切断模膛将锻件切下。一火多件是平锻机上模锻常用的锻造方法。

4）一模多件。在同一模块上一次模锻数个锻件。该方法适用于 0.5kg 以下、长度不超过 80mm 的小型锻件，同时模锻的件数一般为 2~3 件（图 5-52a）。

一模多件有时结合一火多件，这时一根棒料所能锻造出的锻件为 4~10 件，对于截面较差的某些锻件，通过合理的排布，能使金属分布均匀，减小截面差，从而简化模锻工步，使

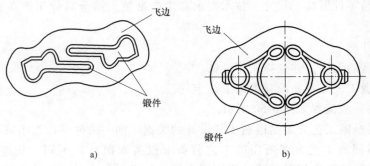

a)   b)

图 5-52 合理排布的一模多件的模锻

锻件容易成形并可节省金属，如图 5-52b 所示。

5）合锻。将两个不同的锻件组合在一起同时锻出，然后再分开的锻造方法称为合锻。合锻可以使锻件易成形，节省金属，减少模具品种，提高生产率。图 5-53 所示是连杆盖、曲拐左拐和右拐合锻的例子。

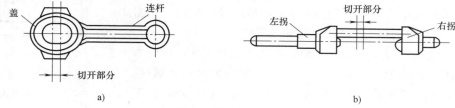

图 5-53　锻件的合锻

5.4.2　模锻锻件图设计

模锻的工艺规范制订、锻模设计、模具制造、锻件生产及锻件检验都离不开锻件图。锻件图是根据零件图的特点考虑分模面的选择、加工余量、锻件公差、锻造余块、模锻斜度、圆角半径等而制订的。

1. 锤上模锻锻件图设计

（1）确定分模面　分模面是在锻件分模位置上的一条封闭的锻件外轮廓线。其位置和形状选择直接影响到锻件成形、锻件出模、材料利用率等问题。选取分模面的基本原则是保证锻件形状尽可能与零件形状相同，以及锻件容易从模腔中取出；此外，应争取获得具有镦粗填充成形的良好效果。

确定分模面应符合下列原则：

1）锻件分模面应选择在具有最大水平投影尺寸的位置上，且在锻件侧面的中部。如图 5-54 所示的连杆锻件，分模面应选在 B—B 线上。

图 5-54　连杆锻件分模面图

2）为了使锻模结构简单，并便于发现上、下模错移，如图 5-55 所示的齿轮类锻件，采用图 5-55a 所示分模位置是合理的。

3）为便于加工，分模面应尽可能用直线分模，如图 5-56 所示锻件，图 5-56a 所示的分模位置是合理的。

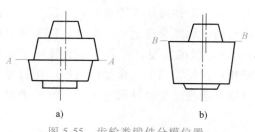

图 5-55　齿轮类锻件分模位置

a）合理　b）不合理

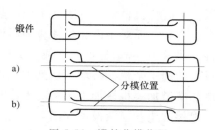

图 5-56　锻件分模位置

a）直线分模　b）折线分模

4）头部尺寸较大的长轴类锻件，不宜用直线分模，如图 5-57a 所示。为使锻件较深尖角处能充满，应用折线分模（图 5-57b），使上、下模的模膛深度大致相等。

5）为了便于锻模、切边模加工制造和减少金属损耗，对于圆饼类锻件（图 5-58a），当 $H \leqslant D$ 时，应取径向分模，如图 5-58b 所示，不应选图 5-58c 所示的轴向分模。

6）有金属流线方向要求的锻件，应考虑锻件工作时的受力特点，锻件的金属流线应与受力方向平行。如图 5-59 所示锻件，分模面选取在 II—II 处时，工件流线方向与受力方向相垂直，工件承受剪应力，易产生失效，因此应取 I—I 为分模面位置。

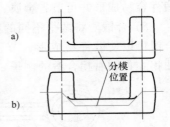

图 5-57　头部较大的长轴类
锻件分模位置

a）直线分模　b）折线分模

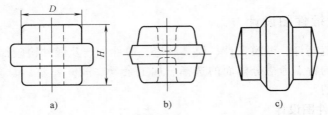

图 5-58　圆饼类锻件分模位置

a）零件图　b）径向分模　c）轴向分模

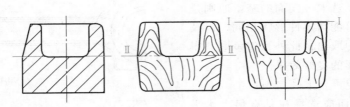

图 5-59　有流线方向要求锻件的分模位置

（2）机械加工余量和公差　普通模锻方法尚不能满足机械零件对形状、尺寸精度、表面粗糙度的要求。例如，毛坯在高温下产生表面氧化脱碳以及合金元素烧损，甚至产生表面力学性能不合格的其他缺陷；毛坯体积变化及终锻温度波动，使锻件尺寸不易控制；由于锻件出模的需要，模膛侧壁必须带有斜度，因此锻件侧壁需增加敷料；模膛磨损和上、下模错移，会导致锻件尺寸出现偏差。综上所述，模锻件必须在表面留有机械加工余量，并给出适当的锻件公差，才能保证零件尺寸精度、表面粗糙度和力学性能的要求。

锻件上有待机械加工的表面都应附加机械加工余量，锻件尺寸应为零件相应尺寸与机械加工余量之和，而对于内孔尺寸应为零件相应尺寸与机械加工余量之差。此外，对于重要的受力件，要求 100% 取样试验，或者为检验与机械加工定位的需要，还需考虑必要的工艺余量。过大的加工余量，将增加切削加工量和金属损耗；相反，当加工余量不足时，则将导致锻件废品率增加。机械加工余量的大小与零件的形状复杂程度和锻件尺寸加工精度、表面粗糙度、锻件材质和模锻设备等因素有关。

由于受到多种工艺因素的影响，锻件实际尺寸不可能与名义尺寸相同，无论在高度方向还是水平方向都会有一定偏差，因而对锻件应规定允许的尺寸偏差范围。这对于控制锻模使用寿命和锻件检验都是必要的。锻件尺寸公差具有非对称性，即正公差大于负公差。这是由于高度方向影响尺寸发生偏差的根本原因是锻不足，而模膛底部磨损及分模面压陷引起的尺寸变化是次要的。水平方向的尺寸公差也是正公差大于负公差，这是因为模锻中模膛磨损和锻件错移是不可避免的现象，而且均属于增大锻件尺寸的影响因素。此外，负公差指锻件尺寸的最低界限，不宜过大；正偏差的大小不会导致锻件报废，因此正偏差值有所放宽。

确定锻件机械加工余量和锻件公差的方法较多，各工厂采用方法不同，但可归纳为按锻件形状和按设备吨位两种方法。具体数值可以从国家标准 GB/T 12362—2016 的规定中查取。

（3）模锻斜度　为使锻件容易出模，在锻件的出模方向设有斜度，称为模锻斜度。模锻斜度可以是锻件侧表面上附加的斜度，也可以是侧表面上的自然斜度。锻件冷缩时与模壁之间间隙增大部分的斜度称为外模锻斜度（α），与模壁之间间隙减小部分的斜度称为内模锻斜度（β），如图 5-60 所示。

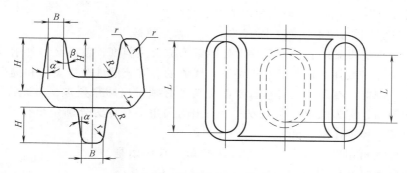

图 5-60　模锻斜度和圆角半径

模锻时金属被压入模膛后，锻模会受到弹性压缩，当外力去除后，模壁在弹性作用下会夹住锻件。同时，由于金属与模壁之间存在摩擦，故锻件不易取出。为了易于取出锻件，模壁需要一定的斜度 α，模锻好的锻件侧面也具有相同的斜度 α。这样，锻件在模膛成形后，模壁就会产生一个脱模分力 $F\sin\alpha$ 来抵消模壁对锻件的摩擦阻力 $F_T\cos\alpha$，从而减少取出锻件所需的力，如图 5-61 所示，即

$$F_{取} = F_T\cos\alpha - F\sin\alpha = F(\mu\cos\alpha - \sin\alpha)$$

(5-40)

由式（5-40）可以看出，模锻斜度 α 越大，取出力越小。α 大到一定值后，锻件就会自行从模膛中脱开。由于 α 加大会增加金属消耗和机械加工余量，同时模锻时金属所遇阻力也大，使金属充填困难。因此，在保证锻件能顺利取出的前提下，模锻斜度应尽可能取小值。

模锻斜度与锻件形状和尺寸、斜度的位置、锻件材料等因素有关。钢质模锻件的模锻斜度可按 GB/T 12361—2016《钢质模锻件　通用技术条件》确定。对于窄而深的模膛，锻件难以取出，应采用较大的斜度。锻

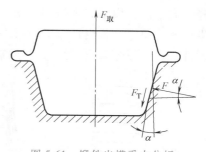

图 5-61　锻件出模受力分析

件冷却时，外壁趋向离开模壁，而内壁则包在模膛凸起部分不易取出，故锻件内模锻斜度 β 应比外模锻斜度 α 大一级。不同材料所需模锻斜度不同，铝、镁合金锻件比钢锻件和耐热合金锻件所需模锻斜度小。

模膛上的斜度是用指状标准铣刀加工而成的，所以模锻斜度应选用 3°、5°、7°、10°、12°、15°等标准度数，以便与铣刀规格相一致。同一锻件上的外模锻斜度或内模锻斜度不易用多种斜度，一般情况下，内、外模锻斜度各取其统一数值。在确定模锻斜度时还应注意以下几点：

1）为使锻件容易从模膛中取出，对于高度较小的锻件可以采用较大的斜度。例如，生产中对于高度小于 50mm 的锻件，若查到的斜度为 3°时，应改为 5°；对于高度小于 300mm 的锻件，若查到的斜度为 3°或 5°时，均改为 7°。此时因锻件高度不大，所以由增加斜度而消耗的金属量不多。

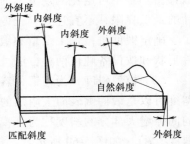

图 5-62　模锻件上的各种斜度

2）应注意上、下模膛深度不同的模锻斜度的匹配关系，此时称为匹配斜度，如图 5-62 所示。匹配斜度是为了使分模线两侧的模锻斜度相互接头，而人为地增大了的斜度。

3）自然斜度是锻件倾斜侧面上固有的斜度，就是将锻件倾斜一定的角度所得到的斜度。只要锻件能够形成自然斜度，就不必另外增设模锻斜度。

（4）圆角半径　锻件圆角半径对于保证金属流动、防止锻件产生夹层和提高锻模使用寿命等十分重要。因此，在锻件上各垂直剖面交角处必须做出圆角处理，不允许呈现尖角状。锻件上形成的圆角，称为圆角半径。锻件上凸出的圆角半径称为外圆角半径 r，凹入的圆角半径称为内圆角半径 R（图 5-60）。

锻件上的外圆角相当于模具模膛上的凹圆角，其作用是避免锻模在热处理时和模锻过程中因应力集中而开裂，并保证锻件充满成形。如图 5-63 所示，如果外圆角半径过小，金属充满模膛就十分困难，而且容易引起锻模崩裂；若外圆角半径过大，机械加工余量将受到影响。锻件上的内圆角相当于模具模膛上的凸圆角，其作用是使金属易于流动充填模膛，防止产生折叠和模膛过早被压塌。

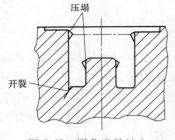

图 5-63　圆角半径过小
对模具的影响

如果锻件内圆角半径过小，模锻时金属流动形成的纤维会被割断，如图 5-64、图 5-65 所示，会导致锻件力学性能下降，或使模具模膛产生压塌变形，影响锻件出模，也可能产生折叠，使锻件报废；如果内圆角半径太大，将使机械加工余量和金属损耗增加，对于某些锻件，还会使金属过早流失，导致充不满现象发生。

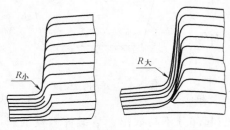

图 5-64　圆角半径对金属纤维的影响

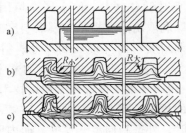

图 5-65　折叠与圆角半径的情况
a）模锻前情况　b）模锻中间情况
c）模锻后的情况

圆角半径与锻件形状和尺寸有关。锻件高度尺寸大，圆角半径也相应增大，其值可按GB/T 12361—2016《钢质模锻件 通用技术条件》的规定确定。在确定锻件圆角半径时应注意以下三点：

1）为保证制造模具所用的刀具标准化，圆角半径（mm）应按以下数值选取：（1.0）、（1.5）、2.0、2.5、3.0、4.0、5.0、6.0、8.0、10.0、12.0、16.0、20.0、25.0、30.0、40.0、50.0、60.0、80.0、100.0。括号内的数值尽量少用。

2）圆角半径 r 和 R 的大小，取决于所在部位尺寸比例，可根据圆角处的高度 h 与相对高度 h/b 选取，同一锻件的圆角半径应力求统一。当锻件高度不大时，为保证锻件外圆角半径 r 处实际的加工余量，外圆角半径 r 取锻件的单边余量，内圆角半径 R 取为 r 的2~3倍。

3）圆角半径的选择还与金属成形方式有关，当用镦粗法成形时，由于金属易于充满模膛，外圆角半径可以选取小些；若用挤压法成形时，金属难以充满，外圆角半径可以取大些。金属流动剧烈的部位，为了避免夹层等缺陷，内圆角半径 R 应适当加大。

（5）冲孔连皮 对于有内孔的模锻件，锤上模锻不能直接锻出通孔，必须在孔内保留一层连皮形成不通孔，中间留一层金属，然后在切边压力机上冲除，这层金属就称为连皮。连皮厚度对锻件的充满程度、模具的磨损和金属利用率等因素影响较大。因此，连皮的形式可根据锻件孔尺寸和模膛选择。

模锻件常采用图5-66所示的四种连皮。连皮厚度也应设计合理，若连皮过薄，锻件成形需要较大的打击力，并容易发生锻不足现象，从而导致模膛凸出部分加速磨损或打塌；若连皮太厚，会使锻件冲除连皮困难，使锻件形状走样，并造成金属浪费。所以在设计有内孔的锻件时，必须正确设计连皮的形状和尺寸。

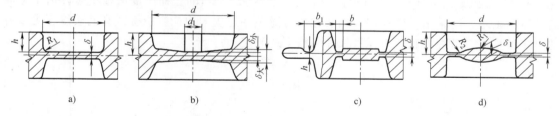

a) b) c) d)

图 5-66 冲孔连皮的形式

a）平底连皮 b）斜底连皮 c）带仓连皮 d）拱底连皮

1）平底连皮。如图5-66a所示，平底连皮是较常用的一种形式，其适用于直径不大的孔（$d<2.5h$ 或 25mm$<d<$60mm），其厚度 δ（mm）和圆角半径 R_1（mm）可根据式（5-41）、式（5-42）计算，也可按表5-11选取。

$$\delta = 0.45\sqrt{d-0.25h-5} + 0.6\sqrt{h} \qquad (5-41)$$

式中，d 为锻件内孔直径（mm）；h 为锻件内孔深度的0.5倍。

因模锻成形过程中金属流动激烈，连皮上的圆角半径 R_1 应比锻件上其他内圆角半径 R 大一些，可按下式确定。

$$R_1 = R + 0.1h + 2\text{mm} \qquad (5-42)$$

表 5-11　平底连皮厚度 δ 和圆角半径 R_1

锻锤吨位/t	1~2	3~5	10
δ/mm	4~6	5~8	10~12
R_1/mm	5~8	6~10	8~10

2）斜底连皮。斜底连皮对于内孔较大（$d>2.5h$ 或 $d>60mm$）时采用，如图 5-66b 所示。对于较大的孔，若仍用平底连皮，则锻件内孔处的多余金属不易向四周排除，而且由于金属流动激烈容易在连皮四周处产生折叠，模膛内的冲头也会过早地磨损或压塌，为此采用斜底连皮。斜底连皮的特点是：由于增加了连皮周边的厚度，既有助于排除多余金属，又有助于避免形成折叠。但斜底连皮在被冲出时容易引起锻件变形。斜底连皮的主要尺寸为

$$\delta_1 = 1.35\delta \tag{5-43}$$
$$\delta_2 = 0.65\delta \tag{5-44}$$
$$d_1 = (0.25 \sim 0.3)d \tag{5-45}$$

式中，δ 为按平底连皮计算的厚度（mm）；d_1 为考虑坯料在模膛中定位所需平台直径（mm）。

3）带仓连皮。如图 5-66c 所示，当锻制比较大的孔时，在预锻模膛中采用斜底连皮，而在终锻模膛中可采用带仓连皮，其原因是内孔中多余金属不能全部向外排出，而是挤入连皮仓部，这样可以避免折叠。带仓连皮的优点是周边较薄，容易冲除，而且锻件形状不走样。带仓连皮的厚度 δ 和宽度 b，可按飞边槽桥部高度 $h_{飞边}$ 和桥部宽度 b_1 来确定。仓部体积应能够容纳预锻后连皮上的多余金属。

$$\delta = h_{飞边} \tag{5-46}$$
$$b = b_1 \tag{5-47}$$

4）拱底连皮。如图 5-66d 所示，若锻件内孔很大，$d>15h$，而高度又很小时，由于金属向外流出困难，应采用拱底连皮。拱底连皮可避免在连皮周边产生折叠或穿筋裂纹，可以容纳更多的金属，且冲除较省力。其尺寸可按下式确定：

$$\delta = 0.4\sqrt{d} \tag{5-48}$$
$$R_1 = 5h \tag{5-49}$$

R_2 由作图选定。

如果用自由锻制坯，孔径大于 100mm 的锻件，可以先冲通孔，然后再模锻成形。此时，锻模中的连皮可按飞边槽结构设计。

模锻件的连皮将损耗一部分金属，为了节约金属，在生产中可把连皮用来生产其他小锻件，或者同时锻出两种锻件，如图 5-67 所示。

对于直径小于 25mm 的小孔一般不在锻件上做出，因为小孔会使锻模冲头部分极易压塌磨损。有时为了使锻件充填饱满，常采用压凹的形式，此时不是为了节省金属，而是通过压凹使小头充分变形，如连杆小头常采用压凹，以利于小头成形，如图 5-68 所示。

（6）冷缩率　为保证金属在锻造冷缩后能达到锻件要求的尺寸，设计模具时，应将冷锻件各尺寸放大，即加上冷缩量。

冷缩率与金属物理性能、锻件终锻温度及外形尺寸有关。常用金属锻件的冷缩率见表 5-12。对于终锻温度高、尺寸大的锻件取上限；对于小形件或细长、扁薄易冷件则不必考虑。

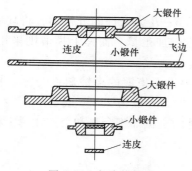

图 5-67　复合模锻

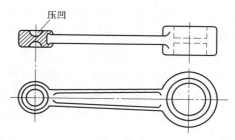

图 5-68　锻件压凹

表 5-12　常用金属锻件的冷缩率

终锻温度	镁合金(%)	铝合金(%)	铜钛合金(%)	黑色金属(%)
较低(一般锻件)	0.5~0.8	0.6~1.0	0.7~1.1	0.8~1.2
较高	0.8~1.0	1.0~1.2	1.1~1.4	1.2~1.5

（7）技术要求　锤上模锻锻件图也是在零件图的基础上，加上机械加工余量、余块或其他特殊留量后绘制的。模锻锻件图中锻件外形用粗实线表示，零件外形用双点画线表示，以便了解各处加工余量是否满足要求。锻件的公称尺寸与公差注在尺寸线上面，而零件的尺寸注在尺寸线下面的括号内。

锤上模锻的锻件图中无法表示的有关锻件质量和检验要求的内容，均应列入技术条件中说明。一般技术条件包括以下内容：

1）未注明的模锻斜度和圆角半径。

2）允许的错移量和残余飞边宽度。

3）允许的表面缺陷深度。

4）表面清理方法。

5）锻后热处理的方法和硬度要求。

6）需要取样进行金相组织检验和力学性能试验时应注明在锻件上的取样位置。

其他特殊要求，如锻件同轴度、直线度等可按 GB/T 12361—2016《钢质模锻件　通用技术条件》的规定确定。

2. 热模锻压力机上模锻锻件图设计

热模锻压力机上模锻锻件图设计原则、内容、方法与锤上模锻基本相同。根据热模锻压力机设备特点其锻件图设计有以下特点：

（1）确定分模面　一般情况下，热模锻压力机上模锻锻件的分模位置的选择与锤上模锻是相同的。但对带粗大头的杆类锻件（图 5-69）和矮筒类锻件（图 5-70），由于热模锻压力

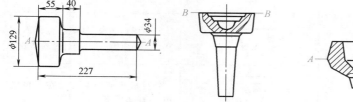

图 5-69　杆类锻件的两种分模方法

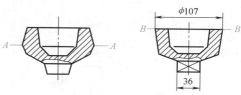

图 5-70　矮筒类锻件的两种分模方法

185

机上模锻后可以采用顶料装置将锻件顶出，因此可选择 $B—B$ 为锻件的分模面，将坯料垂直放在模膛中局部镦粗并冲孔成形，可节约金属，减少机械加工量。而锤上模锻则采用 $A—A$ 为分模面，飞边体积较多，金属浪费大。

当采用手工从终锻模膛中取出锻件时，热模锻压力机上模锻的模锻斜度与锤上模锻相同。若采用顶杆将锻件顶出，模锻斜度可相应减小 $2°\sim3°$，一般为 $2°\sim7°$ 或更小。

（2）机械加工余量和公差　热模锻压力机上模锻件的机械加工余量和公差比锤上模锻要小，当加热条件稳定时，可按表 5-13 选取。

表 5-13　热模锻压力机上模锻件的单边余量及公差

压力机吨位/kN	机械加工余量/mm		公差/mm	
	高度	水平	高度	水平
≤10000	1.0~1.5	1.0~1.5	+0.8~1.0 -0.5	
16000~20000	1.5~2.0	1.5~2.0	+1.0~1.5 -0.5	
25000~31500	2.0~2.5	2.0~2.5	+1.5~1.8 -0.5	锻件自由公差
40000~63000	2.0~2.5	2.0~3.0	+1.5~2.0 -0.8	
80000~120000	2.0~3.0	2.0~3.0	+2.0 -1.0	

3. 摩擦压力机上模锻锻件图设计

摩擦压力机滑块速度比锻锤小，却又比热模锻压力机滑块速度大，因此金属坯料在加压条件下与模具接触时间长。对于形状复杂的锻件，要采用自由锻制坯或在专用设备（如辊锻机、电镦机）上制坯。摩擦压力机上模锻的锻件图设计有以下特点：

（1）分模面的选择　一般在锤上模锻需要轴向分模的锻件，在摩擦压力机上模锻时，其分模面要取决于开式还是闭式模锻。这是由于摩擦压力机带有顶出机构，对轴对称的、局部成形的锻件可沿径向分模，从而简化模具，方便模具加工和切边模制造。摩擦压力机上模锻同一锻件采用不同工艺方案时分模面位置选择见表 5-14。

表 5-14　锻件分模面的选择

序号	有飞边模锻	无飞边模锻	说明
	开式模锻	闭式模锻	
1			此为长杆形，可顶镦成形的锻件。无飞边模锻时，一般仅端部加热
2			平面图形为圆形，可将分模面选在最大截面的一端，进行闭式模锻
3			锻件成形部分全部设在下模槽内，并能冲出深孔

（续）

序号	有飞边模锻	无飞边模锻	说明
	开式模锻	闭式模锻	
4			锻件长度为其最大截面直径或边长的3倍以上，且有几个凸出部分
5			非回转体类锻件，也可以采用无飞边模锻

（2）机械加工余量和公差 由于摩擦压力机上模锻过程中氧化皮去除不净，所以锻件的表面粗糙度比锤上模锻高，而且模锻件的机械加工余量和公差要比锤上模锻大一些。但若使用少无氧化加热炉加热，可按锤上模锻余量和公差选用，即按《钢质模锻件 公差及机械加工余量》（GB/T 12362—2016）确定。对于杆部的顶镦类锻件，因杆部不变形，可参考平锻机上模锻的有关标准。

（3）模锻斜度和圆角半径 摩擦压力机上模锻的模锻斜度取决于是否采用顶出装置，同时也受锻件尺寸和材料种类影响，见表5-15。

表5-15 外、内模锻斜度表

斜度	外模锻斜度/(°)				内模锻斜度/(°)			
材质	有色金属		钢		有色金属		钢	
高度与直径或宽度之比	顶杆							
	有	无	有	无	有	无	有	无
<1	0.5	1.5	1	3	1	1.5	1.5	5
1~2	1	3	1.5	5	1.5	3	3	7
>2~4	1.5	5	3	7	2	5	5	10
>4	3	7	5	10	3	7	7	12

由于摩擦压力机是冲击载荷，金属流动性大，圆角半径可按锤上模锻选取。关于圆角半径的具体数值可参考《锻模设计手册》和《锻工手册》。

（4）冲孔连皮 带有通孔的锻件，冲孔连皮按锤上模锻件选取；不通孔的锻件，孔的尺寸按表5-16选取。

表5-16 孔的尺寸选取表

孔的尺寸示意图			
H	*D*/mm		*R*
	钢	有色金属	
(1/2)*D*	<20	<10	(1/2)*D*
(2/3)*D*	20~50	10~40	(1/2)*D*
>*D*	>50	>40	<(1/5)*D*

5.4.3 模锻设备吨位的确定

选用适当的模锻设备是获得优质锻件、节省能源和保证正常生产的必要条件。关于模锻变形力的计算，尽管有理论求解的方法，但模锻过程受许多因素的影响，这些因素不仅能相互作用，而且具有随机特征，所以只考虑理论是不现实的。在实际生产中多用经验公式或近似解的理论公式确定设备吨位。甚至更为简易的办法是参照类似锻件的生产经验用类比的方法判断所需的设备吨位。

1. 模锻锤吨位的确定

（1）经验理论公式　苏联学者烈别耳斯基在前人理论推导的基础上，结合生产实际简化得出双作用模锻锤吨位的经验计算法。选用模锻锤吨位必须以变形力最大的最后一次打击所需的模锻变形功为依据，同时考虑锻件生产的经济性和打击效率。变形功在数值上为

$$A_{件} = \varepsilon p_k V_{件} \tag{5-50}$$

式中，$A_{件}$ 为变形功；ε 为最后一次打击时的变形程度；p_k 为最后一次打击时的金属变形抗力或单位流动压力（MPa）；$V_{件}$ 为锻件体积（cm^3）。

根据生产经验，最后一次打击时的压下量 $\Delta h(mm)$ 与锻件直径 $D(mm)$ 有如下关系

$$\Delta h = \frac{2.5(0.75+0.001D^2)}{D} \tag{5-51}$$

因此，平均变形程度为

$$\varepsilon = \frac{\Delta h}{h_{均}} = \frac{2.5(0.75+0.001D^2)}{Dh_{均}} \tag{5-52}$$

式中，$h_{均}$ 为锻件平均高度（mm），即 $h_{均} = \frac{V_{件}}{S_{件}}$。

单位流动压力除与材料变形抗力有关外，还受一些工艺因素影响，可列式如下

$$p_k = \omega z q \sigma_b \tag{5-53}$$

式中，ω 为变形速度系数，与锻件尺寸有关，$\omega = 3.2(1-0.005D)$；z 为应力不均系数，一般 $z = 1.2$；q 为摩擦力、锻件形状、应力状态影响系数，一般取 $q = 2.4$；σ_b 为终锻时的流动应力（MPa）。

因此，单位流动压力可按下式计算

$$p_k = 9.2(1-0.005D)\sigma_b \tag{5-54}$$

锻件体积按下式确定

$$V_{件} = \frac{\pi D^2}{4} h_{均} \tag{5-55}$$

将以上各参数代入式（5-50）得

$$A_{件} = 18(1-0.005D)(0.75+0.001D^2)D\sigma_b \tag{5-56}$$

最后一次打击成形所消耗的变形功还应包括飞边变形功，那么总变形为

$$A = A_{件} + A_{边} \tag{5-57}$$

式中，$A_{边}$ 为飞边成形所需变形功，可与锻件模锻变形功联系求得，$A_{边} = (\xi-1)A_{件}$，ξ 为折

算系数，$\xi > 1$。

因此
$$A = A_{件} + \xi A_{件} - A_{件} = \xi A_{件} \tag{5-58}$$

根据实践经验得出
$$\xi = \left(1.1 + \frac{2}{D}\right)^2 > 1 \tag{5-59}$$

至此，可以列出圆饼类锻件最终锤击所需总变形功的计算公式为

$$A = 18(1-0.005D)\left(1.1 + \frac{2}{D}\right)^2(0.75 + 0.001D^2)D\sigma_b \tag{5-60}$$

双作用模锻锤有效变形能量与锻锤下落部分质量的关系为

$$E = 18m \tag{5-61}$$

因为有效变形能与总变形功的关系为 $E = A$，所以对于圆饼类锻件所需模锻锤的吨位为

$$m = (1-0.005D)\left(1.1 + \frac{2}{D}\right)^2(0.75 + 0.001D^2)D\sigma_b \tag{5-62}$$

对于长轴类锻件，计算模锻锤吨位应考虑形状因素，此时模锻锤吨位 m'（kg）可按下式计算

$$m' = m\left(1 + 0.1\sqrt{\frac{L_{件}}{B_{均}}}\right) \tag{5-63}$$

式中，m 为按换算直径 $D = 1.13\sqrt{A_{件}}$（$A_{件}$ 为锻件的水平投影面积）计算的圆饼类锻件所需模锻锤吨位；$L_{件}$ 为锻件长度；$B_{均}$ 为锻件平均宽度 $\left[B_{均} = \dfrac{S}{L_{件}}\right]$，$S$ 为锻件和飞边（按飞边仓的 50% 计算）在水平面上的投影面积。

应当指出，该计算方法适用于锻件直径或换算直径小于 60cm 的锻件所需模锻锤吨位的计算。

（2）经验公式 根据锻件在分模面上的投影面积和锻件材料特点来计算。

双作用模锻锤：
$$m_{双} = (3.5 \sim 6.3)KS \tag{5-64}$$

单作用模锻锤：
$$m_{单} = (1.5 \sim 1.8)m_{双} \tag{5-65}$$

无砧座锤：
$$m_{砧} = 2m_{双} \tag{5-66}$$

式中，$m_{双}$ 为双作用锻锤下落部分质量；K 为材料钢种系数，可在 0.9 ~ 1.55 范围内查手册确定，高强度钢材选用大系数；S 为锻件和飞边（按飞边仓的 50% 计算）在水平面上的投影面积。

双作用模锻锤吨位计算式中的系数 3.5 用于生产率不高且锻件形状简单的锻件；而系数 6.3 则用于要求高生产率或锻件形状复杂的锻件；一般情况取中间值。

【示例】 某锻件材料为 35 钢，其水平投影面积为 162cm^2，锻件长度为 20.1cm，求所需双作用模锻锤的吨位。

解：根据锻件投影面积换算直径和平均宽度为

$$D = 1.13\sqrt{A_{件}} = 1.13\sqrt{162}\,\text{cm} = 14.4\,\text{cm}$$

$$B_{均} = \frac{S}{L_{件}} = \frac{162}{20.1}\,\text{cm} = 8\,\text{cm}$$

查表可得 $\sigma_b = 60\text{MPa}$，可先按圆饼类计算锻锤吨位，然后换算成长轴类锻件所需吨位。

$$m = (1-0.005\times14.4)\left(1.1+\frac{2}{14.4}\right)^2(0.75+0.001\times14.4^2)\times14.4\times60\text{kg}$$

$$= 1178\text{kg}$$

$$m' = m\left(1+0.1\sqrt{\frac{L_{件}}{B_{均}}}\right) = 1178\left(1+0.1\sqrt{\frac{20.1}{8}}\right)\text{kg} = 1365\text{kg}$$

从计算结果判断，可选用 2t 模锻锤。

若用经验公式 $m_{双} = 6.3KS$ 计算，取 $K=1$，则

$$S = \frac{\pi}{4}(14.4+2.5\times2)^2\text{cm}^2 = 295.6\text{cm}^2$$

$$m = 6.3\times295.6\text{kg} = 1862.3\text{kg}$$

若用 $m_{双} = 3.5KS$ 计算，则

$$m = 3.5\times295.6\text{kg} = 1034.6\text{kg}$$

计算表明，选用 1t 或 2t 模锻锤均可。实际上 1t 模锻锤与 2t 模锻锤的燕尾槽尺寸是相同的，可互换使用。

事实上计算公式不能完全反映锻件的实际需要，可能偏大或偏小，但只要在一定范围内，不至于影响锻件成形即可。如果选用的锻锤吨位不足，只要增加锤击次数，同样可以达到锻件成形的目的。但必须指出，锤击次数的增加是有限的，否则由于次数增加过多，坯料温度下降，引起变形抗力直线上升，将失去增加打击次数的意义，无法达到成形的目的。

2. 热模锻压力机吨位的确定

热模锻压力机吨位用公称压力表示，其吨位应根据锻件终锻时的最大变形力确定。当锻件变形力超过公称压力时，时常发生闷车，引起设备事故。所以选用的设备吨位应稍大于锻件的最大变形力。

（1）理论-经验公式

1）在分模面上的投影为圆形的锻件。这类锻件可按下式确定热模锻压力机的吨位

$$F_1 = 8(1-0.001)D\left(1.1+\frac{20}{D}\right)^2\sigma_b A \tag{5-67}$$

2）在分模面上的投影为非圆形的锻件。这类锻件可按下式确定热模锻压力机的吨位

$$F_2 = 8(1-0.001D')\left(1.1+\frac{20}{D'}\right)^2\left(1+0.1\sqrt{\frac{L}{B_{均}}}\right)\sigma_b A \tag{5-68}$$

式中，D 为锻件（不含飞边）的直径（mm）；D' 为非圆形锻件的折算直径（mm），$D' = 1.13\sqrt{A}$；L 为锻件在投影面上的最大外廓尺寸；$B_{均}$ 为锻件在投影面上的平均宽度，$B_{均} = AL$；σ_b 为终锻温度下材料的抗拉强度；A 为锻件在分模面上的投影面积。对于圆形锻件，$A = \frac{\pi D^2}{4}$。

（2）经验公式　确定热模锻压力机吨位的经验公式为

$$F = (64 \sim 73)KA \tag{5-69}$$

式中，A 为包括飞边桥部的锻件投影面积（cm²）；K 为钢种系数，一般取 $0.9 \sim 1.25$，高强度钢材选用大系数。

3. 摩擦压力机吨位的确定

摩擦压力机压力 $F(\mathrm{kN})$ 计算常用的公式有以下三种:

1) 在计算压力机公称压力时, 有

$$F = \alpha \left(2 + 0.1\, \frac{F\sqrt{F}}{V} \right) \sigma_{\mathrm{b}} A \qquad (5\text{-}70)$$

式中, α 为与锻模形式有关的系数, 对于开式模锻 $\alpha = 4$, 对于闭式模锻 $\alpha = 5$; A 为包括飞边桥部的锻件投影面积 (mm^2); V 为锻件体积 (mm^3); σ_{b} 为终锻时金属的流动应力 (MPa)。

2) 当锻件一次打击成形时, 由下面经验公式确定

$$F = (35 \sim 55) K A_{\text{总}} \qquad (5\text{-}71)$$

式中, K 为钢种系数, 一般取 $0.9 \sim 1.55$, 合金工具钢取大系数; $A_{\text{总}}$ 为锻件总投影面积, 包含飞边和冲孔连皮面积 (cm^2); $35 \sim 55$ 为综合考虑材料的变形抗力、变形温度、变形速度、摩擦及应力状态等系数, 对于变形困难, 要求生产率高的锻件取上限。当由 $2 \sim 3$ 次打击成形时, 该系数可减小一半, 即改为 $17.5 \sim 27.5$。

3) 根据已知锤上模锻锻锤的吨位或热模锻压力机上模锻时的压力进行换算, 换算公式为

$$F = K_1 m_{\text{锤}} \qquad (5\text{-}72)$$

$$F = F_{\text{压}} / K_2 \qquad (5\text{-}73)$$

式中, F 为摩擦压力机的公称压力 (kN); $m_{\text{锤}}$ 为锻锤的吨位 (kg); $F_{\text{压}}$ 为热模锻压力机上模锻所需压力 (kN); K_1 为换算系数, $K_1 = 3500 \sim 4000$; K_2 为换算系数, 对于精压、冷校正等小变形量工步, $K_2 = 1.5 \sim 2.0$, 对于切边、冲孔等中等变形量工步, $K_2 = 1.0 \sim 1.5$, 对于镦头等大变形量工步, 设备应满足工步对能量的要求, $K_2 = 0.5 \sim 1.0$。

5.4.4　毛坯尺寸的确定

生产上由于方钢品种少、工艺适应性差, 通常采用圆钢作为毛坯, 毛坯尺寸包括坯料的直径和长度。毛坯的体积应包括锻件、飞边、连皮、钳夹头和加热引起的氧化皮总和。计算所需的体积后, 就可确定毛坯的下料长度。不同类别的锻件, 变形特点不同, 所需坯料的计算方法也不同。

1. 长轴类锻件

长轴类锻件的坯料体积按下式计算

$$V_{\text{坯}} = (V_{\text{锻}} + V_{\text{飞}})(1 + \delta) \qquad (5\text{-}74)$$

式中, $V_{\text{坯}}$ 为坯料体积; $V_{\text{锻}}$ 为锻件体积, 计算时取锻件正公差之半计入; $V_{\text{飞}}$ 为飞边体积, δ 为金属损耗率。

求出毛坯断面积后, 按照材料规格选用钢号, 然后按下式确定毛坯的下料长度

$$L_{\text{坯}} = \frac{V_{\text{坯}}}{A_{\text{坯}}} + L_{\text{钳}} \qquad (5\text{-}75)$$

式中, $V_{\text{坯}}$ 为坯料体积 (包括飞边、连皮); $A_{\text{坯}}$ 为所选规格钢号毛坯的断面积; $L_{\text{钳}}$ 为钳头损耗长度。

2. 圆饼类锻件

圆饼类锻件毛坯尺寸一般用镦粗制坯，所以毛坯尺寸应以镦粗变形为依据进行计算。毛坯体积为

$$V_{坯} = (1+k)V_{锻} \qquad (5\text{-}76)$$

镦粗时常用的高径比 $\dfrac{L_{坯}}{d_{坯}} = 1.5 \sim 2.2$。因此，毛坯直径为

$$d_{坯} = (0.83 \sim 0.95)\sqrt[3]{V_{坯}} \qquad (5\text{-}77)$$

式中，k 为宽裕系数，考虑到锻件复杂程度影响飞边体积及烧损量，若为圆形锻件，$k = 0.12 \sim 0.25$；若为非圆形锻件，$k = 0.2 \sim 0.35$。

5.4.5 锻模结构设计

加热后坯料在锻模的一系列模腔中逐步变形，最终成为锻件，坯料在锻模的每一个模腔中的变形过程称为模锻工步。选择模锻工步时要结合各类模腔的作用综合考虑。模腔的作用是与模锻工步特点相一致的，所以模腔名称与工步名称相同。

1. 模锻基本工步

模锻基本工步包括：

（1）制坯工步　包括镦粗、拔长、滚挤、卡压、成形、弯曲等工步。制坯工步的作用是改变毛坯的形状，合理分配坯料体积，以适应锻件横截面形状和尺寸的要求，使金属更好地充满模腔。

（2）模锻工步　包括预锻和终锻工步，其作用是获得冷锻件图所要求的形状和尺寸。预锻工步要根据具体情况决定是否采用。终锻工步一般都需要。

（3）切断工步　切断工步的作用是当采用一料多件模锻时，用于切断已锻好的锻件或用来切断钳口。

2. 锻模结构及模腔分类

锻模一般由上模和下模组成，下模固定在砧座或工作台上，上模固定在锤头或压力机的滑块上，并同锤头一起上下运动。坯料置于下模腔，当上、下模腔合拢时，坯料受锤击或压力变形充满模腔，最后获得与模腔形状一致的模锻件。锻件从模腔中取出时，多数带飞边，还需用切边模切除飞边。切边时可能会引起锻件的变形，又需要校正模进行校正。锻模模腔按其作用分为制坯模腔、模锻模腔两类。

（1）制坯模腔　制坯模腔是使坯料具有与锻件相适应的截面变化和形状。制坯模腔主要包括镦粗模腔、拔长模腔、滚挤模腔、卡压模腔、弯曲模腔、成形模腔、切断模腔。

镦粗模腔包括镦粗台和压扁台，置于模腔一角。镦粗台适用于圆饼类锻件，压扁台适用于锻件平面图近似矩形的情况。其作用是使毛坯高度减小，水平尺寸增大，以利于充满模腔，防止折叠，还可去氧化皮。

拔长模腔的主要作用是使坯料局部截面积减小，长度增加，从而使坯料的体积沿轴线重新分配，以适应进一步模锻的需要。

滚挤模腔是通过减小毛坯局部截面积，增大另一部分的横截面积，使坯料沿轴向的体积分配更精确。滚挤模腔对毛坯有少量拔长作用，并还有滚光和去氧化皮的作用。

卡压模腔又称压肩模腔，其功能类似于滚挤模腔。不同的是，卡压毛坯在模腔中只锤击

一次，稍微使头部金属少量聚积，从而改善终锻的金属流动。

弯曲模膛是改变经拔长、滚挤后坯料的轴线，达到弯曲成形的目的。

成形模膛类似于滚挤模膛和卡压模膛，多用于形状不对称而又无法采用滚挤制坯的锻件制坯，经制坯后翻转90°送入预锻模膛或终锻模膛。

切断模膛用于切断已锻好的锻件或钳口，以便实现连续模锻或一火多次模锻。

（2）模锻模膛　模锻模膛分为预锻模膛和终锻模膛。

1）预锻模膛。预锻模膛是当锻件形状较复杂时，需经过预锻以保证终锻成形的饱满，延长模膛使用寿命。预锻模膛的形状尺寸与终锻模膛相近，但具有较大的斜度和圆角，如图 5-71 所示。当预锻后的坯料在终锻模膛中以镦粗方式成形时，预锻模膛的高度尺寸比终锻模膛大 $2 \sim 5mm$，宽度比终锻模膛小 $1 \sim 2mm$，截面积应比终锻模膛的截面积大 $1\% \sim 3\%$。

若预锻后的坯料在终锻模膛中以压入方式成形时，则预锻模膛的高度尺寸比终锻模膛小，即 $h' = (0.8 \sim 0.9)h$，顶部宽度相同 $a' = a$。

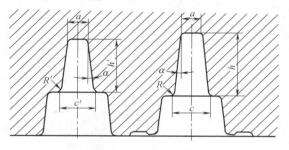

图 5-71　预锻与终锻的尺寸关系

预锻模膛的模锻斜度一般与终锻模膛的模锻斜度相同，但当模膛某些部分较深时，应将这部分模锻斜度增大。预锻模膛的内圆角半径 R' 比终锻模膛大，即 $R' > R$，预锻模膛在水平面上拐角处的圆角半径应适当增大，使坯料逐渐过渡，以防预锻和终锻时产生折叠。

2）终锻模膛。终锻模膛是用来完成锻件最终成形的模膛，其尺寸应为模锻锻件图的相应尺寸加上收缩量（钢制锻件的收缩量约为 $1\% \sim 1.5\%$），其设计方法按热锻件图加工制造和检验。

终锻模膛分模面周围有飞边槽（表 5-17），起促使金属充满模膛，保证终锻成形的尺寸精度的作用。

飞边槽的主要尺寸是桥部高度 h、宽度 b 及入口圆角半径 R_1。其具体尺寸可采用吨位法查表选定，也可采用经验公式计算而定。当 h 减小，b 增大，则水平方向流动阻力增大，有利于金属充满模膛。但如果过大，将导致锻不足，并使锻模加速磨损。h 太大，b 过小，会导致金属向外流动阻力太小，不利于填充模膛，并产生厚大的飞边。入口处圆角半径 R_1 太小，容易压塌内陷；R_1 太大，又影响切边质量。其尺寸确定后还要根据锻锤吨位，将 h 适当修正，当锻件较复杂时，b、b_1 应适当加大。

表 5-17　飞边槽的形式

序号	形式	图形	特点与用途
1	I		使用最广泛，其优点是桥部设在上模，与坯料接触时间短，吸收热量少，因而温升小，能减轻桥部磨损或避免压塌

（续）

序号	形式	图形	特点与用途
2	II		适用于高度方向形状不对称的锻件。因复杂部分设在上模,为简化切边冲头形状,常将锻件翻转180°,故桥部设在下模,切边时锻件也易放平稳
3	III		适用于形状复杂,坯料体积不易计算准确而往往偏多的锻件,增大仓部容积,以便容纳更多的金属
4	IV		只用于锻模局部,桥部增设阻尼沟,增加金属向仓部流动阻力,迫使金属流向槽深处或枝芽处

　　终锻模膛和预锻模膛的前部一般开有凹腔，称为钳口，主要用于容纳夹持坯料的钳子，便于从模膛中取出锻件。形状简单的锻件，在锻模上只需要一个终锻模膛；形状复杂的锻件，根据需要可在锻模安排多个模膛，图 5-72 是弯曲连杆的锻模（下模）及工序图。锻模上有五个模膛，坯料经拔长、滚压、弯曲三个制坯工序，使截面变化成与锻件相适应的形状，再经过预锻、终锻制成带有飞边的锻件，最后在切边模上切去飞边。

3. 热锻件图设计

　　热锻件图以冷锻件图设计为依据，即按式（5-78）计算。

$$L = l(1 + \delta) \qquad (5-78)$$

式中，L 为热锻件尺寸；l 为冷锻件尺寸；δ 为终锻温度下金属的收缩率。

5.4.6　模锻后续工序

1. 锻件的清理与检验

　　为了提高锻件表面质量，减轻锻件在切削加工时对刀具的磨损，锻件需要进行表面清理，去除氧化皮和其他表面缺陷（如裂纹、拆纹、残余毛刺等）。有时，为了提高锻件精度，减少模具磨损，避免已有的局部表面缺陷在继续模锻时造成废品，还需要对毛坯或中间

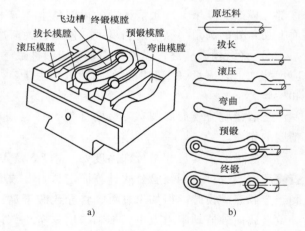

图 5-72　多模膛模锻

a）下模　b）模锻各工步

毛坯进行清理。清理工序对少无切削加工的精密模锻尤为重要。

（1）锻件的清理　锻件的清理方法有机械清理和化学清理。

1）机械清理包括滚筒清理、喷砂（丸）清理和抛丸清理。滚筒清理是把锻件装在滚筒内，同时混加一定比例的磨料和添加剂，靠相互的撞击和湮没，清除锻件表面的氧化皮及毛刺。这种清理方法设备简单，使用方便，但噪声大，不允许将大小相差太大的锻件放在同一滚筒内清理，适用于能承受一定撞击而不易变形的 6kg 以下的中小型锻件。

滚筒清理分为无磨料和有磨料清理两种，前者不加入磨料，但可加入直径为 10~30mm 的钢球或三角铁等，主要靠互相碰撞清理氧化皮；后者加入石英石、废砂轮碎块等磨料和苏打、肥皂水等添加剂，主要靠研磨进行清理。

喷砂（丸）处理是以压缩空气为动力，将石英砂或钢丸，通过喷嘴喷射到锻件上，以打掉氧化皮，这种方法适用于各种结构形状和重量的锻件。抛丸清理是靠高速转动叶轮的离心力，将钢丸抛射到锻件上以去除氧化皮。抛丸清理生产率高，比喷砂清理高 1~3 倍，清理质量也较好，但噪声大，另外，在锻件表面会打出印痕。

喷丸和抛丸清理，在击落氧化皮的同时，会使锻件表面层产生加工硬化，而且表面裂纹等缺陷可能会被掩盖。因此，对于一些重要锻件应采用磁性探伤和荧光检验等方法来检验锻件的表面缺陷。

2）化学清理常用酸洗清理（又称腐蚀）。将锻件放入酸液槽内，利用酸液与氧化皮的化学作用而去掉锻件表面的氧化皮。酸液的主要成分是盐酸（HCl）或硫酸（H_2SO_4）或两种酸的混合液。酸洗后锻件的局部表面缺陷（如裂纹、折纹等）显露清晰，便于检查。因此，酸洗广泛用于结构形状复杂、易变形的重要锻件。一般酸洗后锻件表面比较粗糙，呈灰黑色，基体金属有微量腐蚀，为了提高锻件表面质量，酸洗后再用其他方法（如喷丸打磨）进行清理。

（2）锻件的检验　为了保证锻件质量，除了在生产过程中要随时检查锻件质量外，对完工后的锻件还必须经过专职质量检查。这里主要介绍锻件外观质量检验和锻件内部质量检验。

1）锻件外观质量检验。检验方法是用肉眼或 5~10 倍放大镜观察锻件表面有无裂纹、折叠、局部未充满、氧化坑等缺陷。锻件形状和尺寸主要用钢直尺、卡钳、游标卡尺、深度尺、角尺等对其检验，对于形状特殊或较复杂的锻件可用样板检查和划线检查。

2）锻件内部质量检验。内部质量检验就是检查锻件本身的内在质量，是外观质量检查无法发现的质量状况，它既包含检查锻件的内部缺陷，也包含检查锻件的力学性能，而对重要关键件或大型锻件还应进行化学成分分析。对于内部缺陷可通过低倍检查、断口检查、高倍检查的方法来检验锻件是否存在诸如内裂、缩孔、疏松、粗晶、白点、树枝状结晶、流线不符合外形、流线紊乱、穿流、粗晶环、氧化膜、分层、过热、过烧组织等缺陷。而对于力学性能主要是检查常温抗拉强度、塑性、韧性、硬度、疲劳强度、高温瞬时断裂强度、高温持久强度、持久塑性及高温蠕变强度等。锻件内部质量常用的无损检验方法有 X 射线探伤、磁粉探伤和超声波探伤。

2. 锻件的切边和冲孔

切边、冲孔通常在曲柄压力机上进行，图 5-73 为切边和冲孔示意图。切边模和冲孔模主要由凸模（冲头）和凹模组成。切边时，锻件放在凹模孔口上，在凸模的推压下，锻件的飞边被凹模剪切与锻件分离。由于凸凹模之间存在间隙，因此在剪切过程中伴有弯曲和拉伸的现象。通常好的凸模只起传递压力的作用，而凹模刃口起剪切作用，在特殊情况，凸模与凹模同时起剪切作用。冲孔时，冲孔凹模起支撑锻件的作用，而冲孔凸模起剪切作用。

切边模、冲孔模分为简单模、连续模和复合模三种类型。简单模只用来完成切边或冲孔中的一种工序；连续模（图 5-74）是压力机在一次行程内同时完成一个锻件的切边和另一个锻件冲孔的模具；复合模（图 5-75）是压力机在一次行程中同时完成切边和冲孔的模具，适合于大批量生产。

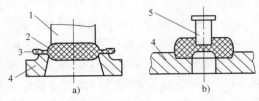

图 5-73　简单模

a）切边模　b）冲孔模

1—凸模　2—锻件　3—飞边　4—凹模　5—冲头

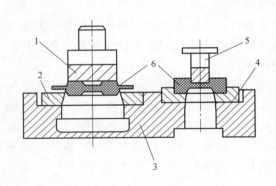

图 5-74　连续模

1—切边凸模　2—切边凹模　3—冲孔凸模
4—冲孔凹模　5—模座　6—锻件

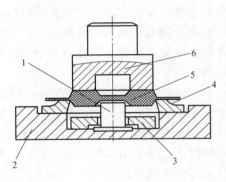

图 5-75　复合模

1—冲孔凸模　2—模座　3—卸料板
4—切边凹模　5—锻件　6—凸凹模

在开式锻模中模锻时，无论在哪一种设备上模锻，都会沿模锻件周围产生横向飞边。对于具有通孔的锻件，模锻后，一般在孔内都有连皮。飞边和连皮都应从锻件上切除，因此，切边和冲孔就成为模锻中不可缺少的工序。切边和冲孔常在切边压力机或摩擦压力机上进行。对于特别大的模锻件可采用油压机切边。

切边和冲孔可在热态下（750℃以上）进行，也可在冷态下（低于 150℃）进行。在生产中根据锻件的材料、尺寸及车间的设备情况等来选择热切边还是冷切边，同时可参考以下几个原则：

1）高合金钢和高碳钢锻件必须在热态下进行切边和冲孔。

2）碳的质量分数小于 0.45%、质量小于 0.5kg 的碳钢或低合金钢锻件，一般在冷态下切边和冲孔。

3）对于大型锻件，即便是低碳钢也应采用热切边和冲孔，以减小所需设备的吨位。

4）当切边和冲孔后需采用热校正和弯曲工序时，宜采用热切边和冲孔。

5）当锻件连皮较厚、冲头截面较小时，应采用热冲孔，以防冲头弯曲或断裂。

6）对叉形锻件，因叉口内表面毛刺不易打磨，变形也不易校正，所以如果设备吨位足够，最好用冷切边。

热态下的切边和冲孔，是在模锻后利用锻件的余热立即进行的。切边、冲孔设备和模锻设备编在同一机组内，其优点是所需的切边、冲孔力小，锻件不易出现裂纹等缺陷；缺点是劳动条件差，对切边、冲孔与模锻工序之间的配合要求较严。

对于冷切边，其设备可不编在模锻机组内，其优点是劳动条件好，单机生产率高；缺点是所需设备吨位大，对高碳及高合金钢易出现裂纹等缺陷。

3. 锻件的校正

锻件在各生产工序及运送过程中，由于各种原因可能会产生弯曲或扭转等变形。为了消除这种变形，使锻件符合锻件图的技术要求，需要对变形锻件进行校正。

校正时可以不用模具，如对某些长轴类锻件的校正，可将锻件直接放在油压机工作台上的两块 V 形铁上，利用装在油压机压块上的 V 形铁对弯曲部分进行校直。一般情况下，校正都是在校正模内进行的。校正模模膛是根据校正用的锻件图（冷或热锻件图）来设计的。在保证达到校正要求的前提下，应力求做到形状简单、定位可靠、操作方便、制造简单。在实际生产中，锻件的校正可分为热校正和冷校正两种。

（1）热校正　热态下校正通常是在锻件切边、冲孔后进行的（与模锻同一火次）。对于形状复杂的锻件，在切边、冲孔并清除毛刺后，再加热到校正温度进行热校正。热校正可在模锻锤的终锻模膛内校正，也可在校正设备（如摩擦压力机）上的校正模中进行，这样可以与模锻设备、切边设备组成一条流水线，在大批量生产中采用较为合适。

（2）冷校正　冷校正是在锻件清理后进行的，作为最后工序。这种方法一般用于中小型锻件和易于在冷切边、冲孔、热处理及表面清理过程中产生变形的锻件。冷校正可在夹板锤、摩擦压力机、曲柄压力机、精压机等设备上的校正模中进行。为了提高塑性，防止产生裂纹，需要将锻件先进行退火或正火处理。

热校正模模膛根据热锻件图设计，冷校正模模膛根据冷锻件图设计。无论热校正模模膛还是冷校正模模膛，都应力求模膛形状简化、定位可靠、操作方便、制造简单。

校正模模膛的设计有以下几个特点：

1）模膛水平方向的尺寸应适当放大。这是因为锻件的边部留有毛刺，以及锻件在高度方向有欠压时，校正之后其水平尺寸有所增大。

2）模膛垂直方向尺寸应等于或小于锻件高度尺寸。通常小型锻件欠压最小，校正模模膛高度可等于锻件高度，而大中型锻件欠压量较大，校正模模膛高度应比锻件高度小一些，其差值可取为锻件高度尺寸的负偏差。

3）校正模模膛的间距与壁厚按校正部分形状确定。校正部分为平面时，锻件四周与模膛之间留有间隙，其壁厚与模膛间距按图 5-76 确定。校正部分为斜面时模膛侧面与锻件接触，其壁厚与模膛间距和模膛深度、底部圆角半径、模锻斜度有关。

4）校正模模膛边缘应做成圆角（$R = 3 \sim 5mm$），模膛表面粗糙度值 $Ra = 0.8\mu m$。

4. 锻件的冷却

锻件的冷却是模锻生产中的重要环节之一。如果冷

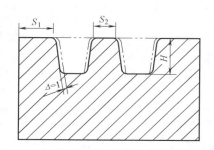

图 5-76　平面校正时模膛间距与壁厚的关系：$S_1 \geqslant H$、$S_2 \geqslant H$

却方式选择不当，会使锻件产生翘曲、表面过硬甚至产生裂纹而报废。因此，正确地选择冷却方式和合理制订冷却规范是相当重要的。冷却过程中影响锻件质量的因素如下：

（1）锻后残余应力　在模锻过程中，由于锻件各部分的变形温度和变形程度的不同，金属内部产生了相互作用的内应力。锻后部分内应力不可能及时消除，而是遗留在锻件内，成为残余应力。

（2）温度应力　在冷却过程中，金属表面和内部温度不同，存在温度差，这就使金属冷却时出现了温度应力。

（3）组织应力　金属冷却时还会发生组织转变，金属内部产生应力。

锻后冷却速度快时，温度应力和组织应力都会增加。当三种应力的综合超过了材料的屈服强度时，锻件将发生变形，超过了材料的强度极限值时，锻件就会产生裂纹。对于一般的翘曲可以校正，只是增加了一道校正工序；对于裂纹，较难清除，当深度超过了加工余量就会造成报废。

因此，严格地遵守锻后的冷却规范，在模锻生产中尤为重要。锻件冷却方法要根据锻件截面形状、尺寸及材料的化学成分、组织状态等因素选择。目前，模锻车间常用的冷却方法，按其冷却速度由快到慢的顺序可分为空冷、堆冷、坑（箱）冷、灰砂冷、炉冷等几种。空冷适用于成分简单的碳钢与低合金钢锻件；堆冷适用于低、中碳钢小型锻件；灰砂冷要求所用的石灰、炉渣或砂必须干燥，一般钢锻件入灰的温度应不低于700℃，周围盖灰的厚度不能小于80mm，出灰温度应不高于150℃；炉冷适用于高合金钢锻件、大型锻件，以及形状复杂的重要大型锻件。

5. 锻件热处理

锻件热处理的目的：锻件通过热处理后应达到组织均匀、细化晶粒、消除残余应力，从而改善金属组织和力学性能，并为最终热处理做好组织准备。同时，也能调整硬度，有利于切削加工等。

锻件热处理方法有完全退火、球化退火（不完全退火）、等温退火、淬火、回火、调质处理以及余热处理等。

在生产中，锻件热处理工艺的选择是根据锻件的材料和技术要求而定的。各类钢的热处理方法见表5-18。

表 5-18　各类钢的热处理方法

序号	材料	方法	具体措施
1	碳素结构钢	正火处理	正火后硬度较高,不宜机械加工时,则采用正火加高温回火。当要求具有良好的综合力学性能时,可采用调质处理
2	轴承钢	球化退火	锻件沿晶界出现网状碳化物时,则先正火处理,然后进行球化退火
3	碳素工具钢	T7~T9锻件采用锻后退火、正火处理 T10~T13采用球化退火	锻件沿晶界出现网状碳化物,则先进行正火,再进行球化退火
4	合金工具钢	不完全退火、等温退火	锻件沿晶界出现网状碳化物时,则先进行正火加以消除,然后再进行退火

5.4.7　模锻应用实例

1. 轿车左右横臂的锤上模锻工艺

左右横臂是轿车转向系统中的一个重要零件，其技术规范要求必须采用模锻件调质处理，然后机械加工使用。锻造毛坯如图 5-77 所示，锻件重 1.8kg，材料为 40Cr。

（1）工艺分析　左右横臂属结构较复杂的、锻造难度较大的双头弯轴类锻件，两个头部用料较多，但易于成形，可以在原坯料上直接成形；中心不通孔Ⅱ—Ⅱ处用料较少，但连皮较薄（仅 4mm），成形难度大，必须高温一次成形，否则极易产生充不满、折叠等缺陷，另外此处金属流动剧烈，极易造成模具损坏；从截面Ⅰ—Ⅰ到截面Ⅱ—Ⅱ杆部较细长，但截面突变不大、形状简单、易于成形，可以采用拔长制坯后直接终锻成形；从截面Ⅱ—Ⅱ到截面Ⅲ—Ⅲ杆部虽较短，但杆部与头部的截面突变较大，如制坯不合理极易产生折叠，为便于工件成形和锻造操作，此处可采用毛坯压扁再经卡压制坯后终锻成形。考虑到工件轴线为非直线，分模面为空间曲面，在调质处理后应安排冷校正工序，并同时完成精压和校正。由于锻件在成形过程中，锥孔Ⅱ—Ⅱ处金属流动剧烈，模具磨损严重，必然会造成该处连皮厚度超差，如在锻造成形后就安排冲孔，会造成精压之后孔 $\phi17$ 的减小和锥孔底部因冲孔毛刺产生的折叠等，为确保锻件的质量，特将冲孔工序安排在精压之后进行。这样制订出如下工艺流程：下料加热（中频感应炉）→模锻（2t 模锻锤）→切边（2500kN 切边压力机）→正火→调质→冷校正、精压（1600kN 摩擦压力机）→冲孔（1000kN 压力机）。

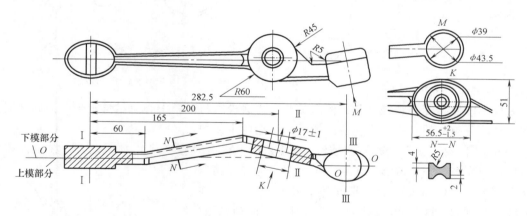

图 5-77　横臂锻件图

（2）模锻工步及其模膛设计　根据图 5-77 计算并绘制出计算坯料图，毛坯重 2.3kg，毛坯尺寸为 $\phi45mm\times185mm$。因截面Ⅱ—Ⅱ成形难度大，易产生折叠、充不满等缺陷，此处采用坯料压扁后直接成形；从截面Ⅰ—Ⅰ到截面Ⅱ—Ⅱ杆部细而长，截面形状简单、易成形，采用拔长制坯。考虑到工件轴线为复杂折线，分模面为复杂空间曲面，为简化模具结构，两处的压扁工步，可用拔长模膛的拔长坎来进行，即在距坯料端部约 40mm 处不翻转连续送进单向拔长，然后在距离端部约 130mm 处翻转 90° 进行拔长。由于工件杆部变形较大，考虑到拔长坎兼作压扁台使用，在拔长模膛的设计中，拔长坎的尺寸取值应稍大些，故取长为 65mm、高为 25mm，如图 5-78 所示。

为使偏转的头部Ⅲ—Ⅲ处易于成形，在拔长之后需要再增设一卡压模膛，使坯料在经过卡压模膛后与工件外形基本趋于一致。由于分模面为曲面，卡压模膛的尾部上模部分深度大于下模部分深度，为避免在卡压时上模将坯料端部挤切而形成端面毛刺，影响工件质量，所以将该处的上模模膛尾部倒成大斜角或大圆角，如图5-79所示。

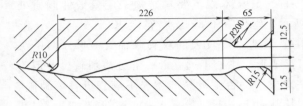

图 5-78　拔长模膛设计

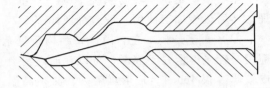

图 5-79　卡压模膛设计

为使坯料在卡压之后成形理想，终锻模膛除按一般的设计程序设计之外，还需要再做一些必要的修改。在Ⅱ—Ⅱ截面 ϕ30 不通孔处坯料较多、毛边较大，所以应将该处的毛边槽深度加深（图5-80）；在截面Ⅱ—Ⅱ到截面Ⅲ—Ⅲ之间的 $R5$ 处因下模模膛深度大于上模模膛，此处坯料流动剧烈，毛边槽结构应按图5-81修正。

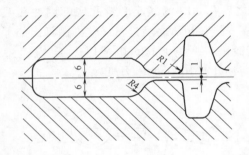

图 5-80　毛边槽

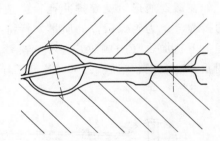

图 5-81　修正毛边槽

为减小锻件错模，减轻设备的偏击负荷，终锻模膛与锻模中心应尽量重合。为确保锻件精度和平衡分模面的水平分力，在锻模后侧增设两个锁扣。

（3）校正、精压工序模膛的设计　考虑到锤上模锻时厚度尺寸波动较大，在设计校正精压模时，模膛各部分取名义尺寸、负公差；为确保精压后便于出模，工件与模膛的水平间隙取 0.8～1.2mm，在截面Ⅱ-Ⅱ中心不通孔 ϕ30 锥孔处，模锻时金属流动剧烈，模具磨损较大，为确保连皮厚度尺寸 4mm，特将此处精压模膛设计为图5-82所示，以便该处金属在受到精压力作用后，向中心内凹处流动，从而确保连皮厚度。

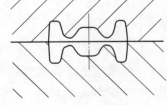

图 5-82　Ⅱ—Ⅱ截面精压模膛

2. 壁薄筋高叉形类锻件模锻工艺

马蹄铁主要用于汽车上弹簧的装卸，其特点是壁薄、筋高、重量轻、复杂系数高，毛坯属S4级锻件，加工难度较大，零件形状与尺寸如图5-83所示。该零件的材质为45钢，重1.7kg。在对该零件工艺性进行了分析和实验分析的基础上，制订了一套采用空气锤制坯与热模锻压力机上模锻成形相结合的联合锻造工艺方案。

（1）工艺分析　在锻造生产中，叉形类锻件的锻造工艺路线通常为：下料→加热→制坯→预锻→终锻成形→切边及其后续加工工序等。不同工艺方案之间的主要区别是制坯工

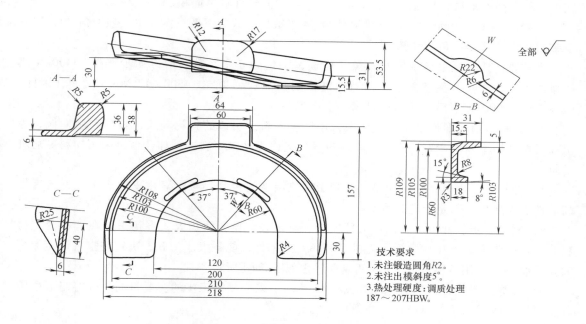

图 5-83　壁薄筋高叉形类锻件图

步。叉形锻件制坯方法一般采用劈料台，将叉部料劈开。其优点是生产率高，劳动条件好。但只适用于叉部尺寸较小的叉形件，对于重量轻、叉部尺寸大、壁薄的叉形件，采用同样的制坯方法就比较困难。

马蹄铁就属于这种有难度的锻件，其叉部尺寸为 218mm，而两叉截面积总和仅为 1056mm^2，加飞边时截面积为 1500mm^2。当采用 ϕ44mm 棒材锻造叉部时，要将棒材在劈料台上劈料至 218mm 难度较大，且容易放偏，使金属分配不均匀，造成在终锻时局部充不满或穿筋等锻造缺陷，严重影响产品质量。

为解决这一问题，通过在空气锤上进行胎模锻弯曲制坯（热棒材在空气锤上经拍扁、卡压摔拔两端、弯曲），制坯精度高，尺寸一致性好，生产率较高。考虑到马蹄铁锻件存在 30mm 的落差，会增加模具设计、制造的难度，并影响模块尺寸的确定，决定将该落差在制坯、预锻、终锻工步中取消，改为平底，以简化模具结构，降低模块尺寸，降低成本。在以后的整形过程中，再整出落差。

经过分析，最后确定采用马蹄铁的空气锤胎模锻制坯与热模锻压力机上模锻相结合的联合锻造工艺方案。其工艺路线为：棒料剪切下料→中频感应加热→制坯（拍扁、卡压并拔长两端、弯曲成形）→预锻→终锻→切边→整形→人工修磨毛刺→精整→抛丸处理→锻件质量检查→调质处理→抛丸处理→防锈处理→检验装箱。这种工艺方案使锻件的金属流动更合理，分配均匀准确，产品质量稳定，显著提高了产品的合格率。

（2）工艺设计

1）设备吨位的选择。考虑到工厂的设备拥有情况，决定采用 C42-750 空气锤。预锻及终锻成形的压力机吨位，可根据下式确定

$$F = (64 \sim 73)KA$$

(5-79)

式中，K 为钢种系数，45 钢取 1；A 为包括飞边桥的锻件投影面积。

在本例中 A 为 300cm²，由于该锻件为 S4 级锻件，式中系数（64~73）项取值 70，将以上数据代入公式得：F = 21000kN。

为防止锻造过程中出现闷车现象，应预留一定的安全系数，所以初步选择 23000kN 热模锻压力机。经实际生产测试，预锻及终锻的数显变形力在 14500~17500kN 之间，因此，最终选用 20000kN 热模锻压力机可满足生产需要。

2）下料。由于锻件批量大，如果采用锯床下料，切口的料耗较大，材料利用率低，为提高材料利用率及生产率，降低成本，应优先考虑无切口下料。例如，可以采用棒料剪切机下料。

3）加热。采用中频感应加热，有利于加热温度的控制，减少氧化皮的产生，可显著提高锻件表面质量，稳定工艺过程。

4）制坯工步设计。由于锻件叉部较宽、重量轻、投影面积大，直接采用在劈料台上劈料有一定的难度，若在热模锻压力机上制坯，效率低，能耗大。为此，决定在空气锤上胎模锻煨弯制坯（不用劈料台），其制坯成形过程如图 5-84 所示。

5）预锻工步设计。预锻毛坯如图 5-85 所示。采用预锻工步的主要目的是改善终锻模膛的金属填充状况。预锻模设计应注意以下几点：

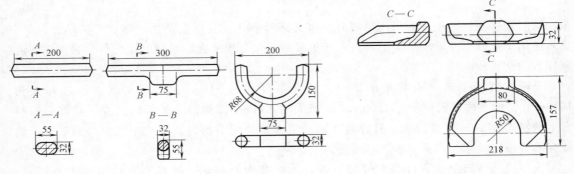

图 5-84　制坯工步示意图　　　　　　　　　　图 5-85　预锻工步

① 为保证终锻模膛能够很好地充满，预锻工步应在终锻模膛内尽可能以镦粗的形式成形，即预锻工步图的高度应比终锻大，而宽度尺寸比终锻小。

② 预锻坯的体积应比终锻坯略大一些，以保证终锻时能充满模膛。但是也应注意，预锻坯的体积要严格控制，并应使多余的金属在终锻时能够合理流动，避免产生折纹或穿筋现象。

③ 预锻工步图中某些部位的形状要与终锻工步基本吻合，以便终锻时能很好地定位和防止折纹产生。

④ 在锻件内挡的两个凸耳部位，预锻时应特别注意严格控制所留的余量，以避免在终锻时，由于余量过小或过大而出现耳部充不满或穿筋的现象，以致锻件大量报废。

（3）终锻及整形工步设计　由于该锻件存在着 30mm 高度落差，若在终锻模上锻出，锻模结构将非常复杂，不便加工和维修，并显著增加模块重量及成本，因此这种方案不是最佳方案。若将 30mm 高度落差在终锻模上取消，改为平底以简化终锻模结构，而在最后的整形模中整出 30mm 的落差，可以很好地解决这个问题，终锻件如图 5-86 所示，整形后的锻件如图 5-87 所示。在终锻模及整形模设计中应注意如下几点：

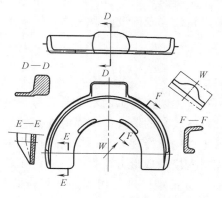

图 5-86 终锻件

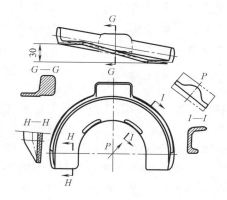

图 5-87 整形后锻件

1）在终锻模设计中，由于终锻温度较高，其模膛尺寸应在冷锻件图的基础上留有一定的精整余量，再加 1.5% 的收缩量，同时将 30mm 的落差取消，改为平底。

2）整形工步应在切边后进行，整形模具设计是在终锻模基础上做出 30mm 落差，并考虑到为以后精整工步留有精整余量，以提高精整后产品的表面质量及尺寸精度。

3）终锻模的飞边槽的形式，如图 5-88 所示，在实际生产中可根据需要增加阻力沟，以保证能够使金属充满模膛。

由于马蹄铁锻件为非回转类锻件，径向错移力较大，虽然有压力机模架导向，但是在预锻模、终锻模、整形模、精整模的设计过程中仍应注意设置合理锁扣，以减轻其径向错移力，延长模架寿命，保证产品质量。

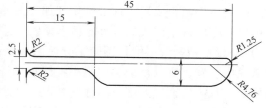

图 5-88 飞边槽的形式与尺寸

对于叉形类锻件，当制坯工步采用劈料台劈料困难时，可以采用胎模锻弯曲成形方法制坯；对于有落差的模锻件，为简化模具设计及降低制造难度，可以在终锻成形时将落差取消，改为平底，而在最后的精整过程中，整出落差，但应考虑回弹。

5.5 | 特种锻造及其新技术

随着技术进步和创新速度的加快，材料加工技术越来越朝着高性能、低成本、短流程、近净成形的方向发展，塑性加工新工艺和新设备不断地涌现，如精密模锻、液态模锻、等温锻造、超塑性锻造和粉末锻造等。目前，这些塑性成形工艺虽然只是在特定领域内应用，但其很有发展前途。它们既是常规工艺的发展，又是对常规工艺的有益补充。人们习惯把这些塑性成形称为特种塑性成形。所谓特种塑性成形，只是相对于常规的或传统的塑性成形而言。从时间上看，特种塑性成形多数是历史较短、发展迅速、应用领域有逐渐扩大趋势的成形方法。

特种锻造工艺具有以下共同特点：实现锻件精化，使锻件的形状和尺寸尽量接近零件的形状和尺寸，能满足各类锻件少无切削及近净成形等高品质的要求，节省原材料和机械加工的工作量；提高锻件表面质量、内在质量和精度；采用高效、专用设备取代复杂、笨重的设备，提高生产率。

5.5.1 精密模锻

精密模锻是在一般模锻基础上逐步发展起来的一种少无切削加工的新工艺。与一般模锻相比，它能获得表面质量好、机械加工余量少和尺寸精度较高的锻件，从而能提高材料利用率，取消或部分取消切削加工工序，可使金属流线沿零件轮廓合理分布，提高零件的承载能力。因此，对于生产批量大的中小型锻件，若能采用精密模锻成形方法生产，则可显著提高生产率，降低产品成本和提高产品质量。特别是对一些贵重难以进行切削加工工作的材料，其技术经济效果更为显著。有些零件，如汽车的同步齿圈，不仅齿形复杂，而且其上有一些盲槽，切削加工很困难，而用精密模锻方法成形后，只需少量的切削加工便可装配使用，因此精密模锻是现代机器制造工业中的一项重要新技术，也是锻压技术的发展方向之一。

1. 精密模锻方法、应用及特点

目前精密模锻的方法有高温精密模锻、中温精密模锻、室温精密模锻三种。精密模锻主要应用于两个方面：①精化坯料，用精锻工序代替粗切削工序，即将精锻件直接进行精切削加工得到成品零件，随着数控加工设备的大量采用，对坯料精化的需求越来越迫切；②精锻零件，一般用于精密成形零件上难切削加工的部位，而其他部位仍需进行少量切削加工。有时，可以精密模锻生产成品零件。精密模锻工艺特点如下：

1）在设计精密模锻锻件图时，分模面一般不允许选在精锻部位上。另外精密模锻一般都设有顶出装置，所以模锻斜度很小。圆角半径按零件图而定。同时不应当要求所有部位尺寸都精确，只需保证主要部位尺寸的精度，其余部位尺寸精度可低些。

2）下料准确，用锯切方法下料，长度偏差±0.2mm，端口平直，不歪斜。同时坯料需经表面清理（打磨、抛光等），去除氧化皮、油污、夹渣等。

3）坯料的加热，要求采用少无氧化加热。尽可能采用中频感应电快速加热。

4）模锻，精密模锻工艺有一火或多火两种。一火精密模锻是将坯料进行无氧化加热后，经制坯和预锻，最后精锻。多火精密模锻是先将坯料进行普通模锻，留出1~2mm的压下量。锻件经酸洗和表面清理后，喷涂一层防氧剂，再加热到700℃左右，在精确的锻模内进行精密模锻后切去毛边。多火精密模锻一般在锻件形状复杂且没有无氧化加热设备和多模膛设备的情况下采用这种工艺。

5）锻件冷却，精锻后的零件需要在保护介质中冷却，如在砂箱、石灰石中冷却，或者在无焰油中进行淬火等。

6）精密模锻设备，可以在摩擦压力机、热模锻压力机、高速锤及液压螺旋压力机等设备上进行，但设备要有足够的刚度，并采用大一些吨位的锻压设备，以保证高度尺寸充分压靠，获得尺寸精密的锻件。

7）精密模锻模具，通常采用组合锻模，并设有预锻、精锻两个工序及两套或两套以上锻模模具。精锻模腔尺寸精度要高于锻件两级，且表面粗糙度值要小。一般预锻模腔在高度

方向上要比精锻模膛大 0.5~1.2mm，以保证精锻时以镦粗方式充满模膛。

2. 精密模锻实例

直齿圆锥齿轮精锻件有连续的金属流线（沿齿廓分布合理）、致密的组织，齿轮的强度、齿面的耐磨能力、热处理的变形量和啮合噪声等都比切削加工的齿轮优越。其强度和抗弯、抗疲劳寿命提高 20%，热处理变形量减少 30%，生产成本降低 20% 以上。生产批量在 300~500 件以上。下面介绍行星齿轮的精密模锻。行星齿轮的零件图如图 5-89 所示，材料为18CrMnTi。

（1）工艺过程 精锻齿轮生产工艺过程是：下料→车削外圆（除去表面缺陷层，切削量 1~1.5mm）→加热→精密模锻→冷切边→酸洗（喷砂）→加热→精压→冷切边→酸洗（喷砂）→镗孔、车背锥球面→热处理→喷丸→磨内孔、磨背锥球面。

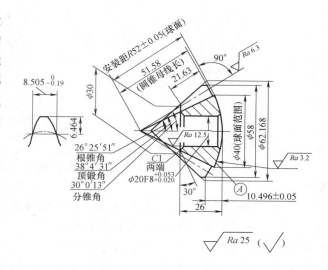

图 5-89 行星齿轮零件图

精锻时，在快速少无氧化加热炉中加热坯料。把锻件加热到 800~900℃，用高精度模具进行体积精压。采用精压工序有利于保证零件精度和延长模具寿命。

（2）锻件图 图 5-90 为行星齿轮零件图和精密锻件图。

制订锻件图主要考虑如下几个方面：

1）分模面位置。把分模面设计在锻件最大直径处，这样能锻出全部齿形及顺利脱模。

2）加工余量。齿形和小端不留加工余量，即不需机械加工。背锥面是安装基准面，精锻时可能达不到精度要求，预留 1mm 加工余量。

3）冲孔连皮。当锻件中孔的直径小于 25mm 时，一般不锻出；当孔的直径大于 25mm 时，应锻出斜度和连皮孔，锻出孔对齿形充满有利。对于圆锥齿轮精密模锻的研究指出，当锻出中间孔时，连皮的位置对齿形充满情况有影响，连皮至端面距离约为 $0.6H$ 时，齿形充满情况最好，其中 H 为不

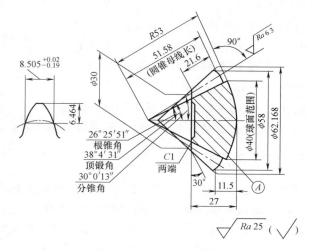

图 5-90 行星齿轮零件图和精密锻件图

包括轮毂部分的锻件高度，如图 5-91 所示。连皮厚度 $h=(0.2~0.3)d$，但不宜小于 6~

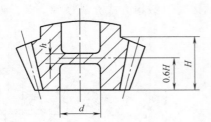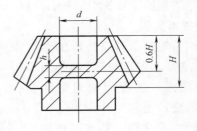

图 5-91　冲孔连皮位置

8mm。行星齿轮孔径 $d = 20$mm，不锻出。

4）坯料形状和尺寸。根据计算并试锻，确定采用 $\phi 28^{-0.1}_{0}$mm$\times 68^{+0.5}_{0}$mm 的圆柱坯料，重约 311g。

5）精密模锻模具。图 5-92 所示为行星齿轮精密模锻模具，它是开式精密模锻的典型结构。一般来说，齿形模膛设置在上模有利于成形和延长模具寿命。但对行星齿轮的精密模锻模具来说，为了安放毛坯方便和便于顶出锻件，凹模 9 安放在下模板 13 上，这对于清除齿形模膛中的氧化皮或润滑剂残渣、延长模具寿命是不利的。采用双层组合凹模，凹模 9 用预应力圈 6 加强。凹模压圈 7 仅起固紧凹模的作用。模锻后由顶杆 10 把锻件从凹模中顶出。凹模采用预应力组合结构，模膛采用电脉冲方法加工，加工模膛用的电极根据齿轮零件图设计，并考虑下述因素：锻件冷却时的收缩，锻模工作时的弹性变形和模具的磨损，电火花放电间隙，电加工时电极损耗等。凹模和上模材料采用 3CrW8V 钢，热处理硬度为 48~52HRC。

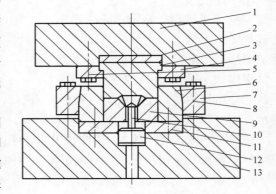

图 5-92　行星齿轮精密模锻模具
1—上模板　2—上模垫板　3—上模　4—压板
5、8—螺栓　6—预应力圈　7—凹模压圈
9—凹模　10—顶杆　11—凹模垫板
12—垫板　13—下模板

该件在 3000kN 摩擦压力机上精锻，润滑剂采用 70% 机油+30% 石墨。精锻齿轮的尺寸精度和内部组织完全达到了设计要求。

5.5.2　液态模锻

液态模锻，又称挤压铸造，是将一定量熔融金属液直接注入敞口的金属模膛，随后合模，实现金属液充填流动，并在机械静压力作用下，发生高压凝固和少量塑性变形，从而获得毛坯或零件的一种金属加工方法。液态模锻工艺流程如图 5-93 所示，可分为金属熔化和模具准备、浇注、合模和施压、卸模和顶出制件。

液态模锻是在压力铸造的基础上演变而来。通过实践人们逐渐认识到，压力铸造虽然取代了金属型铸造的重力浇注方式，改为在高压高速下的充填方式，但金属型铸造利用重力（冒口）的补缩作用，在压力铸造中很难实现，即在压力下不可能通过浇道（因浇道比制件凝固早）对熔体进行持续补缩，直至凝固结束。显然，对于壁厚大于 6mm 或壁厚相差悬殊

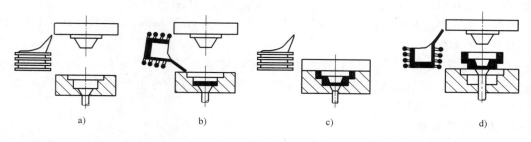

图 5-93　液态模锻工艺流程

a）熔化　b）浇注　c）加压　d）顶出

的制件，很难获得合格的产品。另外，压铸件不能进行热处理，使它的应用范围受到很大的限制。科学工作者吸取了锻造工艺力学成形的观点，对本来仅是一个物理化学的铸造过程，变成一个物理化学-力学的液态模锻过程，摒弃了压力铸造的浇口和浇道，采用敞口模具，直接上注。然后，和闭式模锻一样，封闭模膛，液态金属在上模块和横梁自重的作用下，充满模膛。接着施以压力并在压力持续作用下，使液态金属发生结晶凝固，流动成形，直至过程结束，如图 5-93 所示。从表面看，这一过程和模锻成形很相似，即压力作用于制件整个外表面上。所不同的是，前者是把液态金属作为加工对象，而后者是把已加热的固态金属作为加工对象，所以人们把它冠以"液态模锻"的学术名称，就是从这一观点出发的。

1. 液态模锻工艺特点及适用范围

液态模锻是一种借鉴压力铸造和模锻工艺而发展起来的新型金属加工工艺，它包括了压力铸造和模锻的若干特点，并且有自己的特性。液态模锻的主要特点如下：

1）在成形过程中，尚未凝固的金属液自始至终经受等静压，并在压力作用下流动成形，结晶凝固，固-液区金属发生强制性的补缩，制件无缩孔、缩松缺陷，组织致密，晶粒细化。

2）液态模锻金属液充型速度慢，气体大部分可以从凸凹模间隙中排出，而溶解在金属液内的少量气体在压力下也可以逐渐逸出，在制件中不易形成气孔缺陷。

3）已凝固的金属在压力作用下产生少量的塑性流动，使毛坯外侧紧贴模膛壁，但是制件存在明显的塑性变形组织。

4）由于液态模锻采用液态金属，故可在较小吨位的设备上一次成形复杂形状的零件，节省设备投入，材料利用率高，经济性较好。

5）液态模锻在材料种类方面适用性较广，可用于生产各种类型的合金，如铝合金、锌合金、铜合金、灰铸铁、球墨铸铁、碳钢、不锈钢等。

6）液态模锻不适合成形壁厚薄的零件，一般制件壁厚在 5~50mm 之间为宜。

2. 液态模锻工艺

根据液态金属的流动、充模和受力情况的不同，液态模锻工艺有三种基本方式。

（1）静压液态模锻　其原理是把定量液态金属浇注到液态模锻型槽内，然后压力机施加静压力，使液态金属结晶并发生少量塑性变形，以获得锻件。静压液态模锻可分为结壳、压力下结晶、压力下结晶+塑性变形和塑性变形四个阶段。

（2）挤压液态模锻　挤压液态模锻首先是液态金属在压力下充模，然后其过程与静压液态模锻基本相似。其特点是依靠压力充模，液态金属产生剧烈的流动，在流动过程中形成较多晶核，能获得晶粒细小的组织；可以得到薄壁（壁厚小于 6mm）、形状复杂、轮廓清晰和表面光洁的零件。

（3）间接液态模锻　与压铸相似，不同的是间接液态模锻的浇口截面大、浇道短，液态金属充模速度比挤压液态模锻大而比压铸慢。间接液态模锻可生产壁厚在 1～3mm 之间、表面光洁、组织致密的表层。

3. 主要工艺参数

（1）比压　为了使金属液在静压下去除气体，避免气孔、缩孔和疏松，要求一定的比压。

（2）加压开始时间　一般在熔融状态时开始加压，以不低于固相线温度为准。

（3）加压速度　一般控制在 0.2～2.4m/s，对于大工件取 0.1m/s，以防止速度过快，使液态金属在上模产生涡流和通过上下模使金属流失过多。

（4）保压时间　取决于工件厚度，对于钢件按每 10mm 厚度 5s 计算保压时间。对于铝件，当直径小于 50mm 时，按每 10mm 厚度 5s 计算保压时间；当直径大于 100mm 时，按每 10mm 厚度 10～15s 计算保压时间。

（5）浇注温度　应尽可能低一些，以便金属内部的气体排出。

（6）模具温度　模具预热温度要合适，过高容易产生粘模，致使脱模困难；过低容易出现冷隔和表面裂纹等缺陷。模具预热温度一般在 200～400℃ 范围内。

（7）润滑剂　液态模锻润滑有一定要求，不仅要耐高温高压，而且具有良好的黏附性能。对于铝合金，可选用 1∶1 的石墨加猪油或 4∶1 的蜂蜡加二硫化钼。对于铜合金，可选用 3∶7 的石墨加猪油或 1∶1 的植物油加肥皂水。

5.5.3　等温锻造与超塑性锻造

在常规锻造条件下，一些难成形金属材料，如钛合金、镁合金、铝合金、镍合金、合金钢等，锻造温度范围比较狭窄，尤其是在锻造具有薄的腹板、高筋和薄壁的零件，毛坯的温度很快地向模具散失，变形抗力迅速增加，塑性急剧降低，不仅需要大幅度提高设备吨位，也易造成锻件开裂。因此不得不增加锻件厚度，增加机械加工余量，这样便降低了材料的利用率，提高了制件成本。自 20 世纪 70 年代以来，得到迅速发展的等温锻造与超塑性锻造为解决上述问题提供了强有力的方法。

1. 等温锻造的特点

1）为防止毛坯的温度散失，等温锻造的温度范围介于热锻温度和冷锻温度之间，或对某些材料而言，等于热锻温度。

2）考虑到材料在等温锻造时具有一定的黏性，即应变速率敏感性，等温锻造的变形速率很低，一般等温锻造要求液压机活动横梁的工作速度为 0.2～2mm/s。

3）等温锻造坯料所需的变形力很低，易于成形，可降低设备吨位。例如，用 5000kN 液压机等温锻造，可替代常规锻造时的 20000kN 水压机。

4）等温锻造可减小或不留锻件加工余量，实现精密成形，提高材料利用率。

实际上在真空或惰性气体保护气氛下等温锻造的锻件表面光洁，非配合面无须机械加工。材料流动性的提高可以减小筋的高度、起模斜度、圆角半径、腹板厚度等模具结构参数，实现锻件的精密成形，大幅度提高锻件材料利用率。图5-94为等温锻造镍基高温合金盘形件与普通热锻锻件轮廓线对比示意图。

对于航空航天工业应用中的钛合金、铝合金，及一些叶片和翼板类零件很适合采用等温锻造工艺。例如，美国依利诺斯研究所为美国军用飞机F15生产的隔框钛合金锻件，零件成品质量为10kg，原采用常规锻造的锻件质量为154kg，而采用等温锻造后的锻件质量为

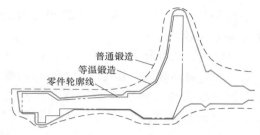

图5-94 等温锻造镍基高温合金盘形件与
普通热锻锻件轮廓线对比示意图

16.3kg，质量减小约90%，使材料的利用率由原来的6.5%提高到61%。

5) 等温锻造的锻件纤维连续、力学性能好、各向异性不明显。由于等温锻造毛坯一次变形量大而金属流动均匀，锻件可获得等轴细晶组织，使锻件的屈服强度、低周疲劳性能及抗应力腐蚀能力有显著提高。由于在等温慢速变形条件下，变形金属中的位错来得及回复，并发生动态再结晶，使得难变形金属也具有较好的塑性。

6) 等温锻造的锻件无残余应力。由于毛坯在高温下以极慢的应变速率进行塑性变形，金属充分软化，内部组织均匀，不存在常规锻造时变形不均匀所产生的内外应力差，消除了残余变形，热处理后尺寸稳定。

7) 等温锻造对模具与工件等温的要求大大增加了模具成本，成形温度越高，模具成本越高。

材料成形温度过高时只能放弃等温锻造而使用普通热锻。为此，近年来提出一种介于普通热锻和等温锻造之间的锻造方案，称为热模锻造，也称为差温锻造。这种锻造的模具温度介于普通热锻和等温锻造的模具温度之间。另外，这种热模锻造的成形速度较低，其锻造质量和生产成本也介于等温锻造和普通热锻之间。

等温锻造中模具的加热方法很多，设计出的结构多种多样，为了说明其主要结构与功能，图5-95给出了一个模具加热系统原理示意图。图中示出了模具、模座、加热元件和隔热板、水冷板之间的安装关系。其中，上加热板、上隔热板、上模、上加热圈是与压力机上工作面连在一起的，随活动横梁一起运动；其他部件都固定在压力机的工作台面上，静止不动。为了方便装卸料，可以在中加热圈中部留有装卸料孔，或者设计合适的中加热圈的高度，通过抬高上模，从上面装卸料。

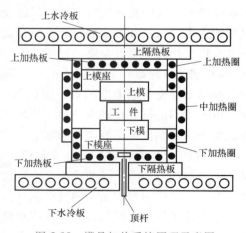

图5-95 模具加热系统原理示意图

2. 超塑性锻造的特点

超塑性是指在特定的条件下，即在低的应变速率（$10^{-1} \sim 10^{-4} s^{-1}$）、一定的变形温度（约为热力学熔化温度的一半）和稳定而细小的晶粒度（$0.5 \sim 5 \mu m$）的条件下，金属或合金呈现低强度和大伸长率的一种特性。其伸长率超过100%以上，如钢的伸长率超过500%，铝锌合金超过1000%，微细晶 Ti-6Al-4V

合金的伸长率可超过1600%。超塑性锻造就是利用金属或合金的上述特性进行的低应变速率等温模锻。

超塑性锻造可分为微细晶超塑性锻造和相变超塑性锻造两大类。微细晶超塑性锻造毛坯必须经过超细晶处理，相变超塑性锻造用的毛坯则必须进行温度循环处理。

微细晶超塑性属静态超塑性，通过变形和热处理细化方法，使晶粒超细化和等轴化。微细晶粒超塑性具有三个条件，即材料具有等轴稳定的细晶组织（通常晶粒尺寸小于$10\mu m$）；温度$T \geqslant 0.5T_m$，T_m为材料熔点的绝对温度；应变速率$\varepsilon = 10^{-4} \sim 10^{-1}s^{-1}$。当材料满足以上三个条件后，则呈现超塑性，即材料具有低的流动应力、较高的伸长率和良好的流动性。

超塑性模锻必须保证坯料在成形过程中保持恒温，即所谓的"等温模锻"，同时保证变形速度较低（每件约需2~8min），因此采用闭式模锻，成形部分的尺寸收缩率一般取 $-0.3\% \sim -0.4\%$，模具冷尺寸应小于锻件冷尺寸。采用钛合金超塑性成形时，模具材料选用K403镍基铸造高温合金，设备选用可调的慢速水压机或液压机。

超塑性变形时，金属加工硬化可忽略不计，变形后的晶粒基本保持等轴状，无明显的织构。即使原来存在织构，经超塑性变形破碎后，也会变成等轴状组织。目前，常用的超塑性锻造的材料主要有铝合金、镁合金、低碳钢、不锈钢及高温合金等。超塑性锻造的特点如下：

1）金属的变形抗力小。超塑性变形进入稳定阶段后，几乎不存在应变硬化，金属材料的流动应力非常小，只相当于普通模锻的几分之一到几十分之一，适合于在中小型液压机上生产大锻件。

2）超塑性材料变形时，流动应力对应变速率的变化非常敏感，随着应变速率的增加，流动应力急剧上升。由于金属加工硬化极小，应变硬化指数近似等于零。

3）形状复杂的锻件可以一次成形。在超塑性状态下，金属流动性好，适合于薄壁高筋锻件的一次成形，如飞机的框架和大型壁板等，也适合于成形复杂的钛合金叶轮和高温合金的整体涡轮。有的超塑性精密锻件只需加工装配面，其余为非加工表面。由于超塑性使得金属塑性大为提高，过去认为只能采用铸造成形而不能锻造成形的镍基合金，也可进行超塑性模锻成形，扩大了可锻金属的种类。

4）超塑性模锻件的组织细小、均匀，且性能良好、稳定。超塑性锻造的变形程度大，而且变形温度比普通锻造的低，因此锻件始终保持均匀、细小的晶粒。根据使用性能的要求，可采用不同热处理规范调整晶粒尺寸。由于超塑性锻造是在等温条件下进行的，因此锻件的组织与性能比普通锻件更稳定。

5）超塑性模锻件的精度高。超塑性锻造由于变形温度稳定，变形速度缓慢，所以锻件基本上没有残余应力，翘曲度也很小，尺寸精度较高。可利用超塑性锻造制备尺寸精密、形状复杂、晶粒组织均匀细小的薄壁制件，其力学性能均匀一致，机械加工余量小，甚至不需切削加工即可使用。因此，超塑性成形是实现少无切削加工和精密成形的新途径。此外，应当指出，超塑性锻造需要使用高温合金模具及其加热装置，投资较大，而且只适用于中、小批量锻件的生产。

3. 等温锻造与超塑性锻造的分类与应用

表5-19给出了等温锻造与超塑性锻造的分类与应用。

表 5-19 等温锻造与超塑性锻造的分类与应用

分类			应用	工艺特点
等温锻造	等温模锻	开式模锻	形状复杂零件,薄壁件,难变形材料零件,如钛合金叶片等	余量小、弹性恢复小、可一次成形
		闭式模锻	机械加工复杂、力学性能要求高和无斜度的锻件	无飞边、无斜度、需顶出、模具成本高、锻件性能好、精度高、余量小
	等温挤压	正挤压	难变形材料的各种型材成形、制坯,如叶片毛坯	光滑、无擦伤、组织性能好,可实现无残料挤压
		反挤压	成形衬筒、法兰、模具型腔等	表面质量、内部组织均优,变形力小
超塑性锻造	微细晶超塑性锻造	模锻 开式模锻	铝、镁、钛合金的叶片、翼板等薄腹板带筋件或形状复杂零件	充模好、变形力低、组织性能好,变形道次少,弹性恢复小
		闭式模锻	难变形复杂形状零件模锻,如钛合金涡轮盘	减少机械加工余量,成形件精度高
		挤压 正挤压	制造复杂形状断面制品,改善材料组织性能	减少挤压道次与中间处理过程
		反挤压	成形筒体、壳体与锌基合金和钢的模具型腔	精度高、表面质量好
		无模拉拔	中空与实心的等断面或非等断面制品	工装简单,无模具,成本低,高的断面减缩率
	相变超塑性锻造	挤压	纯铁与钢的成形	变形力低、塑性高
		拉拔	线材无模拉拔	速度、载荷均低
		弯曲	脆性材料,如灰铸铁弯曲	常规方法不易实现

5.5.4 粉末锻造

粉末锻造是将粉末冶金和精密模锻结合在一起的工艺。它是以金属粉末为原料,经过冷压成形、烧结热锻成形或由粉末经热等静压、等温模锻,或直接由粉末热等静压及后续处理等工序制成所需形状的精密锻件。它的工艺流程如图 5-96 所示,将各种金属粉末(如钢粉)按一定比例配出所需的化学成分,在模具中冷压(或热等静压)出近似零件形状的坯料,并放在加热炉内加热到使粉末黏结,然后冷却到一定温度后进行闭式模锻,得到内部组织紧密(相对密度在 98% 以上)、尺寸精度较高的锻件。

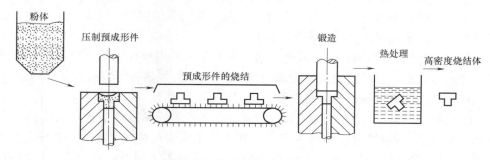

图 5-96 粉末锻造的工艺流程

1. 粉末锻造的特点与工艺分类图

（1）特点 一般的粉末冶金制件含有大量的孔隙，致密度差，普通钢件的密度通常为 $6.2\sim6.8\mathrm{g/cm^3}$，经过热等静压或加热锻造后，可使制件的相对密度提高至 98% 以上。粉末锻造的毛坯为烧结体或挤压坯，或经热等静压的毛坯。与采用普通钢坯锻造相比，粉末锻造的优点如下：

1）材料利用率高。预制坯锻造时无材料耗损，最终机械加工余量小，从粉末原材料到成品零件总的材料利用率可达 90% 以上。

2）锻件尺寸精度高，表面粗糙度值低，容易获得形状复杂的锻件。粉末锻造预制坯采用少无氧化保护加热，锻后精度和粗糙度可达到精密模锻和精密铸造的水平。可采用最佳预制坯形状，以便最终形成形状复杂的锻件。

3）有利于提高锻件力学性能。由于粉末颗粒都是由微量液体金属快速冷凝而成，而且金属液滴的成分与母合金几乎完全相同，偏析就被限制在粉末颗粒的尺寸之内。因此，可克服普通金属材料中的铸造偏析及晶粒粗大不均（尤其是对无固态相变金属材料及一些新型材料）等缺陷，使材质均匀，无各向异性，有利于提高锻件力学性能。但当粉末锻件中残留有一定量的孔隙和夹杂时，将使锻件的塑性和韧性降低。

4）锻件成本低，生产率高，容易实现自动化。粉末锻件的原材料费用及锻造费用和一般模锻差不多，但与普通模锻件相比尺寸精度高、表面粗糙度值低，可少加工或不加工，从而节省大量工时，对形状复杂、批量大的小零件，如齿轮、花键轴套、连杆等难加工件，节约效果尤其明显。

由于金属粉末合金化容易，因此有可能根据产品的服役条件和性能要求，设计和制备原材料，从而改变传统的锻压加工都是"来料加工"的模式，有利于实现产品-工艺-材料的一体化。

粉末锻造多用于各种钢粉制件。目前所用的钢种不下几十种，从普通碳钢到多种低合金钢，以及不锈钢、耐热钢、超高强度钢等高合金钢和高速工具钢。例如，为了提高性能，粉末耐热钢已在燃气轮机锻件上试用。

有色金属粉末锻造不像钢粉末锻造那样应用广泛和成熟。在航空工业中主要是高温合金、钛合金和铝合金粉末锻造，如高温合金涡轮盘、钛合金风扇盘和铝合金飞机大梁接头等。

（2）工艺分类 粉末锻造工艺分类通常分为粉末热锻、粉末冷锻、粉末等温与超塑性锻造、粉末热等静压、粉末准等静压、粉末喷射锻造等。粉末锻造工艺发展非常迅速，新的工艺方法不断涌现，如松装锻法、球团锻造法、喷雾锻造法、粉末包套自由锻法、粉末等温锻造法、粉末超塑性模锻。此外，还有粉末热挤压、粉末摆动辗压、粉末旋压、粉末连续挤压、粉末轧制、粉末注射成形、粉末爆炸成形等。

1）粉末热锻。粉末热锻与烧结锻造不同，粉末热锻采用预合金粉、预成形坯成形后直接加热锻造成形。由于直接法比烧结锻造方法减少了二次加热，可节省能源 15% 左右。因此，烧结锻造正在向粉末热锻的方向发展。

2）粉末冷锻。粉末冷锻是指粉末预成形坯烧结后冷锻。粉末冷锻比粉末热锻有许多优点：制品表面光洁，容易控制制品重量和尺寸精度，不需要保护气氛加热，节约能源。但粉末冷锻要求烧结后预成形坯必须具有足够的塑性，这样对粉末原材料就提出了更高的要求，日本曾研制专门用于冷锻的一种 Fe-Cu 系材料。美国通用汽车公司已采用粉末冷锻方法生产了 15000 个火花塞壳。美国 Fergunsou 公司采用粉末冷锻方法制造了轴承座圈。

3）粉末高温合金的等温与超塑性锻造。粉末高温合金是制造飞机发动机涡轮盘、叶片的理想材料，粉末高温合金晶粒细小，很容易实现超塑性。高温合金粉末致密化成形工艺可采用热等静压、热挤压、热等静压+锻造三种方法，其中热挤压方法最好。经致密化处理后，制成预成形坯，然后采用等温或超塑性锻造方法生产锻件。

粉末高温合金的等温与超塑性锻造已经成功地应用于制造飞机发动机的涡轮盘、压气机盘、压气机转子和叶片等耐高温零件，其高温持久强度、蠕变性能均优于普通铸锻高温合金性能。例如，粉末等温锻造叶片的疲劳强度比一般锻造棒坯叶片的疲劳强度高 20%左右。

4）粉末热等静压。粉末热等静压（HIP）是将粉末体在高温下致密成形的技术。典型 HIP 工艺如图 5-97 所示。HIP 是将粉末在静压力、高温度下的固结过程，没有宏观塑性流动（只有微观粉末的塑性变形充填孔隙），仅有体积变化，属压实致密成形方法。

粉末热等静压分为有包套的热等静压和无包套的热等静压。有包套的热等静压是将雾化的预合金粉末直接装入包套内，抽成真空并封焊，再进行冷等静压，然后热等静压成形，其主要用于生产高性能材料，不需要活化烧结的添加剂，几乎达到完全致密。包套材料一般选择金属、玻璃和陶瓷。无包套的热等静压主要用于成形复杂形状高性能金属零件和结构陶瓷制品，其是将烧结至一定密度的预成形坯，经热等静压成形。这种方法消除了包套材料选择和加工的困难，降低成本提高生产率。

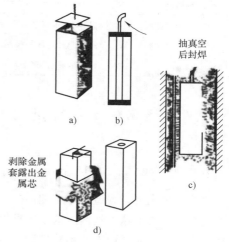

图 5-97 粉末热等静压过程示意图
a）成形件组装的金属包套 b）装粉和密封后的包套
c）高温气体压侧 d）剥除金属包套和致密锭

HIP 技术应用越来越广泛，主要用于生产高速钢、高温耐热合金、钛合金、不锈钢、硬质合金、磁性材料、结构陶瓷及其重要结构件，还可进行 HIP 扩散连接成形，在高温高压下将两种相同或不同材料结合在一起，并获得满意的强度。

5）粉末喷射锻造。粉末喷射（喷雾）锻造工艺过程如图 5-98 所示。该方法是采用高速氮气喷射金属液流，雾化的粉末落下，沉积到预成形的模具中。沉积的预成形坯的密度很高，相对密度可达 99%，将预成形坯从雾化室中取出，放在保温加热炉内，当预成形坯加热到锻造温度后，立即进行锻造，得到近乎完全致密的锻件。然后送切边压力机切边获得成品锻件。

喷射成形和塑性加工方法相结合，将雾化方法生产金

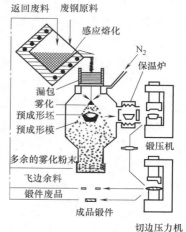

图 5-98 粉末喷射锻造工艺
过程示意图

属粉末与铸压成形有机结合,从熔融金属到锻件,其材料利用率可达90%以上,该方法比较适合大型锻件的成形。根据这种方法现在发展出了喷射轧制、喷射挤压,以及采用离心喷射沉积方法制造板材、型材和大型薄壁筒形件等先进方法。

2. 粉末锻造在汽车工业中的应用

粉末锻造在许多领域中得到应用,主要用来制造高性能的粉末制品,特别是在汽车制造业中表现更为突出。表5-20给出了适合粉末锻造生产的汽车零件,其中齿轮和连杆是最能发挥粉末锻造优点的两大类零件。

表5-20　适合粉末锻造生产的汽车零件

发动机	连杆、齿轮、气门挺杆、交流电机转子、阀门、起动机齿轮、环形齿轮
变速器(手动)	毂套、倒车空套齿轮、离合器、轴承座圈、同步器中各种齿轮
变速器(自动)	内座圈、压板、外座圈、停车自动齿轮、离合器、凸轮、差动齿轮
底盘	后轴承端盖、扇形齿轮、万向轴节、侧齿轮、轮毂、锥齿及环形齿轮

5.6　计算机数值模拟在锻造工艺中的应用

5.6.1　概述

随着科技发展,锻造成形工艺面临着巨大的挑战,各行业对锻件质量和精度的要求越来越高,生产成本要求越来越低。这就要求设计人员在尽可能短的时间内设计出可行的工艺方案和模具结构。但目前锻造工艺和模具设计,大多仍然采用实验和类比的传统方法,不仅费时,而且锻件的质量和精度很难提高。随着有限元理论的成熟和计算机技术的飞速发展,运用有限元法数值模拟进行锻造成形分析,在尽可能少或无须实验的情况下,得到成形中的金属流动规律、应力场、应变场等信息,并据此设计工艺和模具,已成为一种行之有效的手段。

锻件品种多,生产周期长,造价高,迫切希望一次制造成功。而传统生产方式只能凭经验,采用试错法,无法对材料内部的应力应变状态、温度分布、宏微观组织结构的演化和残余应力等进行预先控制,也无法对锻件的外形进行准确的控制,因而容易发生锻件报废的事故,在经济和时间上带来较大损失。使用有限元模拟技术,帮助预测产品的性能,将"隐患"消灭在虚拟制造阶段中,从而确保关键锻件一次制造成功,减少生产成本,缩短产品设计生产周期。而且,有限元技术还有助于实现生产过程的再现,有助于提高锻件生产管理水平。在锻造工艺领域,有限元数值模拟技术可直观地描述金属变形过程中的流动状态,还能定量地计算出金属变形区的应力、应变和温度分布状态,这些模拟结果,为模锻工艺的制订和最终模具的设计具有一定的指导意义。

根据金属材料非线性本构关系式的不同,三维有限元在金属成形过程模拟中的应用主要有两大类:弹(黏)塑性和刚(黏)塑性有限元。

弹(黏)塑性有限元法可分为小变形弹塑性有限元法和大变形弹塑性有限元法,前者主要分析金属成形过程中的初期情况,后者应用于变形量发生大变化的后期阶段。它们适用于弹性变形量无法忽略的成形过程模拟,广泛应用于板料成形问题分析。在分析锻造成形时,不仅能按照变形的路径得到塑性区的发展状况,工件中的应力、应变、温度分布规律及几何形状的变化，而且还能有效地处理卸载等问题，计算残余应力及残余应变，从而可预知并避免产品缺陷。但是，弹塑性有限元法要采用增量方式加载，为了保证计算精度和迭代的收敛性，增量步长不可能太大，所以在计算变形问题时，计算量大，且需要较长的时间和较多的费用，效率较低。

　　刚（黏）塑性有限元法忽略了金属成形过程中的弹性应变，适用于锻造、挤压以及轧制等塑性成形问题的分析，通常只适用于冷加工。由于此方法是一种基于变分原理的有限元方法，使计算的增量步长可以取得大一些，并且该方法可以用小变形的计算方法处理大变形问题，克服了弹（黏）塑性有限元法中计算量大、运算时间长、效率低等不足，使计算程序大大简化，达到了较高的计算效率。但该方法由于忽略了金属成形过程中的弹性效应，故不能求解弹性问题，也不能进行残余应力计算。目前，刚（黏）塑性方法已成为金属体积成形的主要数值模拟方法。

　　数值模拟技术应用于金属锻造成形领域的优点主要体现在：

　　1）通过预测材料流动状态、确定坯料和工件的形状及其尺寸，为坯料设计、模具开发和工艺方案制订提供定量或定性依据。

　　2）通过预测成形温度、成形载荷、应力应变分布以及微观组织结构来控制成形过程、摩擦条件、模具寿命和工件性能，以及选择设备。

　　3）通过预测锻件缺陷来优化产品及模具设计、工艺条件，提高材料利用率。

5.6.2　常用软件介绍

1. Deform 软件

　　（1）简介　Deform 是由美国 SFTC 公司在 20 世纪 80 年代 Battelle 研究室研发的有限元计算程序 ALPID 基础上开发推广的一套基于过程模拟的金属塑性成形软件系统，用于分析金属成形及其相关工业的成形和热处理工艺。其通过在计算机上模拟整个加工过程，设计工具和产品工艺流程，可提高工模具的设计效率，降低生产和材料成本，缩短新产品的研究开发周期。

　　该软件系统因其功能强大、应用成熟、界面友好、学习难度低而在全球制造业中占有重要地位。一个专门为解决大变形问题而优化的全自动网格重划分子系统是 Deform 的最大亮点之一。Deform 软件界面如图 5-99 所示。

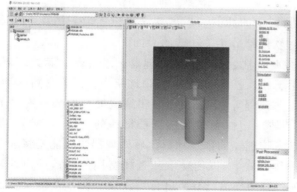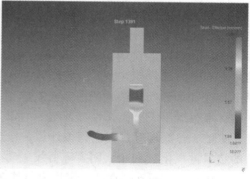

图 5-99　Deform 软件界面

Deform 产品包括 Deform-2D、Deform-3D、Deform-F2、Deform-F3 和 Deform-HT，其中，前两个产品可分别运行于 UNIX/Linux 和 Windows XP/Vista 平台，用于模拟二维或三维材料成形；中间两个产品只能在 Windows XP/Vista 平台上运行，且解题规模有限（即对求解模型的单元数和节点数有一定限制）；最后一个产品实际上是 Deform-2D 和 Deform-3D 的补充，主要用于模拟工件的热处理工艺过程（包括正火、退火、淬火、回火、时效和渗碳），并预测硬度、残余应力、淬火变形，以及材料其他机械特性。

（2）主要特色

1）可进行冷、温、热成形过程的材料变形与热耦合分析，还能实现基于实体单元的板料成形（如拉伸、弯曲）过程模拟。

2）内置材料数据库，包含了大多数常用材料的特性参数，涉及钢、铝、钛和超塑合金等。用户通过自定义材料，或编辑已有的材料参数，建立自己的材料数据库。

3）模拟结果可输出材料流动、模锻填充、工作载荷、模具应力、再结晶、缺陷形成和形变断裂等数据。

4）提供刚性、弹性、热黏塑性、弹塑性和多孔性材料模型。其中，热黏塑性模型非常适合材料的大变形分析，弹塑性模型适合于模具与工件的残余应力及回弹分析，而多孔性模型主要用于粉末冶金材料的成形分析。

5）内置设备数据库，可提供液压机、锻锤、螺旋压力机和机械压力机等相关设备参数来进行模板设置，用户可对其进行编辑。

6）有针对性地开发出材料的特殊成形以及失效分析等与用户相关的子程序。

7）可以借助流动网络与节点跟踪的功能，了解材料在变形过程中的流动状态。

8）以等值线方式给出温度、应变、应力、损伤等关键场变量的计算结果，使得后处理分析大大简化。

9）强劲的自适应网格重划分功能加上接触边界条件自动处理功能，使系统即使在工件表层出现折叠的情况下，也能继续计算求解，直至整个成形过程模拟结束。

10）多工序（或多工步）成形分析功能允许模拟材料的多工序（或多工步）成形过程，以及进行模具应力的耦合分析。

11）提供基于损伤因子的裂纹形成与扩展模型，用于模拟切边、下料、冲孔和切削加工等材料成形工艺过程。

12）热处理模块可提供材料在每一时间同步的相变、扩散、渗碳量、微观组织、综合硬度、残余应力等信息。图 5-100 为 Deform 软件部分相关功能的界面。

（3）Deform 系统的组成　Deform 系统主要包括数据库、前处理器、求解器、后处理器、用户处理器五部分。其中，前处理器主要用于导入模具和坯料的 CAD 模型，设置材料属性、成形条件（如界面接触、锤击力或能量、工艺流程等），以及划分和编辑模拟对象的有限元网格；求解器用于完成弹性、弹塑性、刚（黏）塑性和多孔性疏松材料的传热、变形、相变、扩散、热处理等过程的模拟计算，包括多物理场的耦合计算；后处理器的功能是将求解器的结果可视化（利用云图、等值线、动画等方式），以便获取和查找有用信息；用户处理器允许用户对 Deform-3D 的数据库进行修改，对系统运行参数进行重新设置，以及定义自己的材料模型等。

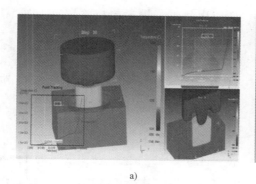
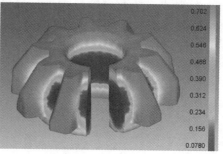

a)   b)

图 5-100　Deform 软件部分相关功能界面
a）温度场分析　b）组织分析

2. MSC. SuperForge 软件

（1）简介　MSC. SuperForge 是全球领先的企业级解决方案供应商 MSC. Software 公司（美国）研发的一款用于材料体成形的仿真软件，其具有二维和三维热机耦合分析、损伤分析、成形仿真等功能，并将材料数据库、设备运动控制库等集成一体。SuperForge 能够精确模拟锻造过程，以方便了解模面形状、压力机特性、温度环境以及润滑条件对锻造过程的影响。通过模拟，用户能够掌握整个锻造工艺过程的几乎所有信息，包括材料流动、模具充填、飞边形状、缺陷类型与分布以及模具载荷等。

（2）主要特色

1）基于 Windows 集成工作平台，操作简便，具备前处理、计算求解及后处理功能。

2）系统自带网格剖分模块，可完成网格密度（实际上是材料表面小面片的细化或粗化）的动态自适应调整。

3）自动定位工件（坯料）和模具的接触面，支持材料的多工步成形。

4）内置多套默认的锻造工艺流程，允许用户根据实际需要对其编辑后使用。

5）利用属性图标拖放和特征树操作，定义坯料、模具、锻压设备、界面摩擦、环境条件等数值模拟所需元素，以及各元素之间的相互关系，形象、直观。

6）系统材料库提供四类可定义的冷、热锻材料模型，允许用户对其加工硬化、应变速率和温度效应等材料特性进行详细描述。此外，还提供有数百种常用材料的特性数据。通过拖放操作，用户可方便、直观地把从材料库中选择的材料分配给工件（坯料）或模具。用户也可以自行创建新材料，以丰富材料库。

7）采用分辨率增强技术（RET）可精确模拟材料充模流动细节。

8）SuperForge 属于 3D 锻造模拟软件，但也提供了 2D 锻造模拟功能。借助全 3D 分析与对称条件的结合，可以对平面应变或轴对称锻造等问题提供更精确的模拟解。用户可以选择 2D 或 3D 锻造过程分析。如果选择了 2D 分析，则只要在 3D 模型上施加平面条件即可完成 2D 分析，其分析结果按 3D 方式显示。

9）模拟结果的可视化显示。自动加载结果数据，支持等值线、速度矢量、切片、时程曲线以及动画等多种后处理，允许多窗口操作，以方便模拟结果的比较。此外，还提供有尺寸测量、数据检索等实用工具。

10）在线帮助系统较详细地为用户提供软件使用和过程模拟的相关指南。图 5-101 为 MSC. SuperForge 软件的应用功能界面和特点。

a)

b)

c)

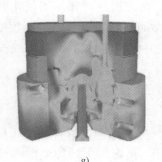

d)

e)

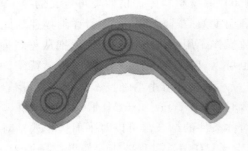

f)

g)

h)

图 5-101　MSC. SuperForge 软件的应用功能界面和特点
a）软件启动器　b）制造流程建模　c）温度场及应力应变场分析
d）等效应力分布情况　e）模具温度区间分布情况　f）折叠及翻边分析
g）部分和模具之间的全耦合热力学分析　h）自动优化节省材料

3. Qform 软件

（1）简介 Qform 是俄罗斯 Quantor 公司研制的专用于金属塑性成形的模拟软件，1989年投入实际应用，在欧洲制造业有较多用户。Qform 锻造模拟软件集成 Qform 2D 和 Qform 3D 模拟仿真于一身，提供了金属体积成形的完整锻造工艺模拟解决方案，帮助用户解决锻造工艺设计和优化、模具的设计制造等技术难题，通过模拟金属成形过程中出现的问题，改善并优化模具设计制造。Qform 软件在金属体积成形方面处于领先水平，操作简便，求解速度快，适用于金属工件的冷、温、热锻成形模拟，也可用于粉末材料的成形模拟，模拟仿真设备包括机械压力机、螺旋压力机、液压机和多锤头压力机等。图 5-102 为 Qform 软件的界面。

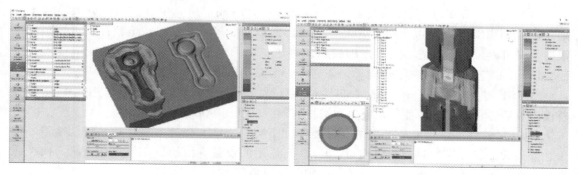

图 5-102 Qform 软件的界面

（2）主要特色

1）基于 Windows 平台，集二维和三维模拟于一身，操作简便。

2）模拟计算和前处理同步进行，可借助数据向导准备模拟计算的前处理数据，学习难度低。

3）不仅能模拟一个完整的成形工序，而且也能模拟一个连续的成形工艺链，如加热→锻造→加热→切边、冲孔→冷却等。成形工艺链的模拟过程自动进行，无须人工切换或干预。

4）Qform 的网格是在图形准备模块 Qdraft 中自动生成的，之后会随变形进程及大小自动调整其密度。

（3）Qform 3D 的功能特点

1）技术基础。四面体有限单元；全自动网格生成和无须人工干涉的自适应网格再生成；刚-黏-塑性材料模型；基于温度、应变、应变率的流动应力。

2）模拟功能。非等温全三维变形模拟；锻件在空气中冷却模拟；锻件摆放中冷却模拟；工艺链自动连续模拟，其工艺链可包括 99 种不同工序（工步）；锻件与模具的自动定位接触；锻锤或螺旋压力机多次打击模拟。

3）支持数据库。Qform 提供的内置数据库具有开放式结构，以方便用户添加和编辑自定义数据。数据库包括材料数据库和设备数据库。其中，材料数据库中存放有被加工材料的变形特性（流动应力、弹性系数和热参数）、模具材料的机械特性和热特性，以及润滑剂的特性参数等，所涉及的常见钢材、有色合金、耐热合金品种超过 450 个；设备数据库中存放有机械偏心压力机、曲柄压力机、锻锤、螺旋压力机、液压机等典型设备数据。

4）模拟数据设备。模具型面和坯料形状等几何数据的输入基于 CAD 系统生成的 IGES 格式文件。工件（坯料）、模具、润滑剂、设备和成形工艺等参数的设置在数据输入向导的引导下进行。

5）显示与输出。工件和模具的显示均基于三维模型，可任意剖切变形前后和变形之中的工件，以方便观察其内部状态。同时，能够可视化显示工件的主要尺寸。其输出结果显示有动画、云图（应变速率、应变、应力、温度等）、速度矢量、力、能和速度图表，以及成形过程中的工件轮廓变化等。可跟踪显示工件截面上任何一点的流动情况。可将每一道工序的或模拟结束的最终工件形状与模具型面输出到 CAD 系统（借助 DXF 或 IGES 文件）。

4. FORGE 2D/3D 软件

（1）简介　FORGE 软件系统由法国 CEMEF（材料成形研究中心）研究开发。基于有限元法的 FORGE 被广泛应用于模拟热、温、冷锻金属成形工艺过程，该软件既可模拟三维锻造，又可模拟二维锻造。其中二维模拟应用于长零件成形，研究横断面的变形过程（平面变形）；或应用于轴对称零件成形，研究径向切面变形过程（轴对称变形）。

FORGE 模拟热锻成形采用热-黏塑性材料模型，模拟温锻和冷锻成形采用热-弹塑性材料模型，后者可以评估锻件残余应力和锻件成形后的几何变形。

FORGE 软件可以对锻造产生的全过程（如下料、辊锻、横轧、辗环、热锻、冷锻、切边、淬火和晶粒形成）进行数值模拟。FORGE 适用的设备有液压机、机械压力机、曲柄压力机、螺旋压力机、锻锤、组合模具和特种锻压设备等。

（2）主要特色

1）模块式软件系统。包括数据准备的前处理器、模拟运算器和具有结果解析功能的后处理器。

2）内置 1000 多种钢、铝、铜及钛合金材料数据库和压力设备技术参数数据库。

3）使用模板方式准备热锻和冷锻的数值模拟数据，操作简便。

4）支持多 CPU 并行（集群）计算。

（3）FORGE 2D 和 FORGE 3D 的特点

1）FORGE 2D 应用最新数字成果，确保模拟计算的速度和精度。自动生成网格和网格调整再生技术，使软件可以模拟几何形状非常复杂的零件成形。

2）FORGE 2D 不但可以模拟各种材料成形，而且还可以分析热-机共同作用下的模具应力及其失效原因，为优化模具结构、延长模具寿命服务。

3）FORGE 2D 可以模拟锻件热处理，分析内部组织、残余应力和变形情况等。

4）FORGE 2D 具有灵活的模具动力特性，可以模拟各种有模和无模成形工艺，如胎模锻、自由锻、模锻、弯曲、挤压、拉深、切割、冲裁、铆接、二维机加工和玻璃吹塑，同时还可以模拟液压胀形和超塑成形。

5）FORGE 3D 可以模拟材料的冷锻、温锻和热锻成形，以及热处理过程，分析微观结构、残余应力和锻件变形。FORGE 3D 是首次应用并行计算机进行材料成形模拟的软件之一。FORGE 3D 同时还可以应用在 PC 集群上。

6）FORGE 3D 支持使用组合模具，能够很精确地对模具热-机状态进行模拟，为改善模具寿命提供帮助。

7）FORGE 3D 具有非常灵活的模具动力特性，工艺应用范围大，可以模拟成形辊锻、轴向辊锻、辗环成形、挤压、轧制及其他如剪切、冲孔等金属成形工艺。

8）FORGE 3D 可以对材料锻造成形的全过程（即下料—辊锻制坯—模锻—切边—热处理）进行模拟。

（4）FORGE 集群版　在推出集群版本之前，80% 的 FORGE 软件支持并行计算，主要运行在双 CPU 的 PC 上。计算机集群由多台单 CPU 或双 CPU 的 PC（称为计算机节点）通过高速宽带网络连接组成一个大的虚拟并行计算机。FORGE 集群版有许多优点，如可以在几小时内完成对复杂或大模型（高于 150000 个网格节点）的计算，并且可以随时观测不同精度下的计算模拟细节；特别适合于模拟精度要求高（如切边）或计算时间长（如辗环）的工艺过程。

5. MSC. Marc/AutoForge 软件

（1）简介　AutoForge 是全球首家非线性有限元软件公司 MARC 的产品之一，由于 MARC 公司被 MSC. Sortware 公司收购，故更名为现在的 MSC. Marc/AutoForge（简称 AutoForge）。

（2）主要特点　AutoForge 是建立在 20 世纪 90 年代最先进的有限元技术基础上的、快速模拟各种冷热锻造、挤压、轧制，以及多工步锻造等材料体积成形过程的专用软件。综合了 MSC. Marc/MENTAT 通用分析软件求解器和前后处理器的精髓，以及全自动二维四边形网格和三维六面体网格自适应和重划分技术，实现对具有高度组合的非线性体成形过程的全自动数值模拟。其图形界面采用工艺工程师的常用术语，容易理解，便于运用，图 5-103 为 AutoForge 软件的界面。

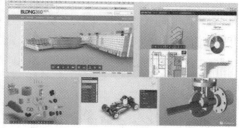

图 5-103　AutoForge 软件的界面

MSC. Marc/AutoForge 提供了大量实用材料数据以供选用，用户也能够自行创建材料数据库备用。MSC. Marc/AutoForge 除了可完成全 2D 或全 3D 的成形分析外，还可自动将 2D 分析与 3D 分析无缝连接，大大提高对先 2D 后 3D 的多步加工过程的分析效率。利用 MSC. Marc/AutoForge 提供的结构分析功能，可对加工后的包含残余应力的工件进行进一步的结构分析，模拟加工产品在后续的运行过程中的性能，有助于改进产品加工工艺或其未来的运行环境。此外，作为体积成形分析的专用软件，MSC. Marc/AutoForge 为满足特殊用户的二次开发需求，提供了友好的用户开发环境。

6. CASFORM

（1）简介　CASFORM 是山东大学模具工程技术研究中心开发的一套完全自主版权的体积成形有限元分析软件。该软件能够分析各种体积成形工艺（包括锻造、挤压、拉拔等），能够预测缺陷的形成，验证和优化成形工艺与模具设计方案，模拟等温成形和非等温成形过程，也能够进行单工位成形和多工位成形分析。

（2）主要特点

1）采用标准的 Windows 图形界面，可视化程度高，易学易用，操作方便；所有输入数据都能以图形的方式立刻显示出来，减少输入错误；后处理模块能以丰富、直观的图形显示有限元模拟结果，便于工程设计人员验证和优化设计方案。

2）由于材料体积成形的特点，使得在有限元分析过程中工件的边界条件不断发生变化，通常完成一次过程模拟需要多次网格重划，因此，接触算法的可靠性、网格生成的自动化和可靠性成为影响体积成形有限元软件自动化程度的重要因素。CASFORM 拥有合理可靠的接触算法和适合体积成形特点的网格生成程序，完全能够保证分析过程的自动化和可靠性。

3）CASFORM 能够模拟各种体积成形过程，包括开式锻造、模锻、各种挤压、拉拔、厚板拉深等，适合于各种锻压设备，包括液压机、锻锤、摩擦压力机、机械压力机等。能够进行从加热、预锻、终锻，直至冷却的全过程分析，而且模拟条件尽可能与实际生产相一致，确保了模拟结果的可靠性。

4）CASFORM 采用数据库技术管理各类数据，为各个模块提供统一的数据接口，提高数据管理效率，减少了不必要的中间文件。

5）软件采用了动态内存技术，能够同时分析多个材料成形过程。

5.6.3 应用实例

1. 数值模拟在汽车转向节精密锻造成形中的应用

采用有限元分析软件 Deform 对汽车转向节成形过程中的预锻工序进行了热力耦合数值模拟，并分析了转向节的成形难点，从成形过程、成形力大小、锻件温度分布情况，多角度分析了开式预锻与闭式预锻的差异，最终确定了转向节的成形工艺。

汽车转向节锻件的三维结构图如图 5-104a 所示，其结构复杂，包括头部枝丫、中部法兰以及尾部直杆三个部分，为非对称零件，同时零件截面沿轴向变化较大。该锻件材料为 40Cr 钢。根据零件结构分析可知，其成形主要有两个难点：一是法兰的截面面积较大，且厚度较薄，极易出现充不满的现象；二是头部枝丫的两枝丫的形状不同、材料体积不同，需要合理分配材料体积及控制材料流向，易出现材料折叠及某一端枝丫填充不满的现象。依据成形特点，初步确定成形工艺为下料、加热、制坯、预锻、终锻、切边，其中制坯工序主要包括拔长和开坯工艺。为保证材料的合理分配，经多次模拟试验，最终确定的制坯件形状如图 5-104b 所示；而其中的预锻工序能够保证材料在合理的变形范围内接近最终锻件的形状，避免缺陷的产生，降低模具的磨损，这也是整个工艺的关键。因此，通过 Deform 软件对开式预锻及闭式预锻进行研究。

将锻件三维结构图导入 Deform 软件

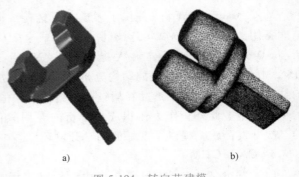

a) b)

图 5-104 转向节建模

a）三维结构图 b）制坯件形状

进行热力耦合数值分析。将材料设置为 40Cr 钢，坯料温度设置为 1120℃，并划分为 80000

个网格，上模速度设置为 115mm·s^{-1}，润滑条件下设置热锻成形的摩擦因子为 0.3，传热系数设置为 5N·（s·mm·℃）$^{-1}$，模拟步长根据网格最小单元尺寸设置为 0.5mm。开式预锻与闭式预锻的有限元模型如图 5-105 所示。

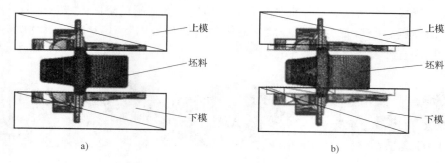

图 5-105　有限元模型

a）开式预锻　b）闭式预锻

开式预锻成形过程如图 5-106 所示，预锻开始时，坯料中部在上模作用下率先与下模接触并开始变形，坯料被镦粗，此时坯料与模具的接触面积较小，因此，所需成形力较小；随着上模继续下行，一部分材料向枝丫、法兰、直杆模膛流动，开始填充，另一部分材料流入凸凹模间隙中，此时坯料与模具的接触面积不断增加，摩擦力显著提高，所需成形力稳定上升；到成形后期，随着材料逐渐填充完成，与模具的接触面积进一步增加，材料散热面积增加，变形抗力增加，同时，随着上、下模的间隙越来越小，材料流动困难，成形力急剧上升，直至达到最大，最终成形锻件如图 5-107a 所示。

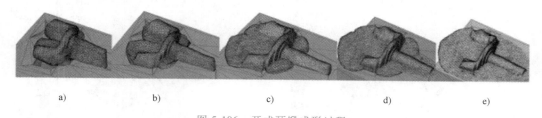

图 5-106　开式预锻成形过程

a）90 步　b）172 步　c）261 步　d）355 步　e）436 步

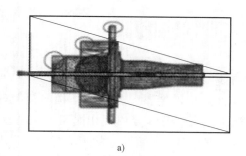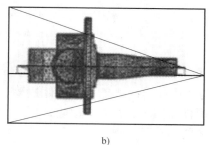

图 5-107　成形锻件

a）开式预锻　b）闭式预锻

闭式预锻成形过程如图 5-108 所示，成形前期与开式预锻基本类似，首先是镦粗坯料，然后坯料开始填充模腔，成形力随着上模的下行而不断增加；到了成形中后期，与开式预锻有所不同，开式预锻中上、下模间隙中的材料流动由于未受到限制，受到挤压作用后可以自由地向外流动，导致后续锻件填充不满，而闭式预锻中，飞边槽设有外壁约束，材料不能无限向外流动，形成一个密闭型腔，促使材料只能流向需要成形的空间；成形末期，由于空间约束和散热的原因，变形抗力达到最大。最终成形锻件如图 5-107b 所示，锻件头部枝丫、中部法兰、尾部直杆均成形饱满。

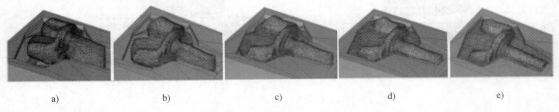

图 5-108　闭式预锻成形过程

a）100 步　b）168 步　c）256 步　d）348 步　e）441 步

　　图 5-109 所示为开式预锻与闭式预锻两种工艺下转向节锻件的温度分布图。开式预锻工艺下锻件温度分布不均匀，冷却后应力较大。而闭式预锻过程中，锻件整体表面温度较低，心部温度较高，这是由于锻件完全成形后，与模具充分接触，因热传递使得锻件表面温度降低；而锻件心部由于无法与模具接触，同时受到模腔约束挤压的作用，产生大量的变形热，使得心部的温度上升，锻件内外温度分布较为均匀，冷却后应力较小，有利于提高锻件质量。

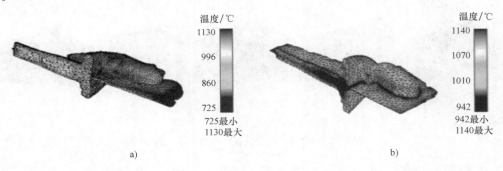

图 5-109　锻件温度分布

a）开式预锻　b）闭式预锻

　　将闭式预锻模拟获得的预锻件作为终锻毛坯，导入 Deform 软件中进行终锻数值仿真，图 5-110 为终锻件模拟结果。终锻件主要是局部结构的精整，其主体结构与预锻件大致相似，且终锻件无凹坑、折叠等缺陷，枝丫、法兰、直杆各部分均填充饱满，飞边分布均匀，表明该工艺能够获得合理的转向节锻件。在实际锻造时，经锻造、切边、精整、抛丸后，最终获得的转向节成品件如图 5-111 所示，整体外观良好，各关键部位无填充不满、折叠的缺陷，经质量检测，符合设计要求，产品合格率高，表明该锻造工艺是可靠的。

2. 数值模拟在大型圆盘锻件锻造过程中的应用

重型锻造圆盘通常用于发电、热交换器和化学容器中设备的关键部件，其成形主要通过在上、下模之间镦粗而锻造出来。这种镦粗工艺可压碎铸锭中的铸造枝晶组织和内部孔隙，从而提供了使用其他金属成形工艺难以获得的强度和韧性。在常规的圆盘锻造过程中，上模在扁平的固定底座上重复压缩材料，由于模具和工件之间存在摩擦会导致应力应变状态的复杂变化。特别是在大型重型圆盘锻造过程中，圆盘上下表面之间的变形不同，导致圆盘变形不均匀，致使锻件内部存在空隙。图 5-112 为常规锻造工艺得到的直径为 2620mm、厚度为 242mm 的圆盘锻件及缺陷位置。

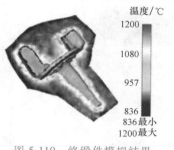

图 5-110 终锻件模拟结果

图 5-111 转向节成品件

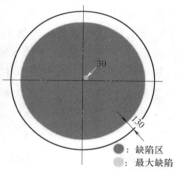

图 5-112 大型圆盘锻件及缺陷

为了解决大型圆盘锻件的缺陷问题，提出了一种双向模锻造新工艺，在该工艺中，上、下模垂直同时锻打工件，使其承受轴向压缩，增强了变形的均匀性，消除了锻件内部空隙缺陷。利用计算机数值模拟，从锻件温度及应变方面，分析双向模锻造工艺的优越性。图 5-113 为圆盘锻件两种锻造工艺示意图。图 5-114 为不同锻造工艺的锻件温度场分布。

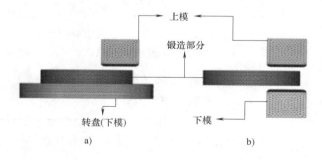

图 5-113 圆盘锻造工艺

a）常规工艺 b）双向模锻造工艺

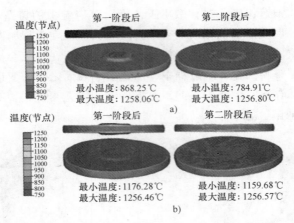

图 5-114　不同锻造工艺的锻件温度场分布

a）常规工艺　b）双向模锻造工艺

由图 5-114 可以看出，采用双向模锻造时，下模与锻件接触面积小，锻件的整体温度较高，且温差较小；而采用常规工艺时，下模与锻件接触面积较大而产生较高的散热，从而导致锻件整体温度较低，锻件各部位的温差较大，中心部位温度降低明显。

图 5-115 为等效应变分布对比图，传统锻造工艺的上、下表面的等效应变差异较大，传统锻造工艺与双向模锻造工艺的最大应变与最小应变之差分别为 1.816 和 0.731，即双向模锻造工艺下锻件的等效应变分布更加均匀。这是由于采用常规工艺时，长矩形上模和下平模接触的圆盘上、下部的温差较大，造成较大的应变差异，从而造成锻件中心处易出现缺陷。而采用双向模锻造工艺时，锻件的应变分布更加均匀，使锻件受力更均匀，从而减少了锻件心部的缺陷。

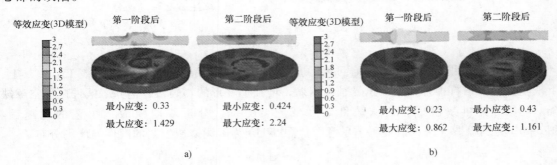

图 5-115　不同锻造工艺的圆盘锻件等效应变分布

a）常规工艺　b）双向模锻造工艺

思　考　题

1. 钢料锻前的加热方法有哪几种？在加热过程中钢料可能产生哪些缺陷？
2. 防止锻造坯料加热氧化的措施有哪些？
3. 防止锻造钢坯加热过程中产生脱碳缺陷的措施有哪些？
4. 防止锻造钢坯加热过程中产生过热缺陷的措施有哪些？

5. 在坯料感应加热时，为什么要根据坯料的尺寸选择合适的电流频率？

6. 如何确定装炉温度、加热速度、保温时间、加热时间以及锻造温度范围？

7. 试述锻件的冷却方法及应用。

8. 试述自由锻工序包括哪些内容。

9. 镦粗变形的目的是什么？

10. 试述平砧镦粗圆截面坯料时易产生的质量问题与防止措施。

11. 画图说明矩形截面坯料拔长时坯料变形与进料比之间的关系，并说明如何提高锻件的拔长效率？

12. 拔长时坯料易产生哪些质量缺陷？缺陷产生的原因及防止措施有哪些？

13. 常用的冲孔方法有哪几种？冲孔时有可能出现哪些缺陷？

14. 自由锻工艺过程的主要内容有哪些？

15. 模锻变形工步有哪几类？它们的作用是什么？

16. 简述坯料经过模锻工艺加工工序制成模锻件的整个生产过程。

17. 简述模锻模膛的分类和作用。

18. 试述精密模锻的特点及应用。

19. 液态模锻的特点有哪些？

20. 等温锻造的概念是什么？等温锻造适合在何种应变速率下进行？等温锻造为何能改善锻件的力学性能？

21. 粉末锻造的优缺点有哪些？应用于哪些方面？

Chapter 6

第6章

冲压成形工艺

6.1 概 述

冲压是利用安装在冲压设备上的模具对材料施加压力（或拉力），使其分离或发生塑性变形，从而获得一定形状、尺寸和性能零件的塑性加工方法。冲压生产的产品称为冲压件，冲压所使用的模具称为冲压模具，简称冲模。冲压工艺、冲模和冲压材料构成冲压加工的三个基本要素。

冲压加工的对象一般为金属板料（或带料）、薄壁管、薄型材等。板厚方向的变形一般不侧重考虑，因此也称为板料冲压。其通常是在室温状态下进行的（不用加热，显然处于再结晶温度以下），故也称为冷冲压。冲压已在航空、汽车、拖拉机、电机电器、精密仪器仪表等工业占有十分重要的地位。据初步统计，仅汽车制造业有 $60\% \sim 75\%$ 的零件是采用冲压加工工艺制成的。其中，冲压生产的劳动量为整个汽车工业总劳动量的 $25\% \sim 30\%$。在电机及仪器仪表生产中，也有 $60\% \sim 70\%$ 的零件是采用冲压工艺来完成的。此外，如电子工业、飞机、导弹和各种枪、炮等的零件加工中，采用冲压加工的零件比例也相当高。

冲压模具
原理

1. 冲压工艺特点

1）加工范围广。冲压加工方法可以得到形状复杂的薄壁零件，如壁厚为 0.15mm 的薄壳拉深件等。

2）生产率高。普通压力机每分钟可以生产几十件，高速压力机每分钟可以生产数百件甚至上千件。

3）冲压件尺寸精度高。冲压件尺寸精度由模具来保证，质量稳定，互换性好。

4）冲压件材料利用率高，一般可达 70% 以上。

5）无须加热，可以节省能源，且由于加工硬化作用，冲压件力学性能较好。

6）操作简单、劳动强度低，易于实现机械化和自动化。

冲压工艺的主要缺点是模具设计周期长，成本高，因此只适合用于大批量的生产。

2. 冲压基本工序及模具

冲压工序分为分离工序和成形工序两大类。分离工序是指使坯料沿一定轮廓线分离而获得一定形状、尺寸和断面质量的冲压件的工序；成形工序是指使坯料在不破裂的条件下产生塑性变形而获得一定形状和尺寸的冲压件的工序。常见的冲压加工方法及其特点见表 6-1。

车身冲压包
含多种冲压
工艺

表 6-1　常见的冲压加工方法及其特点

类别	工序名称	简图	特点
分离工序	冲裁 落料	废料　冲件	用冲模沿封闭线冲切板料,冲切下来的部分为冲件
	冲孔	冲件　废料	用冲模沿封闭线冲切板料,冲切下来的部分为废料
	切断	冲件	用剪刃或冲模切断板料,切断线不封闭
	切口		在坯料上沿不封闭线冲出缺口,切口部分发生弯曲
	切边		将工件的边缘部分切除
	剖切		将工件切开成两个或多个零件
成形工序	弯曲 弯曲		将板料沿直线弯成一定的角度和曲率
	拉弯		在拉力和弯矩共同作用下实现弯曲变形
	扭弯		把工件的一部分相对另一部分扭转成一定角度
	滚弯		通过一系列轧辊把平板卷料滚弯成复杂形状

（续）

类别	工序名称	简图	特点
拉深	拉深		把平板坯料制成开口空心件,壁厚基本不变
	变薄拉深		把空心件进一步拉深成侧壁比底部薄的零件
成形工序 / 成形	翻孔		沿工件的上孔边缘翻出竖立边缘
	翻边		沿工件的外缘翻起弧形的竖立边缘
	扩口		把空心件的口部扩大
	缩口		把空心件的口部缩小
	起伏		依靠材料的伸长变形使工件形成局部凹陷或凸起
	卷缘		把空心件的口部卷成接近封闭的圆形
	胀形		将空心件或管状件沿径向往外扩张,形成局部直径较大的零件
	旋压		用滚轮使旋转状态下的坯料逐步成形为各种旋转体空心件

（续）

类别	工序名称		简图	特点
成形工序	成形	整形		依靠材料的局部变形，少量改变工件形状和尺寸，以提高其精度
		校平		将有拱弯或翘曲的平板形件压平，以提高其平面度

在实际生产中，当冲压件的生产批量较大、尺寸较小而公差要求较小时，若用分散的单一工序来冲压是不经济的，甚至也难以达到要求，这时多采用把几种工序相组合，集中在一副模具内完成。根据工序组合的方法不同，又可将其分为复合、级进和复合-级进三种冲压方式。

复合冲压是在压力机的一次工作行程中，在模具的同一工位同时完成两种或两种以上的不同工序的一种组合方式。

级进冲压是在压力机的一次工作行程中，按照一定的顺序在同一模具的不同工位上完成两种或两种以上工序的一种组合方式。

复合-级进冲压是在一副冲模上包含复合和级进两种方式的组合方式。

按冲模的结构形式不同，可把冲模分为冲裁模、弯曲模、拉深模、成形模和挤压模（图6-1）；按工序组合方式的不同可分为单工序模、复合模和级进模。冲压工艺是冲压模具设计的基础。冲压模具是实现材料冲压的必要保证。

级进模冲压

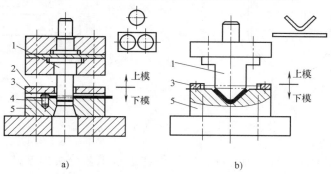

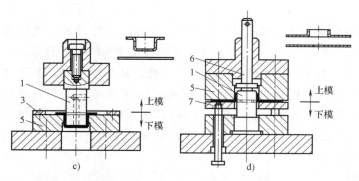

图6-1 几种常见冲模简单结构简图

a）冲裁模（落料模） b）弯曲模 c）拉深模 d）成形模（翻孔模）

1—凸模 2—卸料板 3—定位板 4—挡料销 5—凹模 6—推件杆 7—压料板

3. 冲压工艺过程的制订

制订冲压工艺过程就是针对某一具体的冲压件恰当地选择各工序,正确地确定坯料尺寸、工序数量和工序件尺寸,合理安排各冲压工序及辅助工序的顺序。同一冲压件的工艺方案可以有许多种,设计者必须考虑下面因素,通过分析比较,确定最佳冲压生产工艺过程。

冲压件的分析包括冲压件的功用分析、工艺性分析与经济性分析,从而根据冲压件的零件图确定各工序的冲压图样,分析冲压件的形状、尺寸、精度是否符合冲压工艺的要求。良好的冲压工艺可以使材料消耗少、工序数目少、设备数量少、模具结构简单而且寿命长、冲压件质量稳定、操作方便。

如图 6-2a 所示的原设计左边 R3 和右边封闭的铰链弯曲,在板厚为 4mm 的情况下很难实现,修改后比较容易冲压加工,且满足要求。图 6-2b 为某汽车消声器后盖,在满足使用要求的条件下,修改后的形状比原设计的形状简单,冲压工序由原来八道减至二道。

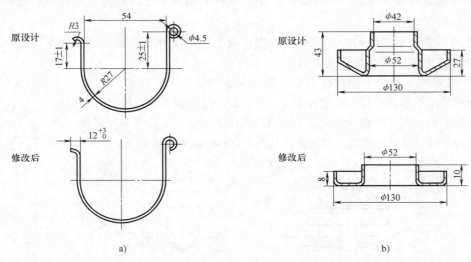

图 6-2 修改冲压件以改善工艺性的实例

(1) 冲压工艺方案的分析与确定在 冲压件在进行工艺分析的基础上,就可确定冲压工艺方案。其内容主要包括冲压工序性质的确定、工序数量的确定、工序顺序的确定、工序组合方式的确定。

1) 冲压工序性质的确定。可先从零件图直观地确定工序性质,然后通过工艺计算,进一步确定工序性质。如图 6-3 所示的两个形状相同而尺寸不同的带凸缘无底空心件,材料均为 08 钢,从零件图看似乎都可用落料、冲孔、翻孔三道工序完成,但经过工艺计算分析表明,图 6-3a 所示的翻孔系数为 0.83,远大于其极限翻孔系数,故可以通过落料、冲孔、翻孔三道工序完成;而图 6-3b 所示的翻孔系数为 0.68,接近极限翻孔系数,这时若直接冲孔后翻孔,由于翻孔力较大,在翻孔的同时会造成坯料外径缩小,达不到零件要求的尺寸,因此需要用落料、拉深、冲孔和翻孔四道工序。

2) 工序数量的确定。要根据零件几何形状的复杂程度、尺寸精度及材料冲压成形性能确定工序数量。

3) 工序顺序的确定。工序顺序的确定主要取决于冲压变形规律和零件质量要求。

4）工序组合方式的确定。工序的组合方式要根据冲压件的生产批量，如果生产批量较大时，可采用复合模或级进模冲压；反之，则用单工序模分散冲压为宜。

（2）工艺计算 工艺计算包括确定各道次冲压工序形状、尺寸，计算冲压力，合理选择冲压设备，编写冲压工艺文件。

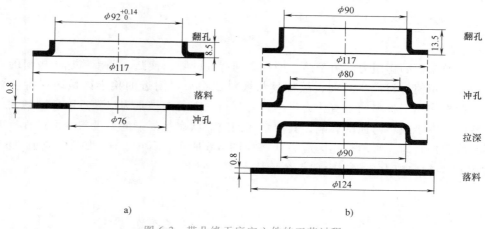

图 6-3 带凸缘无底空心件的工艺过程

此外还要根据冲压工艺方案，确定冲压件的排样方案，计算条料宽度，选择板料规格，确定裁板方案，计算材料利用率。

6.2 | 冲 裁

冲裁是利用模具使板料产生相互分离的冲压工序。一般来说，冲裁主要是指落料和冲孔。从板料上沿封闭轮廓冲下所需形状的冲件称为落料；从工序件上冲出所需形状的孔称为冲孔。如冲制平面垫圈，冲其外形的工序是落料，冲其内孔的工序为冲孔。根据变形机理的不同冲裁可分为普通冲裁和精密冲裁。

6.2.1 冲裁变形机理与工艺性分析

1. 冲裁过程

冲裁的变形过程可分为三个阶段：

（1）弹性变形阶段 凸模接触板料后继续向下运动的初始阶段，板料略微挤入凹模洞口产生弹性压缩、拉伸与弯曲变形，但未超过板料的屈服强度，故称为弹性变形阶段，如图6-4a 所示。

（2）塑性变形阶段 凸模继续向下运动，压力增加，当材料内部应力达到材料的屈服强度时，材料发生塑性变形。随着切刃的深入，塑性变形区向板料深度方向发展、扩大，并在凸、凹模的刃口附近出现微裂纹，如图6-4b、图6-4c 所示。

（3）断裂分离阶段 凸模继续下压，微裂纹不断向材料内部扩展，直至上、下裂纹会合，材料被剪断分离，如图6-4d 所示。

2. 剪切区受力分析

图 6-5 所示为无压紧装置冲裁时板料的受力情况。当凸模下降至与板料接触时，板料就

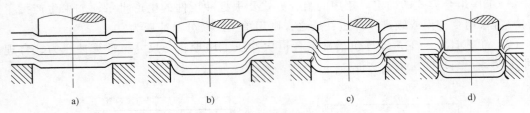

图 6-4　冲裁变形过程

受到凸、凹模端面的作用力。由于凸、凹模之间存在间隙，使凸、凹模施加于板料的力产生一个力矩，力矩使材料产生弯曲，故模具与板料仅在刃口附近的狭小区域内保持接触。因此，凸、凹模作用于板料的垂直压力呈不均匀分布，随着向模具刃口靠近而急剧增大。

　　冲裁时，由于板料弯曲的影响，其剪切区的应力状态是复杂的，且与变形过程有关。对于无压紧装置冲裁时，板料剪切区应力状态如图 6-6 所示，其中，σ_1 为径向应力，σ_2 为切向应力，σ_3 为轴向应力。板料上取 5 个特征点进行分析。

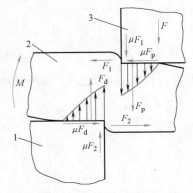

图 6-5　冲裁时作用于板料上的力
1—凹模　2—板料　3—凸模

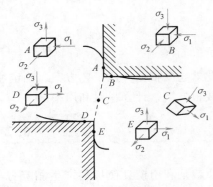

图 6-6　板料剪切区的应力状态

　　A 点——凸模下压引起轴向拉应力 σ_3，板料弯曲与凸模侧压力引起径向压应力 σ_1，而切向应力 σ_2 为板料弯曲引起的压应力与侧压力引起的拉应力的合成应力。

　　B 点——凸模下压及板料弯曲引起的三向压缩应力。

　　C 点——沿纤维方向为拉应力 σ_1，垂直于纤维方向为压应力 σ_3。

　　D 点——凹模挤压板料产生轴向压应力 σ_3，板料弯曲引起径向拉应力 σ_1 和切向拉应力 σ_2。

　　E 点——凸模下压引起轴向拉应力 σ_3，由板料弯曲引起的拉应力与凹模侧压力引起的压应力合成产生应力 σ_1 与 σ_2，该合成应力可能是拉应力，也可能是压应力，与间隙大小有关。

　　从 A、B、C、D 各点的应力状态可看出，凸模与凹模端面（即 B 与 D 点处）的静水压应力（球压张量）高于侧面（A、E 处）的，且凸模刃口附近的静水压应力又比凹模刃口附近的高。

3. 剪切力行程曲线

　　图 6-7 所示为冲裁时冲裁力-凸模行程曲线。从曲线可以看出，在变形开始阶段，力增

加较慢（此时，毛坯受压，并由切刃嵌入毛坯形成变形区），然后迅速增加（一部分相对于另一部分移动的过程）。在切刃深入到一定深度时，虽然承受剪切力的板料面积减少了，但受材料加工硬化的影响，所以力仍缓慢上升。当剪切面积减小与硬化增加两种影响相等时，剪切力达最大值，以后剪切面积减少的影响超过加工硬化的影响，于是剪切力下降。塑性材料（曲线2）是剪切力达到最大值，然后缓慢下降一段后才产生裂纹，直至断裂，冲裁力急剧下降。这类似于拉伸试验，即塑性材料在应力达到最大剪切应力

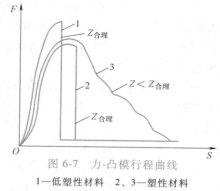

图 6-7 力-凸模行程曲线
1—低塑性材料 2、3—塑性材料

后，先产生缩颈然后才断裂。而低塑性材料断裂前不出现缩颈。

4. 剪切断面分析

由于冲裁变形的特点，冲裁件的断面明显地分为三个特征区，即圆角带、光亮带和断裂带（图 6-8）。圆角带是由于纤维弯曲和拉伸所致，软材料比硬材料的圆角大。影响圆角带大小的因素除材料性质以外，还有工件轮廓形状、凸模与凹模的间隙等。光亮带是在侧压力作用下切刃相对板料滑移的结果，一般占全断面面积的 $1/3 \sim 1/2$。断裂带是微裂纹在拉应力作用下扩展所形成的撕裂面，断面粗糙，且有一定斜度。塑性差的材料，断裂带大。圆角带、光亮带、断裂带三部分在冲裁件断面上所占的比例随材料的力学性能、凸模与凹模间隙、模具结构等不同而变化。要想提高冲裁件切断面的光洁程度与尺寸精度，可通过增加光亮带的高度或采用整修工序来实现。增加光亮带高度的关键是延长塑性变形阶段，推迟裂纹的产生。这可以通过增加金属塑性和减少刃口附近的变形与应力集中来实现。

5. 冲裁工艺性分析

冲裁件的工艺性是指冲裁件对冲压工艺的适应程度，即冲裁件的结构、形状、尺寸及公差等技术是否符合冲裁加工的工艺要求。冲裁件的工艺性优劣对冲裁件质量、模具寿命和生产率有很大影响。

（1）冲裁件的结构工艺性

1）冲裁件形状应尽可能简单、对称、排样废料少，有利于材料合理利用。如图 6-9a 所示的零件，若只要求三孔位置，外形无关紧要，改为图 6-9b 所示形状，可用无废料排样，材料利用率大幅提高。

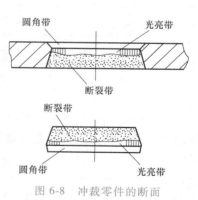

图 6-8 冲裁零件的断面

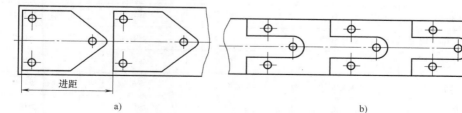

a)   b)

图 6-9 冲裁件形状对工艺性的影响

材料成形工艺

2）除在少无废料排样或采用镶拼模结构时，允许工件有尖角外，冲裁件的外形或内孔交角处应采用圆角过渡，以便于模具加工，减少热处理开裂，减少冲裁时尖角处崩刃和过快磨损，如图 6-10 所示。圆角半径 R 最小值参照表 6-2 选取。

3）尽量避免冲裁件上过长的凸出悬臂和凹槽，且悬臂和凹槽宽度不宜过小；同时，为避免工件变形和保证模具强度，孔边距和孔间距也不能过小。极限值分别为 $b_{min}=1.5t$，$l_{max}=6b$，$C_{min}=(1\sim1.5)t$，$C'_{min}=(1.5\sim2)t$，如图 6-11 所示。

4）在弯曲件或拉深件上冲孔时，孔边与直壁之间应保持一定距离，以免冲孔时凸模受水平推力而折断，其要求如图 6-12 所示，$l\geqslant R+0.5t$，$l_1\geqslant R_1+0.5t$。

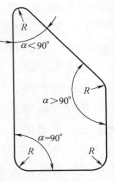

图 6-10 冲裁件的圆角

表 6-2 冲裁件的最小圆角半径

零件种类		黄铜、铝	合金钢	软钢	圆角半径/mm
落料	交角≥90°	0.18t	0.35t	0.25t	>0.25
	<90°	0.35t	0.70t	0.5t	>0.5
冲孔	交角≥90°	0.2t	0.45t	0.3t	>0.3
	<90°	0.4t	0.90t	0.6t	>0.6

注：t 为材料厚度。

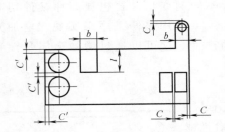

图 6-11 冲裁件的悬臂和凹槽图

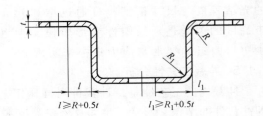

图 6-12 弯曲件的冲孔位置

5）冲孔时，因受凸模强度的限制，孔的尺寸不应太小，否则凸模易折断或压弯。用无导向凸模和有导向凸模所能冲制的最小尺寸，分别见表 6-3 和表 6-4。

表 6-3 无导向凸模冲孔最小尺寸

材料		圆形孔（直径 d）	方形孔（孔宽 b）	矩形孔（孔宽 b）	长圆形孔（孔宽 b）
钢	$\tau\approx685MPa$	≥1.5t	≥1.35t	≥1.2t	≥1.1t
	$\tau\approx390\sim685MPa$	≥1.3t	≥1.2t	≥1.0t	≥0.9t
	$\tau\approx390MPa$	≥1.0t	≥0.9t	≥0.8t	≥0.7t
黄铜、铜		≥0.9t	≥0.8t	≥0.7t	≥0.6t
铝、锌		≥0.8t	≥0.7t	≥0.6t	≥0.5t

注：t 为材料厚度，τ 为抗剪强度。

表 6-4　有导向凸模冲孔最小尺寸

材料	圆形(直径 d)	矩形(孔宽 b)
硬钢	0.5t	0.4t
软钢及黄铜	0.35t	0.3t
铝、锌	0.3t	0.28t

注：t 为材料厚度。

（2）冲裁件的经济精度和表面粗糙度　冲裁件的经济精度是指模具达到最大许可磨损时，其所选用的冲压加工在技术上可以实现，而在经济上又最合理的精度。为获得最佳的技术经济效果，应尽可能采用经济精度。

1）冲裁件的经济公差等级不高于 IT11 级，一般要求落料件公差等级最好低于 IT10 级，冲孔件最好低于 IT9 级。冲裁得到的工件公差列于表 6-5 和表 6-6 中。如果工件要求的公差值小于表值，则需在冲裁后整修或采用精密冲裁。

表 6-5　冲裁件外形与内孔尺寸公差　　　　　　　　　（单位：mm）

材料厚度 t	冲裁件尺寸							
	一般精度的冲裁件				较高精度的冲裁件			
	<10	10~50	50~150	150~300	<10	10~50	50~150	150~300
0.2~0.5	$\frac{0.08}{0.05}$	$\frac{0.10}{0.08}$	$\frac{0.14}{0.12}$	0.20	$\frac{0.025}{0.02}$	$\frac{0.03}{0.04}$	$\frac{0.05}{0.08}$	0.08
0.5~1	$\frac{0.12}{0.05}$	$\frac{0.16}{0.08}$	$\frac{0.22}{0.12}$	0.30	$\frac{0.03}{0.02}$	$\frac{0.04}{0.04}$	$\frac{0.06}{0.08}$	0.10
1~2	$\frac{0.18}{0.06}$	$\frac{0.22}{0.10}$	$\frac{0.30}{0.16}$	0.50	$\frac{0.04}{0.03}$	$\frac{0.06}{0.06}$	$\frac{0.08}{0.10}$	0.12
2~4	$\frac{0.24}{0.08}$	$\frac{0.28}{0.12}$	$\frac{0.40}{0.20}$	0.70	$\frac{0.06}{0.04}$	$\frac{0.08}{0.08}$	$\frac{0.10}{0.12}$	0.15

注：1. 分子为外形公差，分母为内孔公差。
　　2. 一般精度的工件采用 IT8~IT7 级的冲裁模；较高精度的工件采用 IT7~IT6 级的冲裁模。

表 6-6　冲裁件孔中心距公差　　　　　　　　　（单位：mm）

材料厚度 t	普通冲裁			高级冲裁		
	孔距尺寸			孔距尺寸		
	<50	50~150	150~300	<50	50~150	150~300
<1	±0.10	±0.15	±0.20	±0.03	±0.05	±0.08
1~2	±0.12	±0.20	±0.30	±0.04	±0.06	±0.10
2~4	±0.15	±0.25	±0.35	±0.06	±0.08	±0.12
4~6	±0.20	±0.30	±0.40	±0.08	±0.10	±0.15

注：适用于本表数值所指的孔应同时冲出。

2）冲裁件的断面粗糙度与材料塑性、材料厚度、冲裁模间隙、刃口锐钝以及冲模结构等有关。当冲裁厚度为 2mm 以下的金属板料时，其断面粗糙度 Ra 一般可达 $12.5~3.2\mu m$。冲裁件断面的表面粗糙度和允许的毛刺高度见表 6-7 和表 6-8。

表 6-7　冲裁件断面的表面粗糙度

材料厚度 t/mm	<1	>1~2	>2~3	>3~4	>4~5
表面粗糙度 $Ra/\mu m$	3.2	6.3	12.5	25	50

表 6-8　冲裁断面允许的毛刺高度

冲裁材料厚度/mm	<0.3	>0.3~0.5	>0.5~1.0	>1.0~1.5	>1.5~2.0
新模试冲时允许的毛刺高度/mm	≤0.015	≤0.02	≤0.03	≤0.04	≤0.05
生产时允许的毛刺高度/mm	≤0.05	≤0.08	≤0.10	≤0.13	≤0.15

（3）冲裁件的尺寸基准　冲裁件尺寸的基准应尽可能与其冲压时定位基准重合，并选择在冲裁过程中基本上下不变动的面或线上。如图 6-13a 所示的尺寸标注，对孔距要求较高的冲裁件是不合理的。这是因为当两孔中心距要求较高时，尺寸 B 和 C 标注的公差等级高，而模具（同时冲孔与落料）的磨损，使尺寸 B 和 C 的精度难以达到要求。改用图 6-13b 所示的标注方法，孔中心距尺寸不再受模具磨损的影响，比较合理。冲裁件两孔中心距所能达到的公差参见表 6-6。

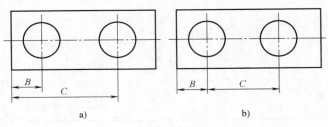

图 6-13　冲裁件尺寸基准
a）不合理　b）合理

6.2.2　冲裁间隙

冲裁间隙是指凸、凹模刃口间缝隙的大小。凸模与凹模间每侧的间隙称为单面间隙，用 $Z/2$ 表示；凸模与凹模间两侧间隙之和称为双面间隙，用 Z 表示。对于圆形刃口的凸、凹模，双面间隙就是两者的直径之差。

冲裁间隙的数值等于凹模刃口与凸模刃口尺寸的差值，即

$$Z = D_d - d_p \tag{6-1}$$

式中，D_d 为凹模刃口尺寸；d_p 为凸模刃口尺寸。

冲裁间隙对冲裁件的断面质量、尺寸精度、冲裁力和模具寿命均有很大影响。因此，冲裁间隙是凸模与凹模设计的一个非常重要的参数，如图 6-14 所示。

1. 冲裁间隙对冲裁件质量的影响

（1）冲裁间隙对断面质量的影响　图 6-15 所示为不同间隙对冲裁件断面质量的影响。

当冲裁间隙合适时，如图 6-15a 所示，冲裁时上、下刃口处所产生的剪切裂纹基本重合。冲裁断面比较平直、光滑，塌角和毛刺均较小，且所需的冲裁力较小，冲裁件质量较好。

当间隙过小时，如图 6-15b 所示，凸、凹模刃口处裂纹不重合，上下裂纹之间一部分材料随着冲裁的继续又被二次剪切，在冲裁件断面上形成第二次光亮带，两个光亮带之间形成毛面，端面出现毛刺，但易去除。

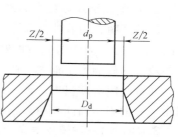

图 6-14　冲裁间隙

当间隙过大时，如图 6-15c 所示，凸、凹模刃口处裂纹不重合，材料受很大的拉应力，材料被撕裂拉断，光亮带小，塌角、锥度大，形成厚大而拉长的毛刺，且难以去除。

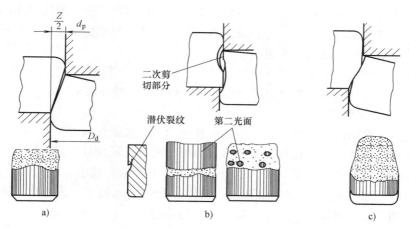

图 6-15　间隙大小对剪切裂纹与断面质量的影响

a) 间隙合适　b) 间隙过小　c) 间隙过大

（2）冲裁间隙对尺寸精度的影响　冲裁件的尺寸精度是指冲裁件的实际尺寸与基本尺寸的差值（δ），差值越小，精度越高。这个差值包括两方面的偏差，一是冲裁件相对于凸模或凹模尺寸的偏差，二是模具本身的制造偏差。

冲裁件相对于凸、凹模尺寸的偏差，主要是冲裁结束后工件脱离模具时，材料产生弹性恢复造成的。偏差值可能是正的，也可能是负的。影响偏差值的因素有：凸、凹模间隙；材料性质；工件形状与尺寸。其中主要因素是凸、凹模间隙。间隙对落料和冲孔精度的影响见表 6-9。

表 6-9　间隙对落料和冲孔精度的影响

间隙变化	冲孔	落料
间隙增大	金属产生较大的拉伸与弯曲变形，冲裁后因材料弹性恢复使冲孔件尺寸大于凸模尺寸	金属产生较大的拉伸与弯曲变形，冲裁后因材料弹性恢复使落料件尺寸小于凹模尺寸
间隙变小	金属受到较大的挤压作用，冲裁后因材料弹性恢复使冲孔件尺寸小于凸模尺寸	金属受到较大的挤压作用，冲裁后因材料弹性恢复使冲孔件尺寸小于凸模尺寸

2. 冲裁间隙对冲裁力的影响

试验证明，随着冲裁间隙的增大，冲裁力有一定程度的降低，但当双面间隙介于材料厚度的 5%～20% 范围内时，冲裁力的降低不超过 5%～10%。因此，在正常情况下，冲裁间隙对冲裁力的影响不是很大。

冲裁间隙对卸料力、推件力的影响比较显著。随着冲裁间隙增大，卸料力和推件力都将减小。一般当单面间隙增大到材料厚度的 15%～25% 时，卸料力几乎降到零。

3. 冲裁间隙对模具寿命的影响

模具寿命指的是能够冲裁出合格产品的次数。模具寿命受各种因素的综合影响，而冲裁间隙是影响模具寿命的最主要因素。冲裁过程中由于凸、凹模受被冲材料的反作用力，会造成模具一般有磨损、崩刃、折断、变形、胀裂等失效形式。模具与冲件之间存在摩擦，间隙越小，模具作用的压应力越大，磨损就越严重。过小的间隙会引起冲裁力、侧压力、摩擦力、卸料力、推件力增大，甚至会使材料粘连刃口，加剧刃口磨损。所以过小的间隙对模具寿命极为不利。若采用较小间隙，就必须提高模具硬度和模具制造精度值，减小模具表面粗糙度值，改善润滑条件，以减小磨损。

增大间隙可使冲裁力减小，模具磨损也减小。但间隙取得太大，因弯矩和拉应力增大，会使模具刃口损坏。一般间隙取材料厚度的 10%～15% 时，磨损最小。

4. 冲裁间隙值的确定

确定合理的冲裁间隙是冲裁工艺与模具设计中的一个关键性问题。合理的冲裁间隙是指能够使断面质量、尺寸精度、模具寿命和冲裁力等方面得到最佳效果的间隙。合理的冲裁间隙不是一个固定值，而是一个范围值。这个范围的最小值称为最小合理间隙（C_{min}），最大值称为最大合理间隙（C_{max}）。考虑到模具在使用过程中的磨损使间隙增大，故设计与制造新模具时要采用最小合理间隙值 C_{min}。确定冲裁间隙的方法有两种。

（1）理论计算法　理论确定法主要根据凸、凹模刃口产生的裂纹会合的原则进行计算，以保证获得良好的断面质量。根据图 6-16 所示的冲裁间隙几何关系可得冲裁间隙 Z。

$$Z = 2(t - h_0)\tan\beta = 2t\left(1 - \frac{h_0}{t}\right)\tan\beta \qquad (6\text{-}2)$$

式中，t 为材料厚度（mm）；h_0 为产生裂纹时凸模挤入材料深度（mm）；h_0/t 为产生裂纹时凸模压入材料的相对深度；β 为剪切裂纹与垂线间的夹角（°）。

由式（6-2）可以看出，合理间隙与材料和厚度有关。厚度越大、塑性越低的脆性材料，间隙值 Z 越大；材料厚度越薄、塑性越好的材料，间隙值 Z 越小。由于理论计算方法在生产中使用不方便，故目前间隙值的确定广泛使用的是经验公式与图表。

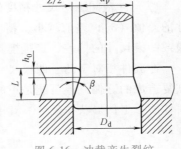

图 6-16　冲裁产生裂纹的瞬时状况

（2）经验确定法　经验确定法也是根据材料性质与厚度，来确定最小合理间隙值。

软材料：$t < 1\text{mm}$　　$Z = (6\% \sim 8\%)t$

　　　　$t = 1 \sim 3\text{mm}$　　$Z = (10\% \sim 15\%)t$

　　　　$t = 3 \sim 5\text{mm}$　　$Z = (15\% \sim 20\%)t$

硬材料：$t < 1\text{mm}$　　$Z = (8\% \sim 10\%)t$

$$t = 1 \sim 3mm \quad Z = (11\% \sim 17\%)t$$
$$t = 3 \sim 5mm \quad Z = (17\% \sim 25\%)t$$

间隙值也可按表 6-10、表 6-11 来确定。

表 6-10　冲裁模初始双面间隙 Z（一）　　　　　　　　（单位：mm）

材料厚度	纯铝		纯铜、黄铜、低碳钢 $w_C = 0.08\% \sim 0.2\%$		杜拉铝、中碳钢 $w_C = 0.3\% \sim 0.4\%$		高碳钢 $w_C = 0.5\% \sim 0.6\%$	
	Z_{min}	Z_{max}	Z_{min}	Z_{max}	Z_{min}	Z_{max}	Z_{min}	Z_{max}
0.2	0.008	0.012	0.01	0.014	0.012	0.016	0.014	0.018
0.3	0.012	0.018	0.015	0.021	0.018	0.024	0.021	0.027
0.4	0.016	0.024	0.02	0.028	0.024	0.032	0.028	0.036
0.5	0.02	0.03	0.025	0.035	0.03	0.04	0.035	0.045
0.6	0.024	0.036	0.03	0.042	0.036	0.048	0.042	0.054
0.7	0.028	0.042	0.035	0.049	0.042	0.056	0.049	0.063
0.8	0.032	0.048	0.04	0.056	0.048	0.064	0.056	0.072
0.9	0.036	0.054	0.045	0.063	0.054	0.072	0.063	0.081
1	0.04	0.06	0.05	0.07	0.06	0.08	0.07	0.09
1.2	0.05	0.084	0.072	0.096	0.084	0.108	0.096	0.12
1.5	0.075	0.105	0.09	0.12	0.105	0.135	0.12	0.15
1.8	0.09	0.126	0.108	0.144	0.126	0.162	0.144	0.18
2	0.1	0.14	0.12	0.16	0.14	0.18	0.16	0.2
2.2	0.132	0.176	0.154	0.198	0.176	0.22	0.198	0.242
2.5	0.15	0.2	0.175	0.225	0.2	0.25	0.225	0.275
2.8	0.168	0.224	0.196	0.252	0.224	0.28	0.252	0.308
3	0.18	0.24	0.21	0.27	0.24	0.3	0.27	0.33
3.5	0.245	0.315	0.28	0.35	0.315	0.385	0.35	0.42
4	0.28	0.36	0.32	0.4	0.36	0.44	0.4	0.48
4.5	0.315	0.405	0.36	0.45	0.405	0.49	0.45	0.54
5	0.35	0.45	0.4	0.5	0.45	0.55	0.5	0.6
6	0.48	0.6	0.54	0.66	0.6	0.72	0.66	0.78
7	0.56	0.7	0.63	0.77	0.7	0.84	0.77	0.91
8	0.72	0.88	0.8	0.96	0.88	1.04	0.96	1.12

注：1. 初始间隙的最小值相当于间隙的公称数值。

　　2. 初始间隙的最大值是考虑到凸模和凹模的制造公差所增加的数值。

　　3. 由于模具工作部分的磨损，间隙将有所增加，因而使用最大数值要超过表列数值。

　　4. 本表适用于尺寸精度和断面质量要求较高的冲裁件。

表 6-11　冲裁模初始双面间隙 Z（二）　　　　　　　（单位：mm）

材料厚度	08、10、35、Q235		Q355		40、50		65Mn	
	Z_{min}	Z_{max}	Z_{min}	Z_{max}	Z_{min}	Z_{max}	Z_{min}	Z_{max}
小于 0.5	极小间隙							
0.5	0.04	0.06	0.04	0.06	0.04	0.06	0.04	0.06
0.6	0.048	0.072	0.048	0.072	0.048	0.072	0.048	0.072
0.7	0.064	0.092	0.064	0.092	0.064	0.092	0.064	0.092
0.8	0.072	0.104	0.072	0.104	0.072	0.104	0.064	0.092
0.9	0.09	0.126	0.09	0.126	0.09	0.126	0.09	0.126
1	0.1	0.14	0.1	0.14	0.1	0.14	0.09	0.126
1.2	0.126	0.18	0.132	0.18	0.132	0.18		
1.5	0.132	0.24	0.17	0.24	0.17	0.24		
1.75	0.22	0.32	0.22	0.32	0.22	0.32		
2	0.246	0.36	0.26	0.38	0.26	0.38		
2.1	0.26	0.38	0.28	0.4	0.28	0.4		
2.5	0.36	0.5	0.38	0.54	0.38	0.54		
2.75	0.4	0.56	0.42	0.6	0.42	0.6		
3	0.46	0.64	0.48	0.66	0.48	0.66		
3.5	0.54	0.74	0.58	0.78	0.58	0.78		
4	0.64	0.88	0.68	0.92	0.68	0.92		
4.5	0.72	1	0.68	0.96	0.78	1.04		
5.4	0.94	1.28	0.78	1.1	0.98	1.32		
6	1.08	1.44	0.84	1.2	1.14	1.5		
6.5			0.94	1.3				
8			1.2	1.68				

注：1. 冲裁皮革、石棉和纸板时，间隙取 08 钢的 25%。

　　2. 本表适用于尺寸精度和断面质量要求不高的冲裁件。

6.2.3　冲裁模具刃口尺寸的计算

1. 凸模和凹模刃口尺寸设计的计算原则

由于凸、凹模之间存在着间隙，所以冲裁件断面都带有锥度。但在冲裁件尺寸的测量和使用中，则是以光亮带的尺寸为依据。

落料件的光亮带处于大端尺寸，其光亮带是因凹模刃口挤切材料产生的，且落料件的大端尺寸等于凹模尺寸。冲孔件的光亮带处于小端尺寸，其光亮带是因凸模刃口挤切材料产生的，且冲孔件的小端尺寸等于凸模尺寸。在使用过程中，凸、凹模与冲裁件发生摩擦，凸模越磨越小，凹模越磨越大，结果造成间隙越来越大。因此，确定凸、凹模刃口尺寸应区分落料和冲孔工序，并遵循以下原则：

1）设计落料模时，以凹模为准，落料凸模的基本尺寸则为凹模尺寸减去最小合理间隙；设计冲孔模时，以凸模为准，冲孔凹模的基本尺寸则为凸模尺寸加上最小合理间隙。

2）设计落料模时，凹模基本尺寸应取零件尺寸公差范围内的较小尺寸；设计冲孔模时，凸模基本应取零件孔的尺寸范围内较大尺寸。

3）凸、凹模刃口的制造公差要按冲裁件的尺寸公差和凸、凹模加工方法确定，一般模具的制造精度比冲裁件的精度高 2～3 级。若零件未注公差，对于非圆形件，冲模按 IT9 精度制造；对于圆形件，一般按 IT6～IT7 级精度制造。

2. 凸模和凹模刃口尺寸的计算方法

由于冲模加工方法不同，刃口尺寸计算方法也不同，可分为两种情况。

（1）凸模与凹模分别加工计算法　这种方法主要适用于圆形等简单规则形状的工件。因为冲裁此类工件的凸、凹模制造相对简单，精度容易保证，可以分别加工，设计时，需要在图样上分别标注凸模和凹模刃口尺寸及制造公差。为了保证间隙值，必须满足下列条件

$$\delta_p + \delta_d \leqslant Z_{max} - Z_{min} \tag{6-3}$$

若不满足上述条件，可取

$$\delta_p = 0.4(Z_{max} - Z_{min}) \tag{6-4}$$

$$\delta_d = 0.6(Z_{max} - Z_{min}) \tag{6-5}$$

冲模刃口与工件尺寸及公差分布情况如图 6-17 所示。

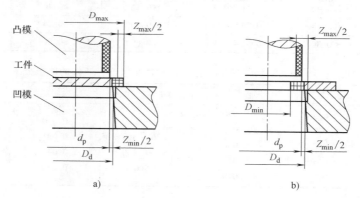

图 6-17　冲模刃口与工件尺寸及公差分布

a）落料　b）冲孔

对于落料模，设落料件尺寸为 $D_{-\Delta}^{\ 0}$，根据刃口尺寸计算原则，落料时以凹模为设计基准。首先确定凹模尺寸，使凹模基本尺寸接近或等于工件轮廓的最小极限尺寸，将凹模尺寸减去最小合理间隙值即得到凸模尺寸。

$$D_d = (D_{max} - x\Delta)_0^{\delta_d} \tag{6-6}$$

$$d_p = (D_d - Z_{min})_{-\delta_p}^{\ 0} = (D_{max} - x\Delta - Z_{min})_{-\delta_p}^{\ 0} \tag{6-7}$$

对于冲孔模，设冲孔尺寸为 $d_0^{+\Delta}$，根据刃口尺寸设计原则，冲孔时以凸模为设计基准。首先确定凸模尺寸，使凸模的基本尺寸接近或等于工件孔的最大极限尺寸，将凸模尺寸增加最小合理间隙值即得到凸模尺寸。

$$d_p = (d_{min} + x\Delta)_{-\delta_p}^{\ 0} \tag{6-8}$$

$$D_d = (d_p + Z_{min})_0^{+\delta_d} = (d_{min} + x\Delta + Z_{min})_0^{+\delta_d} \tag{6-9}$$

孔心距属于磨损后基本不变的尺寸。在同一工步中，在工件上冲出孔距为 $L \pm \Delta$ 两个孔

时，其凹模孔心距可按式（6-10）确定。

$$L_d = L_{min} \pm \frac{1}{8}\Delta \qquad (6\text{-}10)$$

式中，d_p、D_d 分别为落料、冲孔凸、凹模基本尺寸；D_{max} 为落料件的最大极限尺寸；d_{min} 为冲孔件孔的最小极限尺寸；L_{min}、L_d 分别为制件孔距最小极限尺寸、同一工步中凹模孔距基本尺寸；Δ 为制件公差；Z_{min} 为凸、凹模最小初始双面间隙；x 为磨损系数，是为了使冲裁件的实际尺寸尽量接近冲裁件公差带的中间尺寸，与工件制造精度有关，可查表 6-12 进行取值，也可以按工件的制造精度选取，工件精度 IT10 以上时，$x=1$，工件精度 IT11~IT13 时，$x=0.75$，工件精度 IT14 时，$x=0.5$；δ_p、δ_d 为凸、凹模制造公差，凸模按单向负偏差标注，凹模按单向正偏差标注，可查表 6-13 获得，或取 $(1/6 \sim 1/4)\Delta$。

表 6-12　磨损系数 x

材料厚度 t/mm	非圆形			圆形	
	1	0.75	0.5	0.75	0.5
	工件公差 Δ/mm				
<1	≤0.16	0.17~0.35	≥0.36	<0.16	≥0.16
1~2	≤0.20	0.21~0.41	≥0.42	<0.20	≥0.20
2~4	≤0.24	0.25~0.44	≥0.50	<0.24	≥0.24
>4	≤0.30	0.31~0.59	≥0.60	<0.30	≥0.30

表 6-13　规则形状（圆形、方形）件冲裁时凸、凹模的制造公差　（单位：mm）

基本尺寸	凸模偏差 δ_p	凹模偏差 δ_d	基本尺寸	凸模偏差 δ_p	凹模偏差 δ_d
≤18	0.020	0.020	>180~260	0.030	0.045
>18~30	0.020	0.025	>260~360	0.035	0.050
>30~80	0.020	0.030	>360~500	0.040	0.060
>80~120	0.025	0.035	>500	0.050	0.070
>120~180	0.030	0.040			

【示例】　如图 6-18 所示的垫片，垫片中心有一等边三角形通孔，垫片材料为 08 钢，材料厚度 $t=2.0mm$，试计算凸模与凹模刃口尺寸及公差。

解：根据材料和材料厚度查表 6-11 得：$Z_{max}=0.360$，$Z_{min}=0.246$；

根据落料件的基本尺寸，查表 6-13 得凸、凹模制造偏差 $\delta_p=0.02$，$\delta_d=0.03$；

$\delta_p+\delta_d=0.05<Z_{max}-Z_{min}=0.114$，公差满足原则。

对于落料尺寸，根据材料厚度和工件公差 Δ，查表 6-12 得 $x=0.5$。

根据冲孔件尺寸，查表 6-13 得凸、凹模的制造公差 $\delta_p=0.02$，$\delta_d=0.025$。$\delta_p+\delta_d=0.045<Z_{max}-Z_{min}=0.114$，公差满足原则。

落料：外圆落料。

$$D_d = (D_{max} - x\Delta)_0^{\delta_d} = (40.2 - 0.5 \times 0.34)_0^{+0.03}\,mm = 40.03_0^{+0.03}\,mm$$

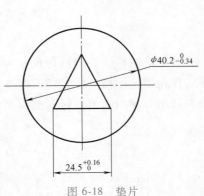

图 6-18　垫片

$$d_p = (D_d - Z_{min})_{-\delta_p}^{\quad 0} = (40.03 - 0.246)_{-0.02}^{\quad 0}\,mm = 39.784_{-0.02}^{\quad 0}\,mm$$

冲孔：内部冲孔。根据材料厚度和工件公差 Δ，查表 6-12 得：$x = 1$。

$$d_p = (24.5 + x\Delta)_{-\delta_p}^{\quad 0} = (24.5 + 1 \times 0.16)_{-0.02}^{\quad 0}\,mm = 24.66_{-0.02}^{\quad 0}\,mm$$

$$D_d = (d_p + Z_{min})_{0}^{+\delta_d} = (24.66 + 0.246)_{0}^{+0.025}\,mm = 24.906_{0}^{+0.025}\,mm$$

（2）凸模与凹模配作法　对于形状复杂或薄板工件（Z_{max} 与 Z_{min} 的差值很小）的模具，为了保证冲裁凸、凹模间有一定的间隙值，必须采用配作加工。此方法是先做好其中的一件（凸模或凹模）作为基准件，然后以此基准件的实际尺寸来配加工另一件，使它们之间保持一定的间隙。设计时，基准件的刃口尺寸及制造公差应详细标注，而配作件上只标注基本尺寸，不注公差，但在图样上注明"凸（凹）模刃口按凹（凸）模实际刃口尺寸配制，保证双面间隙值 $Z_{min} \sim Z_{max}$"。这样 δ_p 与 δ_d 就不再受间隙限制。普通模具的制造公差一般可取 $\delta = \Delta/4$。这种方法不仅容易保证凸、凹模间隙值很小，而且还可放大基准件的制造公差，使制造容易。

落料时，以凹模为基准，配作凸模。设落料件的形状与尺寸如图 6-19a 所示，图 6-19b 为落料凹模刃口轮廓曲线，图中双点画线表示凹模磨损后尺寸的变化。

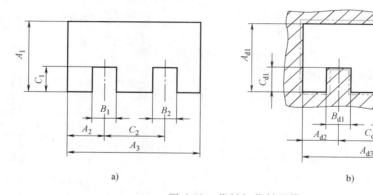

图 6-19　落料与落料凹模

a）落料件　b）落料凹模刃口轮廓

冲孔时，以凸模为基准，配作凹模。设冲孔件的形状和尺寸如图 6-20a 所示，图 6-20b 为冲孔凸模刃口的轮廓图，图中双点画线表示凸模磨损后尺寸的变化。

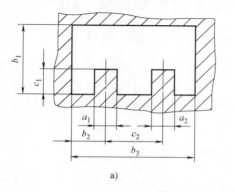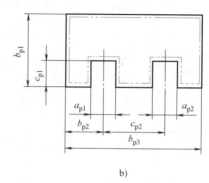

图 6-20　冲孔与冲孔凸模

a）冲孔件　b）冲孔凸模刃口轮廓

采用配作法计算凸模或凹模刃口尺寸，首先是根据凸模或凹模磨损后轮廓变化情况，正确判断出模具刃口各个尺寸在磨损过程中是变大、变小还是不变这三种情况，然后分别按不同的公式计算。

第一类尺寸 A：凸模或凹模磨损后会增大的尺寸。落料凹模或冲孔凸模磨损后将会增大的尺寸，相当于简单形状的落料凹模尺寸，所以它的基本尺寸及制造公差的确定方法见式（6-11）。

$$A_j = \left(A_{max} - x\Delta \right)^{+\frac{1}{4}\Delta} \tag{6-11}$$

第二类尺寸 B：凸模或凹模磨损后会减小的尺寸。冲孔凸模或落料凹模磨损后将会减小的尺寸，相当于简单形状的冲孔凸模尺寸，所以它的基本尺寸及制造公差的确定方法见式（6-12）。

$$B_j = \left(B_{min} + x\Delta \right)_{-\frac{1}{4}\Delta} \tag{6-12}$$

第三类尺寸 C：凸模或凹模磨损后会基本不变的尺寸。凸模或凹模在磨损后基本不变的尺寸，不必考虑磨损的影响，相当于简单形状的孔心距尺寸，所以它的基本尺寸及制造公差的确定方法见式（6-13）。

$$C_j = \left(C_{min} + \frac{1}{2}\Delta \right) \pm \frac{1}{8}\Delta \tag{6-13}$$

【示例】 图 6-21 所示为一冲裁件，材料为 09Mn2 钢，零件厚度为 3mm，试计算凸模与凹模刃口尺寸及公差。

解：该冲裁件为落料件，落料凹模磨损后有三种尺寸变化（如图中双点画线所示）。

（1）A 类尺寸，变大

$$A_1 = 95.6_{-0.34}^{0}\,mm$$

$$A_2 = 80.8_{-0.26}^{0}\,mm$$

$$A_3 = 32.1_{-0.22}^{0}\,mm$$

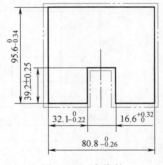

图 6-21 冲裁件

查表 6-12，得 $x_1 = 0.75$，$x_2 = 0.75$，$x_3 = 1$

$$A_{d1} = \left(A_1 - x_1\Delta_1 \right)^{+\frac{1}{4}\Delta_1}_{0} = \left(95.6 - 0.75 \times 0.34 \right)^{+\frac{1}{4} \times 0.34}_{0}\,mm = 95.345^{+0.085}_{0}\,mm$$

$$A_{d2} = \left(A_2 - x_2\Delta_2 \right)^{+\frac{1}{4}\Delta_2}_{0} = \left(80.8 - 0.75 \times 0.26 \right)^{+\frac{1}{4} \times 0.26}_{0}\,mm = 80.605^{+0.065}_{0}\,mm$$

$$A_{d3} = \left(A_3 - x_3\Delta_3 \right)^{+\frac{1}{4}\Delta_3}_{0} = \left(32.1 - 1 \times 0.22 \right)^{+\frac{1}{4} \times 0.22}_{0}\,mm = 31.88^{+0.055}_{0}\,mm$$

（2）B 类尺寸，缩小

$B = 16.6^{+0.32}_{0}\,mm$，查表 6-12，得 $x = 0.75$

$$B_d = \left(B + x\Delta \right)^{0}_{-\frac{1}{4}\Delta} = \left(16.6 + 0.75 \times 0.32 \right)^{0}_{-\frac{1}{4} \times 0.32}\,mm = 16.84^{0}_{-0.08}\,mm$$

（3）C 类尺寸，不变

$$C = 39.2mm \pm 0.25mm$$

$$C_d = \left(C + 0.5\Delta \right) \pm \frac{1}{8}\Delta = \left(39.2 + 0.5 \times 0.25 \right) \pm \frac{1}{8} \times 0.25mm = 39.325mm \pm 0.03125mm$$

凸模尺寸按照相应凹模尺寸配制，保证间隙 $Z_{min} \sim Z_{max} = 0.46 \sim 0.64mm$。

6.2.4 冲压力的计算及降低冲裁力的方法

1. 冲压力的计算

冲压力包括冲裁力及卸料力、推件力和顶件力。冲裁时分离材料所需的力为冲裁力；将冲裁后由于弹性恢复而扩张、堵塞在凹模洞口内的工件（或废料）推出或顶出所需的力称为推件力或顶件力；将因弹性收缩而箍紧在凸模上的废料（或工件）卸掉的力称为卸料力。

冲裁力是选择冲压设备吨位和检验模具强度的一个重要依据。采用普通平刃口模具冲裁时，冲裁力计算公式为

$$F = KLt\tau_b \qquad (6\text{-}14)$$

式中，F 为冲裁力（N）；L 为冲裁周边长度（mm）；t 为材料厚度（mm）；τ_b 为材料抗剪强度（MPa）；K 为考虑材料厚度公差、模具刃口锐利程度、冲裁间隙以及材料力学性能等变化因素的系数，一般取 1.3。

对于同一材料，抗拉强度一般约为抗剪强度的 1.3 倍。因此，在查不到抗剪强度时可用抗拉强度 σ_b 来代替

$$F \approx Lt\sigma_b \qquad (6\text{-}15)$$

影响卸料力、推件力和顶件力的因素有很多，而且影响规律也很复杂，精确地计算这些力的大小较为困难，所以生产中一般采用经验公式进行计算。

卸料力：

$$F_X = K_X F \qquad (6\text{-}16)$$

推件力：

$$F_T = nK_T F \qquad (6\text{-}17)$$

顶件力：

$$F_D = K_D F \qquad (6\text{-}18)$$

式中，F 为冲裁力（N）；K_X、K_T、K_D 分别为卸料力、推件力、顶件力系数，见表 6-14；n 为同时卡在凹模内的冲裁件（或废料）数，$n = h/t$，h 为凹模洞口的直刃壁高度，t 为材料厚度。

表 6-14　卸料力、推件力、顶件力系数

材料厚度 t/mm		K_X	K_T	K_D
钢	≤0.1	0.065~0.075	0.1	0.14
	>0.1~0.5	0.045~0.055	0.63	0.08
	>0.5~2.5	0.04~0.05	0.55	0.06
	>2.5~6.5	0.03~0.04	0.45	0.05
	>6.5	0.02~0.03	0.25	0.03
铝、铝合金		0.025~0.08	0.03~0.07	
纯铜、黄铜		0.02~0.06	0.03~0.09	

2. 压力机吨位选择

压力机的公称压力应大于等于冲裁时冲压力的 1.1~1.3 倍，即

$$P \geqslant (1.1 \sim 1.3) F_Z \qquad (6\text{-}19)$$

而采用不同的模具结构时，冲压力 F_Z 也不同。

1）采用弹性卸料装置和下出料方式的冲模时

$$F_Z = F + F_X + F_T \qquad (6\text{-}20)$$

2）采用弹性卸料装置和上出料方式的冲模时

$$F_Z = F + F_X + F_D \qquad (6-21)$$

3）采用刚性卸料装置和下出料方式的冲模时

$$F_Z = F + F_T \qquad (6-22)$$

3. 压力中心的确定

冲压力合力的作用点称为模具的压力中心。为了保证压力机和模具的正常工作，应使模具的压力中心与压力机滑块的中心线相重合。否则，会使冲模和压力机滑块产生偏心载荷，导致滑块和导轨间及模具导向零件之间非正常的磨损，还会使合理间隙得不到保证，从而影响制件质量和缩短模具寿命甚至损坏模具。

（1）简单几何形状压力中心的位置　对于形状简单或对称的冲裁件，其压力中心位于工件轮廓图形的几何中心。冲裁圆弧段时，如图 6-22 所示，其压力中心位置按式（6-23）计算

$$x_0 = R\frac{180° \times \sin\alpha}{\pi\sigma} = R\frac{b}{l} \qquad (6-23)$$

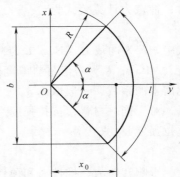

图 6-22　圆弧线段的压力中心

（2）多凸模模具压力中心的位置　形状复杂的零件、多孔冲模、级进模的压力中心可利用解析法求出。计算依据是合力对某轴的力矩等于各分力对同轴力矩的代数和。在分别计算凸模刃口轮廓的压力中心坐标位置 x_1、x_2、x_3、…、x_n 和 y_1、y_2、y_3、…、y_n 后，则可按下述方法计算压力中心坐标（x_0，y_0）（图 6-23）。

$$x_0 = \frac{F_1 x_1 + F_2 x_2 + \cdots + F_n x_n}{F_1 + F_2 + \cdots + F_n} = \frac{\sum_{i=1}^{n} F_i x_i}{\sum_{i=1}^{n} F_i} \qquad (6-24)$$

$$y_0 = \frac{F_1 y_1 + F_2 y_2 + \cdots + F_n y_n}{F_1 + F_2 + \cdots + F_n} = \frac{\sum_{i=1}^{n} F_i y_i}{\sum_{i=1}^{n} F_i} \qquad (6-25)$$

因为冲裁力与周边长度成正比，所以式中各冲裁力可分别用相应的冲裁周边长度代替，即

$$x_0 = \frac{L_1 x_1 + L_2 x_2 + \cdots + L_n x_n}{L_1 + L_2 + \cdots + L_n} = \frac{\sum_{i=1}^{n} L_i x_i}{\sum_{i=1}^{n} L_i} \qquad (6-26)$$

$$y_0 = \frac{L_1 y_1 + L_2 y_2 + \cdots + L_n y_n}{L_1 + L_2 + \cdots + L_n} = \frac{\sum_{i=1}^{n} L_i y_i}{\sum_{i=1}^{n} L_i} \qquad (6-27)$$

除上述解析法外，还可以用作图法和悬挂法或者利用 CAD 绘图软件的质心查询功能确定冲裁模压力中心。

4. 降低冲裁力的方法

常用的降低冲裁力的方法有以下几种：

（1）加热冲裁（红冲） 材料被加热到一定温度后，抗剪强度显著降低，从而降低冲裁力。但是加热冲裁易使材料表面发生氧化，破坏工件表面质量，同时产生热变形，精度低，因此只适用于生产表面质量及公差等级要求不高的工件。

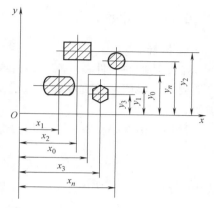

图 6-23 多凸模模具的压力中心计算

（2）斜刃冲裁 用普通平刃口模具冲裁时，整个刃口同时与板料接触，故冲裁力较大。若将凸模或凹模刃口做成斜刃，则冲裁刃口就不是全部同时切入，而是局部将材料分离，相当于减小了剪切断面面积，从而降低冲裁力。斜刃冲裁时，会使板料发生弯曲，为保证工件的平整度，就要使弯曲变形产生在废料上。因此，落料时凸模应为平刃，将凹模做成斜刃；冲孔时则相反设置，如图 6-24 所示。

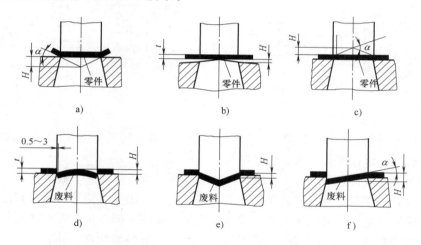

图 6-24 斜刃冲裁的形式

但是斜刃冲模有制造复杂、刃口磨损快、修复困难等缺点，因此不适用于冲裁形状复杂的工件，只用于大型或者厚度较大工件的冲裁。

（3）阶梯凸模冲裁 在多凸模的冲模中，将凸模设计成不同的长度，如图 6-25 所示，可以避免各凸模的冲裁力同时出现，从而降低冲裁力。采用阶梯凸模时，应注意以下几点：

1）各阶梯凸模距压力中心对称分布。

2）一般先冲大孔，后冲小孔，以降低小凸模长度，延长其使用寿命。

3）凸模间高度差 H 与材料厚度 t 有关，当 $t<3$mm 时，取 $H=t$；当 $t>3$mm 时，取 $H=0.5t$。

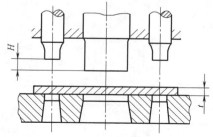

图 6-25 凸模的阶梯布置形式

6.2.5 排样与搭边

1. 排样

排样是指冲裁件在板料、条料或带料上的布置方式。合理的排样可以提高材料利用率，降低成本，保证冲件质量和延长模具寿命。因此，排样是冲压工艺中不可缺少的一项重要工作。

材料利用率是衡量材料利用情况的经济指标，可由式（6-28）计算

$$\eta = \frac{A}{A_0} \times 100\% = \frac{A}{BS} \times 100\% \tag{6-28}$$

式中，A 为一个步距内制件的实际面积；A_0 为一个步距内所需的材料面积；B 为条料宽度；S 为步距。

排样有两种分类方式。

根据材料利用率可分为有废料排样、少废料排样和无废料排样，如图 6-26 所示。

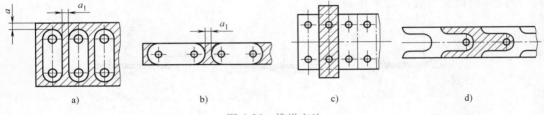

图 6-26　排样方法

（1）有废料排样　（图 6-26a）沿工件全部外形冲裁，零件周边有搭边。这种排样方法能保证零件质量，延长模具寿命，但材料利用率低。

（2）少废料排样　（图 6-26b）沿零件外形轮廓切断或冲裁，一般情况下，只有零件与零件之间或只有零件与侧边缘之间有搭边。这种排样方法因受剪裁条料质量和定位误差的影响，其冲件质量稍差，同时边缘毛刺易被带入间隙，影响冲模寿命，但材料利用率较高。

（3）无废料排样　（图 6-26c、图 6-26d）零件沿条料被顺次剪下，零件与零件之间、零件与条料边缘之间无搭边存在。这种排样方法冲件质量更差和模具寿命更短一些，但材料利用率最高。

根据冲件在条料上的排样方式可分为直排、斜排、直对排等，见表 6-15。

表 6-15　主要的排样方式

排样方式	有废料排样		少、无废料排样	
	简图	应用	简图	应用
直排		用于简单几何形状（方形、圆形、矩形）的冲件		用于矩形或方形
斜排		用于 T 形、L 形、S 形、十字形、椭圆形冲件		用于 L 形或其他形状的冲件，在外形上允许有不大的缺陷

(续)

排样方式	有废料排样		少、无废料排样	
	简图	应用	简图	应用
直对排		用于 T 形、n 形、山形、梯形、三角形、半圆形的冲件		用于 T 形、n 形、山形、梯形、三角形冲件，在外形上允许有少量的缺陷
斜对排		用于材料利用率比直对排高时的情况		多用于 T 形冲件
混合排		用于材料和厚度都相同的两种以上的冲件		用于两个外形互相嵌入的不同冲件（铰链等）
多排		用于大批量生产中尺寸不大的圆形、方形、矩形及六角形冲件		用于大量生产中尺寸不大的方形、矩形及六角形冲件
冲裁搭边		大批生产中用于小窄冲件（表针及类似的冲件）或带料的连续拉深		用于以宽度均匀的条料或带料冲裁长形件

2. 搭边

排样时冲裁件之间以及冲裁件与条料侧边之间的工艺废料称为搭边。搭边的作用一是补偿定位误差和剪板误差；二是增强条料刚度，以保证零件质量和送料方便。

搭边值一般由经验公式确定，表 6-16 所示为最小搭边值的经验数。

表 6-16 最小搭边值的经验数

材料厚度 t/mm	圆形或圆角 $r>2t$		矩形件边长 $l\leqslant50mm$		矩形件边长 $l>50mm$ 或圆角 $r\leqslant2t$	
	工件间 a_1	侧边 a	工件间 a_1	侧边 a	工件间 a_1	侧边 a
0.25 以下	1.8	2.0	2.2	2.5	2.8	3.0
0.25~0.5	1.2	1.5	1.8	2.0	2.2	2.5
0.5~0.8	1.0	1.2	1.5	1.8	1.8	2.0
0.8~1.2	0.8	1.0	1.2	1.5	1.5	1.8
1.2~1.6	1.0	1.2	1.5	1.8	1.8	2.0
1.6~2.0	1.2	1.5	1.8	2.5	2.0	2.2
2.0~2.5	1.5	1.8	2.0	2.2	2.2	2.5
2.5~3.0	1.8	2.2	2.2	2.5	2.5	2.8
3.0~3.5	2.2	2.5	2.5	2.8	2.8	3.2
3.5~4.0	2.5	2.8	2.5	3.2	3.2	3.5
4.0~5.0	3.0	3.5	3.5	4.0	4.0	4.5
5.0~12	0.6t	0.7t	0.7t	0.8t	0.8t	0.9t

注：对于其他材料，应将表中数值乘以下列系数，即中碳钢 0.9，高碳钢 0.8，硬黄铜 1~1.1，铝合金 1~1.2。

确定合理搭边值有利于提高冲裁件质量。搭边过大时，材料利用率低；搭边过小时，搭边的强度和刚度不够，冲裁时容易翘曲或被拉断，不仅会增大冲裁件毛刺，有时甚至会将单边拉入模具间隙，造成冲裁力不均，损坏刃口。据统计，正常搭边比无搭边冲裁时的模具寿命长50%以上。搭边值取决于以下因素：

1）冲件的尺寸与形状。

2）材料的硬度和厚度。

3）排样的形式。

4）条料的送料方式。

5）挡料装置的形式。

6.2.6　其他冲裁方法

1. 精密冲裁

精密冲裁工艺简称精冲。生产中采用精冲可以直接在板料上获得精密零件，精冲件断面垂直，尺寸精度高，表面光洁，可以获得尺寸精度IT6级、表面粗糙度值<0.16μm的制件，适用的材料、零件厚度和形状范围较广，但精冲需要专用的精冲压力机，对模具要求高，因此生产成本较高。

精冲是在三动压力机（冲裁力、压边力和反压力都可单独调整）和带有特殊结构的模具上进行的。在整个冲裁过程中，剪切区内的金属处于三向压应力状态，从而提高了金属的塑性，避免了微裂纹的出现，无断裂分离阶段，以纯剪切的形式完成精冲分离过程。零件断面几乎全部是光亮带。精冲模具与普通冲裁模具相比，具有以下几个特点：

（1）V形压边圈　凸模接触材料之前，V形齿已压入材料，并在三角形内侧产生横向侧压力以阻止材料在剪切面内撕裂和金属的横向流动。

（2）反向顶板　随着凸模压入材料的同时，反向顶板将材料压紧，增强静水压效果。

（3）小间隙　精冲采用小间隙，使材料变形区的三向压应力增高，促使剪切区金属的塑性流动，避免普通冲裁时的撕裂现象。一般来说，普通冲裁的双向间隙值为材料厚度的5%~10%，而精冲则为0.5%~1%。

（4）模具圆角刃口　普通冲裁模模具刃口是锐利的，而精冲则采用较小圆角的凹模（落料）或凸模（冲孔）刃口，从而减小了材料在刃口处的应力集中，避免了微裂纹的产生，同时增大了收缩力，降低了剪切表面的表面粗糙度值。

适用于精冲的材料主要是钢铁材料和非铁金属材料。钢铁材料占了精冲件的90%左右。精冲对材料的要求是：塑性好，变形能力强，具有良好的组织结构。能进行冷挤压、深拉深的金属材料，一般都可以精冲，并且能获得良好的精冲效果。

2. 聚氨酯橡胶冲裁

聚氨酯橡胶冲裁是普通橡胶冲裁的发展。它采用聚氨酯橡胶代替模具钢，制成聚氨酯冲裁模。聚氨酯橡胶是一种高分子弹性材料，它具有强度高、弹性好、抗撕裂性好、耐磨、耐油、耐老化等优点。聚氨酯橡胶冲裁适合于冲裁大而薄的材料，所需材料的搭边宽度大（为3~5mm），生产率不高，被冲材料表面要擦拭干净，不能冲小孔。

3. 锌基合金模冲裁

锌基合金冲模采用以锌为基体的锌、铝、铜三元合金，是通过铸造方法制成的。锌基合金冲模具有结构简单、制造容易、制模周期短、成本低等优点。落料时用锌基合金做凹模，用工具钢做凸模；冲孔时则相反。

冲裁时，只有锌基合金做成的模具磨损，而钢模几乎不磨损，冲裁间隙是由合金模具磨损自动形成的，因此初始间隙值取零。由于只有一个锋利刃口，为避免划伤合金模具，所以搭边值一般取 $2\sim3mm$。由于锌基合金的强度较低，所以设计凹模时要保证模具有足够的强度，一般取凹模高度为30mm，最小厚度为40mm，刃口工作高度为材料厚度的5倍左右。

6.2.7 冲裁工艺与模具设计实例

工件名称：发电机转子叠片（如图6-27所示，材料为坡莫合金，叠片厚度为0.2mm，大批量生产）。

1. 冲裁工艺性分析

发电机转子叠片是典型的冲裁件。

冲裁件尺寸小，尺寸精度高。除外圆尺寸 $\phi16.1_{-0.1}^{0}$ 属于一般冲裁精度外，其余尺寸均为高级冲裁精度。工艺方案和模具结构，应保证能冲出冲裁件的复杂外形，并能达到冲裁件所要求的高精度。

冲裁件材料采用坡莫合金，其强度高于奥氏体不锈钢和硅钢片，是08低碳钢的2~3倍。冲裁模工作部分应该具有高的强度和耐磨性。冲裁件厚度薄（0.2mm），模具间隙极小（双面间隙为0.02mm），冲裁模应该具有高的制造精度和导向精度。

根据上述分析，应采用复合模冲裁。复合模能够将多道工序完成的工作复合在一起一次冲成，冲裁件精度主要取决于模

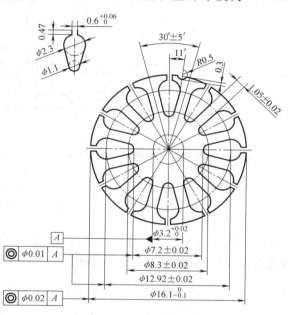

图6-27 发电机转子叠片

具的制造精度，当采用高级精度的复合模时可以保证冲裁件的各项精度指标要求。复合模进行冲裁时，弹性卸料板先将板坯压紧，再进行冲切，因此剪切断面质量较高。此外，复合模能保证较高的生产率，而且操作比较安全。

2. 复合模结构

合理的模具结构应该满足：能冲出合乎技术要求的冲裁件；有合乎需要的生产率；模具制造和修磨方便；模具有足够的寿命；模具易于安装调整，且操作方便、安全。

发电机转子叠片复合冲裁模的结构如图6-28所示。

模具采用倒装结构，凸凹模11装在下模，冲孔凸模4和落料凹模6装在上模。冲孔废料可以通过凸凹模，从压力机的工作台孔中漏出；在上模中采用刚性推件装置，冲裁件由凹模带出，压力机的横闸使打杆1通过推销19、推件板8，将冲好的转子叠片从落料凹模6内推出，再由压力机上附加的接件装置接走；在下模中采用弹性卸料装置，橡皮的压力通过卸料板9，使废条料从凸凹模上脱出。

由于冲裁件精度要求高，而且材料薄，模具间隙小，采用四导柱式高精度模架，并采用

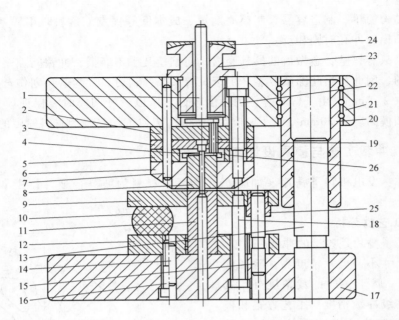

图 6-28　发电机转子叠片复合冲裁模结构

1—打杆　2—上垫板　3—固定板　4—冲孔凸模　5—附加垫板　6—落料凹模　7—圆销
8—推件板　9—卸料板　10—橡皮　11—凸凹模　12—凸凹模固定板　13—导柱
14—圆销　15—小导柱　16—内六角螺钉　17—下模座　18—卸料板螺钉　19—推销
20—导套　21—上模座　22—螺钉　23—模柄　24—模柄垫　25—小导套　26—盖

浮动式模柄，避免压力机精度不足对冲裁精度的影响。另外，在下模座和卸料板之间安装三根小导柱 15，保证卸料板的运动精度，卸料板 9 又起导板作用（对于凸凹模起护套保护作用），它与凸凹模外形采用 $\dfrac{H7}{H6}$ 的间隙配合。卸料板上装有导套，以保证卸料板不致被卡死。

在装配上采用环氧树脂浇合导套 20 和上模座 21，保证导柱、导套的装配精度。用环氧树脂浇合凸凹模 11 和凸凹模固定板 12，保证上、下模间的间隙均匀，又使装配方便。考虑到复合模的刃口形状复杂，而且壁厚较薄，凸凹模采用 Cr12 高碳高铬钢。

3. 压力机吨位选择

首先计算冲裁时的各种工艺力。

（1）冲裁力

$$F_{冲裁} = 1.3Lt\tau = 1.3 \times 182 \times 0.2 \times 588N = 27824N$$

式中，L 为冲裁总周长，其中 12 个椭圆槽周长为 126mm，落料外形周长为 43mm，内孔周长为 13mm，总计 182mm；t 为材料厚度 0.2mm；τ 为抗剪强度，取 $\tau = 588MPa$。

（2）卸料力

$$F_{卸} = k_{卸}F_{落料} = 0.05 \times 25837N = 1292N$$

式中，$F_{落料}$ 为落料力（冲裁力的一部分），$F_{落料} = 1.3 \times 169 \times 0.2 \times 588N = 25837N$；$k_{卸}$ 为卸料系数，取 $k_{卸} = 0.05$。

（3）推件力

$$F_{推} = k_{推}F_{冲裁} = 0.063 \times 27824N = 1753N$$

式中，$k_{推}$ 为推件系数，取 $k_{推} = 0.063$。

（4）顶（废）料力

$$F_{顶} = k_{顶} F_{冲孔} \, n = 0.08 \times 1987 \times \frac{4}{0.2} \mathrm{N} = 3179\mathrm{N}$$

式中，$F_{冲孔}$ 为冲孔力，$F_{冲孔} = F_{冲裁} - F_{落料} = 1987\mathrm{N}$；$n$ 为凸凹模洞口中积存的废料数（凸凹模洞口直壁高度为 4mm）；$k_{顶}$ 为顶料系数，取 $k_{顶} = 0.08$。

压力机滑块下行时需要承受的总工艺力

$$F_{总} = F_{冲裁} + F_{卸} + F_{顶} = (27824 + 1292 + 3179)\mathrm{N} = 32295\mathrm{N}$$

根据冲裁总工艺力，以及压力机工作台面尺寸、闭合高度与模具相关尺寸的关系，选 10t 压力机，其最大闭合高度为 180mm，最小闭合高度为 130mm。冲裁件是轴对称件，因此冲裁时的压力中心就是冲裁件的对称中心。凹模中心、下模座中心和模柄中心应在一条直线上。

4. 冲裁刃口尺寸计算

复合模依靠凸凹模、凸模和凹模的刃口来冲切板料，获得冲裁件。刃口磨损后尺寸变大的有 $\phi 1.05 \pm 0.02$、$\phi 7.2 \pm 0.02$、$\phi 16.1_{-0.1}^{\ 0}$；尺寸变小的有 $0.6_{\ 0}^{+0.06}$；尺寸不变的有 $\phi 8.3 \pm 0.02$、$\phi 12.92 \pm 0.02$。

（1）落料凹模　对于落料尺寸变大情况，使用公式 $A_{凹} = (A - x\Delta)^{+\delta_{凹}}$，其中磨损系数 $x = 1$（冲裁件精度为 IT10 级以上时）；对于落料尺寸变小情况，使用公式 $B_{凹} = (B + x\Delta)_{-\delta_{凹}}$；对于落料尺寸不变的情况，使用公式 $C_{凹} = C \pm \delta_{凹}$。

按照公式计算相应尺寸，标注到落料凹模零件图上，如图 6-29 所示。

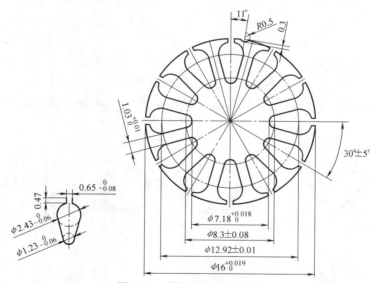

图 6-29　落料凹模刃口尺寸

（2）凸凹模　凸凹模外形是落料凸模，而内孔则是冲孔凸模。对于落料尺寸变大情况，使用公式 $A_{凸} = (A - x\Delta - Z_{\min})_{-\delta_{凸}}$；对于落料尺寸变小情况，使用公式 $B_{凸} = (B + x\Delta + Z_{\min})^{+\delta_{凸}}$；对于落料尺寸不变的情况，使用公式 $C_{凸} = C \pm \delta_{凸}$；对于内孔 $\phi 3.2_{\ 0}^{+0.02}$，凸凹模上的冲孔凹模尺寸使用公式 $d_{凹} = (d + x\Delta + Z_{\min})^{+\delta_{凹}}$。按照公式计算相应尺寸，标注到凸凹模零件图上，如图 6-30 所示。

（3）冲孔凸模　对于内孔 $\phi3.2^{+0.02}_{0}$，冲孔凸模尺寸使用公式 $d_{凸}=(d+x\Delta)_{-\delta_{凸}}$。按照公式计算尺寸，标注到冲孔凸模零件图上，如图 6-31 所示。

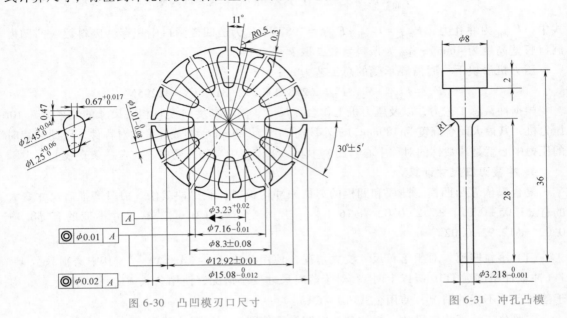

图 6-30　凸凹模刃口尺寸

图 6-31　冲孔凸模

6.3 | 弯 曲

　　将金属板料、型材或管材完成一定的曲率和角度，从而得到一定形状和尺寸零件的冲压工序称为弯曲。弯曲加工可以利用模具在压力机上进行，也可以在专用设备，如弯板机、弯管机、滚弯机和拉弯机等设备上进行，如图 6-32 所示。

厚板折弯

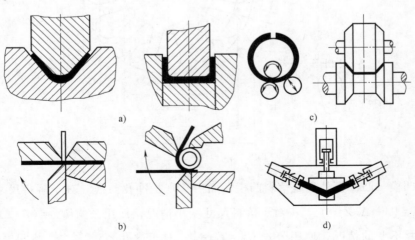

图 6-32　弯曲加工方法

a）模具弯曲　b）折弯　c）滚弯　d）拉弯

6.3.1　弯曲变形过程分析

1. 弯曲变形过程

V 形弯曲是最基本的弯曲变形，任何复杂的弯曲都可以看成是由多个 V 形弯曲组成的，如图 6-33 所示。在弯曲开始阶段，外弯曲力矩较小，这时的弯曲仅是弹性弯曲。随着凸模下压，外弯曲力矩逐渐增大，弯曲半径不断变小，当应力超过材料的弹性极限时，板料的内、外表面首先发生塑性变形，并逐步由外表面向中心扩展，变形由弹性弯曲过渡到弹塑性弯曲。凸模继续下行，外弯曲力矩继续增大，当板料与凹模完全贴合，直到行程终了并进行校正弯曲时，变形由弹塑性弯曲过渡到塑性弯曲，整个弯曲过程结束。

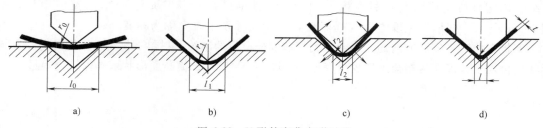

图 6-33　V 形件弯曲变形过程

2. 弯曲变形的特点

为了便于观察板料弯曲时金属的流动情况，分析材料变形特点，将试样用的长方形板料侧面画上正方形网格，如图 6-34a 所示，然后进行弯曲，弯曲后情况如图 6-34b 所示。可以看出材料在长度方向、厚度方向、宽度方向都发生了变形。

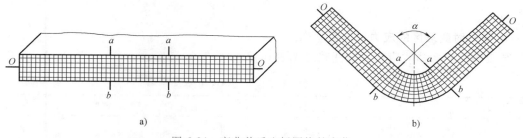

图 6-34　弯曲前后坐标网格的变化

（1）中性层位置内移　弯曲时板料内侧区域金属切向受压而缩短，外侧区域金属切向受拉而伸长。从板料弯曲外侧网格线长度的伸长过渡到内侧长度的缩短，长度是逐渐改变的。由于材料变形后的连续性，在伸长和缩短两个变形区域之间，其中必定有一层金属纤维材料的长度在弯曲前后保持不变，这一金属层称为应变中性层。应变中性层的长度是计算弯曲件毛坯展开尺寸的重要依据。而毛坯截面上应力发生突然变化或应力不连续的纤维层，称为应力中性层。当弹性弯曲时，应力中性层和应变中性层处于板厚中央，当弯曲变形程度很大时，应变中性层和应力中性层都从板厚中央向内移动。

（2）弯曲件的回弹　当弯曲变形结束，工件不受外力作用时，工件变形中弹性部分的恢复，使得弯曲件形状和尺寸与模具形状和尺寸不一致，这种现象称为弯曲件的回弹。

（3）弯曲变形区板料厚度变薄　在弯曲过程中，以应变中性层为界，内侧切向受压而变厚，外侧切向受拉而变薄。由于内侧金属的增厚受到凸模的限制，因此，内侧板厚的增厚量小于外侧板厚的减薄量，总体上呈现出厚度减薄的特点。

（4）板料长度增加　一般弯曲件，其宽度方向尺寸 b 比厚度方向尺寸大得多，所以弯曲前后的板料宽度 b 可近似地认为是不变的。但是，由于板料弯曲时中性层位置的向内移动，出现了板厚的减薄，根据体积不变条件，减薄的结果使板料长度 l 必然增加。相对弯曲半径 r/t 越小，减薄量越大，板料长度的增加量也越多。

（5）板料横截面的畸变　板料的相对宽度 b/t（b 是板料的宽度，t 是板料的厚度）对弯曲变形区的厚度变形有很大影响。一般将 $b/t>3$ 的板料称为宽板，$b/t \leqslant 3$ 的板料称为窄板。窄板弯曲时，宽度方向的变形不受约束。由于弯曲变形区外侧材料受拉引起板料宽度方向收缩，内侧材料受压引起板料宽度方向增厚，其横断面形状变成了外窄内宽的扇形，如图 6-35a 所示。变形区宽度方向（横断面）形状尺寸发生改变称为畸变。

宽板弯曲时，宽度方向的变形会受到相邻部分材料的制约，材料不易流动，因此其横断面形状变化较小，仅在两端会出现少量变形，如图 6-35b 所示，横断面形状基本保持为矩形。

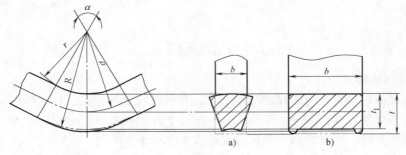

图 6-35　横截面形状变化

3. 弯曲时变形区的应力和应变状态

窄板和宽板弯曲时应力和应变状态见表 6-17。

表 6-17　窄板和宽板弯曲时应力和应变状态

板类型	窄板	宽板
内区	σ_ρ σ_θ / ε_ρ ε_θ ε_b	σ_ρ σ_θ σ_b / ε_ρ ε_θ
外区	σ_ρ σ_θ ε_b / ε_ρ ε_θ	σ_ρ σ_θ σ_b / ε_ρ ε_θ

6.3.2　弯曲件的工艺性及计算

1. 弯曲件的工艺性

弯曲件的工艺性是指弯曲件的结构形状、尺寸、精度及技术要求等是否符合弯曲加工的工艺要求。具有良好工艺性的弯曲件，能简化弯曲的工艺过程及模具结构，提高弯曲件的精度。

1）弯曲件的形状尽可能对称，弯曲半径左右一致，以防止材料在变形时受到的摩擦力不均匀而产生滑动。为保证材料定位的准确性，设计模具时应具有可靠的定位措施。

2）弯曲件圆角半径应大于板料许可的最小弯曲半径，但也不宜过大，因为过大时，回弹值增大，弯曲件精度很难保证。当弯曲半径很小时，可进行多次弯曲，中间辅以退火工序。

3）弯曲件的弯边高度不宜过小，其值应为 $h>r+2t$，如图 6-36a 所示。当 h 较小时，弯边在模具上的长度过小，不能形成足够的弯矩，其端部将产生不规则变形。当零件要求 $h<r+2t$ 时，需预先在圆角内侧压槽，或增加弯边高度，弯曲后再切除，如图 6-36b 所示。如果所弯直边带有斜角，则在斜边高度小于 $r+2t$ 的区段不可能弯曲到要求的角度，而且此处也容易开裂，如图 6-36c 所示，因此必须改变零件的形状，加高弯边尺寸，如图 6-36d 所示。

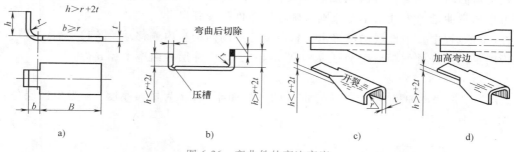

图 6-36　弯曲件的弯边高度

4）弯曲带孔的零件时，则应使孔位于变形区之外（图 6-37a），一般孔边到弯曲半径的中心距要满足下面关系：料厚 $t<2mm$ 时，$L \geq t$；材料厚度 $t \geq 2mm$ 时，$L \geq 2t$。若不能满足此关系，可在靠变形区一侧预先冲出凸缘形缺口或月牙形槽（图 6-37b），也可冲出工艺孔（图 6-37c）。

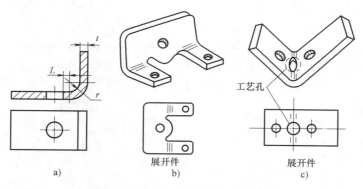

图 6-37　弯曲带孔的零件及采取的措施

5）弯曲件的尺寸标注不同，直接影响冲压工艺的安排。图 6-38 所示为弯曲件孔的位置尺寸的三种标注方法，其中采用图 6-38a 所示的标注方法时，孔的位置精度不受坯料展开长度和回弹的影响，可先冲孔落料，然后弯曲成形，工艺和模具设计较简单；图 6-38b、图 6-38c 所示的标注方法受弯曲回弹的影响，冲孔只能安排在弯曲之后进行。

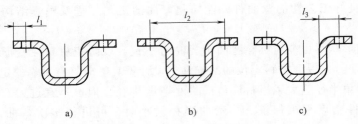

图 6-38　弯曲件的尺寸标注

6）避免弯边根部开裂。在局部弯曲某一段边缘时，为避免角部形成裂纹，可预先切出工艺槽，如图 6-39a 所示，槽深 k 应大于弯曲半径 r。也可将弯曲线移动一段距离，以离开尺寸突变处（图 6-39b）或在弯曲前冲制工艺孔。

2. 弯曲件展开尺寸的计算

板料弯曲时，外层材料因受拉而伸长，内层材料因受压而缩短，中性层保持不变。因此，可根据弯曲前后中性层不变原则来确定弯曲件的展开尺寸。

在压弯过程中，中性层的位置由材料厚度的中间向板料内侧移动。若移动后中性层的位置与板料最内层纤维的距离用 xt 表示（图 6-40），则中性层的曲率半径 ρ 为

$$\rho = r + xt \tag{6-29}$$

式中，ρ 为中性层的曲率半径；r 为弯曲件的内弯曲半径；t 为材料厚度；x 为中性层位移系数，见表 6-18。

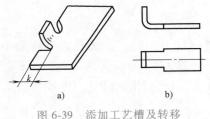

图 6-39　添加工艺槽及转移

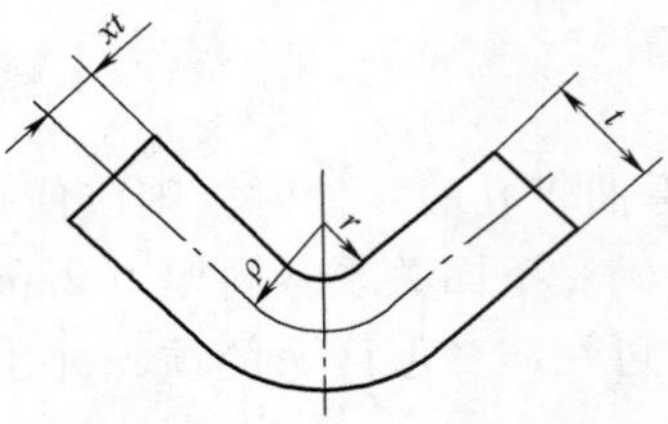

图 6-40　中性层位置

表 6-18　中性层位移系数 x 值

r/t	x	r/t	x
0.1	0.21	1.3	0.34
0.2	0.22	1.5	0.36
0.3	0.23	2	0.38
0.4	0.24	2.5	0.39
0.5	0.25	3	0.40
0.6	0.26	4	0.42
0.7	0.28	5	0.44
0.8	0.30	6	0.46
1.0	0.32	7	0.48
1.2	0.33	≥8	0.50

确定展开尺寸分三种情况：

（1）有圆角半径的弯曲件展开长度计算（$r > 0.5t$）　按中性层展开的原理，坯料的总长度

应等于弯曲件的直线部分和圆弧部分长度之和（图6-41），即

$$L = \sum L_{ZX} + \sum L_{WQ} = \sum L_{ZX} + \sum \frac{\pi\alpha}{180}\rho = \sum L_{ZX} + \sum \frac{\pi\alpha}{180}(r+xt)$$

（6-30）

式中，L 为弯曲件展开长度（mm）；L_{ZX} 为直边部分的长度（mm）；L_{WQ} 为弯曲部分的长度；ρ 为曲率半径；r 为弯曲件的内弯曲半径；t 为材料厚度；x 为中性层位移系数。

（2）无圆角半径或圆角半径 $r<0.5t$ 的弯曲件　这类弯曲件展开长度是根据弯曲前后材料体积不变原则进行计算的。其计算公式可参考表6-19。

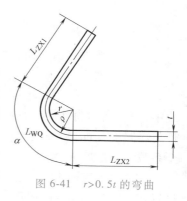

图6-41　$r>0.5t$ 的弯曲

表6-19　圆角半径 $r<0.5t$ 的弯曲件坯料展开长度计算公式

简图	计算公式	简图	计算公式
	$L = l_1 + l_2 + 0.4t$		$L = l_1 + l_2 + l_3 + 0.6t$ （一次同时弯曲两个角）
	$L = l_1 + l_2 - 0.43t$		$L = l_1 + 2l_2 + 2l_3 + 1.2t$ （分别两次弯曲四个角）

（3）铰链式弯曲件展开长度计算　对于 $r/t = 0.6 \sim 3.5$ 的铰链件（图6-42），其坯料长度可按下式计算

$$L = l + 1.5\pi(r + x_1 t) + r = l + 5.7r + 4.7x_1 t$$

（6-31）

式中，l 为直线段长度；r 为铰链内半径；x_1 为中性层位移系数，见表6-20。

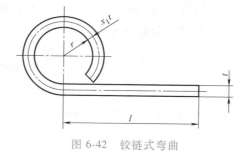

图6-42　铰链式弯曲

表6-20　中性层位移系数

r/t	x_1	r/t	x_1
>0.5~0.6	0.76	>1.5~1.8	0.61
>0.6~0.8	0.73	>1.8~2.0	0.58
>0.8~1.0	0.70	>2.0~2.2	0.54
>1.0~1.2	0.67	>2.2	0.5
>1.2~1.5	0.64		

3. 弯曲力的计算

弯曲力是工艺计算和压力机选择及模具设计的重要依据。由于受到坯料形状尺寸、材料性能、弯曲方式、模具结构、模具间隙等因素的影响，采用理论计算的方法很复杂，也很难得到精确的值，因此在生产中，常采用经验公式来计算。

（1）自由弯曲力　对于 V 形件自由弯曲，如图6-43a所示

$$F_{自} = \frac{0.6KBt^2\sigma_b}{r+t} \qquad (6\text{-}32)$$

对于 U 形件自由弯曲，如图 6-43b 所示

$$F_{自} = \frac{0.7KBt^2\sigma_b}{r+t} \qquad (6\text{-}33)$$

式中，$F_{自}$ 为材料在冲压行程结束时的自由弯曲力（N）；B 为弯曲件宽度（mm）；t 为弯曲件材料厚度（mm）；r 为弯曲件的内弯半径（mm）；σ_b 为材料的抗拉强度（MPa）；K 为安全系数，一般取 $K = 1.3$。

（2）校正弯曲力　校正弯曲是在自由弯曲阶段后进一步对贴合于凸、凹模表面的弯曲件进行挤压，如图 6-44 所示，以减小回弹，提高弯曲件精度。校正弯曲力可用式（6-34）估算。

$$F_{校} = Aq \qquad (6\text{-}34)$$

式中，$F_{校}$ 为校正弯曲力（N）；A 为校正部分投影面积（mm^2）；q 为单位校正力（MPa）。

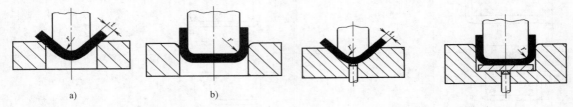

图 6-43　自由弯曲示意图　　　　　　图 6-44　校正弯曲示意图

（3）顶件力或压料力　若弯曲模有顶件装置或压料装置，其顶件力 F_D（或压料力 F_Y）可以近似取自由弯曲力的 30%～80%，即

$$F_D(F_Y) = (0.3 \sim 0.8)F_{自} \qquad (6\text{-}35)$$

（4）弯曲时压力机压力的确定　自由弯曲时，压力机的公称压力应为

$$F = (1.6 \sim 1.8)(F_{自} + F_Y) \qquad (6\text{-}36)$$

校正弯曲时，压力机的公称压力应为

$$F = (1.1 \sim 1.3)F_{校} \qquad (6\text{-}37)$$

6.3.3　弯曲件的回弹

　　塑性弯曲总伴随着弹性变形，在卸载后，使得弯曲件在模具中所形成的弯曲半径和弯曲角度在出模后发生改变，即总变形的弹性部分发生恢复，这种现象称为回弹。如图 6-45 所示，α' 为卸载后工件的弯曲角，回弹角 $\Delta\alpha = \alpha - \alpha'$。

1. 影响回弹的因素

（1）材料的力学性能　回弹值的大小，与材料的屈服强度成正比，与弹性模量成反比。在材料性能不稳定时，回弹值也不稳定。

（2）相对弯曲半径 r/t　其他条件相同时，相对弯曲半径越大，变形程度就越小，板料中性层两侧的纯弹性变形区以及塑性变形区总变形中弹性变形的比例越大，回弹值越大。

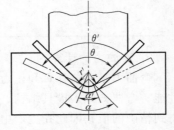

图 6-45　弯曲件的回弹

（3）弯曲角 α 弯曲角 α 越大，表面变形区越大，回弹角 $\Delta\alpha$ 越大。

（4）弯曲件的形状 U 形件的回弹由于两边的限制而小于 V 形件。形状复杂的弯曲件，一次弯曲成形件的数量越多，回弹量就越小。

（5）模具间隙 凸、凹模之间间隙越小，材料被挤压，则回弹量越小。

（6）校正弯曲 采用校正弯曲可减少回弹，且校正弯曲力越大，回弹量越小。

2. 减小回弹的措施

（1）选用合适的弯曲材料 在满足弯曲件使用要求的条件下，尽可能选用弹性模量大、屈服强度小、性能稳定的材料，以减小弯曲时的回弹。

（2）改进弯曲件的结构设计 在弯曲件设计上改进某些结构，加强弯曲件的刚度，减小回弹，如在工件的弯曲变形处压制加强筋。

（3）采用热处理工艺 对硬材料弯曲前进行退火处理，降低其屈服强度以减小回弹，待弯曲后再进行淬火处理。

（4）增加校正工序 运用校正弯曲工序，对弯曲件施加较大的校正压力，可以改变其变形区的应力应变状态，减小回弹。

（5）采用拉弯工艺 拉弯法是使板料在拉应力下产生弯曲变形，从而改变横断面内的应力状态，使应力中性层两侧均为切向拉应力，卸载后内外层回弹趋势相互抵消，从而减小回弹，如图 6-46 所示。

（6）改进模具结构 如根据弯曲件回弹的趋势和回弹值修正凸模和凹模工作部分的尺寸和几何形状，以相反方向的回弹来补偿工件的回弹量，或利用聚氨酯或橡胶凹模代替刚性金属凹模进行弯曲，均可减小弯曲件的回弹。

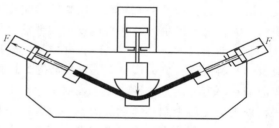

图 6-46 拉弯工艺示意图

6.3.4 弯曲模设计及尺寸计算

弯曲模工作部分尺寸主要是指凸、凹模的圆角半径，凹模的工作深度，凸、凹模之间的间隙，凸、凹模宽度尺寸与制造公差等。

1. 凸、凹模圆角半径

凸、凹模圆角半径结构尺寸如图 6-47 所示。

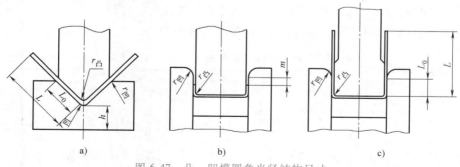

a)　　　　　　　　　b)　　　　　　　　　c)

图 6-47 凸、凹模圆角半径结构尺寸

弯曲件的相对弯曲半径 r/t 较小时，凸模的圆角半径应等于弯曲件内侧的圆角半径，但不能小于材料允许的最小弯曲半径。若 r/t 小于最小相对弯曲半径，弯曲时应取凸模的圆角半径大于最小弯曲半径，然后利用整形工序使工件达到所需的弯曲半径。弯曲件的相对弯曲半径 r/t 较大时，则必须考虑回弹，并修正凸模圆角半径。

最小弯曲半径 r_{min} 是在保证弯曲毛坯外层不被破坏的条件下，弯曲件内表面所能达到的最小圆角半径。最小弯曲半径与毛坯厚度的比值称为最小相对弯曲半径 r_{min}/t。影响最小相对弯曲半径 r_{min}/t 的主要因素有：

（1）材料的塑性　材料塑性好，伸长率、断面收缩率大，r_{min}/t 值小。

（2）板料的方向性　板材沿轧制方向上的塑性比其他方向的塑性指标要好。板料弯曲轴线方向与板材轧制纤维方向垂直时，r_{min}/t 值小。

（3）板料的表面和断面质量　板料毛坯被剪切之后往往硬度值增加，另外还有毛刺及表面划伤等，这些都是裂纹源，使板料的塑性降低。因此，下料时要保证毛坯的质量。将有撕裂带和毛刺等缺陷的一面放在弯曲内侧，使其受压应力，能抑制开裂，提高成形极限。

（4）弯曲　角弯曲时板料外层受拉，直边的一部分材料也发生伸长，实际是材料从直边流向变形区进行补充，减轻变形区的变形程度。在同样的弯曲半径条件下，若弯曲角较小，变形区也小，直边的补充减轻作用能够影响到整个变形区，获得较大的极限变形程度；若弯曲角较大，变形区也大，离直边较远的部位就得不到减轻。

（5）断面尺寸　窄板弯曲时，外层切向受拉应力，宽板弯曲时，切向和宽度方向都受拉应力。材料所受拉应力成分多，塑性较差，因此窄板比宽板有较大的成形极限。弯曲时，切向应变在厚度方向上线性变化，表层最大而中性层处为零。薄板在厚度方向上切向应变衰减快，外表层变形受到其邻近层的阻碍较大，限制了裂纹扩展，成形极限相对厚板高。

影响最小弯曲半径的因素较多，其综合影响程度很复杂，实际生产中主要利用经验数据来确定许用的最小弯曲半径值，具体可查有关设计手册。

凹模圆角半径的大小对弯曲力和工件质量均有影响。凹模的圆角半径过小，弯曲时坯料进入凹模的阻力增大，工件表面容易产生擦伤甚至出现压痕；凹模的圆角半径过大，坯料难以准确定位。为了防止弯曲时毛坯产生偏移，凹模两边的圆角半径应一致。生产中，凹模的圆角半径可根据板材的厚度 t 来选取：$t<2\text{mm}$ 时，$r=(3\sim6)t$；$t=2\sim4\text{mm}$ 时，$r=(2\sim3)t$；$t>4\text{mm}$ 时，$r=2t$。

2. 凹模深度

凹模的深度要适当，若深度过小，弯曲件两端自由部分太长，工件回弹较大，不平直；若深度过大，凹模增高，浪费模具材料，且压力机需要较大的行程。

弯曲 V 形件时，凹模深度及底部最小厚度可查表 6-21。

表 6-21　弯曲 V 形件凹模深度 L_0 及底部最小厚度 h　　（单位：mm）

弯曲件边长 L	材料厚度 t					
	<2		2~4		>4	
	h	L_0	h	L_0	h	L_0
>10~25	20	10~15	22	15	—	—
>25~50	22	15~20	27	25	32	30

（续）

弯曲件边长 L	材料厚度 t					
	<2		2~4		>4	
	h	L_0	h	L_0	h	L_0
>50~75	27	20~25	32	30	37	35
>75~100	32	25~30	37	35	42	40
>100~150	37	30~35	42	40	47	50

　　弯曲 U 形件时，若弯边高度不大，或要求两边平直，则凹模深度应大于弯曲件的高度，其底部最小厚度 m 值见表 6-22。如果弯曲件边长较长，且对平直度要求不高时，凹模深度 L_0 见表 6-23。

表 6-22　弯曲 U 形件凹模的 m 值

材料厚度 t/mm	≤1	>1~2	>2~3	>3~4	>4~5	>5~6	>6~7	>7~8	>8~10
m	3	4	5	6	8	10	15	20	25

表 6-23　弯曲 U 形件的凹模深度 L_0　（单位：mm）

弯曲件边长 L	材料厚度 t				
	≤1	>1~2	>2~4	>4~6	>6~10
<50	15	20	25	30	30
>50~75	20	25	30	35	40
>75~100	25	30	35	40	40
>100~150	30	35	40	50	50
>150~200	40	45	55	65	65

3. 凸、凹模间隙

　　弯曲 V 形件时，凸、凹模间隙是靠调整压力机的闭合高度来控制的，模具设计制造时可以不考虑。对于 U 形弯曲件，设计模具时应当选择合适的间隙值。间隙的大小对零件质量和弯曲力有很大的影响。间隙越小，则弯曲力越大；间隙过小，会使弯曲件直边料厚减薄或出现划痕，同时还会缩短凹模寿命，增大弯曲力；间隙过大，则回弹增大，从而降低了弯曲件的精度。生产中，U 形件弯曲模的凸、凹模单边间隙 Z 一般可按下式计算：

　　弯曲有色金属时：
$$Z = t_{min} + ct \qquad (6-38)$$

　　弯曲黑色金属时：
$$Z = t_{max} + ct \qquad (6-39)$$

式中，Z 为弯曲凸、凹模的单边间隙；t 为弯曲件的材料厚度；t_{min}、t_{max} 为弯曲件材料的最小和最大厚度；c 为间隙系数，见表 6-24。

4. 凸、凹模工作部分尺寸计算

　　弯曲 U 形件时，凸、凹模横向尺寸与公差的确定原则是：弯曲件标注外形尺寸时，应以凹模为基准件，间隙取在凸模上；弯曲件标注内形尺寸时，应以凸模为基准件，间隙取在凹模上；基准凸、凹模尺寸及公差则应根据弯曲件的尺寸、公差、回弹情况以及模具磨损规律等因素确定，如图 6-48 所示。

表 6-24　U 形弯曲件弯曲模凸、凹模间隙系数 c 值

弯曲件高度 H/mm	材料厚度 t/mm								
	≤0.5	0.6~2	2.1~4	4.1~5	≤0.5	0.6~2	2.1~4	4.1~7.5	7.6~12
	弯曲件宽度 $B \leq 2H$				弯曲件宽度 $B > 2H$				
10	0.05	0.05	0.04		0.10	0.10	0.08		
20	0.05	0.05	0.04	0.03	0.10	0.10	0.08	0.06	0.06
35	0.07	0.05	0.04	0.03	0.15	0.10	0.08	0.06	0.06
50	0.10	0.07	0.05	0.04	0.20	0.15	0.10	0.06	0.06
75	0.10	0.07	0.05	0.05	0.20	0.15	0.10	0.10	0.08
100		0.07	0.05	0.05		0.15	0.10	0.10	0.08
150		0.10	0.07	0.05		0.20	0.15	0.10	0.10
200		0.10	0.07	0.07		0.20	0.15	0.15	0.10

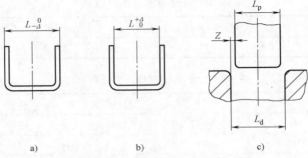

a) b) c)

图 6-48　凸、凹模横向尺寸与公差确定

（1）用外形尺寸标注的弯曲件

凹模尺寸为

$$L_d = (L_{max} - 0.75\Delta)^{+\delta_d}_0 \qquad (6\text{-}40)$$

凸模尺寸为

$$L_p = (L_d - 2Z)^0_{-\delta_p} \qquad (6\text{-}41)$$

（2）用内形尺寸标注的弯曲件

凸模尺寸为

$$L_p = (L_{min} + 0.25\Delta)^0_{-\delta_p} \qquad (6\text{-}42)$$

凹模尺寸为

$$L_d = (L_p + 2Z)^{+\delta_d}_0 \qquad (6\text{-}43)$$

式中，L_p、L_d 为弯曲凸、凹模横向尺寸；L_{max}、L_{min} 为弯曲件的横向最大、最小极限尺寸；Δ 为弯曲件横向的尺寸公差；δ_p、δ_d 为弯曲件凸、凹模制造公差，可采用 IT7~IT9 级精度，一般取凸模的精度比凹模精度高一级，但要保证 $\delta_d/2 + \delta_p/2 + t_{max}$ 的值在最大允许间隙范围内；Z 为凸、凹模单边间隙。

6.3.5　弯曲工艺与模具设计实例

图 6-49 所示的 U 形弯曲件，材料为 10 钢，料厚 $t = 6\text{mm}$，$\sigma_b = 400\text{MPa}$，尺寸公差等级为中等级，小批量生产。

1. 工艺性分析

该工件结构比较简单、形状对称，适合弯曲。

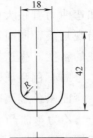

图 6-49　U 形弯曲件

工件弯曲半径为 5mm，$r_{\min}=0.5t=2.5$mm，能一次弯曲成功。

工件的弯曲直边高度为 42mm−6mm−5mm＝31mm，远大于 $2t$，因此可以弯曲成功。

该工件是一个弯曲角度为 90° 的弯曲件，所有尺寸精度均为未注公差，而当 $r/t<5$ 时，可以不考虑圆角半径的回弹，所以该工件符合普通弯曲的经济精度要求。

工件所用材料 10 钢，是常用的冲压材料，塑性较好，适合进行冲压加工。

综上所述，该工件的弯曲工艺性良好，适合进行弯曲加工。

2. 工艺方案的拟订

（1）毛坯展开　如图 6-50a 所示，毛坯总长度等于各直边长度加上各圆角展开长度，即

$$L=2L_1+2L_2+L_3$$

根据图 6-49 得

$$L_1=42\text{mm}-5\text{mm}-6\text{mm}=31\text{mm}$$

$$L_2=1.57(r+xt)=1.57\times(5+0.28\times6)\,\text{mm}=10.488\text{mm}$$

$$L_3=18\text{mm}-2\times5\text{mm}=8\text{mm}$$

$$L=2\times31\text{mm}+2\times10.488\text{mm}+8\text{mm}=90.976\text{mm}$$

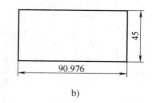

图 6-50　毛坯展开图

其展开图如图 6-50b 所示。

（2）方案确定　从图 6-50 分析看出，该产品需要的基本冲压工序为落料和弯曲。由于是小批量生产，根据上述工艺分析的结果，生产该产品的工艺方案为先落料，再弯曲。

3. 工艺计算

（1）冲压力的计算

$$F_{\text{w}}=\frac{bt^2\sigma_{\text{b}}}{(r+t)}=45\times6^2\times\frac{400}{(5+6)}\text{N}=58909\text{N}=58.9\text{kN}$$

顶件力为

$$F_{\text{d}}=0.2F_{\text{w}}=0.2\times58.9\text{kN}=11.78\text{kN}$$

则压力机公称压力为

$$F_{\text{总}}=1.2\times(F_{\text{w}}+F_{\text{d}})=1.2\times(58.9+11.78)\text{kN}=84.82\text{kN}$$

故选用 100kN 的开式曲柄压力机。

（2）模具工作部分尺寸计算

1）凸、凹模间隙。由 $c=(1.05\sim1.15)t$，可取 $c=1.1t=6.6$mm。

2）凸、凹模宽度尺寸。由于工件尺寸标注在内形上，因此以凸模作为基准，先计算凸模宽度尺寸。由 GB/T 15055—2021 查得：基本尺寸为 18mm、板厚为 6mm 的弯曲件未注公差为+0.6mm，则

$$L_{\text{p}}=(L+0.5\Delta)_{-\delta_{\text{p}}}^{0}=(18+0.5\times1.2)_{-0.021}^{0}\text{mm}=18.6_{-0.021}^{0}\text{mm}$$

$$L_{\text{d}}=(L_{\text{p}}+2c)_{0}^{+\delta_{\text{d}}}=(18.6+2\times6.6)_{0}^{+0.025}\text{mm}=31.8_{0}^{+0.025}\text{mm}$$

这里 δ_{d}、δ_{p} 按 IT7 级取。

3）凸、凹模圆角半径的确定。由于一次即能弯成，因此可取凸模圆角半径等于工件的弯曲半径，即 $r_{\text{p}}=5$mm。

由于 $t=6$mm，可取 $r_{\text{d}}=2t$，即 $r_{\text{d}}=12$m。

4）凹模工作部分深度。凹模工作部分深度为 30mm。

4. 模具总体结构形式确定

模具总体结构如图 6-51 所示。

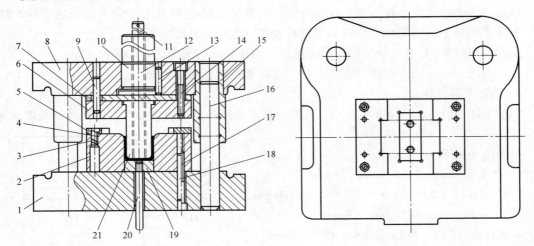

图 6-51 U 形弯曲模装配图

1—下模座 2—弯曲凹模 3、9、18—销钉 4、14、17—螺钉 5—定位板
6—凸模固定板 7—垫板 8—上模座 10—模柄 11—横销 12—推件杆
13—止转销 15—导套 16—导柱 19—顶件板 20—顶杆 21—弯曲凸模

6.4 │ 拉　深

拉深是指利用模具将平板毛坯冲压成空心开口零件或将空心开口零件进一步改变其形状和尺寸的一种冲压加工方法，又称拉延。拉深可以制成圆筒形、球形、锥形、盒形、阶梯形等形状的开口空心件，拉深与翻边、胀形、扩口、缩口等其他冲压工艺组合，还可以制成形状更为复杂的冲压件。

拉深

6.4.1 拉深变形过程分析

1. 拉深变形过程

下面以圆筒形件拉深来说明拉深变形过程（图 6-52）。拉深开始时凸模对毛坯中心部分施加压力，使板料产生弯曲，随着凸模下降，凸、凹模对板料所施加的作用力将沿径向移动构成力矩，在凸缘部分引起径向拉应力 σ_r，由于板料外径减小，在凸缘部分的切线方向产生压应力 σ_θ，在拉应力和压应力的作用下（图 6-53），凸缘材料发生塑性变形，其多余的三角形材料沿径向伸长，切向压缩，并不断压入凹模内，形成筒形空心件。

2. 拉深变形的应力-应变状态

为了进一步了解拉深过程中的主要工艺问题，对拉深时坯料的应力、应变状态进行分析，从而为控制拉深件质

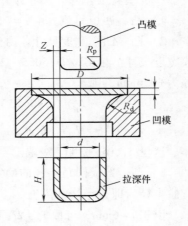

图 6-52 圆筒形件拉深变形图

量提供依据。下面以带压边圈的圆筒形件首次拉深为例分析拉深过程中坯料的应力-应变状态，如图 6-54 所示，这里 σ_1、σ_1、σ_3 和 ε_1、ε_2、ε_3 分别表示径向、厚度方向和切向的应力、应变。

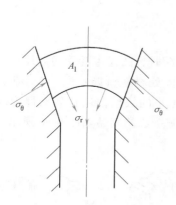

图 6-53　拉深时的应力

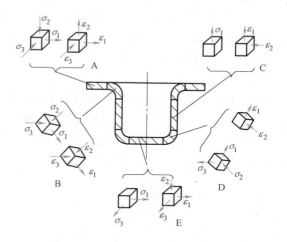

图 6-54　拉深过程中坯料的应力-应变状态

根据应力、应变状态的不同，可将拉深坯料划分为以下五个部分：

（1）平面凸缘部分——主要变形区（图 6-54，A 区）　此区域也是扇形网格变成矩形网格的区域。此处坯料被拉深凸模拉入凸、凹模之间的间隙而形成筒壁。这一区域的材料主要承受切向压应力 σ_3 和径向拉应力 σ_1，以及厚度方向由压边引起的压应力 σ_2 的共同作用，产生切向压缩变形 ε_3、径向伸长变形 ε_1，而厚度方向上的变形 ε_2 取决于 σ_1 和 σ_3 的值。当 σ_1 的绝对值最大时，则 ε_2 为压应变，当 σ_3 的绝对值最大时，ε_2 为拉应变。

（2）凹模圆角部分——过渡区（图 6-54，B 区）　此区域为连接凸缘（主要变形区）和筒壁（已变形区）的过渡区，坯料的变形比较复杂，除了具有与凸缘部分相同的特点（即径向受拉应力 σ_1 和切向受压应力 σ_3 作用）外，厚度方向还受凹模圆角的弯曲和压力共同作用产生的压应力 σ_2。同时，该区域的应变状态也是三向的：ε_1 为绝对值最大的主应变（拉应变），ε_2 和 ε_3 为压应变，此处材料厚度减薄。

（3）筒壁部分——传力区/已变形区（图 6-54，C 区）　此区域是由凸缘部分经凹模圆角被拉入凸、凹模间隙形成的。因为该区域在拉深过程中还承受拉深凸模的作用力并传递至凸缘部分，使凸缘部分产生变形，因此又称为传力区。拉深过程中，筒壁部分的直径受凸模的阻碍作用不再发生变化，即切向应变 ε_3 为零，同时也产生少量的径向伸长应变和厚度方向的压缩应变 ε_2；如果间隙合适，厚度方向上将不受力的作用，即 σ_2 为零。σ_1 是凸模产生的拉应力，由于材料在切向受凸模的限制不能自由收缩，σ_3 也是拉应力（很小，可忽略不计）。所以，该区域的应力与应变均为平面状态。

（4）凸模圆角部分——过渡区（图 6-54，D 区）　此区域为连接筒壁部分（已变形区）和筒底部分（小变形区）的过渡区，材料承受筒壁较大的拉应力 σ_1、凸模圆角弯曲和压力作用产生的压应力 σ_2 和切向拉应力 σ_3。该区域的筒壁与筒底转角处稍上的位置，拉深开始时材料处于凸模与凹模间，需要转移的材料较少，变形的程度小，冷作硬化程度低，加之该处材料变薄，使传力的截面积变小，所以此处往往成为整个拉深件中强度最薄弱的地方，是拉深过程中的"危险断面"。

（5）筒底部分——小变形区（图6-54，E区）　施加的作用力由传力区传递至凸缘部分，因此该区域受两向拉应力 σ_1 和 σ_3 的作用，相当于周边受均匀拉力的圆板。此区域为三向应变，其中，ε_1 和 ε_3 为拉应变，ε_2 为压应变。由于凸模圆角处的摩擦制约了底部材料的向外流动，故筒底部分变形不大，只有1%～3%，一般可忽略不计。

3. 拉深件质量分析及控制

（1）起皱

1）起皱的概念及产生原因。根据前面的分析可知，拉深时，凸缘主要受切向压应力 σ_3 和径向拉应力 σ_1 的作用。当坯料较薄而 σ_3 又过大并超过此处材料所能承受的临界压应力时，坯料就会发生失稳弯曲而拱起，沿切向就会形成高低不平的皱褶，这种现象称为起皱，如图6-55所示。拉深失稳起皱与压杆弯曲失稳相似。因起皱造成的废品如图6-56所示。

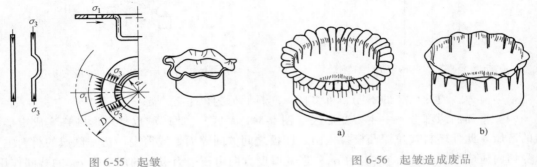

图6-55　起皱　　　　　　　　图6-56　起皱造成废品
　　　　　　　　　　　　　　　　a）底部拉裂　b）口部裂纹

2）影响起皱的因素。拉深过程中是否会起皱，主要取决于：

① 坯料的相对厚度 t/D。坯料的相对厚度越小，拉深变形区抵抗失稳的能力越差，因而就越容易起皱。反之，坯料相对厚度越大，越不容易起皱。

② 切向压应力 σ_3。其大小取决于变形程度，变形程度越大，需要转移的剩余材料越多，加工硬化现象越严重，所以 σ_3 越大，就越容易起皱。

③ 材料的力学性能。坯料的屈强比 σ_s/σ_b 越小，则屈服极限越小，变形区内的切向压应力也相对减小，因此坯料不易起皱；塑性应变比 r 越大，则坯料在宽度方向上的变形易于厚度方向，材料易于沿平面流动，因此不容易起皱。

④ 凹模工作部分的几何形状。与普通的平端面凹模相比，锥形凹模（图6-57）能保证在拉深开始时坯料有一定的预变形，可减小坯料流入模具间隙时的摩擦阻力和弯曲变形阻力，因此，起皱的倾向小，可以用相对厚度较小的毛坯进行拉深而不致起皱。

3）防止起皱的措施

① 采用压边措施，合理选择压边力。

实际生产中，防止拉深起皱最有效的措施是采用压边圈并施加合适的压边力 F，如图6-58所示。使用压边装置以后，坯料被强迫在压边圈和凹模端面间的间隙 c 中流动，稳定性增强，起皱不容易发生。

当然，采用压边装置在防止起皱的同时，也给拉深过程带来了不利的影响。压边装置会

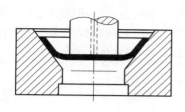

图 6-57 锥形凹模拉深

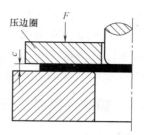

图 6-58 压边圈防止起皱

导致坯料与凹模、压边圈之间的摩擦力增加，从而使得拉深力增加，增加了坯料拉深破裂的倾向。

② 合理选择拉深比及变形程度。

a. 材料。选择塑性好的材料，变形程度可大些。

b. 采用多次拉深工序。高度大的圆筒件，可采取多次拉深，否则凸缘部位变形大，易起皱、拉裂。

③ 增加非拉深工序，提高材料塑性。

对变形大的厚板，采用中间退火工序，不仅可以消除加工硬化，提高板料塑性，而且可以提高拉深件质量，减少拉深次数。

④ 正确设计模具结构。

⑤ 使用润滑剂，如拉延油。

⑥ 采用拉深筋或反向拉深。

（2）拉裂

1）拉裂的概念及产生原因。由前述可知，拉深时，筒底与筒壁连接处承受拉深力的作用，且因为此处变形较小，冷作硬化不明显，而厚度又有所减薄，所以承载能力较低，为拉深时的"危险断面"。当径向拉应力 σ_1 过大且超过此处板料的抗拉强度时，将会产生破裂，这种现象称为拉裂，如图 6-59 所示。

2）影响拉裂的因素

① 坯料力学性能的影响。屈强比 σ_s/σ_b 越小，伸长率 δ、硬化指数 n 和塑性应变比 r 越大，越不容易破裂。

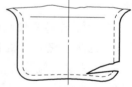

图 6-59 拉深时的拉裂

② 拉深系数 m 的影响。拉深系数（拉深系数是反映拉深变形程度的重要参数）越小，变形程度越大，壁厚变薄程度越大，越容易破裂。

③ 凹模圆角半径的影响。凹模圆角半径越小，坯料流动阻力越大，越容易拉裂。

④ 摩擦的影响。坯料与模具之间的摩擦力越大，拉深力就会越大，径向拉应力 σ_1 也越大，越容易拉裂。

⑤ 压边力的影响。压边是防止起皱的有效方法，但同时也会增加板料与凹模和压边圈之间的摩擦力，从而导致拉深力增加，因而越容易拉裂。

3）防止拉裂的措施。生产实际中，常通过选用硬化指数大、屈强比小的材料进行拉深，采用适当增大拉深凸凹模圆角半径、增加拉深次数、改善润滑等措施来避免拉裂的产生。

圆筒件拉深

（3）拉深凸耳　筒形件拉深，在制件口端出现有规律的高低不平现象称为拉深凸耳，凸耳的数目一般为 4 个。需要指出的是，板料的塑性应变比 r 值越大，拉深成形极限越高，但一般 r 值大的材料，其 $|\Delta r|$ 也越大，凸耳越严重。这说明 r 值对拉深件质量有相互矛盾的两个方面的影响。欲消除凸耳获得口部平齐的拉深件，只有进行修边。

6.4.2　圆筒件拉深工艺及计算

1. 拉深的工艺性

1）拉深件应尽量简单、对称，并能一次拉深成形。当零件一次拉深变形程度过大时，为避免拉裂，需多次拉深。在保证装配要求的前提下，应允许拉深件侧壁有一定斜度。

2）拉深件底部或边缘有孔时，孔边到侧壁的距离应满足 $a \geqslant R+0.5t$（或 $r+0.5t$）（图 6-60a）。

3）拉深件的径向尺寸只标注外形尺寸或内形尺寸，带台阶的拉深件，其高度方向尺寸标注一般应以拉深件的底部为基准（图 6-60b），而不应该以顶部为基准（图 6-60c）。

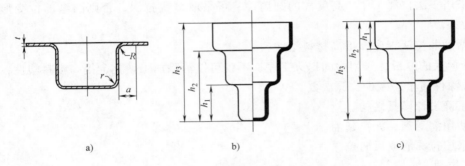

图 6-60　拉深件的结构尺寸

4）拉深简单制件时，尺寸精度应在 IT13 级以下，不宜高于 IT11 级，具体数值可以查阅手册。

5）拉深材料要具有较好的塑性，屈强比小，板厚方向性系数大，板平面方向性系数小。

2. 拉深毛坯尺寸的计算

圆筒件通常就是直壁旋转体零件，在日常生活中尤为常见，也是工厂常生产的零件。圆筒形件是所有拉深件中最简单的形状，其计算步骤如下：

（1）毛坯件的形状和尺寸确定　拉深工艺设计中的一项重要内容就是拉深件毛坯形状和尺寸的设计，其关系到后面落料模尺寸的确定。拉深件毛坯尺寸计算时应遵循两点原则：

1）面积相等原则。由于拉深前后材料的体积不变，对于不变薄的拉深，拉深前后毛坯表面积不变。

2）形状相似原则。一般拉深前的形状与拉深后的截面形状相似，当毛坯件的展开形状为椭圆形或圆形的时候，则对应拉深后的零件横截面也是椭圆形或圆形。

筒形拉深件毛坯形状和尺寸确定的步骤如下：

1）确定修边余量。由于材料的厚度具有一定的公差，且材料具有一定的各向异性，同时模具间隙和摩擦阻力的不一致性使得拉深后的零件口部出现凸耳，其在拉深结束后需要切除，因此需要考虑毛坯件的修边余量，见表 6-25 和表 6-26。

表 6-25　无凸缘圆筒形件修边余量 Δh （单位：mm）

拉深件高度 h	拉深相对高度 h/d 或 h/B				附图
	$>0.5\sim0.8$	$>0.8\sim1.6$	$>1.6\sim2.5$	$>2.5\sim4$	
$\leqslant10$	1.0	1.2	1.5	2	
$>10\sim20$	1.2	1.6	2	2.5	
$>20\sim50$	2	2.5	3.3	4	
$>50\sim100$	3	3.8	5	6	
$>100\sim150$	4	5	6.5	8	
$>150\sim200$	5	6.3	8	10	
$>200\sim250$	6	7.5	9	11	
>250	7	8.5	10	12	

表 6-26　有凸缘零件切边余量 Δh （单位：mm）

凸缘直径 d_t 或 B_t	相对凸缘直径 d_t/d 或 B_t/B				附图
	<1.5	$1.5\sim2$	$2\sim2.5$	$2.5\sim3$	
<25	1.8	1.6	1.4	1.2	
$>25\sim50$	2.5	2.0	1.8	1.6	
$>50\sim100$	3.5	3.0	2.5	2.2	
$>100\sim150$	4.3	3.6	3.0	2.5	
$>150\sim200$	5.0	4.2	3.5	2.7	
$>200\sim250$	5.5	4.6	3.8	2.8	
>250	6.0	5.0	4.0	3.0	

2）确定毛坯直径。拉深件的表面积可以通过把拉深件分为几个部分，再把每个部分的表面积分别求出相加得出。然后根据面积相等原则得出拉深件的毛坯直径。其过程如图 6-61 所示。

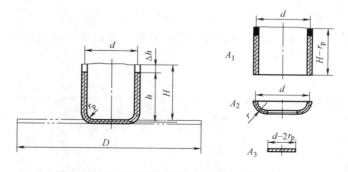

图 6-61　无凸缘圆筒形件毛坯尺寸计算分解图

圆筒侧面部分的表面积为　　　　$A_1 = \pi d(H - r_p)$ （6-44）

圆角部分的表面积为　　　　$A_2 = \dfrac{\pi}{4}\left[2\pi r(d - 2r_p) + 8r^2\right]$ （6-45）

底部表面积为
$$A_3 = \frac{\pi}{4}(d - 2r_p)^2 \tag{6-46}$$

即拉深件总面积为

$$\frac{\pi}{4}D^2 = A_1 + A_2 + A_3 = \sum A_i \tag{6-47}$$

则毛坯直径为
$$D = \sqrt{\frac{4}{\pi} \sum A_i} \tag{6-48}$$

$$D = \sqrt{d^2 + 4dH - 1.72dr_p - 0.56r_p^2} \tag{6-49}$$

式中，D 为毛坯直径（mm）；$\sum A_i$ 为拉深零件各分解部分的代数和，对于简单拉深零件的毛坯直径 D，可直接按上述公式计算。

（2）拉深系数的确定 拉深次数与每次允许的拉深变形程度有关，而拉深变形程度通常以拉深系数 m 来衡量。

1）拉深系数的概念。拉深系数是指拉深后圆筒形件的直径与拉深前毛坯（或半成品）的直径之比，其倒数称为拉深比。根据拉深系数的定义可得各次拉深系数分别为：

第一次拉深系数：
$$m_1 = \frac{d_1}{D} \tag{6-50}$$

第二次拉深系数：
$$m_2 = \frac{d_2}{d_1} \tag{6-51}$$

总的拉深系数为：
$$m_{总} = \frac{d_n}{D} = \frac{d_1}{D} \times \frac{d_2}{d_1} \times \cdots \times \frac{d_{n-1}}{d_{n-2}} \times \frac{d_n}{d_{n-1}} = m_1 m_2 \cdots m_{n-1} m_n \tag{6-52}$$

即总的拉深系数等于各次拉深系数的乘积。

拉深系数表示了拉深前后毛坯直径的变化量，间接地反映了毛坯外缘在拉深时切向压缩变形的大小，而切向变形是拉深变形区最大的主变形，因此可以用拉深系数衡量拉深变形程度的大小，拉深系数越小，变形程度越大。

2）拉深系数值的确定。由于影响极限拉深系数的因素较多，因此实际生产中的极限拉深系数是考虑了各种具体条件后用试验的方法求出的经验值。无凸缘圆筒形件的极限拉深系数可查表 6-27。表中所列数值为推荐的极限拉深系数，在选取拉深系数时，其应等于或大于表中推荐的数值，且应满足 $m_1 < m_2 < \cdots < m_{n-1} < m_n$。

表 6-27　无凸缘圆筒形件的极限拉深系数 $[m_n]$

各次极限拉深系数	毛坯相对厚度 $(t/D) \times 100$					
	2.0~1.5	1.5~1.0	1.0~0.6	0.6~0.3	0.3~0.15	0.15~0.08
$[m_1]$	0.48~0.50	0.50~0.53	0.53~0.55	0.55~0.58	0.58~0.60	0.60~0.63
$[m_2]$	0.73~0.75	0.75~0.76	0.76~0.78	0.78~0.79	0.79~0.80	0.80~0.82
$[m_3]$	0.76~0.78	0.78~0.79	0.79~0.80	0.80~0.81	0.81~0.82	0.82~0.84
$[m_4]$	0.78~0.80	0.80~0.81	0.81~0.82	0.82~0.83	0.83~0.85	0.85~0.86
$[m_5]$	0.80~0.82	0.82~0.84	0.84~0.85	0.85~0.86	0.86~0.87	0.87~0.88

6.4.3　盒形件拉深工艺及计算

1. 盒形件拉深变形特点

盒形件属于非旋转体零件，其中包括方形盒、矩形盒和椭圆形盒等。在盒形件拉深过程时，径向拉应力分布不均，直边部位相当于弯曲变形，所产生的应力较小。圆角部位相当于圆筒拉深，所产生的拉应力较大，它们对应于一个整体来说就产生了盒形件的拉深特点。图 6-62 所示为毛坯划分网格后变形的情况，变形前横向尺寸为 Δl_1、Δl_2、Δl_3 且均相等，变形后的尺寸为 $\Delta l_3' < \Delta l_2' < \Delta l_1'$。变形前纵向尺寸为 Δh_1、Δh_2、Δh_3 且均相等，变形后的尺寸为 $\Delta h_3' > \Delta h_2' > \Delta h_1'$。由此可知，在圆角部位变形后的网格呈现出上部间距较大、远离圆角部位变形较小，而越靠近圆角所产生的拉深变形越大的特点。

2. 毛坯尺寸的确定

直角边部分和圆角部分相互影响的程度随着盒形件形状的不同而异。当 r/B 越小时，圆角部分的金属将被挤向直边，在计算毛坯的尺寸时需要考虑这方面的影响。

盒形件的拉深分为一次拉深和多次拉深两种。对于一次拉深成形的矩形盒，计算方法如下：

先将直角边按弯曲计算，圆角部分按 1/4 圆筒拉深计算，从而得到毛坯外形 $ABCDEF$，如图 6-63 所示。随后以 BC 和 DE 的中点 G 和 H 作圆弧 R 的切线，在直线与切线的交接处用半径为 R 的圆弧光滑连接，即可得出修正的毛坯外形 $ALGHMF$。

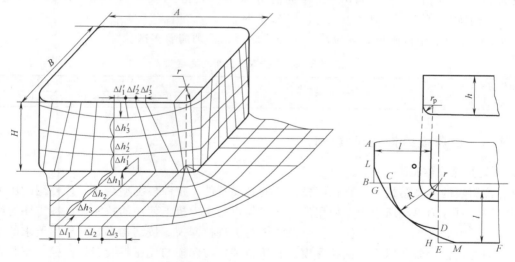

图 6-62　盒形件拉深网格变化　　　　　图 6-63　盒形件拉深用毛坯的外形

展开的直边部分的长度为

$$l = h + 0.57 r_p \tag{6-53}$$

式中，h 为矩形盒高度（包括修边余量 Δh）；r_p 为矩形盒底部圆角半径。

Δh 的值可按表 6-28 选取。

表 6-28　矩形盒修边余量 Δh

所需拉深次数	1	2	3	4
修边余量 Δh	$(0.03 \sim 0.05)h$	$(0.04 \sim 0.06)h$	$(0.05 \sim 0.08)h$	$(0.06 \sim 0.1)h$

圆角部分按 1/4 圆筒拉深计算得

$$R = \sqrt{r^2 + 2rh - 0.86r_p(r + 0.16r_p)} \tag{6-54}$$

若矩形盒高度较大，需要多次拉深时，可采用图 6-64 所示的圆形毛坯，其直径为

$$D = 1.13 \times \sqrt{B^2 + 4B(h - 0.43)r_p - 1.72r(h + 0.5r) - 4r_p(0.11r_p - 0.18r)} \tag{6-55}$$

D 对于高度与角部圆周半径较大的矩形盒，采用图 6-65 所示的长圆形或椭圆形毛坯，毛坯窄边的曲率半径按半个方形盒计算，即取 $R' = D/2$。

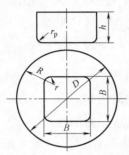

图 6-64　高方形盒的毛坯形状与尺寸

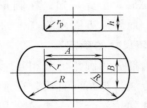

图 6-65　高矩形盒的毛坯形状与尺寸

3. 盒形件初次拉深的极限变形程度

通常，采用相对高度 h/r 表示矩形盒初次拉深极限变形程度。由平板一次拉深成形的矩形盒最大相对高度值与 r/B、t/B、板料性能等有关，其值见表 6-29。当 $t/B < 0.01$，且 $A/B \approx 1$ 时，取较小值；当 $t/B > 0.15$，且 $A/B \geq 2$ 时，取较大值。

若 h/r 不超过表中极限值，则拉深一次即可成形，否则需要多次拉深。

表 6-29　矩形盒初次拉深最大相对高度值

相对角部圆角半径 r/B	0.4	0.3	0.2	0.1	0.05
相对高度 h/r	2~3	2.8~4	4~6	8~12	10~15

6.4.4　拉深模结构及尺寸设计

1. 典型拉深模结构

熟悉拉深模的典型结构是进行拉深模设计的必要条件。拉深模类型众多，按使用的压力机类型不同，可分为单动压力机上使用的拉深模与双动压力机上使用的拉深模；按工序的组合程度不同，可分为单工序拉深模、复合拉深模与级进拉深模；按结构形式与使用要求的不同，可分为首次拉深模与以后各次拉深模、有压料装置拉深模与无压料装置拉深模、正装式拉深模与倒装式拉深模、下出件拉深模与上出件拉深模等。下面按首次拉深模和以后各次拉深模对拉深模的典型结构进行介绍。

（1）首次拉深模

1）无压边装置的首次拉深模。图 6-66 所示为无压边装置首次拉深模的典型结构。工作时，坯料在定位圈 3 中定位，拉深结束后，工件由凹模底部的台阶（脱料颈）完成脱模，并由下模板底孔落下。由于模具没有采用导向机构，故模具安装时由校模圈完成凸、凹模的对中，以保证间隙均匀，而工作时则应将校模圈移走。

2）带压边装置的首次拉深模。图 6-67 所示为带压边装置的正装（凸模在上模，凹模在

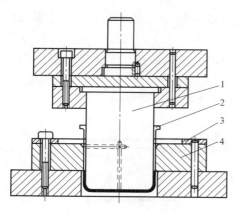

图 6-66 无压边装置首次拉深模
1—凸模 2—校模圈 3—定位圈 4—凸模

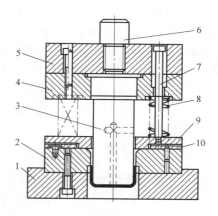

图 6-67 带压边装置的正装首次拉深模
1—下模座 2—凹模 3—凸模 4—凸模固定板
5—上模座 6—模柄 7—卸料螺钉
8—弹簧 9—压边圈 10—定位板

下模）首次拉深模。该模具中压边装置置于模具内（上、下模板之间），由于受模具空间的限制，不能提供太大的压边力，只能适用于浅拉深件的拉深。

工作时，毛坯由定位板 10 定位，上模下行，压边圈 9 首先将毛坯压住，凸模 3 继续下行完成拉深。拉深结束后上模回程，箍在凸模外面的拉深件由拉深凹模下的台阶刮下并由漏料孔落下。

图 6-68 所示为凸缘件带压边装置的倒装（凸模在下模，凹模在上模）首次拉深模。该模具中压边装置被置于模具外（下模板下方），不受模具空间限制，弹性元件的选择可不受尺寸限制，提供的压边力可以大一些，并且模具结构紧凑，这是常用的结构形式。图中件 10 即为弹性压边圈，其压边力由连接在下模座上的弹性压边装置（件11、14、15、16）提供。工作时，毛坯在压边圈上的定位板 9 中定位，拉深凹模 7 下行与工件接触，开始拉深；拉深结束后，拉深凹模上行，压边圈同步复位并将工件顶起，使工件留在拉深凹模内，最后由打杆 2 推动推件块 4 将工件推出凹模。

3）落料拉深复合模。图 6-69 所示为无

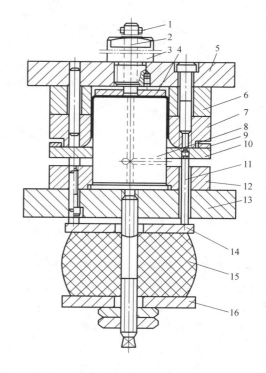

图 6-68 凸缘件带压边装置的倒装首次拉深模
1—横销 2—打杆 3—模柄 4—推件块 5—上模座
6—空心垫板 7—拉深凹模 8—凸模 9—定位板
10—弹性压边圈 11—顶杆 12—凸模固定板
13—下模座 14—上托板
15—橡胶 16—下托板

凸缘件落料拉深复合模。模具工作过程是：条料从前往后送入模具，由导料板 21 和挡料销 25 定位，上模下行，凸凹模 17 与落料凹模 4 首先完成落料；上模继续下行，拉深凸模 19 开始接触落下的毛坯并将其拉入凸凹模的孔内，完成拉深；上模回程时，刚性卸料板 20 从凸凹模上卸下废料，压边圈 3 将制件从拉深凸模上顶出，使其留在凸凹模内，模具开启后，通过打杆 16 和推件块 18 推出。此类模具生产率高，操作方便，同时由于工件毛坯落下后在模具中自动定位，工件质量也容易保证，因此，在拉深工艺中经常使用。

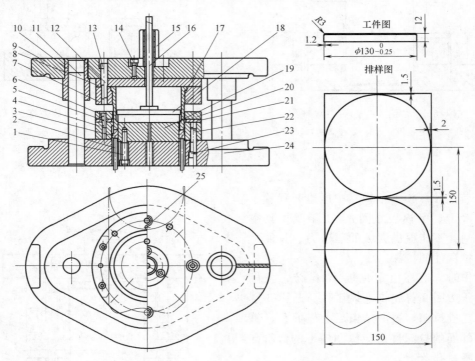

图 6-69　无凸缘件落料拉深复合模

1、6、13、14、23—螺钉　2—顶杆　3—压边圈　4—落料凹模　5、12、22—销钉　7—凸凹模固定板
8—垫板　9—上模座　10—导套　11—导柱　15—模柄　16—打杆　17—凸凹模　18—推件块
19—拉深凸模　20—刚性卸料板　21—导料板　24—下模座　25—挡料销

4）双动压力机上使用的首次拉深模。图 6-70 所示为一在双动压力机上使用的首次拉深模。双动压力机有两个滑块，拉深凸模 1 与压力机内滑块相连接，压边圈 3 通过上模座 2 与压力机外滑块相连接。工作时，毛坯在凹模 4 上由定位板 5 定位，外滑块首先带动压边圈压住毛坯，然后拉深凸模在内滑块带动下下行进行拉深。拉深结束后，凸模先回程，拉深件则由于压边圈的限制而留在凹模，最后由顶件块 7 顶出。由于双动压力机外滑块提供的压边力恒定，故压边效果好。

（2）以后各次拉深模　以后各次拉深模所用

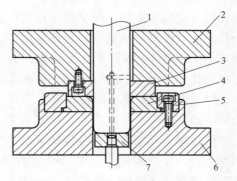

图 6-70　双动压力机用首次拉深模

1—拉深凸模　2—上模座　3—压边圈　4—凹模
5—定位板/凹模固定板　6—下模座　7—顶件块

的毛坯是已经过拉深的半成品开口空心件，而不再是平板毛坯，因此其定位装置及压边装置与首次拉深模不同。以后各次拉深模的定位方法可分为两种：一种是利用拉深件的外形定位，根据模具结构不同，可采用单独的定位板定位、在凹模上加工出凹槽定位、在倒装反拉深中在压边圈上加工出凹槽进行定位；另一种是利用拉深件的内形定位，根据模具结构不同，可采用压边圈外形定位，在正装反拉深模中利用凹模的外形定位。

1）正拉深模

① 图6-71所示为无压边装置以后各次拉深模的典型结构，毛坯如图中双点画线所示，经定位板6定位后进行拉深。工件也是由凹模底部的脱料颈完成，并由下模板底孔落下。因为此模具无压边圈，故一般不能进行严格意义上的多次拉深，而是用于侧壁料厚一致、直径变化不大或稍加整形即可达到尺寸精度要求的深筒形拉深件。

② 图6-72所示为带压边装置的以后各次拉深模。这种模具常采用倒装式结构，拉深凸模安装在下模，拉深凹模安装在上模。工作时，将前次拉深的半成品制件套在压边圈1上，上模下行，将毛坯拉入凹模，从而得到所需要的制件；当上模返回，制件被压边圈从凸模上顶出，如果卡在凹模中，则将被推件块推出。为了定位可靠和操作方便，压边圈的外径应比毛坯的内径小0.05~0.1mm，其工作部分应比毛坯高出2~4mm。压边圈顶部的圆角半径等于毛坯的底部半径。模具装配时，要注意保证压边圈圆角部位与凹模圆角部位之间的间隙为$(1.1~1.2)t$（铝、铜件取小值，钢件取大值），该距离可以通过调整限位杆的伸出长度来实现。大多数采用弹性压边圈的以后各次拉深模都使用限位装置，以防止因压边力太大而拉裂。

2）反拉深模

① 图6-73所示为无压边装置的反向以后各次拉深模。这类模具多用于较薄材料的以后各次拉深和锥形、半球形及抛物面形等旋转体形状制件的以后各次拉深。工作时，将经过前次拉深的半成品制件套在凹模上（利用凹模外形定位），制件的内壁经拉深后翻转到外边，使材料的内外表面互相转换，因此，材料流动的摩擦阻力及弯曲阻力均比一般拉深大，引起变形区的径向拉应力大大增加，而变形区的切向压应力则相应减小，从而减少起皱的可能性，可以得到较大的变形程度。

反拉深的极限拉深系数可比一般拉深小10%~15%，但凹模的壁厚尺寸常受拉深系数的限制，而不能根据强度需要确定。因此，反拉深一般用于毛坯相对厚度$(t/D)×100<0.3$、相对高度$h/d=0.7~1$以及制件的最小直径$d=(30~60)t$的

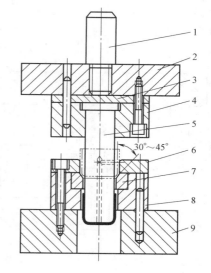

图6-71 无压边装置的以后各次拉深模

1—模柄 2—上模座 3—垫板
4—凸模固定板 5—凸模 6—定位板
7—凹模 8—凹模固定板 9—下模座

图6-72 带压边装置的以后各次拉深模

1—压边圈 2—限位杆 3—凸模 4—打杆
5—上模座 6—推件块 7—凹模
8—凸模 9—顶杆 10—下模座

拉深工艺。

② 图 6-74 所示为带弹性压边装置的反向以后各次拉深模。与图 6-73 相比，增加了弹性压边装置，可以减小起皱趋势。但同时也增大了毛坯变形时的摩擦力，使毛坯的拉裂倾向增加。工作时，毛坯套在凹模 10 上，上模下行，压边圈 1 首先压住毛坯，凸模 6 继续下行完成拉深。拉深结束后，上模回程，箍在凸模外面的工件由凹模下面的台阶刮下并由漏料孔漏下。

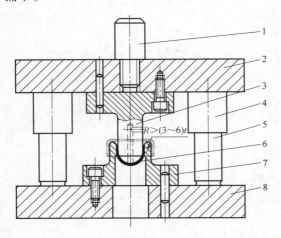

图 6-73　无压边装置的反向以后各次拉深模
1—模柄　2—上模座　3—凸模　4—导套
5—导柱　6—冲压件　7—凹模
8—下模座固定板

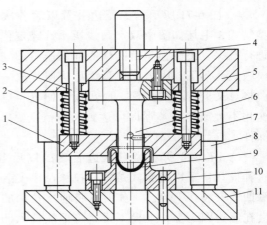

图 6-74　带弹性压边装置的反向以后各次拉深模
1—压边圈　2—弹簧　3—卸料螺钉　4—模柄
5—上模座　6—凸模　7—导套　8—导柱
9—冲压件　10—凹模　11—下模座

在双动压力机上，正拉深和反拉深可以在一次工作行程中完成。如图 6-75 所示，凸模安装在内滑块上，凹模安装在外滑块上，凸凹模（正拉深凸模及反拉深凹模）安装在工作台上。模具工作时，双动压力机外滑块先下行，带动凹模向下运动完成正拉深，内滑块再带动凸模下行完成反拉深。

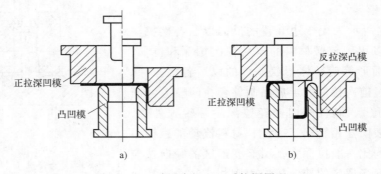

图 6-75　双动压力机正、反拉深原理

2. 拉深模零件设计

拉深凸、凹模工作部分的尺寸包括凸、凹模的圆角半径，凸、凹模之间的间隙，凸、凹模的横向尺寸（对圆筒形件来说，即是凸、凹模的直径），如图 6-76 所示。

（1）凸、凹模圆角半径

1）凹模圆角半径 r_d。拉深时，经过凹模圆角的材料不仅要克服弯曲变形产生的弯曲阻力，还要克服因相对流动引起的摩擦阻力，所以 r_d 的大小对拉深过程的影响非常大。r_d 太小，材料所受弯曲阻力和摩擦力较大，拉深力增加，磨损加剧，拉深件易被刮伤、过度变薄甚至破裂，模具寿命缩短；r_d 太大，拉深初期不受压边力作用的区域较大（图6-77），拉深后期毛坯外缘过早脱离压边圈的作用，容易起皱。所以 r_d 的值既不能太大也不能太小。在生产上，一般应尽量避免采用过小的凹模圆角半径，在保证工件质量的前提下，尽量取大值，以满足模具寿命的要求。拉深凹模圆角半径可按下述经验公式计算

$$r_{d_i} = 0.8\sqrt{(d_{i-1}-d_i)t} \tag{6-56}$$

式中，r_{d_i} 为第 i 次拉深凹模圆角半径（mm）；d_i 为第 i 次拉深的筒部直径（mm）；d_{i-1} 为第 $i-1$ 次拉深的筒部直径（mm）；t 为板料厚度（mm）。

同时，凹模圆角应满足前述工艺性要求，即 $r_{d_i} \geq 2t$。若 $r_d < 2t$，则需通过后续的整形工序获得。

2）凸模圆角半径 r_p。凸模圆角半径大小对拉深过程的影响没有凹模圆角半径大，但其值也必须合适。r_p 过小，会使危险断面受拉力增大，工件易产生局部变薄甚至拉裂；而 r_p 过大，则使凸模与毛坯接触面小，易产生底部变薄和内皱（图6-77）。

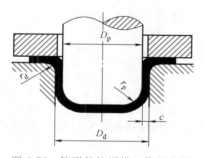

图6-76 筒形件拉深模工作部分图

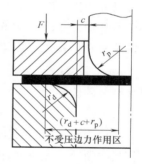

图6-77 大的圆角半径减小了压边

一般情况下，除末道拉深工序外，可取 $r_{d_i} = r_{p_i}$；末道拉深工序，当工件的圆角半径 $r \geq t$，则取凸模圆角半径等于工件的圆角半径，即 $r_{p_n} = r$；若零件的圆角半径 $r < t$，则取 $r_{p_n} > r$，拉深结束后再通过整形工序获得 r。

（2）凸、凹模间隙 c 拉深模间隙是指单边间隙 c，即凹模和凸模直径之差的一半。拉深时凸、凹模之间的间隙对拉深力、工件质量、模具寿命等都有影响。凸、凹模间隙 c 过大，易起皱，工件有锥度，精度差；间隙 c 过小，摩擦加剧，导致工件变薄严重，甚至拉裂。因此，正确确定凸、凹模之间的间隙是很重要的。确定拉深间隙时，需要考虑压边状况、拉深次数和工件精度等。

对于圆筒形件及椭圆形件的拉深，凸、凹模的单边间隙 c 可按下式计算：

$$c = t_{max} + K_c t \tag{6-57}$$

式中，t_{max} 为板料最大厚度（mm）。K_c 为系数，见表6-30。

对于盒形件的拉深，模具转角处的间隙应比直边部分大 $0.1t$，而直边部分的间隙可按公式计算，系数 K_c 按表6-30中较精密或精密选取。

表 6-30　系数 K_c

板料厚度 t/mm	一般精度		较精密	精密
	一次拉深	多次拉深		
≤0.4	0.07~0.09	0.08~0.10	0.04~0.05	
>0.4~1.2	0.08~0.10	0.10~0.14	0.05~0.06	0~0.04
>1.2~3.0	0.10~0.12	0.14~0.16	0.07~0.09	
>3.0	0.12~0.14	0.16~0.20	0.08~0.10	

（3）凸、凹模工作部分的横向尺寸

1）对于多次拉深中的首次拉深和中间各次拉深，因为是半成品件，所以模具尺寸及公差没有必要做严格限制，这时模具尺寸只需等于半成品件的公称尺寸 D 即可，模具制造偏差同样按磨损规律确定。若以凹模为基准，则

$$凹模尺寸为 \qquad\qquad D_d = D^{+\delta_d}_0 \qquad\qquad (6\text{-}58)$$

$$凸模尺寸为 \qquad\qquad D_p = (D-2c)^{\ 0}_{-\delta_p} \qquad\qquad (6\text{-}59)$$

2）对于一次拉深或多次拉深中的最后一次拉深，需保证拉深后制件的尺寸精度要求。因此，应按拉深件的尺寸及公差来确定模具工作部分的尺寸及公差。根据拉深件横向尺寸的标注不同，可以分为以下两种情况：

拉深件标注外形尺寸时（图 6-78a），此时应以拉深凹模为基准，首先计算凹模的尺寸及公差。凹模尺寸及公差按下式计算

$$D_d = (D_{max} - 0.75\Delta)^{+\delta_d}_{\ \ 0} \qquad\qquad (6\text{-}60)$$

凸模尺寸及公差为

$$D_p = (D_{max} - 0.75\Delta - 2c)^{\ \ 0}_{-\delta_p} \qquad\qquad (6\text{-}61)$$

拉深件标注内形尺寸时（图 6-78b），此时应以拉深凸模为基准，首先计算凸模的尺寸及公差。凸模尺寸及公差按下式计算

$$D_p = (d_{min} + 0.4\Delta)^{\ \ 0}_{-\delta_p} \qquad\qquad (6\text{-}62)$$

凹模尺寸及公差为

$$D_d = (d_{min} + 0.4\Delta + 2c)^{+\delta_p}_{\ \ 0} \qquad\qquad (6\text{-}63)$$

式中，D_d、D_p 为凹模和凸模的基本尺寸（mm）；D_{max} 为拉深件外径的最大极限尺寸（mm）；d_{min} 为拉深件内径的最小极限尺寸（mm）；Δ 为工件公差（mm）；δ_d、δ_p 为凹模和凸模的制造公差，可按 IT6~IT8 级选取，也可按表 6-31 选取；c 为拉深模单边间隙（mm）。

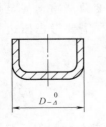
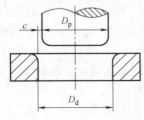

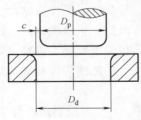

a)　　　　　　　　　　　　　　　　b)

图 6-78　筒形件拉深模工作部分尺寸

表 6-31　拉深模凸模和凹模的制造公差　　　　　　　　　（单位：mm）

板料厚度	拉深直径 d					
	≤20		20～100		>100	
	δ_d	δ_p	δ_d	δ_p	δ_d	δ_p
≤0.5	0.02	0.01	0.03	0.02	—	—
>0.5～1.5	0.04	0.02	0.05	0.03	0.08	0.05
>1.5	0.06	0.04	0.08	0.05	0.10	0.06

6.4.5　拉深工艺与模具设计实例

图 6-79 所示为无凸缘的直壁圆筒形件，材料为 08F 钢，材料厚度为 1mm，抗拉强度 $\sigma_b = 320\text{MPa}$，小批量生产，试完成该产品的拉深工艺与模具设计。

1. 工艺分析

该产品是不带凸缘的直壁圆筒形件，要求内形尺寸，厚度为 1mm，没有厚度不变的要求；零件的形状简单、对称，底部圆角半径为 3mm，满足拉深工艺对形状和尺寸的要求，适合于拉深成形；零件的所有尺寸均为未注公差，采用普通拉深较易达到；零件所用材料为 08F 钢，塑性较好，易于拉深成形，因此该零件的冲压工艺性良好。

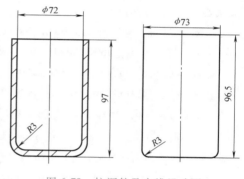

图 6-79　拉深件及中线尺寸图

2. 工艺方案确定

为了确定工艺方案，应首先计算毛坯尺寸并确定拉深次数。由于材料厚度为 1mm，以下所有尺寸均以中线尺寸带入。

（1）确定修边余量　由 $\dfrac{h}{d} = \dfrac{97-0.5}{72+1} = 1.32$，查表 6-25 得：$\Delta h = 3.8\text{mm}$。

（2）毛坯直径计算　由下式得：

$$D = \sqrt{d^2 - 1.72dr - 0.56r^2 + 4d(h+\Delta h)}$$
$$= \sqrt{(72+1)^2 - 1.72\times(72+1)\times(3+0.5) + 4\times(72+1)\times(97-0.5+3.8) - 0.56\times(3+0.5)^2}\ \text{mm}$$
$$= 184.85\text{mm} \approx 185\text{mm}$$

（3）拉深次数确定　由 $t/D\times100 = 0.541$，查无凸缘圆筒形件的极限拉深系数 $[m_1]$（表 6-27），得极限拉深系数为 $[m_1] = 0.58$、$[m_2] = 0.79$、$[m_3] = 0.81$、$[m_4] = 0.83$。则各次拉深件极限直径为

$$d_1 = [m_1]D = 0.58\times185\text{mm} = 107.3\text{mm}$$
$$d_2 = [m_2]d_1 = 0.79\times107.3\text{mm} = 84.77\text{mm}$$
$$d_3 = [m_3]d_2 = 0.81\times84.77\text{mm} = 68.66\text{mm} < 73\text{mm}$$

即三次拉深即可完成。但考虑到上述采用的都是极限拉深系数，而实际生产所采用的拉深系数应比极限值大，因此将拉深次数调整为 4 次。

（4）方案确定该拉深件需要落料、四次拉深、一次切边才能最终成形，因此成形该零件

的方案有以下几种：

方案一：单工序生产，即落料→拉深→拉深→拉深→拉深→切边。

方案二：首次复合，即落料拉深复合→拉深→拉深→拉深→切边。

方案三：级进拉深。

方案一模具结构简单，但首次拉深时毛坯定位比较困难。方案三一般适用于大批量生产。考虑到是小批量生产，因此上述方案中优选方案二。

3. 工艺计算

（1）各次拉深半成品尺寸的确定

1）半成品直径（中线）。将上述各次极限拉深系数分别乘以系数 k 做调整。

$$k = \sqrt[n]{\frac{m_{总}}{[m_1] \times [m_2] \times \cdots \times [m_n]}} = \sqrt[4]{\frac{73/185}{0.58 \times 0.79 \times 0.81 \times 0.83}} = 1.0638569，则调整后的各次$$

拉深系数和半成品直径为

$$m_1 = k[m_1] = 1.0638569 \times 0.58 = 0.62 \qquad d_1 = m_1 D = 0.62 \times 185\text{mm} = 114.7\text{mm}$$

$$m_2 = k[m_2] = 1.0638569 \times 0.79 = 0.84 \qquad d_2 = m_2 d_1 = 0.84 \times 114.7\text{mm} = 96.3\text{mm}$$

$$m_3 = k[m_3] = 1.0638569 \times 0.81 = 0.86 \qquad d_3 = m_3 d_2 = 0.86 \times 96.3\text{mm} = 82.8\text{mm}$$

$$m_4 = k[m_4] = 1.0638569 \times 0.83 = 0.883 \qquad d_4 = m_4 d_3 = 0.883 \times 82.8\text{mm} = 73.1\text{mm} \approx 73\text{mm}$$

2）半成品底部圆角半径。由式（6-56）计算出各次拉深凹模圆角半径的值为

$$r_{d_1} = 0.8\sqrt{(D-d_1)t} = 0.8 \times \sqrt{(185-114.7) \times 1}\text{mm} = 6.7\text{mm}，取 r_{d_1} = 7\text{mm}$$

依次求出并取 $r_{d_2} = 5\text{mm}$、$r_{d_3} = 4\text{mm}$、$r_{d_4} = 3\text{mm}$。

凸模圆角半径可取与凹模圆角半径相同，即 $r_{p_1} = 7\text{mm}$、$r_{p_2} = 5\text{mm}$、$r_{p_3} = 4\text{mm}$、$r_{p_4} = 3\text{mm}$。

3）半成品高度 h。由式计算得

$$h_1 = 0.25\left(\frac{D^2}{d_1} - d_1\right) + 0.43\frac{r_1}{d_1}(d_1 + 0.32 r_1)$$

$$= 0.25 \times \left(\frac{185^2}{114.7} - 114.7\right)\text{mm} + 0.43 \times \frac{7.5}{114.7} \times (114.7 - 0.32 \times 7.5)\text{mm} = 49.1\text{mm}$$

同理得：$h_2 = 67.2\text{mm}$，$h_3 = 84.6\text{mm}$，$h_4 = 100.3\text{mm}$。

（2）冲压工艺力计算及初选设备（以第四次拉深为例，其他类同） 拉深力由式计算，则

$$F_4 = k_p L_s t \sigma_b = 0.8 \times 3.14 \times 73 \times 1 \times 320\text{N} = 58.68\text{kN}$$

式中，k_p 取 $0.5 \sim 1.0$，这里取 0.8；L_s 是第四次拉深所得圆筒的筒部周长。

压边力计算，这里 $q = \sigma_b/150\text{MPa} = 2.13\text{MPa}$，则

$$F_{压} = \frac{\pi[d_3^2 - d_4^2]q}{4} = \frac{\pi[82.8^2 - 73^2] \times 2.13}{4}\text{N} = 2.55\text{kN}$$

选用单动压力机，设备吨位

$$F_{设} \geq F_4 + F_{压} = 58.68\text{kN} + 2.55\text{kN} = 61.23\text{kN}$$

这里初选 100kN 的开式曲柄压力机 J23-10。

4. 模具总体结构设计（以第四次拉深模为例）

选用倒装敞开式（即模具中不设置导向装置）拉深模，毛坯利用压边圈的外形进行定

位，利用刚性推件装置推件。总体结构如图 6-80 所示。

5. 模具零件设计

（1）工作部分尺寸的设计

1）模具间隙 c 的确定。由于该拉深件无精度要求，因此最后一次拉深时，凸、凹模之间的单边间隙可以取 $c_4 = t = 1\text{mm}$。

2）凸、凹模圆角半径的确定。由于工件圆角半径大于 $2t$，满足拉深工艺要求，因此最后一次拉深用的凸模圆角半径应与工件圆角半径一致，即 $r_{p_4} = 3\text{mm}$，凹模圆角半径取 $r_{d_4} = 3\text{mm}$。

3）凸、凹模刃口尺寸及公差的确定。零件的尺寸及精度由最后一道拉深模保证，因此最后一道拉深用模具的刃口尺寸与公差应由工件决定。由于零件对内形有尺寸要求，因此以凸模为基准，间隙取在凹模上。

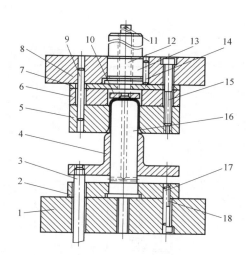

图 6-80　第四次拉深模总装图

1—下模座　2—凸模固定板　3—卸料螺钉　4—压边圈
5—凹模　6—空心垫板　7—垫板　8—上模座
9、17—销钉　10—推件板　11—横销　12—打杆
13—模柄　14—止动销　15、18—螺钉　16—拉深凸模

查表 6-31 得：$\delta_p = 0.03\text{mm}$，$\delta_d = 0.05\text{mm}$。

Δ 是工件的公差，工件为未注公差，可由 GB/T 15055—2021 标准，按 m 级查得为 $\pm 0.5\text{mm}$，则工件直径调整为 $71.5^{+1.0}_{0}\text{mm}$。

$$d_{P_4} = (d_{min} + 0.4 \times \Delta)^{0}_{-\delta_p} = (71.5 + 0.4 \times 1.0)^{0}_{-0.03}\text{mm} = 71.9^{0}_{-0.03}\text{mm}$$

$$d_{d_4} = (d_{P_4} + 2c)^{+\delta_d}_{0} = (71.9 + 2 \times 1)^{+0.05}_{0}\text{mm} = 73.9^{+0.05}_{0}\text{mm}$$

4）凸模通气孔尺寸确定。由表 6-32 查得，通气孔尺寸为 6.5mm。

表 6-32　拉深凸模通气孔直径

凸模直径/mm	0~50	>50~100	>100~200	>200
出气孔直径/mm	5.0	6.5	8.0	9.5

（2）模具主要零件设计

1）凸模。材料选用 Cr12MoV，热处理至 56~60HRC，尺寸及结构如图 6-81 所示，图中未注表面粗糙度为 $Ra6.3\mu\text{m}$。

2）凹模。材料选用 Cr12MoV，热处理至 58~62HRC，尺寸及结构如图 6-82 所示，图中未注表面粗糙度为 $Ra6.3\mu\text{m}$。

6.4.6　其他拉深方法

在某些情况下，根据零件形状尺寸、材料和产量等特点，采用其他拉深成形方法，既能保证质量，又可降低成本和缩短试制周期。因此，本节将对一些比较成熟的其他拉深成形方法，简单说明其工作原理和应用范围。

1. 软模成形

软模成形是用橡胶、液体或气体的压力代替刚性凸模或凹模对板材进行冲压加工的方法。

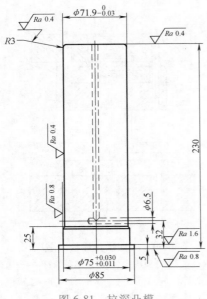

图 6-81　拉深凸模

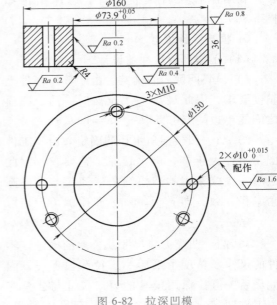

图 6-82　拉深凹模

它可完成弯曲、拉深、翻边、胀形和冲裁等工序。由于该法使模具简单和通用化，故在小批量生产中获得广泛应用。

图 6-83 所示为用高压液体代替金属凸模，在压力作用下，平板毛坯中部产生胀形。当压力继续增大使毛坯法兰产生拉深变形时，板材逐渐进入凹模，形成筒壁。毛坯法兰拉深所需液体压力，可由平衡条件求出。

$$p_0 \frac{\pi d^2}{4} = \pi dtp \qquad (6\text{-}64)$$

即

$$p_0 = \frac{4t}{d}p \qquad (6\text{-}65)$$

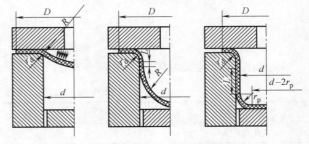

图 6-83　液体凸模拉深的变形过程

式中，p_0 为开始变形时所需的液体压力；t 为板厚；d 为工件直径；p 为板材拉深所需拉应力。

拉深件底部圆角半径 r_p 成形时所需液体压力为

$$p = \frac{t}{r_p} \sigma_b \qquad (6\text{-}66)$$

用液体凸模拉深时，由于液体与板材之间无摩擦力，毛坯容易偏斜，且毛坯中部产生胀形变薄是其缺点。但模具简单，甚至不需冲压设备也能进行拉深，故常用于大零件的小批量生产。

此外，也有采用聚氨酯凸模进行拉深的，适用于浅拉深件。

2. 差温拉深

圆筒件拉深时，塑性变形环形区的宽度 $(D-d)/2$ 受到管壁承载能力的限制。若要进一步减小拉深系数，可用局部加热拉深的方法（图 6-84），即将压边圈与凹模平面之间的毛坯加热到某一温度，使流动应力降低，从而减小毛坯拉深时的径向拉应力。由于凸模中心通水冷却，毛坯筒壁部分的温度较低，故承载能力基本保持不变。采用该方法可使极限拉深系数减至 0.3~0.35，即一次拉深可代替普通拉深 2~3 次。

由于受到模具钢耐热温度的限制，此法主要用于铝、镁、钛等轻合金零件的拉深。毛坯局部加热温度：铝合金为 310~340℃，黄铜（H62）为 480~500℃，镁合金为 300~350℃。

此外，也可采用局部冷却拉深的方法（图 6-85），使毛坯筒壁部分（传力区）局部冷却到 -160~-170℃。此时，低碳钢强度可提高到原来的 2 倍，18-8 型不锈钢强度可提高到原来的 2~3 倍。采用壁部冷却拉深显著提高了筒壁的承载能力，使极限拉深系数达到 0.35 左右。局部冷却法一般要在空心凸模内输入液态氮或液态空气，其汽化温度为 -183~-195℃。这种方法比较麻烦，生产率低，应用较少，主要用于不锈钢、耐热钢或形状复杂的盒形件。

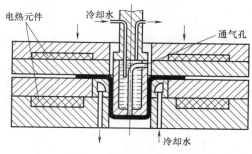

图 6-84　局部加热拉深

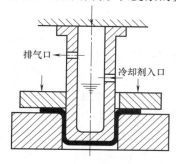

图 6-85　局部冷却拉深

3. 变薄拉深

变薄拉深是使坯料壁部厚度显著变薄，直径变小（不多），高度增大，底部厚度不变，得到壁薄底厚的零件的拉深方法，如子弹壳等。其变形过程如图 6-86 所示。变薄拉深时，变形区是凹模孔内的锥形部分，传力区是已从凹模内孔拉出的侧壁部分盒底部，其应力-应变状态如图 6-86 所示，所以产生厚度变薄、高度增大的变形。随着变形程度的增大，拉深力也增大，当壁部拉应力超过材料抗拉强度时，则产生拉裂。通常底部厚而壁薄的零件要经过多次变薄拉深而获得。

由于变薄拉深变形程度大，硬化严重，因此，几乎每次拉深后都要进行后处理。常用变薄拉深的材料有铜、铝、低碳钢、不锈钢等塑性较好的金属。

4. 加径向压力的拉深

图 6-87 所示为加径向压力的拉深。随着凸模下降，由高压液体向毛坯边缘施加径向压

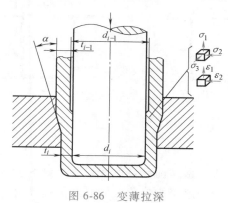

图 6-86　变薄拉深

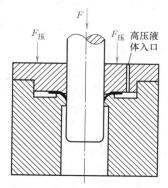

图 6-87　加径向压力的拉深法

力，使径向拉应力降低，从而减轻了筒壁传力区的载荷，使极限变形程度提高。同时，由于高压液体在毛坯与模具接触表面产生了强制润滑，对拉深过程有良好作用。采用这种方法拉深时，极限拉深系数可降低到 0.35 以下。高压液体可由高压容器供给，或在模具内由压力机作用产生，可达几千大气压。

此法因模具和设备比较复杂，目前的应用范围不广。

6.5 | 其他板料成形工艺

6.5.1 胀形

利用模具强迫板材厚度减薄和表面积增大，以获取零件几何形状的冲压加工方法称为胀形。利用胀形工艺可以加工外形为曲线的旋转体凸肚空心零件。如图 6-88 所示，胀形后所得的工件表面不会产生失稳起皱现象，所以成形后零件的表面光滑、质量较好。同时，变形区材料截面上的拉应力沿厚度方向的分布比较均匀，所以卸载时的弹性恢复很小，容易得到尺寸精度较高的零件。因此胀形工艺广泛应用于飞机、仪表、仪器，以及民用等行业。

图 6-88 胀形件

1. 胀形变形特点

胀形时变形区的变形特点分为两种，如图 6-89 所示，其中一种是变形区域为整个毛坯或开口端部，毛坯的开口端产生收缩变形，故变形区的变形是沿圆周方向伸长，轴向压缩，厚度变薄（图 6-89a）；另一种为毛坯中间为变形区，变形区主要产生沿圆周方向的伸长变形和厚度变薄（图 6-89b）。

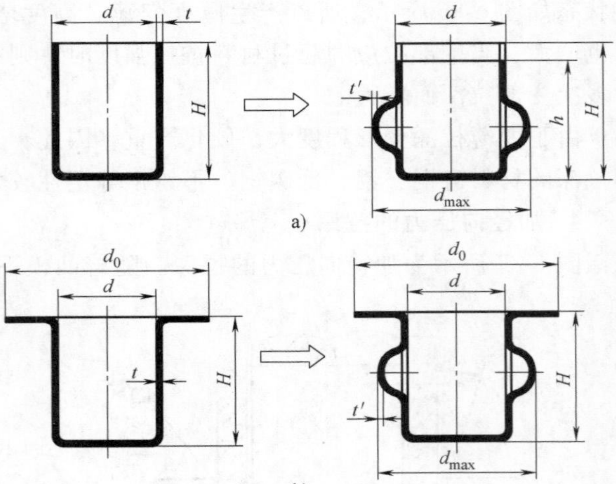

2. 胀形成形极限

胀形成形极限是以零件是否发生破裂来判断，通常利用胀形系数来表示材料的极限变形程度。

$$K_p = \frac{d_{max}}{d_0} \qquad (6-67)$$

式中，d_{max} 为胀形后的最大直径；d_0 为毛坯原始直径。

图 6-89 胀形变形特点

影响胀形成形极限的材料因素主要是伸长率和应变硬化指数 n。通常，伸长率越大，破裂前允许的变形程度越大，成形极限也越大；n 值大，应变硬化能力强，可促使应变分布趋于均匀化，同时还能提高材料的局部应变能力，故成形极限也大。

润滑条件和变形速度（主要针对刚性凸模胀形）以及材料厚度对胀形成形极限也有影响。例如，用球头凸模胀形时，若在毛坯和凸模之间施加良好的润滑（如加衬一定厚度的聚乙烯薄膜），其应变分布要比干摩擦时均匀，能使胀形高度增大。变形速度的影响，主要是通过改变摩擦系数来体现的，对球头凸模来讲，速度大，摩擦系数减小，有利于应变分布均匀化，胀形高度有所增大。必须指出，用平底凸模胀形时，应尽量增大凸模底部板料的变形，避免板料在圆角处变形过于集中，否则，胀形高度就比较小。一般来讲，材料厚度增大，胀形成形极限有所增大，但材料厚度与零件尺寸比值较小时，其影响不太显著。

3. 胀形工艺设计

（1）胀形毛坯的确定 如图 6-90 所示，根据经验公式，可知在轴向方向上允许毛坯自由变形的长度为

$$l_0 = (l + C\varepsilon) + B \qquad (6-68)$$

式中，l_0 为毛坯长度（mm）。l 为工件的素线长度（mm）。C 为系数，一般取 0.3 ~

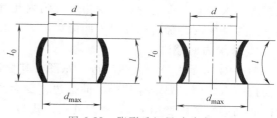

图 6-90 胀形毛坯尺寸确定

0.4。ε 为胀形沿圆周方向的最大变形量，$\varepsilon = (d_{max} - d)/d$。$B$ 为修边余量，平均取 5 ~ 15mm。

（2）胀形力计算 胀形时，其胀形力可按下式计算

$$F = pA \qquad (6-69)$$

式中，F 为胀形力（N）；A 为胀形面积（mm²）；p 为胀形单位压力（MPa）。

胀形单位压力 p 可按下式计算

$$p = 1.15\sigma_z \frac{2t_0}{d_{max}} \qquad (6-70)$$

式中，σ_z 为胀形变形区的真实应力（MPa），近似估算时取 $\sigma_z = \sigma_b$（材料抗拉强度）；t_0 为毛坯厚度（mm）；d_{max} 为胀形的最大直径（mm）。

（3）胀形模具 根据胀形时传力介质的不同，有刚模胀形、软膜胀形和镦压胀形等方法。图 6-91 所示为刚模胀形，由于模具结构复杂，成本较高，因此不宜加工形状复杂的零件，生产中常用软膜进行胀形。

图 6-92 所示为软模胀形，由于胀形时材料变形较均匀，容易保证零件的精度，故常用于成形复杂的空心零件，但胀形前需进行退火处理。

图 6-93 所示为利用坯料自身作为传力介质，在镦压力的作用下产生的镦压胀形。

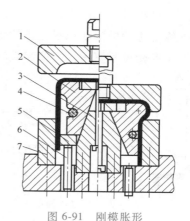

图 6-91 刚模胀形

1—凹模 2—分瓣凸模 3—锥形芯轴
4—拉簧 5—毛坯 6—顶杆 7—下凹模

6.5.2 翻边

翻边是指利用模具使制件的边缘翻起呈竖立或一定角度直边的冲压加工方法。翻边的种类、形式很多，根据成形过程中边部材料长度的变化情况，可将翻边分为伸长类翻边和压缩

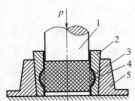

图 6-92　软模胀形

1—凸模　2—分块凹模　3—工件　4—胶橡　5—模套

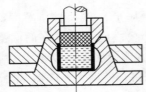

图 6-93　镦压胀形

1—顶件块　2—下凹模　3—上凹模　4—凸模

类翻边；根据变形工艺特点，翻边可分为内孔翻边、外缘翻边、变薄翻边等。其中外缘翻边又可分为外缘内曲翻边和外缘外曲翻边。

1. 外缘内曲翻边

图 6-94 所示为外缘内曲翻边示意图，其变形特点与内孔翻边近似，在变形区主要受到切向拉应力作用，属于伸长类平面翻边，变形区边缘所受拉深变形大，易产生开裂现象。外缘内曲翻边变形程度用 E_S 表示，其表达式为

$$E_S = \frac{b}{R-b} \tag{6-71}$$

2. 外缘外曲翻边

图 6-95 所示为外缘外曲翻边示意图，其变形特点与浅拉深相似，在切向压应力的作用下会发生压缩变形，容易失稳起皱，属于压缩类变形。外缘外曲翻边变形程度用 E_C 表示，其表达式为

$$E_C = \frac{b}{R+b} \tag{6-72}$$

外缘翻边的极限变形程度通常受材料变形区外缘边开裂的限制，外缘外曲翻边的极限变形程度主要受材料变形区失稳起皱的限制。

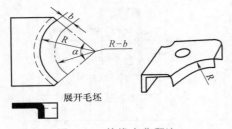

图 6-94　外缘内曲翻边

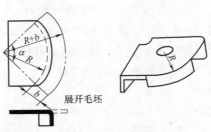

图 6-95　外缘外曲翻边

3. 翻边时边缘产生裂纹的原因及其预防措施

1）在翻边的过程中，由于制件过深，内缘翻边高度过大将会在边缘产生裂纹。对应上述情况，可将内缘翻边凸模做成圆锥形。

2）对于翻边的内部拐角部，将产生裂纹且边缘外变形小。对应上述情况，造成的原因为翻边的润滑油过多、厚向异性指数 r 值不足等。

3）对于翻边侧壁，由于翻边时材料流动受到阻力，侧壁部变形较大将产生裂纹。造成

上述情况的原因是凸凹模间隙过小、翻边的圆角部精加工不好。

6.5.3 扩口

扩口也称扩径，它是对管状毛坯或平板坯料冲压成空心件毛坯的口部直径用扩口模加以扩大的冲压成形工序。这种工序的变形过程如图6-96所示。扩口变形过程中，管坯在凸模作用下，变形区受到切向拉应力、轴向压应力作用。发生切向伸长、轴向压缩变形，同时板厚减薄。变形区的拉裂和传力区的压缩失稳、起皱是限制其成形的主要原因。扩口模一般有冲头而没有凹模。待变形区（传力区）有的不用支撑固定，但多为用支撑固定。

1. 变形程度

扩口系数变形程度常用扩口系数 K 表示

$$K = \frac{d}{d_0} \tag{6-73}$$

式中，d_0 为扩口前管材直径（mm）。d 为扩口后管口直径（mm）。

刚性锥模一次扩口的极限变形量受到变形区材料开裂与传力区失稳的限制，后者又常常成为主要原因。按传力区失稳理论计算的极限扩口系数 $[K]$ 为

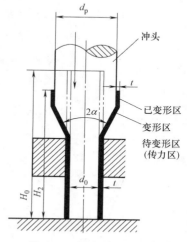

图6-96 扩口变形示意图

$$[K] = \frac{1}{\left[1 - \dfrac{\sigma_k}{\sigma_m} \dfrac{1}{1.1\left(1 + \dfrac{\tan\alpha}{\mu}\right)}\right]^{\frac{\tan\alpha}{\mu}}} \tag{6-74}$$

式中，σ_k 为抗失稳的临界应力（MPa）；σ_m 为变形区平均变形抗力（MPa）；α 为凸模的半锥角（°）；μ 为摩擦系数。

影响极限扩口系数的主要因素有材料性能、模具约束条件、相对料厚、管口形状、扩口方式、管口状态等。

利用半锥角 $\alpha = 20°$ 的刚性凸模扩口所得到的钢管极限扩口系数的实验数据见表6-33。

表6-33 极限扩口系数与料厚的关系

t_0/d_0	0.04	0.06	0.08	0.10	0.12	0.14
K_{max}	1.45	1.52	1.54	1.56	1.58	1.60

2. 扩口力

采用锥形刚性凸模扩口时（图6-97），单位扩口力 p 可用下式计算

$$p = 1.15 \frac{1}{3 - \mu - \cos\alpha}\left(\ln K + \sqrt{\frac{t_0}{2R}}\sin\alpha\right) \tag{6-75}$$

式中，p 为单位扩口力（MPa）；μ 为摩擦系数；α 为凸模的半锥角（°）；K 为扩口系数。

3. 扩口的主要方式

扩口的主要方式如图6-98所示。对于直径小于20mm，壁厚小于1mm的管材，如果生

产批量不大，可采用图 6-98b 所示的简单手工工具来进行扩口。但这种扩口的精度、粗糙度都不是很理想。当生产批量大、扩口质量要求高时，均需采用模具扩口或用专用的扩口设备进行。当制件两端直径相差较大时，可以采用扩口与缩口复合工艺，如图 6-98d 所示。

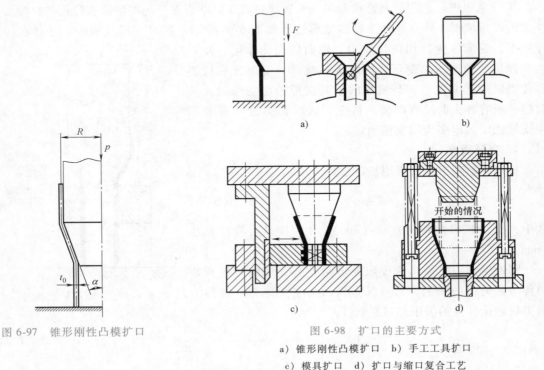

图 6-97　锥形刚性凸模扩口

图 6-98　扩口的主要方式

a）锥形刚性凸模扩口　b）手工工具扩口

c）模具扩口　d）扩口与缩口复合工艺

6.5.4　缩口

缩口是利用模具将空心或管状制件端部的径向尺寸缩小的一种冲压加工方法。缩口加工方法的使用非常广泛，如易拉罐、保温杯、枪炮的弹壳等，如图 6-99 所示。

图 6-99　缩口成品

1. 缩口变形特点

图 6-100 所示是直径为 D 的管状毛坯的口部直径缩小过程。由图可以看出，在模具的作用下，整个毛坯分为三个部分，A 区和 C 区为不变形区，B 区为正在变形的变形区，B 区由变形前的圆管变成变形后的锥形管。

管件缩口时，变形区主要受两向压应力作用，其中切向压应力 σ_3 绝对值最大，σ_3 使直

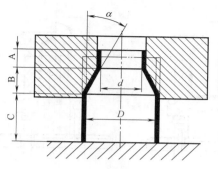

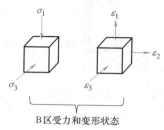

B区受力和变形状态

图 6-100　缩口变形

径缩小，壁厚及高度加大，所以切向压应变 ε_3 为最大主应变，径向应变 ε_2 及轴向应变 ε_1 为拉应变。缩口工序一般安排在拉深修边后及成形管料下料后，所以应先去除毛刺，有时也进行局部退火软化处理。

2. 缩口变形程度

缩口变形程度用缩口系数 m 表示，表达式为

$$m = \frac{d}{D} \tag{6-76}$$

式中，d 为缩口后的直径；D 为缩口前的直径。

缩口极限变形程度用极限缩口系数 m_{smin} 表示，其值大小主要与材料的力学性能、坯料厚度、模具的结构形式和坯料表面质量有关。材料的塑性好、屈强比值大，允许的缩口变形程度就大（极限缩口系数 m_{smin} 小）；坯料越厚，抗失稳起皱的能力就越强，越有利于缩口成形；采用内支撑（模芯）模具结构时，口部不易起皱；合理的模角、小的锥面表面粗糙度值和好的润滑条件，可以降低缩口力，对缩口成形有利。当缩口变形所需压力大于筒壁材料失稳临界压力时，此时非变形区筒壁将先失稳，也将限制一次缩口的极限变形程度。表 6-34 所示为不同支撑方式的平均缩口系数。

表 6-34　不同支撑方式的平均缩口系数 $[m_s]$

材料	模具支撑方式		
	无支撑	外支撑	内外支撑
软钢	0.70~0.75	0.55~0.60	0.30~0.35
黄铜（H62、H68）	0.65~0.70	0.50~0.55	0.27~0.32
铝	0.68~0.72	0.53~0.57	0.27~0.32
硬铝（退火）	0.73~0.80	0.60~0.63	0.35-0.40
硬铝（淬火）	0.75~0.80	0.68~0.72	0.40~0.43

缩口模具对缩口件筒壁的支撑形式有三种：图 6-101a 所示为无支撑形式的模具，此类模具结构简单，但是坯料筒壁的稳定性差；图 6-101b 所示为外支撑形式的模具，此类模具较前者复杂，对坯料筒壁的支撑稳定性好，许可的缩口系数可取得小些；图 6-101c 所示为内外支撑形式的模具，此类模具最为复杂，对坯料筒壁的支撑性最好，许可的缩口系数可取得更小。

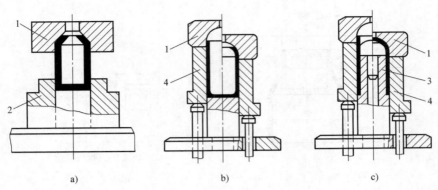

a)   b)   c)

图 6-101　不同支撑方式的模具结构

a）无支撑　b）外支撑　c）内外支撑

1—凹模　2—定位圈　3—内支撑　4—支撑

3. 缩口工艺设计

（1）坯料尺寸确定　缩口坯料尺寸主要是指缩口前制件的高度，一般根据变形前后体积不变的原则计算，表 6-35 所示为三种常见缩口件毛坯尺寸的计算公式。

表 6-35　缩口件毛坯尺寸计算公式

缩口件形状	计算公式
	$$H=(1\sim1.05)\left[h_1+\frac{D^2-d^2}{8D\sin\alpha}\left(1+\sqrt{\frac{D}{d}}\right)\right]$$
	$$H=(1\sim1.05)\left[h_1+h_2\sqrt{\frac{D}{d}}+\frac{D^2-d^2}{8D\sin\alpha}\left(1+\sqrt{\frac{D}{d}}\right)\right]$$
	$$H=h_1+\frac{1}{4}\left(1+\sqrt{\frac{D}{d}}\right)\sqrt{D^2-d^2}$$

（2）缩口次数　当工件要求的缩口系数小于表 6-35 所列数据时，则不能一次缩口成功，

需要经过多次缩口，并增加中间退火工序。首次缩口系数 $m_1 = 0.9$，以后各次缩口系数 $m_n = 1.05 \sim 1.1$，则缩口次数为

$$n = \frac{\ln D - \ln d}{\ln m_s} \tag{6-77}$$

式中，d 为缩口后的直径（mm）。D 为缩口前毛坯直径（mm）。m_s 为平均缩口系数，见表 6-35。

（3）缩口工艺力的计算　无支撑缩口时，如图 6-101a 所示，缩口力可按下式近似计算。即

$$F = (2.4 \sim 3.4)\pi t \sigma_b (D - d) \tag{6-78}$$

式中，F 为缩口力（N）；t 为缩口毛坯厚度（mm）；σ_b 为材料的抗拉强度（MPa）；D 为缩口前毛坯直径（mm）；d 为缩口后的口部直径（mm）。

6.5.5　旋压

将平板坯料或空心坯料固定在旋压机的模具上，在坯料随同机床主轴转动的同时，用旋轮或赶棒加压于坯料，使其逐渐变形并紧贴于模具，从而获得所要求的零件，此种成形称为旋压，如图 6-102 所示。

旋压模具简单，能加工各种形状复杂的旋转体零件，可替代拉深、翻边、缩口、胀形、弯边和叠缝等工序，且为局部变形，可用功率和吨位较小的设备加工大型零件。但旋压生产率低，操作较难，多用于批量小而形状复杂的零件。旋压主要分为普通旋压和变薄旋压，后者也称为强力旋压。

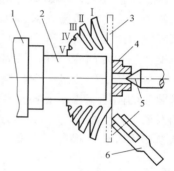

图 6-102　旋压成形
1—主轴　2—模具　3—坯料　4—顶块
5—顶尖　6—赶棒或旋轮

1. 普通旋压

（1）变形特点　图 6-102 所示为平板坯料旋压成圆筒件的变形过程。顶块 4 把坯料压紧在模具 2 上，旋转时赶棒 6 与坯料 3 点接触并施加压力，由点到线、由线到面地反复赶碾，使坯料逐步紧贴于模具而成形。坯料在赶棒的作用下，一方面局部产生塑性变形流动；另一方面坯料沿赶棒加压的方向倒伏。前种变形使坯料螺旋式由筒底向外缘发展，致使坯料切向收缩和径向延伸而最终成形。倒伏则易使坯料失稳而产生皱折和颤动。另外，圆角处坯料容易变薄旋裂。旋压在瞬间是坯料的局部点变形，所以可用较小的力加工成尺寸大的零件。

（2）旋压系数　合理选择旋压主轴的转速、旋压件的过渡形状以及旋轮施加压力的大小，是编制旋压工艺的三个重要因素。

旋压的变形程度用旋压系数表示，其表达式为

$$m = \frac{d}{D} \tag{6-79}$$

式中，m 为旋压系数；D 为坯料直径（mm）；d 为零件直径（mm），零件为锥形件时，d 取圆锥的最小直径。

极限旋压系数见表 6-36，当相对厚度 $t/D = 0.5\%$ 时取较大值，当 $t/D = 2.5\%$ 时取较小

值。当旋压的变形程度较大时，应在尺寸不同的模具上多次旋压，且最好以锥形过渡。旋压加工硬化比拉深大，多次旋压时必须中间退火。旋压坯料直径的计算可参照拉深，由于旋压时的材料变薄比拉深大，因此实际上取计算值的 93% ~ 95%。

表 6-36 极限旋压系数

制件形状	极限旋压系数
圆筒件	0.6 ~ 0.8
圆锥件	0.2 ~ 0.3

2. 变薄旋压

坯料的厚度在旋压过程中被强制变薄的旋压即为变薄旋压。变薄旋压主要用于加工形状复杂的大型薄壁旋转体零件，加工质量优于普通旋压。

图 6-103 所示为锥形件的变薄旋压。旋压机的尾架顶块把坯料压紧在模具上，使其随同模具一起旋转，旋轮通过机械或液压传动以强力加压于坯料，其单位压力可达 2500 ~ 3000MPa。由于旋轮沿给定的轨道移动并与模具保持一定的间隙，迫使坯料厚度产生预定的变薄并贴模成形。

变薄旋压在加工过程中坯料凸缘不产生收缩变形，因此无凸缘起皱的问题，也不受坯料相对厚度的限制，可以一次旋压出相对深度较大的零件。变形力比坯料整体冷挤成形的小，材料晶粒紧密细化，提高了强度，表面质量也好。

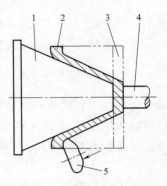

图 6-103 锥形件的变薄旋压
1—模具 2—零件 3—坯料
4—顶块 5—旋轮

6.5.6 轧制

轧件在轧辊作用下产生随性变形，形成具有合格尺寸形状和组织性能的产品的生产工艺称为轧制。

轧制方法按轧制温度不同可分为热轧与冷轧；按轧制时轧件与轧辊的相对运动关系不同可分为纵轧、横轧和斜轧；按轧制产品的成形特点还可分为一般轧制和特殊轧制。周期轧制、旋压轧制、弯曲成形等都属于特殊轧制方法。

1. 热轧

热轧是指在金属再结晶温度以上进行的轧制，具有以下特点：

1) 能耗低，塑性加工良好，变形抗力低，加工硬化不明显，易进行轧制，减少了金属变形所需的能耗。

2) 热轧通常采用大铸锭、大压下量轧制，生产节奏快，产量大，这样为规模化生产创造了条件。

3) 通过热轧将铸态组织转变为加工组织，通过组织的转变使材料的塑性大幅度提高。

4) 轧制方式的特性决定了轧后板材性能存在着各向异性，一是材料的纵向、横向和高向有着明显的性能差异，二是存在着变形织构和再结晶织构，在冲制性能上存在着明显的方向性。

2. 冷轧

冷轧生产的工序一般包括原料准备、酸洗、轧制、脱脂、退火（热处理）、精整等。与热轧带钢相比，冷轧带钢的轧制工艺有以下特点：

1）采用工艺润滑和冷却，以降低轧制时的变形抗力和冷却轧辊。

2）采用大张力轧制，以降低变形抗力和保持轧制过程的稳定。采用的平均单位张力值为材料屈服强度的 10%~60%，一般不超过 50%。

3）采用多轧程轧制。由于冷轧使材料产生加工硬化，当总变形量达到 60%~80% 时，继续变形就变得很困难。为此要进行中间退火，使材料软化后轧制得以继续进行。为了得到要求的薄带钢，这样的中间退火可能要进行多次。两次中间退火之间的轧制称为一个轧程。冷轧带钢的退火在有保护气体的连续式退火炉或罩式退火炉中进行。冷轧带钢的最小厚度可达到 0.05mm，冷轧箔材可达到 0.001mm。

6.6 计算机数值模拟在冲压工艺中的应用

6.6.1 概述

冲压成形是一个涉及领域极其广泛的行业，深入制造业的方方面面，在国外冲压被称为板料成形。冲压成形是通过冲压模具来实现的。采用冲压模具生产零部件具有生产率高、质量好、成本低、节约能源和原材料等一系列优点，其生产的制件所具备的高精度、高复杂程度、高一致性、高生产率和低消耗，是其他加工制造方法所不能比拟的，它已成为当代工业生产的重要手段和工艺发展方向。

传统冲压成形过程，主要依靠技术人员的经验来设计加工工艺和模具，然后通过试模生产，检验成形件是否符合产品的设计要求，如果工件与设计要求相差太大，或出现明显的缺陷，则需要修制或重新设计模具。因此，这种传统制造方法工作量大、效率低、周期长、成本高。通常情况下，为保证冲压工艺与冲压模具的可行、可靠和安全，多采用保守设计方案，造成工序增多、模具结构尺寸偏大。此外，对于冲压过程中的板料成形性，单凭经验和理论很难准确分析与评估，只有等到试模阶段才能将一些潜在问题暴露出来，这样就给冲压产品的开发和冲压模具的设计带来诸多不利因素。利用计算机仿真技术可以及早发现问题，优化冲压工艺，改进模具设计，缩短模具调试周期，降低设计制造成本。

金属冲压成形数值模拟是从板料变形的实际物理状态及其规律出发，借助计算机仿真技术真实反映模具与板料间的相互作用和板料实际变形的过程。在现代冲压生产中采用计算机仿真技术指导生产，可使技术人员非常直观地在计算机屏幕上看到工件材料的变形和金属流动的情况，获得在冲压成形过程中工件的位移、应力、应变的分布，并通过观察预测可能产生的缺陷，如破裂、起皱、颈缩等，以及在成形过程中所需的载荷和工件成形后的回弹、残余应力的分布。毫无疑问，金属冲压成形数值模拟技术将成为冲压工艺与冲压模具设计的强有力工具，将为缩短新产品模具的开发周期、提高模具及冲压件的品质和延长模具的使用寿命创造条件。

在现代冲压工艺过程中，所采用计算机仿真技术的核心是应用数值方法来分析和研究金属板料塑性成形问题，作为数值分析方法中应用最广、最有生命力的一种方法——有限元法已成为进行板料冲压成形数值分析最有效的方法。对于连续性介质有限变形中的几何与材料非线性问题，目前主要有两种计算方法：静力隐式积分法和动力显式积分法。采用静力隐式积分法的代表软件有 MTLFRM、MARC 等，采用动力显式积分法的代表软件有 Dynaform、PAM-STAMP 等。

现代冲压成形过程的计算机仿真技术主要有以下几个步骤：

（1）建立仿真的几何模型　即在 CAE 软件（如 Dynaform、PAM-STAMP、MARC 等软件）中建立模具、压边圈和初始零件的曲面模型。曲面模型可通过 CAD 软件生成，如用 UG、Pro/E、AutoCAD、CATIA 等专业 CAD 软件进行曲面造型。

（2）进行仿真的前置处理　通过 CAE 软件的前置模块对建立的各个曲面模型进行前置处理。先对各个曲面模型进行适当的单元划分，形成不同的单元集，然后将每个单元集分别定义为不同的部位，确定分析参数后就可以启动运算器进行分析计算。

（3）进行成形模拟或回弹模拟　在进行分析计算后，读取运算数据结果，以不同的方式显示各个目标参数随动模行程的改变而改变的情况。

（4）进行仿真结果的后置处理　仿真结果后置处理模块可根据运算结果，对成形过程进行全程动态仿真。技术人员可选择彩色云图或等高线方式观察工件的单元、节点处的厚度、应力和应变的变化情况。

（5）进行设计评估　技术人员根据专业知识和实际生产经验对整个仿真结果进行评估，若对整个仿真结果不满意，就必须对工艺参数和已经设计好的模具结构或加工工艺进行调整，再重新进行计算机仿真，直至得到较为满意的结果。最后将已经获得的满意的结果数据文件输出，用以进行实际的模具制造以及加工工艺的制订。

6.6.2　常用软件介绍

1. Dynaform

（1）简介　Dynaform 是一款专业用于板料成形数值模拟的软件包，能够帮助模具设计人员显著减少模具开发设计时间及试模周期，不但具有良好的易用性，而且包含大量的智能化前期处理辅助工具，可方便地求解各类板料成形问题。Dynaform 可以预测成形过程中板料的破裂、起皱、减薄、划痕、回弹，评估板料的成形性能，从而为板料成形工艺及模具设计提供技术支持。Dynaform 包括板料成形分析所需的 CAD 接口、前后处理、分析求解等所有功能。目前，Eta/Dynaform 已在世界各大汽车、航空、钢铁公司，以及众多的大学和科研单位中广泛应用。长安汽车、南京汽车、上海宝钢、中国一汽、上汽大众、洛阳一拖等国内知名企业都是 Dynaform 的成功用户。

（2）主要特色

1）集成操作环境，无须数据转换。完备的前后处理功能，无须编辑脚本命令，所有操作都在同一界面下进行。

2）采用业界著名的、功能强大的 LS-DYNA 求解器，以解决最复杂的金属成形问题。

3）囊括影响冲压工艺的 60 余个因素，以模面工程（DFE）为代表的多种工艺分析辅助模块具有良好的用户界面，易学易用。

4）固化丰富的实际工程经验。

5）同时集成动力显式求解器 LS-DYNA 和静力隐式求解器 LS-NIKE3D。

6）支持 HP、SGI、DEC、IBM、SUN、ALPHA 等 UNIX 工作站系统和基于 Windows NT 内核的 PC 系统。

（3）Dynaform 的系统组成　高版本的 Dynaform 系统主要由基本模块（含前后处理器、求解器与材料库）、板坯生成（BSE）模块和模面工程（DFE）模块组成。

图 6-104 所示为 Dynaform 软件的部分功能界面。

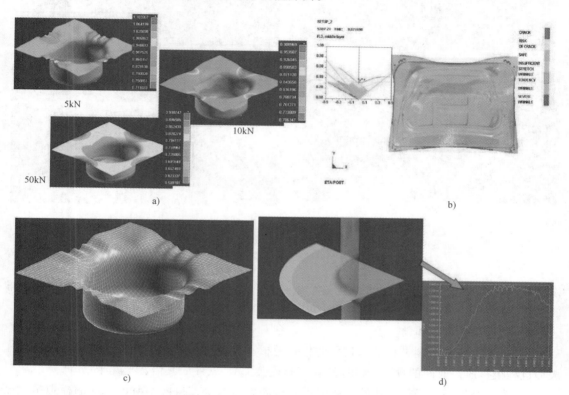

图 6-104　Dynaform 软件的部分功能界面

a）确定压边力　b）拉裂的预测和消除　c）起皱的预测和消除　d）成形力的确定

2. AutoForm

（1）简介　AutoForm 是一款基于全拉格朗日理论并采用静态隐式算法求解的弹塑性有限元分析软件系统，其主要模块包括一步法快速求解（One Step）、增量法求解（Incremental）、模具设计（Die Designer）、液压成形（HydroForm）、工艺方案优化（Optimizer）和零件修边（Trim）等。AutoForm 中的模具设计模块可以自动生成或交互修改压料面、工艺补充、拉深筋和坯料形状；可选择冲压方向，设置侧向局部成形，产生工艺切口，定义重力作用、压边、成形、修边、翻边、回弹等工序或工艺过程；其增量法求解模块可精确模拟完整的冲压成形过程；而一步法求解模块则可快速获得冲压成形的近似结果，并预测毛坯形状。AutoForm 中的工艺方案优化模块以成形极限为目标函数，针对高达 20 个设计变量进行优化，自动迭代计算直至收敛。图 6-105 为 AutoForm 软件的部分功能界面。

（2）主要特色

1）全自动网格划分。AutoForm 由于在接触算法上的重大突破，从而在根本上改变了网

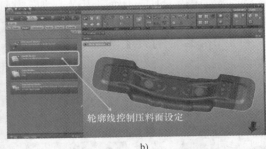

a)　　　　　　　　　　　　　　　　　　　b)

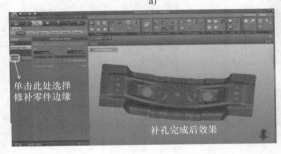

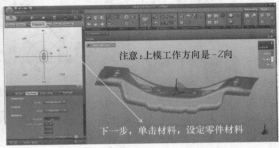

c)　　　　　　　　　　　　　　　　　　　d)

图 6-105　AutoForm 软件的部分功能界面

a）初始界面　b）压料面设置　c）修补零件边缘　d）选择材料

格划分对技术人员所提出的要求，其整个划分过程全自动，无须用户干预，具有快速、准确、稳定和简单的特点。

2）全程工艺设计辅助。

3）AutoForm 对板料冲压成形过程的仿真模拟计算速度，超越了传统意义上对板料冲压成形过程模拟所需时间的理解。其计算速度是同类 CAE 软件的几倍甚至几十倍。

4）模拟精度高。经过多年的工业应用改进和版本升级，目前，AutoForm 的模拟精度已经在世界范围内得到了广泛认可。

5）模拟结果稳定性高。AutoForm 诸多内置参数来源于工业实际，无须用户外部干预。与传统 CAE 软件比较，其计算结果不依赖于操作者的经验，不会因人而异，稳定性非常好。

6）界面简洁，操作性好。AutoForm 的前、后处理所有功能都集成在了一个界面之中，但整个界面简单明了，给人以井井有条之感。其所有模块都兼具向导功能，用户只需按部就班将设置填好即可。

7）全参数化驱动，各模块无缝集成。AutoForm 中的所有涉及模面设计及几何操作的地方，都是参数化驱动，用户修改任意一处，相应的其他地方都会自动改变。不同模块无缝集成，在任意一模块中都可调用其他模块中所获得的结果。

3. PAM-STAMP 2G

（1）PAM-STAMP 2G 简介　PAM-STAMP 2G 的主要功能模块包括对模面与工艺补充面进行设计和优化的 PAM-DIEMAKER、快速评估工件成形性的 PAM-QUICKSTAMP，以及验证成形工艺和冲压件质量的 PAM-AUTOSTAMP。PAM-STAMP 2G 的所有模块均集成在统一的工作平台上，模块交互操作，并以完全一致的方式共享 CAD 资料。

（2）主要特色

1）PAM-STAMP 2G 系统框架可实现各模块之间数据的无缝交换，同时支持用户化应用程序编程。

2）PAM-DIEMAKER 通过参数迭代方法获得实际的仿真模型，能在几分钟内生成模面和工艺补充面，并能快速地分析判断工件有无过切（负角）现象和计算确定最佳冲压方向。

3）PAM-QUICKSTAMP 提供了一套快速成形分析工具，能在计算精度、计算时间和计算结果之间折中推出最佳方案，让模具设计师快速检查和评估自己的设计，包括模面设计、工艺补充部分设计和模具辅助结构设计的合理性。

4）PAM-AUTOSTAMP 可仿真实际工艺条件（如重力影响、多工步成形，以及各种压料、拉深、切边、翻边和回弹）下的板料成形全过程，并提供可视化的模拟结果显示与判读。

4. FastForm

（1）简介 FastForm 软件在航空航天、车辆、船舶、家用电器、钢铁、模具制造等行业得到广泛应用。FastForm 由 FastForm/FastBlank 和 FastForm Advanced 两大核心模块组成，图 6-106 所示为 FastForm 软件的部分功能界面。

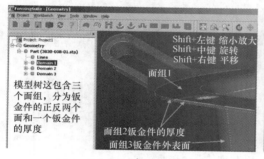
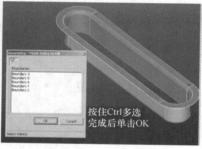

a)

b)

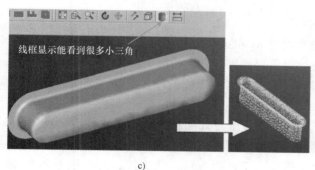
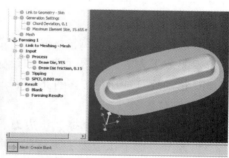

c)

d)

图 6-106　FastForm 软件的部分功能界面

a）初始界面　b）工艺流程　c）计算划分网格　d）零件展开面

（2）主要特色

1）能够为钣金零件或存在显著塑性变形的拉深件预测出非常精确的毛坯形状与尺寸，并能以 IGES 或 Nastran 格式输出毛坯形状和尺寸，供其他 CAD 系统使用。

2）利用 FastForm 的内置工具可以方便地更改和修补 IGES 曲面。

3）具有强大的网格自动处理功能。

4）大多数零件的冲压成形模拟能在 5min 之内处理完毕。

5）材料的起皱、破裂、减薄等现象及其位置能够可视化地进行展示。

6）可实现自动毛坯排样。

7）软件的材料数据库为实际应用中分析各种零件提供了便捷。

8）可分析测试由多种不同材料拼合焊接而成的复杂零件成形。

9）能模拟成形零件的回弹现象。

10）根据给定的凹凸模外形尺寸生成模具轮廓。

5. FASTAMP

（1）简介 FASTAMP 是由华中科技大学塑性成形模拟及模具技术国家重点实验室自行设计开发的高性价比专业板料成形快速仿真软件，面向钣金冲压成形与模具设计，在汽车和摩托车及其零配件、家用电器、模具设计等方面有着广阔的应用前景。

FASTAMP 软件自 2002 年发布首个商业版本以来得到了企业的广泛认同，与同类软件相比，已经处于领先地位，达到了国际一流水平，在板料成形分析中得到了广泛应用。图 6-107 所示为 FASTAMP 软件的部分功能界面。

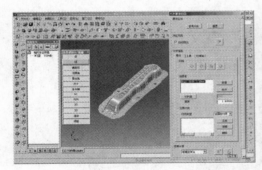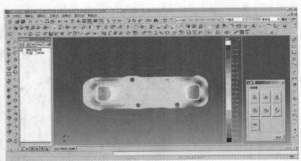

图 6-107　FASTAMP 软件的部分功能界面

（2）主要特色

1）计算速度快，模拟精度高，其精度优于 AutoForm 和 FastForm 3D。

2）集成了先进的有限元前处理模块，可以完成极其复杂的曲面网格划分工作。

3）精确反算冲压件或零件的坯料形状，快速预测冲压件的厚度分布、应变分布、破裂位置、起皱位置等。

4）精确真实地模拟摩擦、压边力、拉深筋、背压力（托料力）等工艺参数。

5）充分考虑了压边圈、顶柱器、曲压料面的作用。

6）可用于连续模（级进模）、翻边成形、三维翻边成形、修边线、拉深成形和冲压工艺优化。

6. KMAS

KMAS 是由吉林大学车身与模具工程研究所在国家"九五"重点科技攻关项目基础上开发的一款板料成形仿真软件系统，目的在于解决我国汽车车身自主研发与模具制造的瓶颈问题，目前已经拓展到航空、通信等其他与冲压成形相关的行业。KMAS 系统可以在制造模具之前，利用计算机模拟出冲压件在模具中成形的真实过程，告知用户其模面设计与工艺参数设计是否合理，并最终为用户提供最佳的成形工艺方案和模具设计方案。KMAS 系统的功能模块包括模面几何造型设计、网格自动生成、基于标准化参数实验获得的材料数据库、显式和半显式时间积分弹塑性大变形/大应变板材成形有限元求解器与前后处理器，以及支持市场上流行 CAD/CAM 系统的专用数据库接口。借助 KMAS 系统能够实现复杂冲压件从坯料夹持、压料面约束、拉深筋设置、冲压加载、卸载回弹和切边回弹的全过程模拟。图 6-108 所示为 KMAS 系统的操作界面。

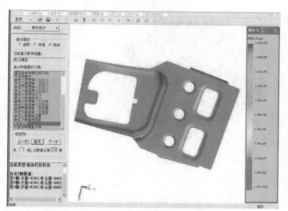
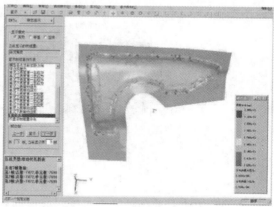

图 6-108　KMAS 系统的操作界面

6.6.3　应用实例

计算机数值模拟在钛/铁复合平底锅拉深成形中的应用。

钛/铁复合平底锅拉深成形过程中易产生褶皱、拉裂等缺陷，为此，采用 Dynaform 软件对钛/铁复合平底锅拉深成形过程进行数值模拟，研究了不同的压边间隙、压边力、凸模行程及拉深道次对零件拉深成形的影响，确定了平底锅合适的拉深成形工艺参数。利用金属挤压液压机，经多道次拉深，成功制备出了钛/铁复合平底锅。

图 6-109 所示为平底锅单道次拉深成形有限元模型。复合板板厚 t 为 1.5mm，模拟不同的压边间隙 $1.0t$、$1.1t$ 条件下，平底锅拉深成形结束时的形貌，如图 6-110 所示。当压边间隙设置为 $1.0t$ 时，则零件成形形貌极佳，外表面没有明显的缺陷；当压边间隙增大至 $1.1t$ 时，零件的外表面出现褶皱的现象。

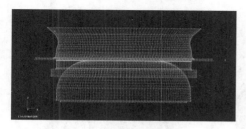

图 6-109　单道次拉深成形有限元模型

a)　　　　　　　　　　b)

图 6-110　一次拉深时不同压边间隙条件下
拉深成形结束时的零件形貌
a）压边间隙 $1.0t$　b）压边间隙 $1.1t$

其中压边间隙为 $1.0t$ 和 $1.1t$ 的零件成形极限图如图 6-111 所示。从图中可以看出，压边间隙为 $1.0t$ 时，板料的侧壁区域表现为径向拉应变超过切向压应变。压边间隙为 $1.1t$ 时，板料侧壁区域表现为径向拉应变小于切向压应变。在该受力状态下，板料出现褶皱的风险将明显增加。

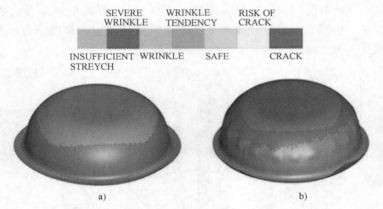

图 6-111　一次拉深时压边间隙 1.0t 和 1.1t 的零件成形极限图

a）压边间隙 1.0t　b）压边间隙 1.1t

　　不同压边力对平底锅单道次拉深成形的影响如图 6-112 所示。压边力分别设置为 400kN、600kN 和 1000kN。可以看出，压边力较小时，会产生明显的褶皱现象（图 6-112a），而随着压边力的增加，一定程度上减轻了褶皱现象的发生，但是仍然存在一些微皱（图 6-112b）。当压边力增大至 1000kN 时，虽然有利于降低侧壁出现褶皱的风险，但位于零件底部和凸模圆角位置受到的双向拉应力，导致板料出现减薄，易产生拉裂的风险（图 6-113）。

　　平底锅采用一次拉深时，虽然调整压边间隙和压边力可以减轻零件的缺陷，但是效果并

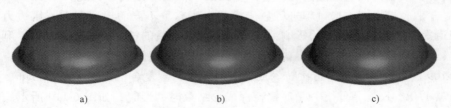

图 6-112　一次拉深时不同压边力条件下，拉深成形结束时的零件形貌

a）压边力 400kN　b）压边力 600kN　c）压边力 1000kN

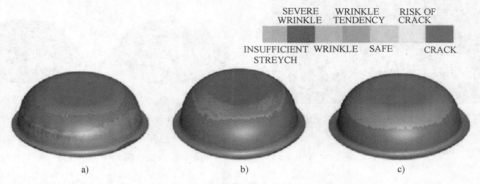

图 6-113　不同压边力条件下的零件成形极限图

a）压边力 200kN　b）压边力 600kN　c）压边力 1000kN

不明显。为此，采用两道次拉深，并对两道次拉深时不同凸模行程对零件的成形情况进行了模拟，结果表明，在间隙为 $1.1t$、压边力为 600kN 时，采用两道次拉深成形可明显改善零件的成形效果。图 6-114 所示为不同凸模行程拉深结束时的零件形貌，从图中可以看出，当第一道次行程+第二道次行程为 45mm+45mm 时，侧壁部分没有明显的褶皱出现。

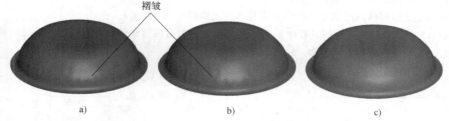

图 6-114　两道次拉深时不同凸模行程拉深结束时的零件形貌

a）行程 35mm+55mm　b）行程 40mm+50mm　c）行程 45mm+45mm

通过使用 Dynaform 软件的模拟分析，内皱现象会随着压边间隙的不断增加变得愈加明显。当压边间隙达到 $1.1t$ 之后，板料的最大减薄率趋于稳定，为 1.27%。当压边力过大时，会弱化板料的流动趋势，从而增加拉深成形过程中的径向拉应力，导致板料的减薄甚至破裂；当压边力过小时，会导致板料出现褶皱的趋势增大。采用多道次成形对压边力的要求较低，并且更容易实现加工生产。采用两道次拉深成形可以使钛/铁复合平底锅获得更好的成形质量。图 6-115 为实际生产出的平底锅实物图。

图 6-115　钛/铁复合平底锅实物图

思 考 题

1. 简述冲压的概念。冲压加工与其他加工方法有什么区别？

2. 冲压的基本工序分成几类？各有什么变形特点？

3. 简述冲裁变形过程。

4. 冲裁件的结构工艺性有哪些？

5. 分析冲裁间隙对断面质量、冲裁力、尺寸精度和模具寿命的影响。

6. 图 6-116 所示为不同冲裁间隙下冲裁件的断口，写出图中 A、B、C 所代表的特征区名称，并解释两个冲裁件断面产生的原因。

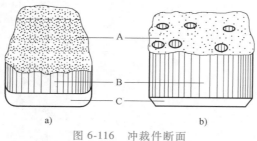

图 6-116　冲裁件断面

7. 简述冲裁模具刃口计算应遵循的原则。

8. 降低冲裁力的方法有哪些?

9. 什么是冲裁件排样? 简述排样在冲裁工艺及冲模设计中的意义及分类。

10. 为什么弯曲件变形区板厚会减小?

11. 何为应变中性层? 其作用是什么?

12. 影响弯曲变形回弹的因素有哪些? 采取什么措施能减小回弹?

13. 图 6-117 所示弯曲件在弯曲过程中发生开裂现象,请说明该弯曲件的开裂原因及防止措施。

14. 写出图 6-118 所示工艺的名称,并说明其优点。

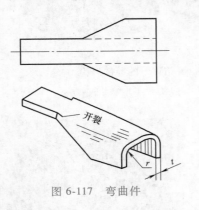

图 6-117　弯曲件

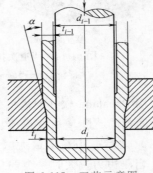

图 6-118　工艺示意图

15. 拉深件毛坯展开尺寸确定的原则是什么?

16. 简述胀形的变形特点及其工艺方法。

17. 简述翻边的概念及分类。

18. 简述翻边时边缘产生裂纹的原因及其预防措施。

19. 简述旋压的概念、分类及其特点。

20. 轧制工艺按轧制温度不同如何分类? 它们各有什么特点?

参 考 文 献

[1] 李魁盛. 铸造工艺及原理 [M]. 北京：机械工业出版社，1996.

[2] 丁根宝. 铸造工艺学 [M]. 北京：机械工业出版社，1985.

[3] 侯英玮，等. 材料成型工艺 [M]. 北京：中国铁道出版社，2002.

[4] 李卫. 铸造手册：第1卷 铸铁 [M]. 4版. 北京：机械工业出版社，2021.

[5] 娄延春. 铸造手册：第2卷 铸钢 [M]. 4版. 北京：机械工业出版社，2021.

[6] 戴圣龙，丁文江. 铸造手册：第3卷 铸造非铁合金 [M]. 4版. 北京：机械工业出版社，2021.

[7] 苏仕芳. 铸造手册：第5卷 铸造工艺 [M]. 4版. 北京：机械工业出版社，2021.

[8] 张毅. 铸造工艺 CAD 及其应用 [M]. 北京：机械工业出版社，1994.

[9] 顾翔杰，肖恭林，杨志刚，等. 机械臂铸造工艺的设计 [J]. 铸造工程，2020 (2)：49-51.

[10] HENZEL J G, KEVERIAN J. The theory and application of a digital computer in predicting solidification patterns [J]. Journal of Metals, 1965 (5)：561-568.

[11] 许庆彦，杨聪，闫学伟，等. 高温合金涡轮叶片定向凝固过程数值模拟研究进展 [J]. 金属学报，2019，55 (9)：1175-1184.

[12] 杜旭初，樊振中，洪润洲，等. 铸造数值模拟技术发展 [J]. 铸造技术，2013，34 (11)：1531-1534.

[13] 柳百成，许庆彦，熊守美，等. 铸造过程的多尺度模拟研究进展 [J]. 机械工程学报，2003，39 (10)：53-63.

[14] 黄进，张勇佳，殷亚军，等. 基于华铸 CAE 的航空发动机铝合金传动件铸造数值模拟与工艺优化 [J]. 特种铸造及有色合金，2019，39 (8)：846-849.

[15] 刘梦飞，姚志浩，董建新. 数值模拟在整铸涡轮精密成形中的应用现状 [J]. 精密成形工艺，2021，13 (1)：35-43.

[16] 姚宾叶，毛红奎，徐宏，等. 铸造充型过程流场数值模拟现状及发展趋势 [J]. 铸造技术，2012，33 (10)：1211-1214.

[17] XU Q Y, PAN D, YU J. Progress on modeling and simulation of directional solidification of superalloy turbine blade casting [J]. China Foundry, 2012, 9 (1)：69-77.

[18] 李梅娥，邢建东. 铸造应力场数值模拟的研究进展 [J]. 铸造，2002，51 (3)：141-144.

[19] 郭大勇，杨院生，童文辉，等. 电磁驱动熔体流动与枝晶变形断裂模拟 [J]. 金属学报，2003，39 (9)：914-919.

[20] YANG C, XU Q, LIU B. Study of dendrite growth with natural convection in superalloy directional solidification via a multiphase-field-lattice Boltzmann model [J]. Computational Materials Science, 2019, 158：130-139.

[21] YAN X, XU Q, LIU B. Numerical simulation of dendrite growth in nickel-based superalloy and validated by in-situ observation using high temperature confocal laser scanning microscopy [J]. Journal of Crystal Growth, 2017, 479：22-33.

[22] 单博炜，魏雷，林鑫，等. 采用元胞自动机法模拟凝固微观组织的研究进展 [J]. 铸造，2006，55 (5)：439-443.

[23] 吉晓霞，郭建政，李绍敏，等. 三种铸造模拟软件对铸钢件铸造模拟之比较 [J]. 铸造，2013，62 (11)：1084-1088.

[24] 程颖，王淇奥，钱晨晖，等. 铝合金电机壳低压铸造数值模拟及工艺优化 [J]. 特种铸造及有色合金，2021，41 (7)：802-808.

[25] 贾良荣，熊守美，冯伟明，等. 压力铸造充型过程流动与传热数值模拟的研究 [J]. 清华大学学报

（自然科学版），2001，41（2）：8-11.

［26］ LI Y F, LIU L, HUANG T W, et al. Simulation of stray grain formation in Ni-base single crystal turbine blades fabricated by HRS and LMC techniques［J］. China Foundry, 2017, 14（2）：75-79.

［27］ BEHERA M M, PATTNAIK S, SUTAR M K. Thermo-mechanical analysis of investment casting ceramic shell：A case study［J］. Measurement, 2019, 147：106805.

［28］ 何媛，苏少静，宋亮. 铸造用型砂热物性参数研究及校正［J］. 铸造设备与工艺，2021，3（6）：26-28.

［29］ 李文胜，刘艳，周守航，等. 大型铸钢件热物性参数确定及在凝固模拟中的应用［J］. 铸造技术，2010，31（11）：1393-1395.

［30］ 孙晶莹，乐启炽，赵旭，等. 基于 Flow-3D 的铝合金铸件低压铸造卷气行为［J］. 特种铸造及有色合金，2019，39（7）：739-741.

［31］ 刘正，吴东津，毛萍莉，等. 镁合金汽车转向柱支架充型过程的数值模拟［J］. 铸造，2013，62（13）：1186-1192.

［32］ 李敏华，罗继相，赵利华，等. 挤压铸造舵面的液流充型过程数值模拟［J］. 特种铸造及有色合金，2006，26（12）：772-774.

［33］ 聂金成，叶洁云，汪志刚，等. 基于 ProCAST 数值模拟的马氏体不锈钢折流器铸造工艺优化［J］. 有色金属科学与工程，2020，11（6）：27-33.

［34］ 胡磊，牛晓峰，王涵，等. 铸钢齿轮重力铸造数值模拟及工艺优化［J］. 铸造技术，2016，37（12）：2621-2623.

［35］ 钟强强，王晶. ProCAST 在汽车轮毂制造中的应用［J］. 有色金属材料与工程，2018，39（6）：16-22.

［36］ 李勇，李焕，赵亚茹，等. 定向凝固微观组织相场法模拟的研究进展［J］. 材料导报 A，2016，30（5）：95-98.

［37］ 王同敏，魏晶晶，王旭东，等. 合金凝固组织微观模拟研究进展与应用［J］. 金属学报，2018，54（2）：193-203.

［38］ 林波，范滔，张杨，等. 功率超声与挤压铸造耦合工艺对 Al-5.0Cu 合金凝固组织影响的数值模拟与试验研究［J］. 机械工程学报，2021，57：1-8.

［39］ 史东丽，钱坤才. 大型高铬铸铁叶轮凝固过程应力场数值模拟及铸造工艺优化［J］. 铸造，2020，69（9）：972-976.

［40］ 田运灿，何博，潘宇飞. 汽车转向节差压铸造及淬火过程应力应变场数值模拟［J］. 铸造，2019，68（12）：1374-1381.

［41］ 张航，许庆彦，史振学，等. DD6 高温合金定向凝固枝晶生长的数值模拟研究［J］. 金属学报，2014，50（3）：345-354.

［42］ XU Q, YANG C, ZHANG H, et al. Multiscale modeling and simulation of directional solidification process of Ni-based superalloy turbine blade casting［J］. Metals, 2018, 8（8）.

［43］ 廖敦明，曹流，孔飞，等. 铸造宏观过程数值模拟基数的研究现状与展望［J］. 金属学报，2018，54（2）：161-173.

［44］ 孙慕荣，胡立平，倪利勇，等. 大型锻件锻造加工中有限元软件技术进展［J］. 锻压装备与制造技术，2004（4）：83-86.

［45］ 陈学文，陈军，等. 基于有限元分析的锻造工艺优化技术研究现状与趋势［J］. 锻压装备与制造技术，2004（5）：14-18.

［46］ 王冬良，陈南. 基于数值模拟的汽车转向节精密成形工艺［J］. 锻压技术，2021，46（11）：38-43.

［47］ KIM N, OH I Y, SANG W H, et al. Advanced disk-forging process in producing heavy defect-free disk using counteracting dies［J］. International Journal of Material Forming, 2020（15）：1-11.

［48］ 张志文. 锻造工艺学［M］. 北京：机械工业出版社，1983.

［49］ 吕炎. 锻造工艺学［M］. 北京：机械工业出版社，1995.

［50］ 吕炎. 锻压成形理论与工艺［M］. 北京：机械工业出版社，1991.

［51］ 闫洪. 锻造工艺与模具设计［M］. 北京：机械工业出版社，2016.

［52］ 闫洪，周天瑞. 塑性成形原理［M］. 北京：清华大学出版社，2006.

［53］ 张应龙. 锻造加工技术［M］. 北京：化学工业出版社，2008.

［54］ 李云江. 特种塑性成形［M］. 北京：机械工业出版社，2008.

［55］ 林法禹. 特种锻压工艺［M］. 北京：机械工业出版社，1991.

［56］ 肖景容，姜奎华. 冲压工艺学［M］. 北京：机械工业出版社，1999.

［57］ 李硕本. 冲压工艺学［M］. 北京：机械工业出版社，1982.

［58］ 宇海英，刘占军. 冲压工艺与模具设计［M］. 北京：电子工业出版社，2011.

［59］ 柯旭贵，张荣清. 冲压工艺与模具设计［M］. 北京：机械工业出版社，2017.

［60］ 傅建，彭必友，曹建国. 材料成形过程数值模拟［M］. 北京：化学工业出版社，2009.

［61］ 李奇涵. 冲压成形工艺与模具设计［M］. 2 版. 北京：科学出版社，2012.

［62］ 龚红英，何丹农，张质良. 计算机仿真技术在现代冲压成形过程中的应用［J］. 锻压技术，2003
（5）：28.

［63］ 彭颖红. 金属塑性成形仿真技术［M］. 上海：上海交通大学出版社，1999.

［64］ 郑展. 冲模设计手册［M］. 北京：机械工业出版社，2013.

［65］ 龚红英，刘克素，董万鹏. 金属塑性成形 CAE 应用：DYNAFORM［M］. 北京：化学工业出版
社，2015.

［66］ 杨永平. 模具技术［M］. 北京：化学工业出版社，2011.

［67］ 姜奎华. 冲压工艺与模具设计［M］. 北京：机械工业出版社，2000.

［68］ 李春峰. 金属塑性成形工艺及模具设计［M］. 北京：高等教育出版社，2008.

［69］ 宋满仓. 模具制造工艺［M］. 2 版. 北京：电子工业出版社，2015.

［70］ 黄天佑. 材料加工工艺［M］. 2 版. 北京：清华大学出版社，2010.

［71］ 贾俐俐. 冲压工艺与模具设计［M］. 北京：人民邮电出版社，2008.

［72］ 俞汉清，陈金德. 金属塑性成形原理［M］. 北京：机械工业出版社，2007.

［73］ 张荣清. 模具设计与制造［M］. 北京：高等教育出版社，2008.

［74］ 王金龙. 冷冲压工艺与模具设计［M］. 北京：清华大学出版社，2007.